维修一线丛书

智能手机维修一线资料
速查速用

张新德　刘淑华　等编著

机械工业出版社

本书共分七大部分，主要介绍智能手机通病良方问答（易损元器件、故障特征、易开焊点等），智能手机通用和专用器件参数、器件实物、器件内部结构及外部应用电路、器件封装图（重点体现专用器件），智能手机代码密码、智能手机维修实例速查，智能手机主板图、电路原理参考图和智能手机拆机实物图。书末还给出了智能手机常用语中英文对照，供读者参考。

　　本书适合智能手机专业维修技术人员、初学维修人员、业余维修人员、上门维修人员、售后服务人员、职业培训学校师生、新农村建设技能培训学员及爱好者阅读。

图书在版编目（CIP）数据

智能手机维修一线资料速查速用/张新德等编著. —北京：机械工业出版社，2013.4

（维修一线丛书）

ISBN 978-7-111-41703-3

Ⅰ. ①智… Ⅱ. ①张… Ⅲ. ①移动电话机-维修 Ⅳ. ①TN929. 53

中国版本图书馆 CIP 数据核字（2013）第 040908 号

机械工业出版社（北京市百万庄大街 22 号 邮政编码 100037）
策划编辑：徐明煜 责任编辑：徐明煜 顾 谦 版式设计：霍永明
责任校对：申春香 封面设计：陈 沛 责任印制：张 楠
北京京丰印刷厂印刷
2013 年 4 月第 1 版第 1 次印刷
169mm×239mm · 23.25 印张 · 2 插页 · 529 千字
0 001—3 000 册
标准书号：ISBN 978 - 7 - 111 - 41703 - 3
定价：55.00 元

前　言

对于广大智能手机维修人员，特别是没有维修经验的初学维修人员来说，资料成了他们维修的重要武器。掌握了智能手机专用资料，就掌握了智能手机的核心维修技术。本书从多种渠道收集、购买、翻译各种智能手机的珍贵资料，加上同行维修的实用经验，将各种智能手机所需要的重要维修良方、快修实例、拆机步骤、器件参数、维修数据、参考电路、电器密码和实物图样汇编成册。广大智能手机维修人员掌握了大量的一线维修经验和维修资料，将会大大降低智能手机维修的工作难度，提高维修效率。本书的出版也将解决广大智能手机维修人员资料太少的困难。

全书在内容的安排上，以故障速查、器件参数为重点，在机型的选择上，既以品牌机为主，又涉及常用流行机型，既顾及故障初发期的次新机型，又大量列举了目前流行的新品牌。做到该详则详，该略则略，内容全面、形式新颖、图文并茂。本书所测数据，如未作特殊说明，均采用 MF-47 型指针式万用表和 DT9205A 数字万用表测得。

值得指出的是，本书所介绍的智能手机元器件测试数据由于测试条件和环境的不同，可能存在较大的差异，为方便广大读者对照实物阅读，全书保持了不同厂家使用不同符号标记的原始性，未按国家标准统一符号标记，敬请谅解！读者应结合实测和实物情况参照应用。

本书在编写和出版过程中，得到了机械工业出版社领导和编辑的热情支持和帮助。张新春、张云坤、张利平、陈金桂、刘晔、王光玉、王娇、刘运和、陈秋玲、刘桂华、张美兰、周志英、刘玉华、刘文初、刘爱兰、张健梅、袁文初、张新衡、张冬生、王灿等同志也参加了部分内容的编写工作，值此成书之际，向这些领导、编辑、同仁及各品牌手机厂家维修内部资料编写组成员一并表示深情致谢！

由于作者水平有限，书中错漏之处在所难免，恳请广大读者不吝赐教，以待我们重印时修正。

编著者

目　　录

前言

第 1 章　维修良方 ……………………………………………………………… 1

【问答 1】　智能手机不能开机，如何处理？ ………………………………… 1

【问答 2】　智能手机不能拨 GSM 卡号，也不能拨 3G 卡号，如何处理？ …… 1

【问答 3】　搜索不到 GSM 网络，如何处理？ ……………………………… 1

【问答 4】　智能手机无声音，如何处理？ …………………………………… 1

【问答 5】　智能手机发热量大，如何处理？ ………………………………… 2

【问答 6】　如何检修诺基亚 X6 智能手机不能开机故障？ ………………… 2

【问答 7】　如何处理智能手机触摸屏无反应故障？ ………………………… 2

【问答 8】　智能手机插上不标准的充电器时，触摸屏失效或翻滚，如何
　　　　　　处理？ ……………………………………………………………… 2

【问答 9】　智能手机安装第三方软件后总是自动重启，何故？ …………… 2

【问答 10】　智能触摸屏贴厚膜后引起黑屏、死机故障，何故？ ………… 3

【问答 11】　iPhone 4 智能手机无送话，如何处理？ ……………………… 3

【问答 12】　iPhone 4S 智能手机开机一直显示"正在搜索网络"，如何
　　　　　　 处理？ …………………………………………………………… 3

【问答 13】　iPhone 4S 智能手机运行速度慢，何故？ …………………… 3

【问答 14】　华为 C8600 智能手机通话质量较差，如何处理？ ………… 3

第 2 章　器件参数 …………………………………………………………… 4

第 1 节　集成电路 …………………………………………………………… 4

　1. 74LVC2G125 ……………………………………………………………… 4

　2. 88W8686 …………………………………………………………………… 5

　3. A708 ………………………………………………………………………… 8

　4. AAT1274IWO-T1 ………………………………………………………… 8

　5. ACPM-7372 ……………………………………………………………… 9

　6. ACPM-7382 ……………………………………………………………… 10

　7. ACPM-7881 ……………………………………………………………… 10

　8. AD5801 …………………………………………………………………… 11

　9. AD6548BCPZ …………………………………………………………… 13

　10. AD6857 ………………………………………………………………… 14

　11. AD6905 ………………………………………………………………… 17

　12. AD7142、AD7142-1 …………………………………………………… 29

13. AD7143 ·· 32

14. AD7147、AD7147-1 ··· 33

15. AD7148 ·· 34

16. AD7843 ·· 35

17. AD7873 ·· 36

18. AD7877 ·· 37

19. AD7879 ·· 39

20. AD7879-1 ·· 40

21. ADMTV102 ·· 40

22. ADV7180 ·· 42

23. AK8973B ·· 45

24. AK8973S ·· 45

25. ASM3218806T-2611 ·· 46

26. AT25DF081 ··· 47

27. AW9364QNR ··· 48

28. AW9388QNR ··· 49

29. AW-GH320 ··· 50

30. BC6888A04 ··· 52

31. BCM4330 ·· 54

32. BCM4751 ·· 59

33. BGA736 ·· 62

34. BGA748N16 ··· 63

35. BGS12AL7-6 ·· 64

36. BGU7007 ·· 64

37. BL6212CP ··· 64

38. BL8568-CB5ATR12 ··· 65

39. BMA020 ·· 66

40. BMA150 ·· 66

41. BMA222 ·· 67

42. CSR 41B143A ·· 68

43. CXM3519ER ·· 71

44. FAN256L8X ··· 72

45. FM2018-380 ··· 72

46. FP6773 ·· 74

47. ISL54200IRUZ ··· 74

48. ISL6294 ·· 75

49. LIS302ALB ·· 76

50. LIS302DL ·· 77

51. LIS331DLHF ·· 77

52. LM2512A ·· 78

53. LM3206TLX ·· 80

54. LM48861 ·· 81

55. LMSP43NA_782 ·· 82

56. LP3986TL ··· 82

57. LT3493EDCB ·· 83

58. LTC3204_ 5 ··· 84

59. LTC3459 ··· 84

60. LTC4066 ··· 85

61. LTC4088 ··· 86

62. LTR-502ALS-WR ···87

63. LV5219LG ·· 88

64. MAX14528 ·· 90

65. MAX17040 ·· 90

66. MAX2309 ·· 91

67. MAX2393 ·· 92

68. MAX2395 ·· 94

69. MAX2538 ·· 95

70. MAX3378E ··· 96

71. MAX8660 ·· 97

72. MAX8834 ·· 99

73. MAX8836 ·· 100

74. MAX9718 ·· 101

75. MSM6025 ·· 102

76. MSM7200A ··· 108

77. MXC6225XU ··· 121

78. MXT224E ·· 122

79. NLAS5223BMNR2G ·· 124

80. NUP412VP5XXG ·· 124

81. OMAP4430 ·· 124

82. PCF50611 ·· 149

83. PCF50633 ·· 151

84. PCF50635HN ··· 152

85. PM7540 ··· 155

86. PMB6258 ··· 161

87. PMB6811 ·· 162
88. PMB6812 ·· 165
89. PMB8876 ·· 166
90. PN544 ··· 173
91. PXA270 ·· 174
92. R3200K001A-TR ··· 183
93. RDA5802NM ··· 183
94. RDA5807SP ·· 184
95. RDA5820 ··· 185
96. RF3159 ··· 187
97. RF3242 ··· 187
98. RF5924 ··· 189
99. RF7176 ··· 190
100. RP102K281D-TR ··· 191
101. RT9011-MGPJ6 ·· 191
102. RT9013-18PB ·· 192
103. RTR6285 ·· 193
104. S3C6410 ··· 196
105. SFR942PY002 ··· 212
106. Si4220 ··· 213
107. SIL1162 ·· 215
108. SKY77161 ·· 216
109. SKY77197 ·· 217
110. SKY77329-1 ··· 217
111. SKY77336 ·· 218
112. SKY77340 ·· 220
113. SKY77701 ·· 221
114. SKY77705 ·· 221
115. SST25VF040B ·· 222
116. SST25VF080B ·· 222
117. SST34HF3284 ··· 223
118. TEA5761UK ··· 224
119. THS7318 ··· 226
120. TK11892F-G ··· 226
121. TLSC3516 ·· 227
122. TPA2005D1 ·· 228
123. TPA2012D2YZH ··· 229

124. TPA4411YZHR ················ 230

125. TPS61045 ················ 231

126. TPS61061YZFR ················ 231

127. TPS65022 ················ 232

128. TPS65023 ················ 233

129. TPS65120、TPS65121 ················ 235

130. TPS65123 ················ 236

131. TPS65124 ················ 237

132. TQM616035 ················ 238

133. TQM666032 ················ 239

134. TQM676031 ················ 241

135. TS5A6542_YZT ················ 242

136. TSC2300 ················ 243

137. TSC2301 ················ 245

138. TSC2302 ················ 248

139. TSL2560、TSL2561 ················ 250

140. TSL2563CL ················ 250

141. UCB1400 ················ 250

142. WM8758 ················ 252

143. WM9093ECS-R ················ 253

144. WM9713L ················ 254

145. XC2404A816 ················ 256

146. XC6219B332MR ················ 257

147. XC6221A332MR ················ 257

148. XC6415_A ················ 258

149. YAS530C-PZE2 ················ 258

150. YB1518 ················ 259

151. YDA145 ················ 260

第2节 场效应晶体管 ················ 260

第3节 二极管 ················ 265

第4节 晶体管 ················ 286

第3章 维修速查 ················ 288

第1节 智能机通用 ················ 288

第2节 HTC ················ 290

第3节 LG ················ 292

第4节 黑莓 ················ 293

第5节 华为 ················ 294

第 6 节　诺基亚 ··· 294

第 7 节　苹果 ··· 303

第 8 节　三星 ··· 308

第 9 节　小米 ··· 309

第 10 节　中兴 ··· 309

第 4 章　电器密码 ··· 310

　　1. 安卓系统手机隐藏密码指令 ····································· 310

　　2. HTC G14 手机密码指令 ··· 311

　　3. HTC G12 手机密码指令 ··· 311

　　4. HTC 手机密码指令 ··· 312

　　5. 苹果 iPhone 手机密码指令 ····································· 313

　　6. Palm_Treo_650 智能手机密码指令 ······························ 314

　　7. 诺基亚 S60 手机密码指令 ······································ 315

　　8. 诺基亚智能手机密码指令 ······································· 315

　　9. 塞班 3 手机密码指令 ·· 317

　　10. 三星 GALAXY S GT-I9001 手机密码指令 ························· 317

　　11. 三星 GALAXY S Ⅲ I9300 手机密码指令 ························· 318

　　12. 三星 GT-I9100 手机密码指令 ··································· 320

　　13. 三星 I9008 手机密码指令 ······································ 322

　　14. 三星 I9308 手机密码指令 ······································ 323

　　15. 三星 M250L 手机密码指令 ······································ 324

　　16. 三星 S5570 手机密码指令 ······································ 326

　　17. 三星 S5820 手机密码指令 ······································ 328

　　18. 三星 WP7 手机工程模式密码指令 ································· 329

　　19. 索爱 U1（Satio）手机密码指令 ································· 330

　　20. 小米手机密码指令 ··· 331

第 5 章　代表电路 ··· 332

　　1. HTC Touch HD2 手机主板 ·· 332

　　2. 苹果 iPhone 5 主板实物图 ······································ 333

　　3. 苹果 iPhone 3G 手机主板实物图 ································· 334

　　4. 摩托罗拉 Atrix 4G 手机主板实物图 ······························ 335

　　5. 诺基亚 E7 手机主板图 ·· 336

　　6. 三星 GALAXY S III I9300 主板图 ································ 337

　　7. 三星 S5820 手机主板图 ··· 337

　　8. 小米手机主板图 ··· 338

第 6 章　格机刷机 ··· 340

　　【问答 1】　如何格机? ··· 340

【问答2】　如何软格手机? ···························· 340

【问答3】　如何硬格手机? ···························· 340

【问答4】　如何刷机? ······························· 340

【问答5】　智能手机如何"越狱"和ROOT? ·············· 344

第7章　拆机实物 ···································· 346

　　1. 诺基亚C6-00智能手机拆机步骤················· 346

　　2. 三星5670智能手机拆机步骤··················· 350

附录　智能手机常用语中英文对照···················· 357

第1章 维修良方

【问答1】 智能手机不能开机，如何处理？

智能手机不能开机应检查以下两个方面：

1）检查开机时有无开机电流。若有开机电流，则检查电源开机键是否正常、后备电池是否正常、32.768kHz 信号是否正常。

2）若无开机电流，则检查电源开机键处是否有开机高电平。若没有开机高电平，则检查开机电路中的相关电阻和晶体管是否正常。

※**特别提示**：新智能手机、升级后或恢复出厂设置后的智能手机，装上电池首次开机有时也表现不能开机现象，那是因为此时手机要做初始化操作，开机时间会较长，长时间后能开机。另外，当手机电池过度放电时，也会造成手机不能开机，此时可取下手机电池连续充电 30min 以上，可正常开机。

【问答2】 智能手机不能拨 GSM 卡号，也不能拨 3G 卡号，如何处理？

引起该故障的原因及处理方法如下：

1）此故障为典型的射频公共电路故障，应重点检查射频处理器。检查该处理器的供电电源是否正常，再检查其外围的电容、电阻、电感是否正常。

2）检查 26MHz 信号频率是否正常，若不正常，则检查相应的晶体振荡器。

3）检查基带处理器是否正常。

【问答3】 搜索不到 GSM 网络，如何处理？

引起该故障的原因及处理方法如下：

1）检查接收机电路是否正常，检查接收天线与射频处理器之间的阻容元件是否正常，检查复合射频前端模组是否正常。

2）检查接收机功率放大器是否正常。

※**特别提示**：若能搜索到网络，但不能接通 GSM 网络，则重点检查发射机电路。

【问答4】 智能手机无声音，如何处理？

引起该故障的原因及处理方法如下：

1）送话无声音，则检查送话器是否正常。检查受话电路上有无音频信号，若无则检查基带处理器。

2）耳机无声音，则重点检查耳机线、基带处理器外围相关元器件有无音频信号，检查音频功率放大器是否损坏。

※**特别提示**：若送话无声音，则重点检查送话器是否正常、耳机是否正常、接口

电路是否正常。

【问答5】 智能手机发热量大，如何处理？

这是因为智能手机微处理器运行时间过长，运行程序较多引起的发热。不是故障，只要停机休息或打开后盖散热即可排除故障。

※**特别提示**：防止手机发热量大，可注意以下4个方面：一是避免在太阳光直射环境中充电或长时间使用；二是关闭不使用的后台程序；三是充电的同时，最好不要玩游戏；四是及时更新智能手机软件版本，提高运行速度。

【问答6】 如何检修诺基亚 X6 智能手机不能开机故障？

1）检查手机有无开机电流。

2）检查电源开关键、L2202、L2205、N2200、R2071、C2074 是否正常。检查 B2200 处有无 32.768kHz 信号。

3）检查 C2236、L2206、C2391、C3217、C3219、N3251 是否损坏。

※**特别提示**：实际检修中因 R2071、C2074 损坏较为多见。

【问答7】 如何处理智能手机触摸屏无反应故障？

智能手机长时间与身体接触后，有时会出现划触摸屏无反应故障。此时可按压两下开机键（也是锁屏键），让触摸屏自动进入校准状态，一般可解决此类故障。

※**特别提示**：平时应保持手及触摸屏的清洁和干燥，不得有油污和水渍。

【问答8】 智能手机插上不标准的充电器时，触摸屏失效或翻滚，如何处理？

这是因为所插入的充电器，特别是车载和非标准的大电流充电器的噪声信号与电容触摸屏的信号频率冲突，导致手机 TP（检验点）失效所致。更换标准充电器后，按两次开机键即可排除故障。

※**特别提示**：对于还不能消除故障的机器，可取下手机电池，使用标准充电器充一下即可排除故障。

【问答9】 智能手机安装第三方软件后总是自动重启，何故？

智能手机实际上就是一部小型化的电脑。当智能手机安装了某些不稳定的第三方软件后，有时会造成手机重启或自动关机故障。这是由于第三方软件与手机操作系统不兼容造成的，解决方法是恢复手机出厂设置或卸载与手机不兼容的软件。

※**特别提示**：当智能手机在受到振动时引起手机电池松动而接触不良，也有可能造成手机自动关机或自动重启。可将手机电池触片往外拉一下，使其与电池有良好的接触。

【问答 10】 智能触摸屏贴厚膜后引起黑屏、死机故障，何故？

这是由于智能手机贴膜后，降低了触摸屏的透光率和感应值，使手机距离感应器启动，误判为已经和人脸接近而关闭显示屏，进入省电模式。类似于黑屏或死机。可将手机的触摸屏保护膜撕掉并重贴一张较薄的膜。若不撕掉厚膜，可在手机距离感应孔处，将保护膜挖一个小孔，也可排除此类故障。

【问答 11】 iPhone 4 智能手机无送话，如何处理？

iPhone 4 智能手机常出现此类无送话故障，特别是摔过的手机更容易出现此类故障。方法是检查尾插、CPU 右下角的音频 IC。实际检修中，只要拆下封胶，重新植音频 IC，故障即可排除。

※**特别提示**：该机的封胶很软，比较好拆下。方法是先将热风枪的温度调到 230℃ 左右，将该 IC 四周的封胶清除了，再将热风枪的温度调到 370℃ 左右，用刀片轻轻挑下封胶即可。应急处理可以直接用硬物压紧也可排除故障。

【问答 12】 iPhone 4S 智能手机开机一直显示"正在搜索网络"，如何处理？

引起该类故障的原因及处理方法如下：
1）手机 UIM 卡或 SIM 卡触脚表面氧化。用橡皮擦清除氧化物即可。
2）手机 UIM 卡和 SIM 卡的三码数据丢失。到营业厅更换 UIM 卡和 SIM 新卡。

【问答 13】 iPhone 4S 智能手机运行速度慢，何故？

引起该类故障的原因及处理方法如下：这是由于智能手机在运行过程中产生很多垃圾文件所致。可以下载"一键清理"软件进行清理，则可提高运行速度。

※**特别提示**：可下载 iTools 工具软件，再用数据线与手机连机，运行工具软件 iTools，将垃圾文件删除，重启手机即可。

【问答 14】 华为 C8600 智能手机通话质量较差，如何处理？

此类故障是由于该手机的语音编码工作参数 EVRC 模式带宽还是 GSM 年代的 8kHz 带宽造成的，该设置不合理。进入手机测试模式，打开高通后台，用 QPST 工具软件修改语音编码 Home page 、Home Orig、Roame Orig 中的参数均改为 13kHz 即可。

第2章 器件参数

第1节 集成电路

1. 74LVC2G125

引脚号	引脚符号	引脚功能	备 注
1	1OE	输出使能输入 1(低电平有效)	
2	A1	数据输入 1	
3	Y2	数据输出 2	该集成电路为双总线缓冲
4	GND	地	器/线路驱动器(3 态),采用 8 引脚 TSSOP
5	A2	数据输入 2	典型应用电路如图 2-1 所示
6	Y1	数据输出 1	(以应用在苹果 iPhone 4 智能 手机为例)
7	2OE	输出使能输入 2(低电平有效)	
8	V_{CC}	电源	

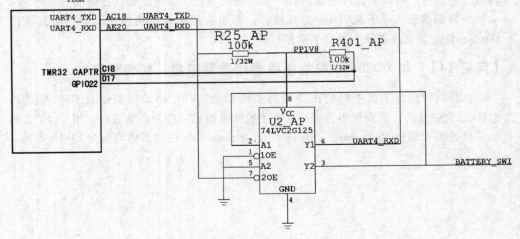

图 2-1 在苹果 iPhone 4 智能手机上的典型应用电路

2. 88W8686

引脚号 QFN封装	引脚号 倒装芯片封装	引脚符号	引脚功能	备注
1	A4	RESETn	复位(低电平有效)	
2	A4	PDn	全部掉电(低电平有效);0＝完全掉电模式,1＝正常模式	
3	B9	VDD18A	1.8V模拟电源	
4	C10	RX2_IN_P	2.4GHz发射器正输入(基带同相输出数据差分阳性信号)	
5	E10	RX2_IN_N	2.4GHz发射器负输入(基带同相输出数据差分阴性信号)	
6		VSS	地	
7	G8	SCAN_EN/VSS	扫描启用(可连接到接地线或悬空)	
8	D4	TMS2	JTAG测试模式选择(该输入选择的系统JTAG控制器)	
9	F5	TMS1	JTAG测试模式选择(该输入选择的CPU JTAG控制器)	
10	H6	TRSTn	JTAG测试复位	
11	F4	GPIO0	通用输入与输出端	
12	J10	TX2_OUT	2.4GHz发射器输出(基带同相的输出数据)	该集成电路为WLAN模组,采用68引脚QFN封装与倒装芯片封装(500μm间距),典型应用电路如图2-2所示(以采用倒装芯片封装应用在苹果iPhone 2G智能手机电路为例)
13		RES	保留	
14	L9	VDD18A	1.8V模拟电源	
15	P6	XPWDET2	2.4GHz功率放大器功率检测信号	
16	M6	NC	空引脚	
17	P9	REXT	偏置电流电阻(用于电流参考)	
18		RES	保留	
19		TX5_OUT	5GHz发射器输出(基带同相的输出数据)	
20	K7	VDD18A	1.8V模拟电源	
21	P7	VDD18A	1.8V模拟电源	
22	M5	ANT_SEL_N	差分天线选择负输出(天线选择提供了负的控制信号)	
23	M4	ANT_SEL_P	差分天线选择正输出(天线选择提供了正的控制信号)	
24	K5	T/R3_N	发射开关3负输出	
25	M3	T/R_N	发射开关控制负输出(连接到Tx/Rx开关板)	
26	P4	T/R_P	发射开关控制正输出(连接到Tx/Rx开关板)	
27	K6	VDD30	3.0V数字I/O电源	
28	P5	PA_PE_G	PA电源启动控制(控制的功率放大器使能输入,0＝禁用,1＝使能)	
29		PA_PE_A	PA电源启动控制(控制的功率放大器使能输入,0＝禁用,1＝使能)	
30	K4	VDD18_LDO	电源	

（续）

引脚号 QFN 封装	倒装芯片封装	引脚符号	引脚功能	备注
31	P3	SCLK	串行接口时钟输出（为 EEPROM 或电源管理设备编程接口控制）	
32	M2	SRWB	串行接口读/写控制（串行 EEPROM 接口数据输入）	
33	K2	ECSn	EEPROM 芯片选择输出（低电平有效）	
34	P2	SDA	串行接口数据输出（为 EEPROM）	
35	P1	VIO_X2	1.8V/3.3V 数字电源	
36	K3	VDD12	1.2V 数字内核电源	
37	M1	TCK	JTAG 测试时钟	
38	H5	TDO	JTAG 测试数据输出	
39	K1	TDI	JTAG 测试数据输入	
40	H1	GPIO1	通用输入与输出端 1	
41	H2	GPIO4	通用输入与输出端 4	
42	F1	SPI_CLK/SD_CLK	SPI 时钟输入/SDIO 时钟输入	
43	F2	SPI_SDI/SD_CMD	SPI 数据输入/SDIO 命令与响应	
44	D1	SPI_SCSn/SD_DAT0	SPI 片选输入（低电平有效）/SDIO 数据 0	该集成电路为 WLAN 模组，采用 68 引脚 QFN 封装与倒装芯片封装（500μm 间距），典型应用电路如图 2-2 所示（以采用倒装芯片封装应用在苹果 iPhone 2G 智能手机电路为例）
45	D2	SPI_SDO/SD_DAT1	SPI 数据输出/SDIO 数据 1	
46	B1	SPI_SINTn/SD_DAT2	SPI 中断信号（低电平有效）/SDIO 数据线位或读等待 2	
47	B2	SD_DAT3	SDIO 数据 3	
48	F3	GPIO2	通用输入与输出端 2	
49	D3	GPIO3	通用输入与输出端 3	
50		VDD12	1.2V 数字内核电源	
51	A1	VIO_X1	1.8V/3.3V 主机电源	
52	E6	VDD18A	1.8V 模拟电源	
53	A2	GPIO5	通用输入与输出端 5	
54	B3	GPIO6	通用输入与输出端 6	
55	A3	CLK_OUT/SLEEP_CLK	测试时钟模式/睡眠时钟模式	
56	B4	BT_STATE	蓝牙状态	
57	E8	VSS	公共接地点	
58	B5	WL_ACTIVE	蓝牙无线局域网	
59	A5	BT_PRIORITY	蓝牙优先级	
60		BT_RES	保留	
61		VDD18A	1.8V 模拟电源	
62	A6	XTAL_I/XO	晶体/晶体振荡器/系统时钟输入（接受 19.2MHz/20MHz/24MHz/26MHz/38.4MHz/40MHz 的时钟信号，来自晶体振荡器）	
63	A7	XTAL_O	晶体/晶体振荡器输出（仅用于内部振荡器模式）	
64	D5	VDD18A	1.8V 模拟电源	

（续）

引脚号		引脚符号	引脚功能	备注
QFN封装	倒装芯片封装			
65	A8	VDD18A	1.8V 模拟电源	
66		VDD18A	1.8V 模拟电源	
67		RX5_IN_N	5GHz 发射器负输入（基带同相输出数据差分阴性信号）	该集成电路为 WLAN 模组,采用 68 引脚 QFN 封装
68		RX5_IN_P	5GHz 发射器正输入（基带同相输出数据差分阳性信号）	与倒装芯片封装（500μm 间距）,典型应用电路如图 2-2 所示（以采用倒装芯片封装应用在苹果 iPhone 2G 智能手机电路为例）
	N10	VSS	地	
	A10	VSS	地	
	J8	VSS	地	
	C8	VSS	地	
	M7	VSS	地	
	H7	VSS	地	
	E7	VSS	地	
	C7	VSS	地	
	C6	VSS	地	
	H4	VSS	地	
	H3	VSS	地	

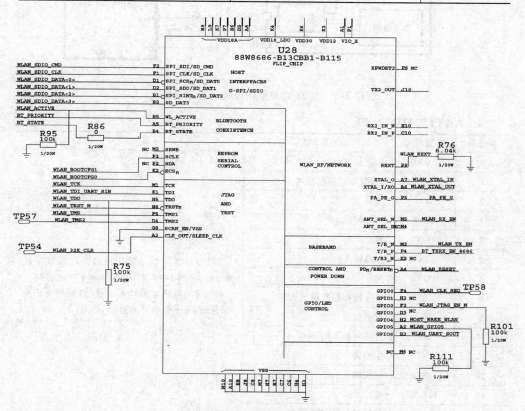

图 2-2　88W8686 典型应用电路

3. A708

引脚号	引脚符号	引脚功能	备　　注
1	V$_{DD}$	电源	1. 封装:采用 6 引脚 TSOP-26 封装
2	GND	地	2. 用途:3 信道 20mA 电流调节器,应用在小尺寸彩色
3	EN	控制使能	LCD 背光源、移动手机、智能手机、便携式 DVD/显示器/
4	LED3	LED 负电极输出 3	超便携移动个人计算机的 LED 背灯上
5	LED2	LED 负电极输出 2	3. 关键参数:电源电压范围为 2.7 ~ 12V,输出维持电
6	LED1	LED 负电极输出 1	压高达 17V,待机电流 0.1μA 4. 内部框图及典型应用电路如图 2-3 所示

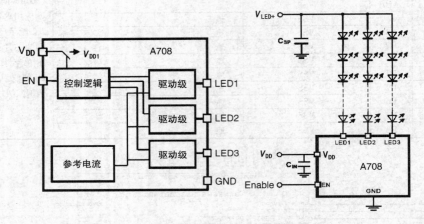

图 2-3　A708 内部框图及典型应用电路

4. AAT1274IWO-T1

引脚号	引脚符号	引脚功能	备　　注
1	AGND	地	
2	EN/SET	启用/串行控制输入	
3	FL	闪光	
4	FLEN	闪光使能	
5	AGND	地	
6	IN	电源输入	AAT1274IWO-T1 为升压型闪光灯 LED 电流
7	PGND	地	调节器,采用 14 引脚 TDFN 3mm×3mm 封装
8	OUT	升压转换器的输出功率	典型应用电路如图 2-4 所示(以应用在三星
9	NC	空引脚	S5830i 智能手机电路为例)
10	SW	升压转换器的开关	
11	NC	空引脚	
12	NC	空引脚	
13	FLGND	地	
14	RSET	闪光灯电流设置输入	

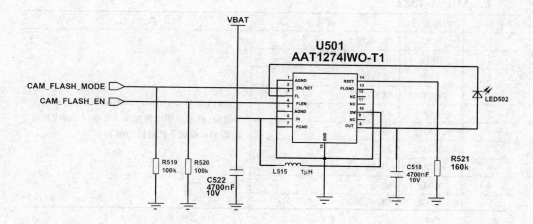

图 2-4　AAT1274IWO-T1 典型应用电路

5. ACPM-7372

引脚号	引脚符号	引脚功能	备　注
1	VEN	PA 使能	
2	VMODE	模式控制	
3	VBP	旁路控制	
4	RFIN	RF 输入	该集成电路为射频放大器,典型应用电路如图 2-5 所示(以应用在索爱 X10 智能手机电路为例)
5	VCC1	DC 电源 1	
6	VCC2	DC 电源 2	
7	GND	地	
8	RFOUT	RF 输出	

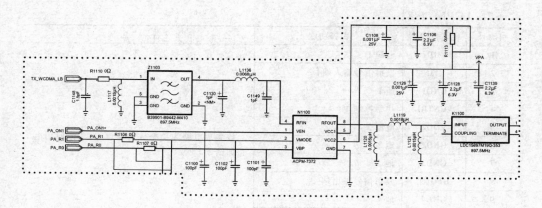

图 2-5　ACPM-7372 典型应用电路

6. ACPM-7382

引脚号	引脚符号	引脚功能	备　注
1	VCC1	DC 电源 1	
2	RFIN	RF 输入	
3	VBP	旁路控制	
4	VMODE	模式控制	UMTS 频带(1920~1980MHz)4×4 功率放大
5	VEN	PA 使能	器模块,典型应用电路如图 2-6 所示(以应用在
6	GND	地	索爱 X10 智能手机电路为例)
7	GND	地	
8	RFOUT	RF 输出	
9	GND	地	
10	VCC2	DC 电源 2	

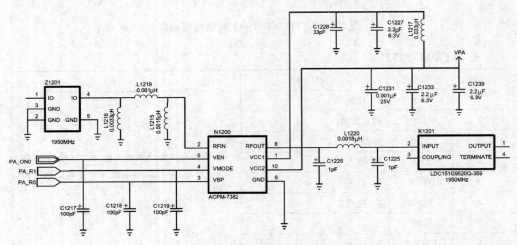

图 2-6　ACPM-7382 典型应用电路

7. ACPM-7881

引脚号	引脚符号	引脚功能	备　注
1	VDD1	电源 1	
2	RFIN	发射信号输入端	
3	GND1	地 1	
4	VCNTRL	功率控制端	
5	VDD2	电源 2	该集成电路为功率放大器模组,典型应用电
6	GND2	地 2	路如图 2-7 所示
7	GND3	地 3	
8	RFOUT	发射信号输出端	
9	GND4	地 4	
10	VDD3	电源 3	
11	GND_A	散热片接地	

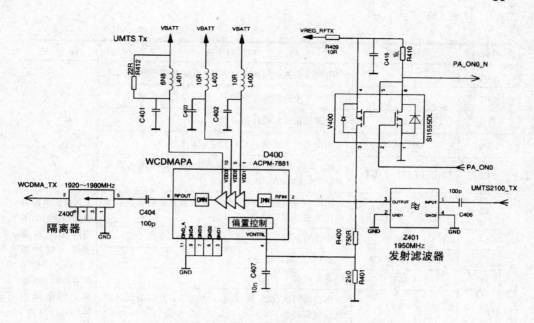

图 2-7　ACPM-7881 典型应用电路

8. AD5801

引脚号	引脚符号	引脚功能	备　注
A1	ZD	图案可编程的输出驱动器（为变焦控制）	
A2	XSHUTDOWN	Asynchonous 系统复位信号	
A3	DIG_GND	数字地	
A4	VAUX	数字电源	
A5	SDA	I^2C 接口数据信号	
A6	EXTCLK	外部参考时钟信号	
B1	ZB	图案可编程的输出驱动器（为变焦控制）	该集成电路为摄像/照相 IC，采用 WLCSP，典型应用电路如图 2-8所示（以应用在诺基亚 N95 智能手机电路为例）
B2	STROBE	闪光灯信号	
B3	SCL	I^2C 接口时钟信号	
B4	ANAGND	地	
B5	POSENAF	可编程电流输出	
B6	˙POSENZ	可编程电流输出	
C1	PWR_DRIVESTAGE2	电源（低 Ron 驱动程序 FA 和 FB）	
C2	ZC	图案可编程的输出驱动器（为变焦控制）	
C3	ZA	图案可编程的输出驱动器（为变焦控制）	
C5	POSSENS1	用于测量电流的光反射位置反馈	
C6	BIASRES	连接偏置电流发生器外部电阻	

（续）

引脚号	引脚符号	引脚功能	备 注
D1	FD	图案可编程的输出驱动器（为自动对焦控制）	
D2	FC	图案可编程的输出驱动器（为自动对焦控制）	
D5	LDO_COMP	内部低压降压稳压器补偿	
D6	POSSENS2	用于测量电流的光反射位置反馈	
E1	GND_DRIVESTAGE1	地（聚焦驱动器/电动机驱动器 FA 和 FB 和为模式驱动 FC、FD、ZA、ZB、ZC、ZD）	
E2	FB	图形的可编程低 Ronoutput 驱动器（为驱动自动对焦压电制动器）	该集成电路为摄像/照相 IC，采用 WLCSP，典型应用电路如图 2-8所示（以应用在诺基亚 N95 智能手机电路为例）
E4	NDF	中性密度滤镜	
E5	SHUTTER_GND	地（快门驱动程序）	
E6	VBAT	电池电源	
F1	FA	图形的可编程低 Ronoutput 驱动器（为驱动自动对焦压电制动器）	
F2	PWR_DRIVESTAGE1	电源（为模式可编程输出驱动器 FC、FD、ZA、ZB、ZC 和 ZD）	
F3	SHUTTER_VBAT	快门驱动电源连接，要连接到 VBATT	
F4	SHUTTER	快门	
F5	SHUTTER_COMMON	公共端（快门驱动程序）	
F6	LDO_ACT	输出的集成低压降稳压器	

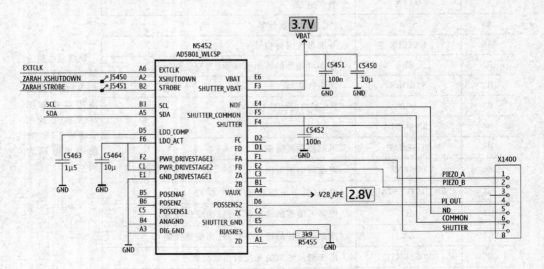

图 2-8　AD5801 典型应用电路

9. AD6548BCPZ

引脚号	引脚符号	引脚功能	备 注
1	VCCFE	电源（前端）	
2	I	I 基带输入与输出	
3	IB	I 基带输入与输出	
4	VCC_BBI	电源（基带 I）	
5	SDATA	串行端口数据	
6	SCLK	串行端口时钟	
7	SEN	串行端口使能	
8	NC	空引脚	
9	VLDO3	TX LDO 输出	
10	TXOP_LO	发送 O/P（850MHz/900MHz）	
11	TXOP_HI	发送 O/P（1800MHz/1900MHz）	
12	VCC_TXVCO	电源（TX VCO）	
13	V_{DD}	电源（串行接口）	
14	VBAT	电池 I/P（为 LDO 稳压器）	该集成电路为 GSM 无线收发和功率管理芯片，具有四个全集成的可编程增益差分低噪声放大器（LNA），支持 GSM850MHz/900MHz/1800MHz/1900MHz 四频段
15	VLDO1	电源（LDO 稳压器）	
16	VLDO2	电源（LO VCO）	
17	VCC_REF	电源（参考振荡器）	
18	VAFC	晶体振荡器频率控制	采用 32 引脚 LFCSP（5mm×5mm），典型应用电路如图 2-9 所示（以应用在 HTC_G23 智能手机电路为例）
19	REFINB	晶体/VCTCXO 连接	
20	REFIN	晶体连接	
21	REF_OP	参考频率输出	
22	QB	Q 基带输入与输出	
23	Q	Q 基带输入与输出	
24	VCC_BBQ	电源（基带 Q）	
25	RX1900B	PCS 1900 LNA 输入	
26	RX1900	PCS 1900 LNA 输入	
27	RX1800B	DCS 1800 LNA 输入	
28	RX1800	DCS 1800 LNA 输入	
29	RX900B	E-GSM 900 LNA 输入	
30	RX900	E-GSM 900 LNA 输入	
31	RX850B	GSM 850 LNA 输入	
32	RX850	GSM 850 LNA 输入	

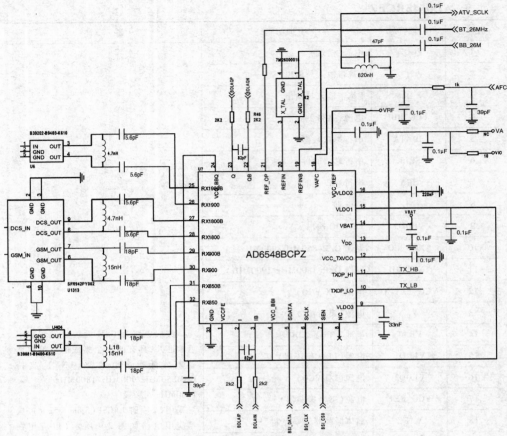

图 2-9　AD6548BCPZ 典型应用电路

10. AD6857

引脚号	引脚符号	引脚功能	备　注
F13	VBAT1	电池电压 1	
M4	VBAT2	电池电压 2	
B3	VBAT3	电池电压 3	
A3	VBAT4	电池电压 4	
M7	VBAT5	电池电压 5	
L4	VBAT6	电池电压 6	该集成电路为电源管理芯片,应用在 LG 智能手机上
F11	VBAT7	电池电压 7	
F12	VBAT8	电池电压 8	
L7	VBAT9	电池电压 9	
L8	VBAT10	电池电压 10	
B7	VBAT SENSE	电池电压检测	
N5	VSD PWR1	外部存储器和数字基带处理器到外部存储器的接口供电 1(1.8 V)	

（续）

引脚号	引脚符号	引脚功能	备　注
P5	VSD PWR2	外部存储器和数字基带处理器到外部存储器的接口供电 2(1.8V)	
N6	VSDSW1	外部存储器和数字基带处理器到外部存储器的开关 1	
P6	VSDSW2	外部存储器和数字基带处理器到外部存储器的开关 2	
N7	VSDFB	外部存储器和数字基带处理器到外部存储器的反馈	
M6	VSDGND1	地 1	
L6	VSDGND2	地 2	
N1	VINT1	中断 1	
P1	VINT2	中断 2	
L1	VLL1	低电平逻辑部分供电 1(1.5V)	
M1	VLL2	低电平逻辑部分供电 2(1.5V)	
K1	VLLFB	低电平逻辑部分反馈	
A4	VEXT1	无线数字接口和高电压接口供电 1(2.6V)	
B4	VEXT2	无线数字接口和高电压接口供电 2(2.6V)	
N8	VRTC SEL	实时时钟模块选择	
P8	VRTC	实时时钟模块供电(1.8V 或 2.8V)	
P7	VSIM	数字处理器上的 SIM 接口电路和 SIM 卡供电 (1.8V 或 2.85V)	该集成电路为电源管理芯片,应用在 LG 智能手机上
K12	VMIC	送话器接口电路供电(2.5V)	
E14	VPLL	锁相环电压	
D12	VRF	射频模块供电(2.75V)	
A1	VGP	通用模块供电(2.75V)	
G13	VABB	基带模拟模块供电(2.5V)	
D13	VUSBIN	USB 接口输入	
E13	VUSB	USB 接口电源(3.3V)	
D14	VAPP	应用模块供电	
E12	VAPP GATE	应用模块门极	
M12	PWREN	电源使能控制	
K14	LGND	地	
N9	SGND2	地	
P9	SGND1	地	
J4	DGND1	地	
H13	AGND3	地	
D9	AGND2_3	地	
L12	AGND2_2	地	
D8	ANGD2_1	地	
E11	AGND1_2	地	
C8	AGND1_1	地	
M11	AGND0_45	地	

（续）

引脚号	引脚符号	引脚功能	备　　注
L11	AGND0_44	地	
M10	AGND0_43	地	
M9	AGND0_42	地	
L10	AGND0_41	地	
L9	AGND0_40	地	
K11	AGND0_39	地	
K10	AGND0_38	地	
K9	AGND0_37	地	
K8	AGND0_36	地	
K7	AGND0_35	地	
K8	AGND0_34	地	
K5	AGND0_33	地	
J11	AGND0_32	地	
J10	AGND0_31	地	
J9	AGND0_30	地	
J8	AGND0_29	地	
J7	AGND0_28	地	
J6	AGND0_27	地	
J5	AGND0_26	地	
H10	AGND0_25	地	
H9	AGND0_24	地	
H8	AGND0_23	地	该集成电路为电源管
H7	AGND0_22	地	理芯片,应用在 LG 智能
H6	AGND0_21	地	手机上
H5	AGND0_20	地	
G11	AGND0_19	地	
G10	AGND0_18	地	
G9	AGND0_17	地	
G8	AGND0_16	地	
G7	AGND0_15	地	
G6	AGND0_14	地	
G5	AGND0_13	地	
F10	AGND0_12	地	
F9	AGND0_11	地	
F8	AGND0_10	地	
F7	AGND0_9	地	
F6	AGND0_8	地	
F5	AGND0_7	地	
E10	AGND0_6	地	
E9	AGND0_5	地	
E8	AGND0_4	地	
E7	AGND0_3	地	
E6	AGND0_2	地	
E5	AGND0_1	地	

11. AD6905

引脚号	引脚符号	引脚功能	备　注
A1	GND	地	
A2	TESTMODE	测试模式	
A3	nLWR_LBS	低写选通/字节频闪	
A4	nRD	读使能	
A5	DATA[1]	数据总线 1	
A6	DATA[3]	数据总线 3	
A7	DATA[5]	数据总线 5	
A8	DATA[7]	数据总线 7	
A9	DATA[9]	数据总线 9	
A10	DATA[11]	数据总线 11	
A11	DATA[13]	数据总线 13	
A12	DATA[14]	数据总线 14	
A13	GPIO_24	输入与输出端 24	
A14	GND	地	
A15	VPLL	锁相环电源	
A16	OSCOUT	32.768kHz 振荡器输出	
A17	OSCIN	32.768kHz 振荡器输入	该集成电路为 TD-HSDPA、 TD-SCDMA、GSM、GPRS、EGPRS 基带处理器与数据调制解调器,采用 BGA 封装,应用在中兴 U210 3G TD-SCDMA 智能手机中
A18	PWRON	功率 ON/OFF 控制	
A19	BSIFS	BSPORT 输入帧信号	
A20	CSDO	CSPORT 数据输出	
A21	CLKOUT	时钟输出	
A22	GND	地	
B1	nWE	写使能	由 AD6905 组成的 3G 手机典型框图如图 2-10 所示
B2	Not Populated	未填充	
B3	Not Populated	未填充	
B4	nHWR_UBS	高写选通/字节频闪	
B5	DATA[0]	数据总线 0	
B6	DATA[2]	数据总线 2	
B7	DATA[4]	数据总线 4	
B8	DATA[6]	数据总线 6	
B9	DATA[8]	数据总线 8	
B10	DATA[10]	数据总线 10	
B11	DATA[12]	数据总线 12	
B12	DATA[15]	数据总线 15	
B13	GND	地	
B14	CLKIN	时钟输入(13MHz 或 26MHz)	
B15	VRTC	RC 电源	
B16	GND	地	
B17	GND	地	
B18	ASDI	ASPORT 数据输入	

（续）

引脚号	引脚符号	引脚功能	备　注
B19	BSOFS	BSPORT 输出帧信号	
B20	CSDI	CSPORT 数据输入	
B21	Not Populated	未填充	
B22	GPIO_76	输入与输出端 76	
C1	nADV	有效地址	
C2	nWAIT	外部设备等待请求	
C3	Not Populated	未填充	
C4	Not Populated	未填充	
C5	Not Populated	未填充	
C6	Not Populated	未填充	
C7	Not Populated	未填充	
C8	Not Populated	未填充	
C9	Not Populated	未填充	
C10	Not Populated	未填充	
C11	Not Populated	未填充	
C12	Not Populated	未填充	该集成电路为 TD-
C13	Not Populated	未填充	HSDPA、　TD-SCDMA、
C14	Not Populated	未填充	GSM、GPRS、EGPRS 基
C15	Not Populated	未填充	带处理器与数据调制解
C16	Not Populated	未填充	调器,采用 BGA 封装,应
C17	Not Populated	未填充	用 在中兴 U210 3G TD-
C18	Not Populated	未填充	SCDMA 智能手机中
C19	Not Populated	未填充	由 AD6905 组成的 3G
C20	Not Populated	未填充	手机典型框图如图 2-10
C21	GPIO_63	输入与输出端 63	所示
C22	GPIO_62	输入与输出端 62	
D1	nA0CS	通用芯片选择	
D2	BURSTCLK	突发时钟	
D3	Not Populated	未填充	
D4	Not Populated	未填充	
D5	ADD[6]	地址信号 6	
D6	ADD[8]	地址信号 8	
D7	ADD[10]	地址信号 10	
D8	ADD[12]	地址信号 12	
D9	ADD[14]	地址信号 14	
D10	ADD[16]	地址信号 16	
D11	ADD[18]	地址信号 18	
D12	ADD[20]	地址信号 20	
D13	ADD[22]	地址信号 22	
D14	ADD[23]	地址信号 23	

（续）

引脚号	引脚符号	引脚功能	备　注
D15	GPIO_32	输入与输出端 32	
D16	ASFS	ASPORT 帧信号	
D17	BSDI	BSPORT 数据输入	
D18	CSFS	CSPORT 帧信号	
D19	Not Populated	未填充	
D20	Not Populated	未填充	
D21	GPIO_57	输入与输出端 57	
D22	USB_DP	USB 差分信号（D＋）	
E1	nA2CS	通用芯片选择	
E2	nA1CS	通用芯片选择	
E3	Not Populated	未填充	
E4	ADD[5]	地址信号 5	
E5	Not Populated	未填充	
E6	Not Populated	未填充	
E7	Not Populated	未填充	
E8	Not Populated	未填充	
E9	Not Populated	未填充	该集成电路为 TD-HSDPA、 TD-SCDMA、GSM、GPRS、EGPRS 基带处理器与数据调制解调器，采用 BGA 封装，应用在中兴 U210 3G TD-SCDMA 智能手机中
E10	Not Populated	未填充	
E11	Not Populated	未填充	
E12	NotPopulated	未填充	
E13	Not Populated	未填充	
E14	Not Populated	未填充	
E15	Not Populated	未填充	
E16	Not Populated	未填充	
E17	Not Populated	未填充	
E18	Not Populated	未填充	
E19	GPIO_58	输入与输出端 58	由 AD6905 组成的 3G 手机典型框图如图 2-10 所示
E20	Not Populated	未填充	
E21	MC_DAT[1]	数据端 1	
E22	USB_DM	USB 差分信号（D－）	
F1	GPIO_51	输入与输出端 51	
F2	GPIO_49	输入与输出端 49	
F3	Not Populated	未填充	
F4	ADD[3]	地址信号 3	
F5	Not Populated	未填充	
F6	Not Populated	未填充	
F7	ADD[7]	地址信号 7	
F8	ADD[9]	地址信号 9	
F9	ADD[11]	地址信号 11	
F10	ADD[13]	地址信号 13	

（续）

引脚号	引脚符号	引脚功能	备　注
F11	ADD［15］	地址信号 15	
F12	ADD［17］	地址信号 17	
F13	ADD［19］	地址信号 19	
F14	ADD［21］	地址信号 21	
F15	ASDO	ASPORT 数据输出	
F16	BSDO	BSPORT 数据输出	
F17	Not Populated	未填充	
F18	Not Populated	未填充	
F19	USB_VBUS	5V USB 电源	
F20	Not Populated	未填充	
F21	MC_DAT［2］	数据端 2	
F22	MC_CLK	时钟端	
G1	nRESET	系统复位输入	
G2	GPIO_53	输入与输出端 53	
G3	Not Populated	未填充	
G4	ADD［1］	地址信号 1	该集成电路为 TD-HSDPA、TD-SCDMA、GSM、GPRS、EGPRS 基带处理器与数据调制解调器,采用 BGA 封装,应用在中兴 U210 3G TD-SCDMA 智能手机中
G5	Not Populated	未填充	
G6	ADD［4］	地址信号 4	
G7	Not Populated	未填充	
G8	Not Populated	未填充	
G9	Not Populated	未填充	
G10	NotPopulated	未填充	
G11	Not Populated	未填充	
G12	Not Populated	未填充	
G13	Not Populated	未填充	
G14	Not Populated	未填充	
G15	Not Populated	未填充	
G16	Not Populated	未填充	
G17	CLKOUT_GATE	硬件时钟输出 ON/OFF 开关	由 AD6905 组成的 3G 手机典型框图如图 2-10 所示
G18	Not Populated	未填充	
G19	GND	地	
G20	Not Populated	未填充	
G21	GPIO_124	输入与输出端 124	
G22	GPIO_123	输入与输出端 123	
H1	nSDCAS	SDRAM 列地址选通	
H2	nSDRAS	SDRAM 行地址选通	
H3	Not Populated	未填充	
H4	nA3CS	通用芯片选择	
H5	Not Populated	未填充	
H6	ADD［2］	地址信号 2	

（续）

引脚号	引脚符号	引脚功能	备 注
H7	Not Populated	未填充	
H8	Not Populated	未填充	
H9	VMEM	内存电源	
H10	VMEM	内存电源	
H11	VCORE	核心电源	
H12	VCORE	核心电源	
H13	VCORE	核心电源	
H14	VINT1	ABB 接口电源 1	
H15	Not Populated	未填充	
H16	Not Populated	未填充	
H17	USB_ID	USB ID	
H18	Not Populated	未填充	
H19	VUSB	USB 电源	
H20	Not Populated	未填充	
H21	WUDQ	WSPORT 上行线（传输）Q 取样	
H22	UCLK	WSPORT 30.72MHz 时钟	
J1	nSDCS	SDRAM 芯片选择	该集成电路为 TD-
J2	nSDWE	SDRAM 写使能	HSDPA、 TD-SCDMA、
J3	Not Populated	未填充	GSM、GPRS、EGPRS 基
J4	GPIO_52	输入与输出端 52	带处理器与数据调制解
J5	Not Populated	未填充	调器，采用 BGA 封装，应
J6	ADD[0]	地址信号 0	用在中兴 U210 3G TD-
J7	Not Populated	未填充	SCDMA 智能手机中
J8	VMEM	内存电源	由 AD6905 组成的 3G
J9	Not Populated	未填充	手机典型框图如图 2-10
J10	Not Populated	未填充	所示
J11	Not Populated	未填充	
J12	Not Populated	未填充	
J13	Not Populated	未填充	
J14	Not Populated	未填充	
J15	VMMC	多媒体卡接口电源	
J16	Not Populated	未填充	
J17	MC_DAT[0]	数据端 0	
J18	Not Populated	未填充	
J19	MC_CMD	管理控制命令执行端	
J20	Not Populated	未填充	
J21	WUDI	WSPORT 上行线（传输）I 取样	
J22	WDDQ	WSPORT 下行线（接收）Q 取样	
K1	SCLKOUT	SDRAM 时钟输出	
K2	SDA10	SDRAM 地址信号	

（续）

引脚号	引脚符号	引脚功能	备　注
K3	Not Populated	未填充	
K4	GPIO_54	输入与输出端54	
K5	Not Populated	未填充	
K6	GPIO_50	输入与输出端50	
K7	Not Populated	未填充	
K8	VMEM	内存电源	
K9	Not Populated	未填充	
K10	GND	地	
K11	GND	地	
K12	GND	地	
K13	GND	地	
K14	Not Populated	未填充	
K15	VSIM	SIM 电源	
K16	Not Populated	未填充	
K17	MC_DAT[3]	数据端3	
K18	Not Populated	未填充	
K19	SIMCLK	SIM 时钟	该集成电路为 TD-HSDPA、 TD-SCDMA、GSM、GPRS、EGPRS 基带处理器与数据调制解调器,采用 BGA 封装,应用在中兴 U210 3G TD-SCDMA 智能手机中
K20	Not Populated	未填充	
K21	EB2_ADDR[6]	EBUS2 地址信号 6	
K22	WDDI	WSPORT 下行线（接收）I 取样	
L1	GPIO_0	输入与输出端 0	
L2	nNDWP	NAND 闪存写保护	
L3	Not Populated	未填充	由 AD6905 组成的 3G 手机典型框图如图 2-10 所示
L4	nNDCS	NAND 闪存片选	
L5	Not Populated	未填充	
L6	SCKE	SDRAM 时钟使能	
L7	Not Populated	未填充	
L8	VCORE	核心电源	
L9	Not Populated	未填充	
L10	GND	地	
L11	GND	地	
L12	GND	地	
L13	GND	地	
L14	Not Populated	未填充	
L15	VINT2	ABB 接口电源 2	
L16	Not Populated	未填充	
L17	GPIO_100	输入与输出端100	
L18	Not Populated	未填充	
L19	SIMDATAIO	SIM 数据输入与输出	
L20	Not Populated	未填充	

引脚号	引脚符号	引脚功能	备 注
L21	EB2_ADDR［7］	EBUS2 地址信号 7	
L22	PPI_DATA［0］	PPI 数据输入 0	
M1	GPIO_2	输入与输出端 2	
M2	GPIO_3	输入与输出端 3	
M3	Not Populated	未填充	
M4	GPIO_1	输入与输出端 1	
M5	Not Populated	未填充	
M6	nNDBUSY	NAND 闪存忙请求	
M7	Not Populated	未填充	
M8	VCORE	核心电源	
M9	Not Populated	未填充	
M10	GND	地	
M11	GND	地	
M12	GND	地	
M13	GND	地	
M14	Not Populated	未填充	
M15	VCORE	核心电源	该集成电路为 TD-HSDPA、 TD-SCDMA、GSM、GPRS、EGPRS 基带处理器与数据调制解调器,采用 BGA 封装,应用在中兴 U210 3G TD-SCDMA 智能手机中
M16	Not Populated	未填充	
M17	VCPRO	通信加速器核心电源	
M18	Not Populated	未填充	
M19	GND	地	
M20	Not Populated	未填充	
M21	PPI_DATA［3］	PPI 数据输入 3	
M22	PPI_DATA［1］	PPI 数据输入 1	由 AD6905 组成的 3G 手机典型框图如图 2-10 所示
N1	GPIO_5	输入与输出端 5	
N2	GPIO_6	输入与输出端 6	
N3	Not Populated	未填充	
N4	GPIO_7	输入与输出端 7	
N5	Not Populated	未填充	
N6	GPIO_4	输入与输出端 4	
N7	Not Populated	未填充	
N8	VEXT	外部设备电源	
N9	Not Populated	未填充	
N10	GND	地	
N11	GND	地	
N12	GND	地	
N13	GND	地	
N14	Not Populated	未填充	
N15	VCORE	核心电源	
N16	Not Populated	未填充	

引脚号	引脚符号	引脚功能	备　　注
N17	EB2_nWE	EBUS2 写使能	
N18	Not Populated	未填充	
N19	VVID	视频电源（为 APBUS）	
N20	Not Populated	未填充	
N21	PPI_DATA[2]	PPI 数据输入 2	
N22	EB2_ADDR[9]	EBUS2 地址信号 9	
P1	GPIO_8	输入与输出端 8	
P2	GPIO_9	输入与输出端 9	
P3	Not Populated	未填充	
P4	GPIO_10	输入与输出端 10	
P5	Not Populated	未填充	
P6	GPIO_12	输入与输出端 12	
P7	Not Populated	未填充	
P8	VEXT	外部设备电源	
P9	Not Populated	未填充	
P10	Not Populated	未填充	
P11	Not Populated	未填充	该集成电路为 TD-HSDPA、 TD-SCDMA、GSM、GPRS、EGPRS 基带处理器与数据调制解调器，采用 BGA 封装，应用 在中兴 U210 3G TD-SCDMA 智能手机中
P12	Not Populated	未填充	
P13	Not Populated	未填充	
P14	Not Populated	未填充	
P15	VVID	视频电源（为 APBUS）	
P16	Not Populated	未填充	
P17	EB2_ADDR[1]	EBUS2 地址信号 1	
P18	Not Populated	未填充	
P19	EB2_nRD	EBUS2 读使能	
P20	Not Populated	未填充	
P21	EB2_ADDR[0]	EBUS2 地址信号 0	由 AD6905 组成的 3G 手机典型框图如图 2-10 所示
P22	EB2_ADDR[8]	EBUS2 地址信号 8	
R1	GPIO_11	输入与输出端 11	
R2	GPIO_14	输入与输出端 14	
R3	Not Populated	未填充	
R4	GPIO_13	输入与输出端 13	
R5	Not Populated	未填充	
R6	GPIO_16	输入与输出端 16	
R7	Not Populated	未填充	
R8	Not Populated	未填充	
R9	VEXT	外部设备电源	
R10	VEXT	外部设备电源	
R11	VCORE	核心电源	
R12	VCORE	核心电源	
R13	VCORE	核心电源	

（续）

引脚号	引脚符号	引脚功能	备 注
R14	VVID	视频电源（为 APBUS）	
R15	Not Populated	未填充	
R16	Not Populated	未填充	
R17	EB2_ADDR［5］	EBUS2 地址信号 5	
R18	Not Populated	未填充	
R19	EB2_ADDR［2］	EBUS2 地址信号 2	
R20	Not Populated	未填充	
R21	GPIO_155	输入与输出端 155	
R22	GPIO_156	输入与输出端 156	
T1	GPIO_15	输入与输出端 15	
T2	JTAGEN	JTAG 使能下拉	
T3	Not Populated	未填充	
T4	GPIO_18	输入与输出端 18	
T5	Not Populated	未填充	
T6	GPIO_35	输入与输出端 35	
T7	Not Populated	未填充	
T8	Not Populated	未填充	该集成电路为 TD-
T9	Not Populated	未填充	HSDPA、 TD-SCDMA、
T10	Not Populated	未填充	GSM、GPRS、EGPRS 基
T11	Not Populated	未填充	带处理器与数据调制解
T12	Not Populated	未填充	调器，采用 BGA 封装，应
T13	Not Populated	未填充	用在中兴 U210 3G TD-
T14	Not Populated	未填充	SCDMA 智能手机中
T15	Not Populated	未填充	由 AD6905 组成的 3G
T16	Not Populated	未填充	手机典型框图如图 2-10
T17	EB2_ADDR［11］	EBUS2 地址信号 11	所示
T18	Not Populated	未填充	
T19	EB2_ADDR［3］	EBUS2 地址信号 3	
T20	Not Populated	未填充	
T21	GPIO_153	输入与输出端 153	
T22	GPIO_154	输入与输出端 154	
U1	GPIO_17	输入与输出端 17	
U2	GPIO_19	输入与输出端 19	
U3	Not Populated	未填充	
U4	GPIO_21	输入与输出端 21	
U5	Not Populated	未填充	
U6	Not Populated	未填充	
U7	GPIO_55	输入与输出端 55	
U8	GPIO_65	输入与输出端 65	
U9	GPIO_67	输入与输出端 67	
U10	GPIO_74	输入与输出端 74	

（续）

引脚号	引脚符号	引脚功能	备注
U11	GPIO_87	输入与输出端 87	
U12	USC[6]	通用系统接口 6	
U13	USC[0]	通用系统接口 0	
U14	KEYPADROW[0]	键盘行地址 0	
U15	GPIO_173	输入与输出端 173	
U16	GPIO_175	输入与输出端 175	
U17	Not Populated	未填充	
U18	Not Populated	未填充	
U19	EB2_ADDR[10]	EBUS2 地址信号 10	
U20	Not Populated	未填充	
U21	GPIO_152	输入与输出端 152	
U22	GPIO_167	输入与输出端 167	
V1	GPIO_20	输入与输出端 20	
V2	GPIO_177	输入与输出端 177	
V3	Not Populated	未填充	
V4	VCPRO	通信加速器核心电源	该集成电路为 TD-HSDPA、 TD-SCDMA、GSM、GPRS、EGPRS 基带处理器与数据调制解调器，采用 BGA 封装，应用在中兴 U210 3G TD-SCDMA 智能手机中
V5	Not Populated	未填充	
V6	Not Populated	未填充	
V7	Not Populated	未填充	
V8	Not Populated	未填充	
V9	Not Populated	未填充	
V10	Not Populated	未填充	
V11	Not Populated	未填充	
V12	Not Populated	未填充	
V13	Not Populated	未填充	由 AD6905 组成的 3G 手机典型框图如图 2-10 所示
V14	Not Populated	未填充	
V15	Not Populated	未填充	
V16	Not Populated	未填充	
V17	Not Populated	未填充	
V18	Not Populated	未填充	
V19	PPI_DATA[8]	PPI 数据输入 8	
V20	Not Populated	未填充	
V21	PPI_DATA[5]	PPI 数据输入 5	
V22	PPI_DATA[4]	PPI 数据输入 4	
W1	GPIO_22	输入与输出端 22	
W2	GPIO_33	输入与输出端 33	
W3	Not Populated	未填充	
W4	Not Populated	未填充	
W5	GPIO_36	输入与输出端 36	
W6	GPIO_64	输入与输出端 64	

（续）

引脚号	引脚符号	引脚功能	备 注
W7	GPIO_66	输入与输出端 66	
W8	GPIO_68	输入与输出端 68	
W9	GPIO_86	输入与输出端 86	
W10	GPIO_98	输入与输出端 98	
W11	USC[4]	通用系统接口 4	
W12	USC[2]	通用系统接口 2	
W13	KEYPADROW[3]	键盘行地址 3	
W14	KEYPADCOL[2]	键盘列地址 2	
W15	KEYPADCOL[0]	键盘列地址 0	
W16	GPIO_174	输入与输出端 174	
W17	EB2_nWAIT	EBUS2 等待请求	
W18	EB2_ADDR[12]	EBUS2 地址信号 12	
W19	Not Populated	未填充	
W20	Not Populated	未填充	
W21	PPI_DATA[7]	PPI 数据输入 7	
W22	PPI_DATA[6]	PPI 数据输入 6	
Y1	GND	地	该集成电路为 TD-HSDPA、 TD-SCDMA、GSM、GPRS、EGPRS 基带处理器与数据调制解调器,采用 BGA 封装,应用在中兴 U210 3G TD-SCDMA 智能手机中
Y2	GPIO_34	输入与输出端 34	
Y3	Not Populated	未填充	
Y4	Not Populated	未填充	
Y5	Not Populated	未填充	
Y6	Not Populated	未填充	
Y7	Not Populated	未填充	
Y8	Not Populated	未填充	
Y9	Not Populated	未填充	
Y10	Not Populated	未填充	由 AD6905 组成的 3G 手机典型框图如图 2-10 所示
Y11	Not Populated	未填充	
Y12	Not Populated	未填充	
Y13	Not Populated	未填充	
Y14	Not Populated	未填充	
Y15	Not Populated	未填充	
Y16	Not Populated	未填充	
Y17	Not Populated	未填充	
Y18	Not Populated	未填充	
Y19	Not Populated	未填充	
Y20	Not Populated	未填充	
Y21	PPI_CLK	PPI 时钟	
Y22	PPI_DATA[9]	PPI 数据输入 9	
AA1	GND	地	
AA2	Not Populated	未填充	

（续）

引脚号	引脚符号	引脚功能	备注
AA3	GPIO_38	输入与输出端 38	
AA4	GPIO_59	输入与输出端 59	
AA5	GPIO_61	输入与输出端 61	
AA6	GPIO_70	输入与输出端 70	
AA7	GPIO_72	输入与输出端 72	
AA8	GPIO_78	输入与输出端 78	
AA9	GPIO_113	输入与输出端 113	
AA10	USC[5]	通用系统接口 5	
AA11	USC[1]	通用系统接口 1	
AA12	KEYPADROW[4]	键盘行地址 4	
AA13	KEYPADROW[1]	键盘行地址 1	
AA14	KEYPADCOL[1]	键盘列地址 1	
AA15	GPIO_141	输入与输出端 141	
AA16	GPIO_143	输入与输出端 143	
AA17	GPIO_145	输入与输出端 145	
AA18	GPIO_147	输入与输出端 147	
AA19	GPIO_149	输入与输出端 149	该集成电路为 TD-
AA20	GPIO_151	输入与输出端 151	HSDPA、 TD-SCDMA、
AA21	Not Populated	未填充	GSM、GPRS、EGPRS 基
AA22	PPI_VSYNC	PPI 帧场同步	带处理器与数据调制解
AB1	GND	地	调器，采用 BGA 封装，应
AB2	GPIO_37	输入与输出端 37	用 在中兴 U210 3G TD-
AB3	GPIO_56	输入与输出端 56	SCDMA 智能手机中
AB4	GPIO_60	输入与输出端 60	由 AD6905 组成的 3G
AB5	GPIO_69	输入与输出端 69	手机典型框图如图 2-10
AB6	GPIO_71	输入与输出端 71	所示
AB7	GPIO_73	输入与输出端 73	
AB8	GPIO_85	输入与输出端 85	
AB9	GPIO_99	输入与输出端 99	
AB10	USC[3]	通用系统接口 3	
AB11	CLKON	振荡器功率控制信号（ON/OFF）	
AB12	KEYPADROW[2]	键盘行地址 2	
AB13	KEYPADCOL[4]	键盘列地址 4	
AB14	KEYPADCOL[3]	键盘列地址 3	
AB15	GPIO_172	输入与输出端 172	
AB16	GPIO_142	输入与输出端 142	
AB17	GPIO_144	输入与输出端 144	
AB18	GPIO_146	输入与输出端 146	
AB19	GPIO_148	输入与输出端 148	
AB20	GPIO_150	输入与输出端 150	
AB21	PPI_HSYNC	PPI 帧行同步	
AB22	GND	地	

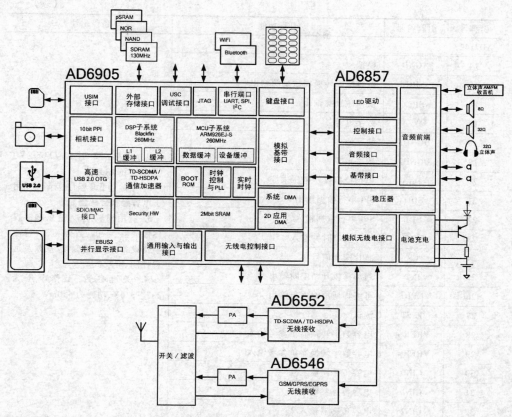

图 2-10　AD6905 组成 3G 手机典型框图

12. AD7142、AD7142-1

引脚号	引脚符号	引脚功能	备　注
AD7142			
1	CIN3	电容传感器输入 3	
2	CIN4	电容传感器输入 4	
3	CIN5	电容传感器输入 5	1. 封装：32 引脚 LFCSP-VQ (5mm×5mm) 封装
4	CIN6	电容传感器输入 6	2. 用途：可编程序控制器(用于电容触摸传感器)
5	CIN7	电容传感器输入 7	
6	CIN8	电容传感器输入 8	3. 应用领域：个人音乐和多媒体播放器、手机、数码相机、智能手持设备、电视的音频/视频及远程控制、游戏机
7	CIN9	电容传感器输入 9	
8	CIN10	电容传感器输入 10	
9	CIN11	电容传感器输入 11	
10	CIN12	电容传感器输入 12	4. 关键参数：工作电压为 2.7~3.6V、功耗为 450mW
11	CIN13	电容传感器输入 13	
12	C_{SHIELD}	电容数字转换器屏蔽电位输出	
13	AV_{CC}	模拟电源	

（续）

引脚号	引脚符号	引脚功能	备　注
AD7142			
14	AGND	模拟地	
15	SRC	电容数字转换器激励源输出	
16	$\overline{SRC}$	反向激励源输出	
17	DV_{CC}	数字电源	
18	DGND1	数字地 1	
19	DGND2	数字地 2	1. 封装：32 引脚 LFCSP-VQ
20	V_{DRIVE}	串行接口操作电压供应	(5mm×5mm)封装
21	SDO	SPI 串行数据输出	2. 用途：可编程序控制器（用
22	SDI	SPI 串行数据输入	于电容触摸传感器）
23	SCLK	串行接口时钟输入	3. 应用领域：个人音乐和多媒
24	$\overline{CS}$	芯片选择信号	体播放器、手机、数码相机、智能
25	$\overline{INT}$	通用漏极开路中断输出	手持设备、电视的音频/视频及远
26	GPIO	可编程通用输入与输出	程控制、游戏机
27	TEST	测试	4. 关键参数：工作电压为
28	VREF +	电容数字转换器正参考输入	2.7～3.6V、功耗为 450mW
29	VREF -	电容数字转换器负参考输入	
30	CIN0	电容传感器输入 0	
31	CIN1	电容传感器输入 1	
32	CIN2	电容传感器输入 2	
AD7142-1			
1	CIN3	电容传感器输入 3	
2	CIN4	电容传感器输入 4	
3	CIN5	电容传感器输入 5	1. 封装：32 引脚 LFCSP_VQ
4	CIN6	电容传感器输入 6	(5mm×5mm)封装
5	CIN7	电容传感器输入 7	2. 用途：可编程序控制器（用
6	CIN8	电容传感器输入 8	于电容触摸传感器）
7	CIN9	电容传感器输入 9	3. 应用领域：个人音乐和多媒
8	CIN10	电容传感器输入 10	体播放器、手机、数码相机、智能
9	CIN11	电容传感器输入 11	手持设备、电视的音频/视频及远
10	CIN12	电容传感器输入 12	程控制、游戏机
11	CIN13	电容传感器输入 13	4. 关键参数：工作电压为
12	C_{SHIELD}	电容数字转换器屏蔽电位输出	2.7～3.6V、功耗为 450mW
13	AV_{CC}	模拟电源	5. 典型应用电路如图 2-11
14	AGND	模拟地	所示
15	SRC	电容数字转换器激励源输出	

（续）

引脚号	引脚符号	引脚功能	备注
AD7142-1			
16	$\overline{SRC}$	反向激励源输出	
17	DV_{CC}	数字电源	
18	DGND1	数字地 1	
19	DGND2	数字地 2	
20	V_{DRIVE}	串行接口操作电压供应	1. 封装：32 引脚 LFCSP_VQ (5mm×5mm)封装
21	SDA	I^2C 串行数据输入与输出	2. 用途：可编程序控制器(用于电容触摸传感器)
22	ADD0	I^2C 地址位 0	
23	SCLK	串行接口时钟输入	3. 应用领域：个人音乐和多媒体播放器、手机、数码相机、智能手持设备、电视的音频/视频及远程控制、游戏机
24	ADD1	I^2C 地址位 1	
25	$\overline{INT}$	通用漏极开路中断输出	
26	GPIO	可编程通用输入与输出	4. 关键参数：工作电压为2.7～3.6V，功耗为450mW
27	TEST	测试	5. 典型应用电路如图2-11所示
28	VREF +	电容数字转换器正参考输入	
29	VREF –	电容数字转换器负参考输入	
30	CIN0	电容传感器输入 0	
31	CIN1	电容传感器输入 1	
32	CIN2	电容传感器输入 2	

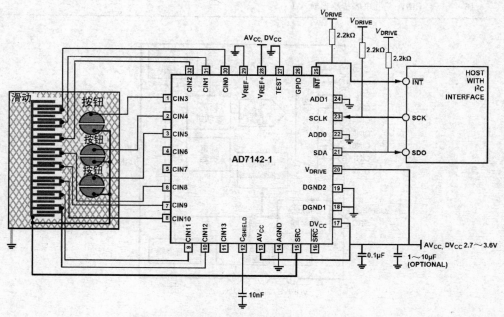

图 2-11　AD7142-1 典型应用电路（I^2C 接口）

13. AD7143

引脚号	引脚符号	引脚功能	备 注
1	CIN2	电容传感器输入 2	
2	CIN3	电容传感器输入 3	
3	CIN4	电容传感器输入 4	
4	CIN5	电容传感器输入 5	
5	CIN6	电容传感器输入 6	
6	CIN7	电容传感器输入 7	1. 封装:采用 16 引脚 LFCSP-VQ (4mm×4mm)封装
7	CSHIELD	电容数字转换器屏蔽电位输出	2. 用途:可编程序控制器(用于电容触摸传感器)
8	SRC	电容数字转换器激励源输出	3. 应用领域:个人音乐和多媒体播放器、手机、数码相机、智能手持设备、电
9	V_{CC}	电源	视的 A/V 以及远程控制、游戏机
10	GND	地	4. 关键参数:工作电压为2.6~3.6V
11	VDRIVE	I^2C 串行接口操作电压	5. 内部框图如图 2-12 所示
12	SDA	I^2C 串行数据输入与输出	
13	SCLK	串行接口时钟输入	
14	$\overline{INT}$	通用漏极开路中断输出	
15	CIN0	电容传感器输入 0	
16	CIN1	电容传感器输入 1	

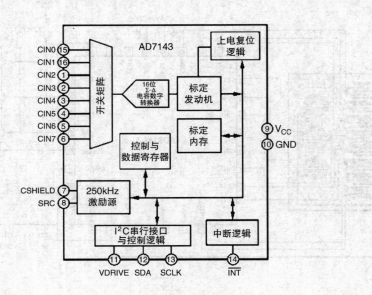

图 2-12　AD7143 内部框图

14. AD7147、AD7147-1

引脚号 AD7147	引脚号 AD7147-1	引脚符号	引脚功能	备注
1	1	CIN6	电容传感器输入 6	
2	2	CIN7	电容传感器输入 7	
3	3	CIN8	电容传感器输入 8	
4	4	CIN9	电容传感器输入 9	
5	5	CIN10	电容传感器输入 10	
6	6	CIN11	电容传感器输入 11	
7	7	CIN12	电容传感器输入 12	
8	8	AC_{SHIELD}	电容数字转换器有源屏蔽输出	
9	9	BIAS	内部电路偏置节点	
10	10	GND	地	1. 封装:采用 24 引脚 LFCSP(4mm×4mm)
11	11	V_{CC}	电源	2. 用途:CapTouch 可编程序控制器,用于单电极电容传感器
12	12	V_{DRIVE}	串行接口操作电压供应	
13	N/A	SDO	SPI 串行数据输出	3. 应用领域:手机、个人音乐和多媒体播放器、智能手持设备、电视的 A/V 以及远程控制、游戏机、数码相机
N/A	13	SDA	I^2C 串行数据输入与输出	
14	N/A	SDI	SPI 串行数据输入	
N/A	14	ADD0	I^2C 地址位 0	
15	15	SCLK	串行接口时钟输入	4. 关键参数:工作电压为 2.6~3.3V
16	N/A	$\overline{CS}$	SPI 片选信号	5. 内部框图如图 2-13 所示
N/A	16	ADD1	I^2C 地址位 1	
17	17	$\overline{INT}$	通用漏极开路中断输出	
18	18	GPIO	可编程通用输入与输出	
19	19	CIN0	电容传感器输入 0	
20	20	CIN1	电容传感器输入 1	
21	21	CIN2	电容传感器输入 2	
22	22	CIN3	电容传感器输入 3	
23	23	CIN4	电容传感器输入 4	
24	24	CIN5	电容传感器输入 5	

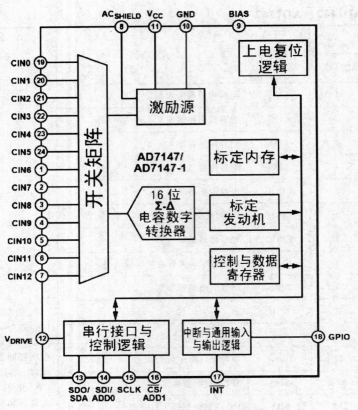

图 2-13　AD7147/AD7147-1 内部框图

15. AD7148

引脚号	引脚符号	引脚功能	备　注
1	CIN4	电容传感器输入 4	
2	CIN5	电容传感器输入 5	
3	CIN6	电容传感器输入 6	
4	CIN7	电容传感器输入 7	
5	AC_{SHIELD}	电容数字转换器有源屏蔽输出	1. 封装:16 引脚 LFCSP(4mm × 4mm)
6	BIAS	内部电路偏置节点	2. 用途:可编程序控制器,触摸单电极
7	GND	地	电容传感器
8	V_{CC}	电源	3. 应用领域:手机、个人音乐和多媒体
9	V_{DRIVE}	串行接口操作电压供应	播放器、智能手持设备、电视的音频/视频
10	SDA	I^2C 串行数据输入与输出	及远程控制、游戏机、数码相机
11	SCLK	串行接口时钟输入	4. 关键参数:工作电压为 2.6 ~ 3.3V
12	$\overline{INT}$	通用漏极开路中断输出	5. 典型应用电路如图 2-14 所示
13	CIN0	电容传感器输入 0	
14	CIN1	电容传感器输入 1	
15	CIN2	电容传感器输入 2	
16	CIN3	电容传感器输入 3	

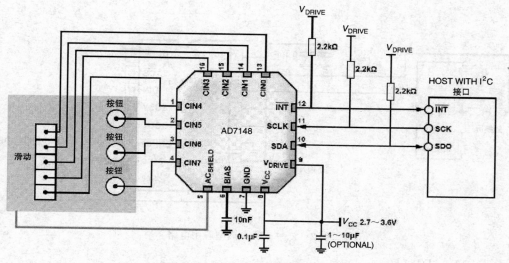

图 2-14　AD7148 典型应用电路

16. AD7843

引脚号	引脚符号	引脚功能	备　注
1	+V$_{CC}$	电源	
2	X+	位置输入+（ADC 输入通道 1）	
3	Y+	位置输入+（ADC 输入通道 2）	
4	X-	位置输入-	
5	Y-	位置输入-	
6	GND	地	
7	IN3	辅助输入 1（模-数转换输入通道 3）	1. 封装:采用 16 引脚 QSOP 和 TSSOP
8	IN4	辅助输入 2（模-数转换输入通道 4）	2. 用途:触摸屏数字转换器
9	V$_{REF}$	参考电压输入	3. 应用领域:个人数字助理、智能手持设备、触摸屏显示器、销售点终端、传呼机
10	+V$_{CC}$	电源	4. 关键参数:单相供电,电源电压为 2.2～5.25 V
11	$\overline{PENIRQ}$	触摸笔中断	5. 典型应用电路如图 2-15 所示
12	DOUT	数据输出	
13	BUSY	占线输出	
14	DIN	数据输入	
15	$\overline{CS}$	芯片选择输入	
16	DCLK	外部时钟输入	

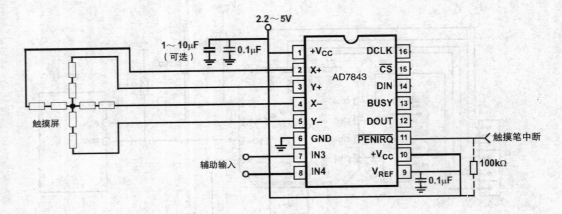

图 2-15 AD7843 典型应用电路

17. AD7873

引脚号		引脚符号	引脚功能	备　注
QSOP、TSSOP	LFCSP			
1	10	$+V_{CC}$	电源	
2	11	X +	位置输入 +（ADC 输入通道 1）	
3	12	Y +	位置输入 +（ADC 输入通道 2）	
4	13	X −	位置输入 −	
5	14	Y −	位置输入 −（ADC 输入通道 3）	1. 封装:16 引脚 QSOP、TSSOP 与 LFCSP
6	15	GND	地	2. 用途:触摸屏数字转换器
7	16	V_{BAT}	电池监视器输入（ADC 输入通道 4）	3. 应用领域:个人数字助理、智能手持设备、触摸屏监控、销售点终端、传呼机
8	1	AUX	辅助输入（ADC 输入通道 5）	
9	2	V_{REF}	参考电压输出	
10	3	$+V_{CC}$	电源	4. 关键参数:单相供电,电源电压为2.2 ~5V
11	4	$\overline{PENIRQ}$	触摸笔中断	5. 典型应用电路如图2-16 所示
12	5	DOUT	数据输出	
13	6	BUSY	占线输出	
14	7	DIN	数据输入	
15	8	$\overline{CS}$	芯片选择输入	
16	9	DCLK	外部时钟输入	

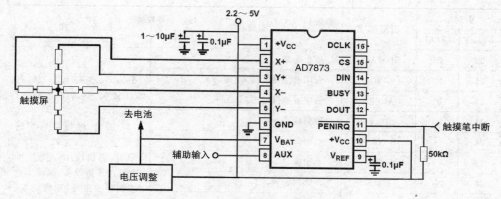

图 2-16   AD7873 典型应用电路

18. AD7877

引脚号		引脚符号	引脚功能	备 注
WLCSP	LFCSP			
1		NC	空引脚	
2	B5	BAT2	电池监视器输入 2	
3	C4	BAT1	电池监视器输入 1	
4	C5	AUX3/GPIO3	辅助模拟输入 3/专用通用逻辑输入/输出 2	
5	C3	AUX2/GPIO2	辅助模拟输入 3/专用通用逻辑输入/输出 3	1. 封装:32 引脚 LFCSP（5mm × 5mm）与 25 球 WLCSP（2.5mm × 2.8mm）封装
6	D5	AUX1/GPIO1	辅助模拟输入 1/专用通用逻辑输入/输出 1	2. 用途:触摸屏数字转换器
7	D4	V_{CC}	电源	3. 应用领域:个人数字助理、智能手持设备、触摸屏监控、销售点终端、医疗设备、手机
8		NC	空引脚	
9		NC	空引脚	
10	E5	X −	触摸屏位置输入 −	
11	E4	Y −	触摸屏位置输入 −	4. 关键参数:工作温度为 −40 ~ 85℃、2.5 V 参考电压、单相供电,电源电压为 2.7 ~ 5.25 V
12	E3	X +	触摸屏位置输入 +	
13	E2	Y +	触摸屏位置输入 +	
14	D3	AGND	模拟地	
15	E1	DGND	数字地	5. 典型应用电路如图2-17 所示
16		NC	空引脚	
17	D2	$\overline{PENIRQ}$	触摸笔中断	
18	D1	$\overline{CS}$	芯片选择输入	
19	C2	DIN	串行数据输入	

（续）

引脚号		引脚符号	引脚功能	备　注
WLCSP	LFCSP			
20	C1	STOPACQ	停止采集	1. 封装：32 引脚 LFCSP
21	B2	GPIO4	专用通用逻辑输入/输出 4	（5mm × 5mm）与 25 球
22	B1	$\overline{\text{ALERT}}$	数字有源低输出	WLCSP（2.5mm × 2.8mm）
23	B3	$\overline{\text{DAV}}$	数据输出	封装
24		NC	空引脚	2. 用途：触摸屏数字转
25		NC	空引脚	换器
26	A1	DCLK	外部时钟输入	3. 应用领域：个人数字助
27	A2	DOUT	输入串行数据	理、智能手持设备、触摸屏监
28	A3	V_{DRIVE}	逻辑电源输入	控、销售点终端、医疗设备、
29	A4	ARNG	电流输出模式	手机
30	A5	AOUT	模拟输出电压	4. 关键参数：工作温度为
31	B4	V_{REF}	参考电压输出	$-40 \sim 85℃$、2.5 V 参考电
32		NC	空引脚	压、单相供电，电源电压为 $2.7 \sim 5.25$ V
				5. 典型应用电路如图2-17 所示

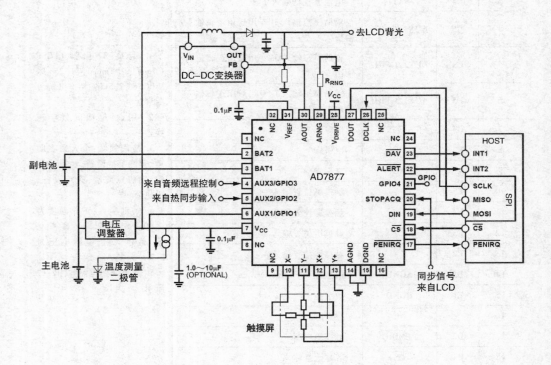

图 2-17　AD7877 典型应用电路

19. AD7879

引脚号 LFCSP	引脚号 WLCSP	引脚符号	引脚功能	备　注
1	B3	Y +	触摸屏输入通道 +	
2		NC	空引脚	
3		NC	空引脚	
4	C3	X –	触摸屏输入通道 –	1. 封装:采用 12 球 WLCSP
5	D3	Y –	触摸屏输入通道 –	(1.6mm × 2mm)与 16 引脚
6	C2	DIN	串行数据输入	LFCSP(4mm × 4mm)
7	D2	GND	地	2. 用途:触摸屏低压控
8	D1	SCL	串行接口时钟输入	制器
9	C1	DOUT	串行数据输出	3. 应用领域:个人数字助
10		NC	空引脚	理、智能手持设备、触摸屏显
11		NC	空引脚	示器、销售点终端、医疗设
12	B1	$\overline{PENIRQ}/\overline{INT}/DAV$	触摸笔中断/中断输出/数据寄存器	备、手机
13	A1	AUX/VBAT/GPIO	辅助输入/电池监视器输入/通用数字输入与输出	4. 关键参数:工作电压为 1.6～3.6V
14	B2	$\overline{CS}$	串行接口芯片选择	5. 典型应用电路如图2-18
15	A2	V_{CC}/REF	电源/参考	所示
16	A3	X +	触摸屏输入通道 +	

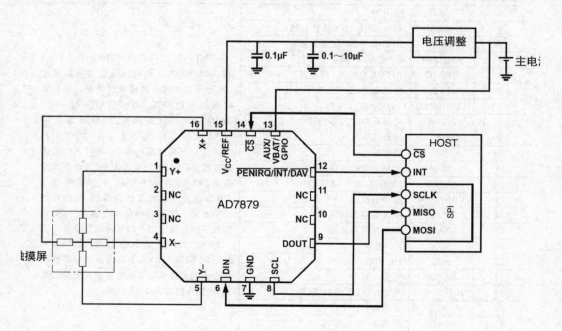

图 2-18　AD7879 典型应用电路

20. AD7879-1

引脚号		引脚符号	引脚功能	备　注
LFCSP	WLCSP			
1	B3	Y+	触摸屏输入通道+	1. 封装:采用12球
2		NC	空引脚	WLCSP（1.6mm×
3		NC	空引脚	2mm）与16引脚LF-
4	C3	X−	触摸屏输入通道−	CSP(4mm×4mm)
5	D3	Y−	触摸屏输入通道−	2. 用途:触摸屏低
6	C2	ADD1	地址位1	压控制器
7	D2	GND	地	3. 应用领域:个人
8	D1	SCL	串行接口时钟输入	数字助理、智能手持
9	C1	SDA	串行数据输入与输出	设备、触摸屏显示器、
10		NC	空引脚	销售点终端、医疗设
11		NC	空引脚	备、手机
12	B1	$\overline{PENIRQ}$/$\overline{INT}$/$\overline{DAV}$	触摸屏中断/中断输出/数据寄存器	4. 关键参数:工作
13	A1	AUX/VBAT/GPIO	辅助输入/电池监视器输入/通用数字输入与输出	电压为1.6～3.6V
14	B2	ADD0	地址位0	
15	A2	V_{CC}/REF	电源/参考	
16	A3	X+	触摸屏输入通道+	

21. ADMTV102

引脚号	引脚符号	引脚功能	备　注
1	NC	空引脚	
2	UVLOAD	VHF/UHF LNA 负载电感	
3	RFIND1	RFPGA 电感器(为偏置)	ADMTV102 是一款支持 DVB-H、DVB-T
4	VDD18RF	RF 电源(1.8V)	和 DMB-TH 等移动电视标准的高集成度
5	RFIND2	RFPGA 电感器(为偏置)	CMOS 单芯片零中频转换调谐器。它包含
6	PDETCAP	外部电容(为 RF 功率检测)	双通道的射频输入频带:VHF 和 UHF。
7	VDD18VCO	VCO 电源(1.8V)	ADMTV102 的组成包括:低噪声放大器
8	LOOPF	外部环路滤波器元件	(LNA)、射频可编程增益放大器(RFP-
9	AS	地址选择输入	GA)、I/Q 下变频混频器、带宽可调的低通
10	PD	硬件断电	滤波器,基带可变增益放大器、一个压控振
11	TSPD	时间分片的硬件断电	荡器(VCO)和一个小数 N 分频锁相环
12	VDDIO	IO 电源(1.8～3.3V)	(PLL)。片上集成低相位噪声 VCO 和高
13	VDD18DIG	数字电源(1.8V)	分辨率的小数 N 分频频率合成器,可有效
14	XTALI	晶体振荡器输入	降低移动电视应用中的带内相位噪声
15	XTALO	晶体振荡器输出	ADMTV102 采用小型、无铅的 5mm×
16	SDA	I^2C 数据	5mm 32 引脚 LFCSP,非常适合于对功耗要
17	SCL	I^2C 时钟	求很高的高集成度双频带移动和便携式应
18	RESET	复位	用,应用电路如图 2-19 所示
19	HOLDAGC	测试(为支持 AGC 操作)	
20	NC	空引脚	
21	BBAGC	外部 BBAGC 输入	
22	ADJRSSI	RSSI 输出电压(为相邻通道)	

(续)

引脚号	引脚符号	引脚功能	备 注
23	RFRSSI	RSSI 输出电压(为需要通道)	ADMTV102 是一款支持 DVB-H、DVB-T 和 DMB-TH 等移动电视标准的高集成度 CMOS 单芯片零中频转换调谐器。它包含双通道的射频输入频带: VHF 和 UHF。ADMTV102 的组成包括: 低噪声放大器 (LNA)、射频可编程增益放大器 (RFP-GA)、I/Q 下变频混频器、带宽可调的低通滤波器,基带可变增益放大器、一个压控振荡器 (VCO) 和一个小数 N 分频锁相环 (PLL)。片上集成低相位噪声 VCO 和高分辨率的小数 N 分频频率合成器,可有效降低移动电视应用中的带内相位噪声
24	QP	正交相位正输出	
25	QN	正交相位负输出	
26	IN	同相负输出	
27	IP	同相正输出	
28	VDD18BB	基带模块电源(1.8V)	
29	RBIAS	偏置参考输入	ADMTV102 采用小型、无铅的 5mm × 5mm 32 引脚 LFCSP,非常适合于对功耗要求很高的高集成度双频带移动和便携式应用,应用电路如图 2-19 所示
30	VRFIN	VHF RF 输入	
31	URFIN	UHF RF 输入	
32	NC	空引脚	

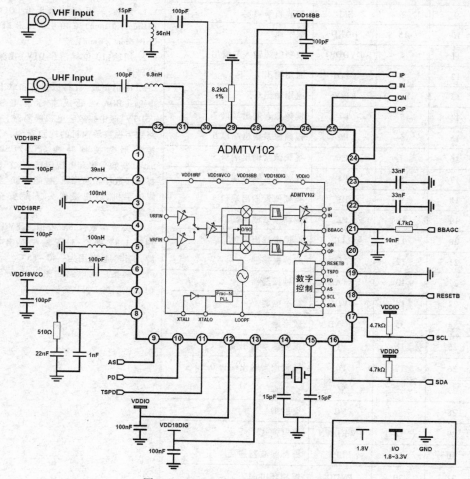

图 2-19　ADMTV102 典型应用电路

22. ADV7180

引脚号		引脚符号	引脚功能	备　注
LQFP	LFCSP			
	37	VS/FIELD	场同步输出信号	
1	38	$\overline{INTRQ}$	中断请求输出	
2	39	HS	行同步输出信号	
3	3	DGND	数字地	
4	1	DVDDIO	数字电源输入与输出	
5		P11	视频像素输出端口 11	
6		P10	视频像素输出端口 10	
7		P9	视频像素输出端口 9	
8		P8	视频像素输出端口 8	
9	2	SFL	载波频率锁定	1. 封装:采用 64 引脚无铅 LQFP（10mm×10mm）与 40 引脚无铅 LF-CSP（6mm×6mm）
10	15	DGND	数字地	
11	4	DVDDIO	数字电源输入与输出	2. 用途:10 位标清（SDTV）视频解码器
12		GPO1	通用输出 1	
13		GPO0	通用输出 0	3. 应用领域:数码摄像机和掌上电脑（PDA）、低成本标清电视
14	5	P7	视频像素输出端口 7	（SDTV）画中画数字电视解码器、多
15	6	P6	视频像素输出端口 6	路数字视频录像机的视频安全、AV
16	7	P5	视频像素输出端口 5	接收器和视频转换、PCI-/USB-
17	8	P4	视频像素输出端口 4	based 视频采集和电视调试卡、个人
18	9	P3	视频像素输出端口 3	媒体播放器和录像机、智能手机/多
19	10	P2	视频像素输出端口 2	媒体手机、后视摄像头/车辆安全系统
20	11	LLC	线锁定输出时钟	
21	12	XTAL1	时钟振荡器	4. 关键参数:1.8V 模拟,1.8V 锁相环,1.8V 数字,3.3V 输入/输出电
22	13	XTAL	时钟振荡器	源,工作温度范围为 −40 ~ 85℃
23	14	DVDD	数字电源	
24	35	DGND	数字地	5. 典型应用电路如图 2-20 所示（以 64 引脚 LQFP 为例）
25	16	P1	视频像素输出端口 1	
26	17	P0	视频像素输出端口 0	
27		NC	空引脚	
28		NC	空引脚	
29	18	$\overline{PWRDWN}$	掉电模式	
30	19	ELPF	外部滤波器连接	
31	20	PVDD	锁相环电源	

（续）

引脚号		引脚符号	引脚功能	备　注
LQFP	LFCSP			
32	21	AGND	模拟地	
33		NC	空引脚	
34	22	TEST_0	测试	
35	23	$A_{IN}1$	模拟视频输入通道 1	
36	29	$A_{IN}2$	模拟视频输入通道 2	
37	24	AGND	模拟地	
38	25	VREFP	内部电压基准输出	
39	26	VREFN	内部电压基准输出	
40	27	AVDD	模拟电源	1. 封装:采用 64 引脚无铅 LQFP（10mm×10mm）与 40 引脚无铅 LF-CSP（6mm×6mm）
41		NC	空引脚	2. 用途:10 位标清（SDTV）视频解码器
42		NC	空引脚	3. 应用领域:数码摄像机和掌上电脑（PDA）、低成本标清电视（SDTV）画中画数字电视解码器、多路数字视频录像机的视频安全、AV接收器和视频转换、PCI-/USB-based 视频采集和电视调试卡、个人媒体播放器和录像机、智能手机/多媒体手机、后视摄像头/车辆安全系统
43	28	AGND	模拟地	
44		NC	空引脚	
45		NC	空引脚	
46	30	$A_{IN}3$	模拟视频输入通道 3	
47		$A_{IN}4$	模拟视频输入通道 4	
48		$A_{IN}5$	模拟视频输入通道 5	
49		$A_{IN}6$	模拟视频输入通道 6	
50		NC	空引脚	
51	31	$\overline{RESET}$	系统复位	4. 关键参数:1.8V 模拟,1.8V 锁相环,1.8V 数字,3.3V 输入/输出电源,工作温度范围为 −40~85℃
52	32	ALSB	I^2C 地址选择	5. 典型应用电路如图 2-20 所示（以 64 引脚 LQFP 为例）
53	33	SDATA	I^2C 串口数据输入与输出	
54	34	SCLK	I^2C 串口时钟输入	
55		GPO3	通用输出 3	
56		GPO2	通用输出 2	
57	40	DGND	数字地	
58	36	DVDD	数字电源	
59		P15	视频像素输出端口 15	
60		P14	视频像素输出端口 14	
61		P13	视频像素输出端口 13	
62		P12	视频像素输出端口 12	
63		FIELD	场同步输出信号	
64		VS	场同步输出信号	

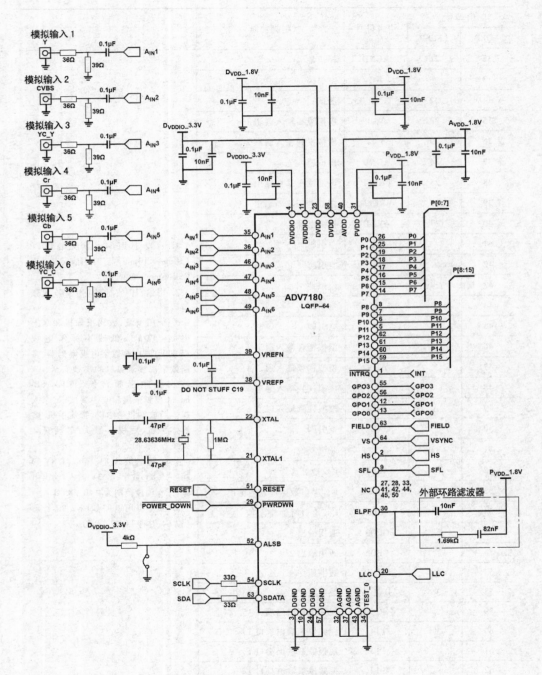

图 2-20　ADV7180 典型应用电路

23. AK8973B

引脚号	引脚符号	引脚功能	备　　注
A1	NC1	空引脚	
A2	CAD1	从地址 1 输入	
A3	VID	数字接口正电源	
A4	NC2	空引脚	
B1	VSS	地	
B2	CAD0	从地址 0 输入	
B3	SDA	串行数据输入与输出	该集成电路为三轴罗盘芯片,应用电路如图
B4	SCL	串行时钟输入	2-21 所示(以应用在索爱 X10 智能手机电路上
C1	V_{DD}	电源	为例)
C2	NC3	空引脚	
C3	TST1	测试 1	
C4	INT	中断信号输出	
D1	TST3	测试 3	
D3	RSTN	复位	
D4	TST2	测试 2	

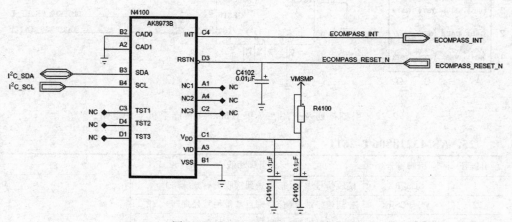

图 2-21　AK8973B 典型应用电路

24. AK8973S

引脚号	引脚符号	引脚功能	备　　注
A1	NC	空引脚	
A2	CAD1	从地址 1 输入	该集成电路为三轴罗盘芯片,封装件只有
A3	VID	数字接口正电源	2.5mm×2.5mm×0.5mm,AK8973S 数码接口的
A4	NC	空引脚	用途包括移动电话的行人导航系统、个人导航
B1	VSS	地	装置以及电视游戏控制器的动作输入装置
B2	CAD0	从地址 0 输入	引脚排列及应用电路如图 2-22 所示(以应用
B3	SDA	控制数据输入/输出	在苹果 iPhone4 智能手机电路为例)
B4	SCL	控制数据时钟输入	
C1	V_{DD}	电源	

（续）

引脚号	引脚符号	引脚功能	备　　注
C2	NC	空引脚	该集成电路为三轴罗盘芯片，封装件只有 2.5mm×2.5mm×0.5mm，AK8973S 数码接口的用途包括移动电话的行人导航系统、个人导航装置以及电视游戏控制器的动作输入装置 引脚排列及应用电路如图 2-22 所示（以应用在苹果 iPhone4 智能手机电路为例）
C3	TST1	测试 1	
C4	INT	中断信号输出	
D1	TST3	测试 3	
D3	RSTN	复位	
D4	TST2	测试 2	

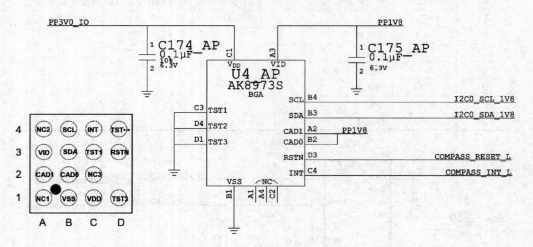

图 2-22　引脚排列及应用在苹果 iPhone 4 智能手机上的电路

25. ASM3218806T-2611

引脚号	引脚符号	引脚功能	备　　注
1	DCS_RX	接收信号端口（信号送到接收机射频电路）	该集成电路为天线开关模组，内部框图及应用电路如图 2-23 所示（以应用在苹果 iPhone 智能手机电路上为例）
2	VC_PCSRX	控制信号端口（信号来自基带信号处理器）	
3	GSM850/900_RX	接收信号端口（信号送到接收机射频电路）	
4	VC_LB_TX	控制信号端口（信号来自基带信号处理器）	
5	DPCS_TX	发射信号端口（信号来自发射功率放大电路）	
6	GND	地	
7	GSM850/900_TX	发射信号端口（信号来自发射功率放大电路）	
8	GND	地	
9	ANT	天线端口	
10	VC_HB_TX	控制信号端口（信号来自基带信号处理器）	
11	PCS_RX	接收信号端口（信号送到接收机射频电路）	
12	GND	地	
13	GND	地	

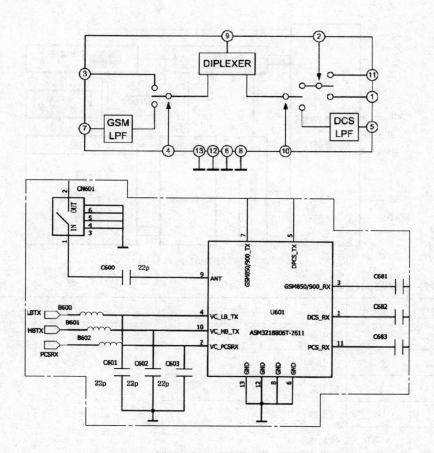

图 2-23　ASM3218806T-2611 内部框图及应用电路

26. AT25DF081

引脚号	引脚符号	引脚功能	备　注
1	CS	片选	
2	SO	串行输出	
3	$\overline{WP}$	写保护	
4	GND	地	该集成电路为 SPI 串行闪存,采用 8 引脚 UD-FN 封装,应用在 iPhone 3G 手机上
5	SI	串行输入	AT25DF081 内部框图如图 2-24 所示
6	SCK	串行时钟	
7	$\overline{HOLD}$	保持	
8	V_{CC}	电源	

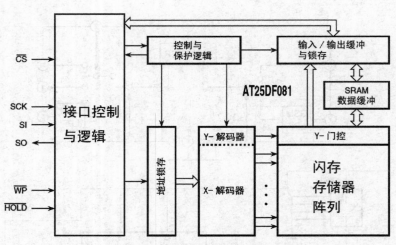

图 2-24　AT25DF081 内部框图

27. AW9364QNR

引脚号	引脚符号	引脚功能	备　注
1	NC	空引脚	
2	NC	空引脚	
3	NC	空引脚	
4	NC	空引脚	
5	AGND	模块地	
6	PGND	功率地	
7	VIN	输入电源	
8	EN	芯片使能	AW9364QNR 是一款四路超低压降恒流型并联 LED 驱动器,采用 QFN 封装,典型应用电路如图 2-25 所示
9	NC	空引脚	
10	LED4	连接至 LED 阴极,未用时悬空或接地 4	
11	LED3	连接至 LED 阴极,未用时悬空或接地 3	
12	LED2	连接至 LED 阴极,未用时悬空或接地 2	
13	LED1	连接至 LED 阴极,未用时悬空或接地 1	
14	NC	空引脚	
15	NC	空引脚	
16	NC	空引脚	

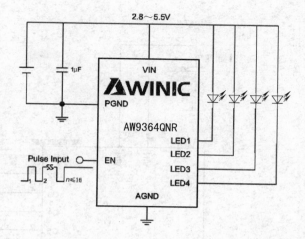

图 2-25 AW9364QNR 典型应用电路

28. AW9388QNR

引脚号	引脚符号	引脚功能	备　注
1	D6	LED 驱动信号 6	
2	D5	LED 驱动信号 5	
3	D4	LED 驱动信号 4	
4	D3	LED 驱动信号 3	
5	D2	LED 驱动信号 2	
6	D1	LED 驱动信号 1	
7	GND	地	
8	VIN	电源电压输入	
9	NC	空引脚	AW9388QNR 是一款共阴共阳自适应 8 路低压降恒流型并联 LED 驱动器,采用 QFN 封装 典型应用电路如图 2-26 所示(以应用在 HTC_G23 智能手机电路为例)
10	NC	空引脚	
11	NC	空引脚	
12	D8	LED 驱动信号 8	
13	VIN	电源电压输入	
14	GND	地	
15	EN	使能	
16	D7	LED 驱动信号 7	
17	GND	地	

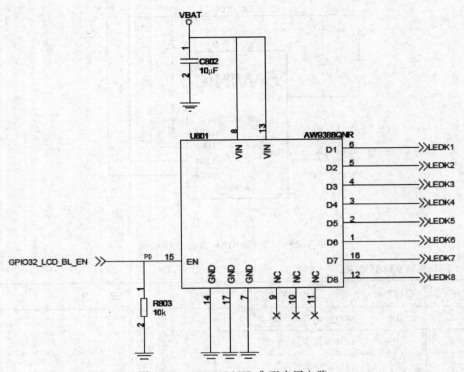

图 2-26　AW9388QNR 典型应用电路

29. AW-GH320

引脚号	引脚符号	引脚功能	备　注
1	GND1	地	
2	RF_IN/OUT	天线或 RF 控制输入/输出	AW-GH320 为 WA-PI 手机专用无线模组,可同时支持"WA-PI/WAPI + Wi-Fi/WAPI + Wi-Fi + 蓝牙"功能,不仅具备更安全、高速的无线传输功能,并且可配合 CDMA、GSM、3G 等不同规格手机的应用
3	GND2	地	
4	GND3	地	
5	TRSTN	JTAG 针(内部使用)	
6	GPIO2	通用输入与输出端 2	
7	EX_OSC_C	外部振荡器	
8	TMS_ARM	JTAG 针(内部使用)	
9	3V_PA	3V PA 电源	
10	WLAN_MAC_WAKE	WLAN MAC 在唤醒/中断	
11	LED_OUT	LED 输出	
12	GND4	地	典型应用电路如图 2-27 所示(以应用在华为 K3 手机电路为例)
13	SD_DAT1/SPI_SDO ~	SDIO 4 位模式:数据线位[1] SDIO 1 位模式:中断 SDIO SPI 模式:保留 G-SPI 模式:G-SPI 数据输出(低电平有效)	

（续）

引脚号	引脚符号	引脚功能	备 注
14	SD_DAT3	SDIO 4 位模式：数据线位[3] SDIO 模式：保留 1 位 SDIO SPI 模式：卡选择（低电平有效）	
15	OSC_SELECT1	振荡器选择 1	
16	BT_STATE	蓝牙状态	
17	WLAN_ACTIVE	WLAN ACTIVE 信号（低电平有效）	
18	NC	空引脚	
19	3V_IO	3V 数字输入与输出电源	
20	EXT_REF_CLK	外部参考时钟	
21	BT_PRIORITY	蓝牙优先	
22	SLEEP_CLK	时钟输入（为外部睡眠时钟）	
23	OSC_SELECT2	振荡器选择 2	
24	GND5	地	
25	SD_DAT2/SPI_SINT ~	SDIO4 位模式：数据线位[2]或读取等待（可选） SDIO 1 位模式：读等待（可选） SDIO SPI 模式：保留 G-SPI 模式：ACTIVE G-SPI 中断输出（低电平有效）	AW-GH320 为 WAPI 手机专用无线模组，可同时支持"WAPI/WAPI + Wi-Fi/WAPI + Wi-Fi + 蓝牙"功能，不仅具备更安全、高速的无线传输功能，并且可配合 CDMA、GSM、3G 等不同规格手机的应用
26	SD_DAT0/SPI_SCS ~	SDIO 4 位模式：数据线位[0] SDIO 1 位模式：数据线 SDIO SPI 模式：数据输出 G-SPI 模式：G-SPI 片选输入（低电平有效）	
27	SD_CLK/SPI_CLK	SDIO 4 位模式：时钟输入端 SDIO 1 位模式：时钟输入端 SDIO SPI 模式：时钟输入端 G-SPI 模式：G-SPI 时钟输入	
28	TDI	JTEG 针（内部使用）	典型应用电路如图 2-27 所示（以应用在华为 K3 手机电路为例）
29	SD_CMD/SPI_SDI	SDIO 4 位模式：命令/响应 SDIO 1 位模式：命令行 SDIO SPI 模式：数据输入 G-SPI 模式：G-SPI 数据输入	
30	TCK	JTAG 针（内部使用）	
31	ANT_SEL_P	天线选择负输出	
32	OSC_SELECT0	振荡器选择 0	
33	ECSN	SDIO：串联一个 100kΩ 电阻接地 G-SPI：保持浮动	
34	SCLK	串行时钟	
35	VIO_X2	1.8V/3.3V 数字电源	
36	GND6	地	
37	VDD18_X3	1.8V 数字输入/输出和内部稳压电源	
38	VIO_X1	1.8V/3.3V 主电源	
39	PD ~ /RESET ~	掉电/复位	

（续）

引脚号	引脚符号	引脚功能	备　注
40	1.2_EXT	1.2V 数字电源	AW-GH320 为 WAPI
41	VDD18A	1.8V 模拟输入与输出电源	手机专用无线模组，可
42	1.2V_REG_SEL	模块内部 LDO 电源(1.2V)	同时支持"WAPI/WAPI
43	HOST_IF_SEL1	主机接口选择 1	+Wi-Fi/WAPI+Wi-Fi
44	HOST_IF_SEL0	主机接口选择 0	+蓝牙"功能，不仅具备
45	ANT_SEL_N	天线选择负输出	更安全、高速的无线传
46	GND7	地	输功能，并且可配合
47	GND8	地	CDMA、GSM、3G 等不同
48	GND9	地	规格手机的应用
49	SINK	散热器	典型应用电路如图 2-27所示(以应用在华为 K3 手机电路为例)

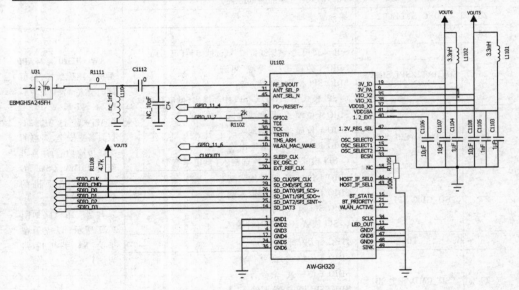

图 2-27　AW-GH320 典型应用电路

30. BC6888A04

引脚号	引脚符号	引脚功能	备　注
A4	XTAL_IN	TCXO 外部时钟输入	
A6	VSS_DIG	地(数字输入/输出电路)	
B1	VREGIN	使能和低电压调节器	BC6888A04 蓝牙芯片,采用 33
B3	LO_REF	参考电压去耦	球 WLCSP(3.21mm × 3.49mm ×
B5	PIO0	可编程输入/输出线 0	0.6mm, 0.5mm 的间距),典型应
B7	PIO3	可编程输入/输出线 3	用电路如图 2-28 所示(以应用在
C2	VSS_ANA	地(模拟电路,VCO 和合成器)	华为 K3 手机电路为例)
C4	SPI_MISO	SPI 数据输出	
C6	PIO2	可编程输入/输出线 2	

（续）

引脚号	引脚符号	引脚功能	备　注
C8	VDD_CORE	电源（内部数字电路）	
D1	RF_N	变送器的输出/转换接收器输入	
D3	$\overline{RST}$	复位	
D5	PIO1	可编程输入/输出线 1	
D7	PIO7	可编程输入/输出线 7	
E2	VDD_RADIO	电源（RF 电路和模拟电路）	
E4	SPI_CLK	SPI 时钟	
E6	PIO4	可编程输入/输出线 4	
E8	PIO9	可编程输入/输出线 9	
F1	RF_P	变送器的输出/转换接收器输入	BC6888A04 蓝牙芯片，采用 33
F5	PCM_IN	同步数据输入	球 WLCSP（3.21mm×3.49mm×
F7	UART_MSB	UART 协议选择	0.6mm，0.5mm 的间距），典型应
G2	VSS_RADIO	地（RF 电路）	用电路如图 2-28 所示（以应用在
G4	$\overline{SPI\_CS}$	SPI 片选	华为 K3 手机电路为例）
G6	PIO5	可编程输入/输出线 5	
G8	UART_TX	UART 数据输出（高态有效）	
H1	SPI_MOSI	SPI 数据输入	
H3	TEST_EN	测试使能	
H5	PCM_SYNC	同步数据同步	
H7	UART_LSB	UART 协议选择	
J2	PCM_OUT	同步数据输出	
J4	PCM_CLK	同步数据时钟	
J6	VDD_PADS	电源（数字输入/输出端）	
J8	UART_RX	UART 数据输入（高态有效）	

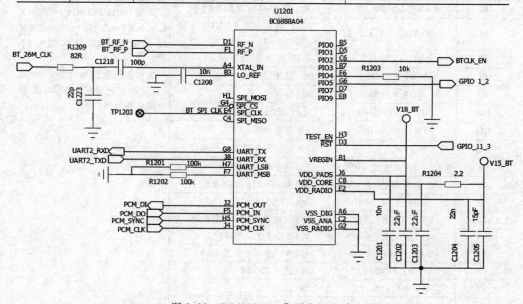

图 2-28　BC6888A04 典型应用电路

31. BCM4330

引脚号	引脚符号	引脚功能	备 注
A1	WRF_RFIN_5G	WLAN 的 802.11a 内部 LNA Rx 输入	
A2	WRF_RFOUT_5G	WLAN 的 802.11a 内部功率放大器输出	
A3	WRF_VDDPA_5G	电源（为内部 11a 频带功率放大器）	
A4	WRF_VDDPA_2G	电源（为内部 11g 频带功率放大器）	
A5	WRF_RFOUT_2G	WLAN 802.11b/g 的内部功率放大器输出	
A6	WRF_RFIN_2G	WLAN 802.11b/g 和 BT 共享 LNA RX 输入	
A7	BT_PAVDD3P3	3.3V 蓝牙内部的 PA 电源	BCM4330 是 Broadcom 第三代组合芯片,具有最高的集成度,面向移动或手持式无线系统,包括 IEEE 802.11a/b/g 和单码流 802.11n（媒体访问控制器（MAC）/基带/射频）、蓝牙 4.0 + HS 以及 FM 无线接收和发射功能。该芯片还集成了电源管理单元（PMU）、功率放大器（PA）和低噪声放大器（LNA）,以满足需要最低功耗和最小尺寸的移动设备的需求
A8	BT_RF	蓝牙 PA 输出	
A9	BT_LNAVDD1P2	1.2V 蓝牙 LNA 电源	
A10	BT_VCOVDD1P2	1.2V 蓝牙 VCO 电源	
A11	FM_AOUT1	FM 模拟音频输出通道 1	
A12	FM_AOUT2	FM 模拟音频输出通道 2	
B1	WRF_VDDLNA_1P2_5G	1.2V 电源（为 WLAN 11a 波段内部 LNA）	
B2	WRF_GNDLNA_5G	地（WLAN 11a 波段 LNA）	
B3	WRF_A_TSSI_IN	TSSI_11a 波段输入	
B4	WRF_GNDPA_5G	地（WLAN 11a 波段 PA）	
B5	WRF_GNDPA_2G	地（WLAN 11g 波段 PA）	
B6	WRF_VDDLNA_1P2_2G	1.2V 电源（为 WLAN 11g 波段内部 LNA）	采用 144 球 FCFBGA（6.5mm × 6.5mm,0.5mm 间距）封装,应用在 LG E510、三星 GT-S5830i 等智能手机上
B7	BT_IFVDD1P2	1.2V 蓝牙 IF 块电源	
B8	BT_FEVSS	地（蓝牙）	
B9	BT_RFVSS	地（蓝牙）	
B10	BT_PLLVDD1P2	1.2V 蓝牙 PLL 电源	
B11	FM_VDDAUDIO	FM 音频电源	典型应用电路如图 2-29 所示（以应用在三星 GT-S5830i 智能手机电路为例）
B12	FM_TX	FM 无线射频输出天线端口	
C1	WRF_LOGERN_A_VDD1P2	1.2V 电源（为 WLAN PLL）	
C2	WRF_LOGERN_A_GND	地（WLAN 11a 波段 LO）	
C3	WRF_ANA_GND	地（WLAN ADC/DAC）	
C4	WRF_PADRV_VDD	电源（为 WLAN PA 驱动器）	
C5	WRF_PADRV_GND	地（WLAN PA 驱动）	
C6	WRF_GNDLNA_2G	地（WLAN 11g 波段 LNA）	
C7	BT_IFVSS	地（蓝牙 IF 块）	
C8	BT_VSS	地（蓝牙）	
C9	BT_VCOVSS	地（蓝牙 VCO）	

（续）

引脚号	引脚符号	引脚功能	备　注
C10	FM_VSSAUDIO	地（FM 音频）	
C11	FM_IFVDD1P2	1.2V FM IF 电源	
C12	FM_RFVDD_1P2	1.2V FM 收发器电源	
D1	WRF_VDD_VCOLDO_IN_1P8	VCOLDO 输入	
D2	WRF_VDDANA_1P2	1.2V 电源（为 WLAN ADC/DAC 块）	
D3	WRF_VCOLDO_OUT_1P2	VCOLDO 输出	
D4	WRF_GPIO_OUT	辅助 RF I/O 口	
D5	WRF_G_TSSI_IN	SSI_11g 波段输入	
D6	BT_UART_CTS_N	蓝牙 UART 清除发送,低电平有效发送信号（为 HCI UART 接口）	
D7	BT_CLK_REQ_IN	参考时钟请求输入	BCM4330 是 Broadcom 第三代组合芯片,具有最高的集成度,面向移动或手持式无线系统,包括 IEEE 802.11a/b/g 和单码流 802.11n（媒体访问控制器（MAC）/基带/射频）、蓝牙 4.0 + HS 以及 FM 无线接收和发射功能。该芯片还集成了电源管理单元（PMU）、功率放大器（PA）和低噪声放大器（LNA）,以满足需要最低功耗和最小尺寸的移动设备的需求
D8	BT_CLK_REQ_POL	BT 请求时钟上电复位	
D9	BT_PLLVSS	地（蓝牙 PLL）	
D10	FM_PLLVSS	地（FM PLL）	
D11	FM_RFVSS	地（FM 接收）	
D12	FM_RXN	FM 无线电射频天线端	
E1	WRF_TXCO_VDD	1.7V 至 3.3V 电源（为 BCM4330 TCXO 驱动程序）	
E2	WRF_VCO_GND	地（WLAN VCO）	
E3	WRF_VDDAFE_1P2	1.2V 电源（为 WLAN AFE）	
E4	WRF_RES_EXT	连接到地,通过外部一个 15 kΩ 的电阻	采用 144 球 FCFBGA（6.5mm × 6.5mm,0.5mm 间距）封装,应用在 LG E510、三星 GT-S5830i 等智能手机上
E5	BT_PCM_CLK	PCM 时钟,可以是主机（输出）或从机（输入）	
E6	BT_UART_RXD	蓝牙 UART 信号输入,HCI UART 接口串行数据输入	
E7	BT_UART_TXD	蓝牙 UART 信号输出,HCI UART 接口串行数据输入	
E8	BT_CLK_REQ_MODE	外部参考时钟请求模式	
E9	FM_VSS	地（FM）	典型应用电路如图 2-29 所示（以应用在三星 GT-S5830i 智能手机电路为例）
E10	FM_VDD2P5	2.5V FM 电源	
E11	FM_VSSVCO	地（FM VCO）	
E12	FM_RXP	FM 无线电射频天线端	
F1	WRF_XTAL_OP	晶体振荡器输入	
F2	WRF_TCXO_IN	外部 TCXO 输入	
F3	WRF_AFE_GND	地（WLAN AFE）	
F4	BT_PCM_IN	PCM 数据输入	
F5	BT_PCM_SYNC	PCM 同步信号,可以是主机（输出）或从机（输入）	

（续）

引脚号	引脚符号	引脚功能	备 注
F6	BT_UART_RTS_N	蓝牙 UART 请求发送,低电平有效请求发送信号（为 HCI UART 接口）	
F7	WL_VDDC	1.2V 电源（为 WLAN 核心）	
F8	BT_VDDC	1.2V 蓝牙基带核心供电	
F9	BT_GPIO_0	蓝牙通用接口 0	
F10	BT_RTS_N	低复位（为蓝牙/ FM）	
F11	BT_TMO	蓝牙测试模式	
F12	BT_CLK_REQ_OUT	蓝牙时钟请求输出	
G1	WRF_XTAL_ON	晶体振荡器输出	
G2	WRF_XTAL_GND	地（WLAN PLL）	
G3	WRF_XTAL_VDD1P2	1.2V 电源（为晶体振荡器电路）	BCM4330 是 Broadcom 第三代组合芯片,具有最高的集成度,面向移动或手持式无线系统,包括 IEEE 802.11a/b/g 和单码流 802.11n（媒体访问控制器（MAC）/基带/射频）、蓝牙 4.0 + HS 以及 FM 无线接收和发射功能。该芯片还集成了电源管理单元（PMU）、功率放大器（PA）和低噪声放大器（LNA）,以满足需要最低功耗和最小尺寸的移动设备的需求
G4	WL_GPIO_4	WLAN 接口 4	
G5	BT_PCM_OUT	PCM 数据输出	
G6	VSSC	地	
G7	VSSC	地	
G8	VSSC	地	
G9	BT_I2S_CLK	蓝牙 I^2S 时钟	
G10	BT_I2S_DI	蓝牙 I^2S 数据输入	
G11	BT_GPIO_4	蓝牙通用接口 4	
G12	BT_GPIO_2	蓝牙通用接口 2	
H1	WL_GPIO_1	WLAN 接口 1	
H2	WL_GPIO_0	WLAN 接口 0	
H3	WL_GPIO_2	WLAN 接口 2	
H4	WL_GPIO_6	WLAN 接口 6	采用 144 球 FCFBGA（6.5mm × 6.5mm,0.5mm 间距）封装,应用在 LG E510、三星 GT-S5830i 等智能手机上
H5	WL_GPIO_5	WLAN 接口 5	
H6	WL_VDDC	1.2V 电源（为 WLAN 核心）	
H7	LPO	外部低功耗时钟输入	典型应用电路如图 2-29 所示（以应用在三星 GT-S5830i 智能手机电路为例）
H8	BT_I2S_WS	蓝牙 I^2S 写选择	
H9	BT_I2S_DO	蓝牙 I^2S 数据输出	
H10	BT_GPIO_5	蓝牙通用接口 5	
H11	BT_GPIO_1	蓝牙通用接口 1	
H12	BT_GPIO_3	蓝牙通用接口 3	
J1	HSIC_AVDD12	1.2V HSIC 电源	
J2	WL_VDDC	1.2V 电源（为 WLAN 核心）	
J3	WL_GPIO_3	WLAN 接口 3	
J4	VSSC	地	
J5	VSSC	地	

（续）

引脚号	引脚符号	引脚功能	备　注
J6	VSSC	地	
J7	BT_VDDIO	BT 数字 I/O 电源(1.2~2.5V)	
J8	BT_VDDC	1.2V 蓝牙基带核心供电	
J9	EXT_SMPS_REQ	辅助 PMU 控制输入（外部 SMPS 请求）	
J10	EXT_PWM_REQ	辅助 PMU 控制输入（外部 PWM 请求）	
J11	VOUT_3P1	LDO3P1 输出（2.5 V 输出默认情况下）	
J12	VOUT_3P3	LDO3P3 输出	
K1	HSIC_STROBE	HSIC 双向数据选通信号	
K2	HSIC_AVSS	地(HSIC 块)	
K3	RF_SW_CTL_7	可编程 RF 开关的控制线 7	BCM4330 是 Broadcom 第三代组合芯片,具有最高的集成度,面向移动或手持式无线系统,包括 IEEE 802.11a/b/g 和单码流 802.11n（媒体访问控制器(MAC)/基带/射频)、蓝牙4.0 + HS 以及 FM 无线接收和发射功能。该芯片还集成了电源管理单元(PMU)、功率放大器(PA)和低噪声放大器(LNA),以满足需要最低功耗和最小尺寸的移动设备的需求
K4	VDDIO_RF	RF I/O 电源(3.3V)	
K5	RF_SW_CTL_3	可编程 RF 开关的控制线 3	
K6	WL_VDDIO	WLAN 数字 I/O 电源(1.2~2.5V)	
K7	VDD_ISLAND	电源	
K8	BT_VDDC	1.2V 蓝牙基带核心供电	
K9	BT_REG_ON	使用的 PMU（或门控 WL_REG_ON）开机或关机,内部 BCM4330 监管机构使用 BT/FM 部分	
K10	PMU_AVSS	地（PMU 块模拟）	
K11	SR_VDDBAT2	降压型稳压器,电池电压输入 2	
K12	SR_VDDBAT1	降压型稳压器,电池电压输入 1	
L1	HSIC_DATA	HSIC 双向 DDR 数据信号	采用 144 球 FCFBGA (6.5mm × 6.5mm,0.5mm 间距)封装,应用在 LG E510、三星 GT-S5830i 等智能手机上
L2	HSIC_RREF	HSIC 偏置（连接到地,通过 49.9Ω 的串联电阻）	
L3	RF_SW_CTL_2	可编程 RF 开关的控制线 2	
L4	RF_SW_CTL_4	可编程 RF 开关的控制线 4	典型应用电路如图 2-29 所示（以应用在三星 GT-S5830i 智能手机电路为例）
L5	JTAG_SEL	JTAG 选择	
L6	WL_VDDC	1.2V 电源（为 WLAN 核心）	
L7	SDIO_DATA_0	SDIO 数据线 0	
L8	SDIO_DATA_3	SDIO 数据线 3	
L9	WL_REG_ON	使用的 PMU（或门控 BT_REG_ON）开机或关机时,内部 BCM4330 监管机构使用的 WLAN 部分	
L10	VOUT_LNLDO1	LNLDO1 输出低噪声	
L11	SR_VLX	核心降压型稳压器,输出的电感	

（续）

引脚号	引脚符号	引脚功能	备　注
L12	SR_VDDBAT1	降压型稳压器,电池电压输入1	BCM4330 是 Broadcom 第三代组合芯片,具有最高的集成度,面向移动或手持式无线系统,包括 IEEE 802.11a/b/g 和单码流 802.11n（媒体访问控制器（MAC）/基带/射频）、蓝牙4.0＋HS 以及 FM 无线接收和发射功能。该芯片还集成了电源管理单元（PMU）、功率放大器（PA）和低噪声放大器（LNA）,以满足需要最低功耗和最小尺寸的移动设备的需求 　采用 144 球 FCFBGA（6.5mm×6.5mm,0.5mm 间距）封装,应用在 LG E510、三星 GT-S5830i 等智能手机上 　典型应用电路如图 2-29 所示（以应用在三星 GT-S5830i 智能手机电路为例）
M1	RF_SW_CTL_5	可编程 RF 开关的控制线5	
M2	RF_SW_CTL_1	可编程 RF 开关的控制线1	
M3	RF_SW_CTL_0	可编程 RF 开关的控制线0	
M4	RF_SW_CTL_6	可编程 RF 开关的控制线6	
M5	SDIO_DATA_1	SDIO 数据线1	
M6	SDIO_CLK	SDIO 时钟	
M7	SDIO_CMD	SDIO 命令行	
M8	SDIO_DATA_2	SDIO 数据线2	
M9	VOUT_CLD0	核心 LDO 输出0	
M10	VIN_LDO	LDO 输入电源	
M11	SR_PVSS	地(开关稳压器)	
M12	SR_VLX	核心降压型稳压器,输出的电感	

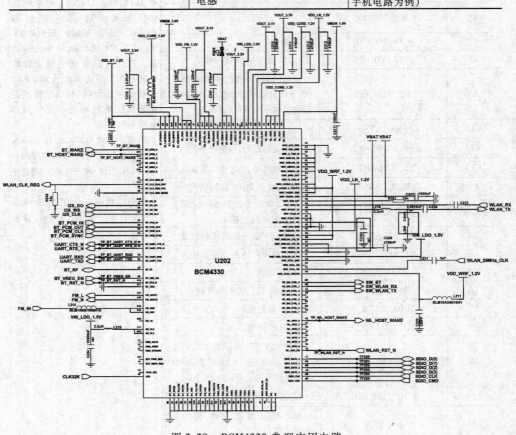

图 2-29　BCM4330 典型应用电路

32. BCM4751

引脚号		引脚符号	引脚功能	备 注
FPBGA	WLBGA			
B7	A1	D_GPIO_4	通用输入与输出端4	
A7	A2	D_GPIO_3	通用输入与输出端3	
A8	A3	D_GPIO_2	通用输入与输出端2	
D2	A4	SDA1	TSXO I^2C 数据输入与输出1	
A4	A5	GPS_CAL	参考时钟输入,用于校准的 TCXO	
C6、D7、F3	A6	VDD_18	电源(1.8V)	
A6	B1	HSOT_REQ	主机请求	
B6	B2	LNA_EN	LNA 使能	
A1	B3	UART_Ncts	UART 清除发送	
C3、C7	B4	VDDC	核心电源	
B2	B5	UART_Nrts	UART 发送请求输出	
A5	B6	RST_N	复位	BCM4751 为 GPS 接收器,采用晶圆级球栅阵列(WLBGA)封装与微间距球栅阵列(FPBGA)封装
F8	C1	VDDADC	ADC 电源	
F9、H9	C2	VSSADC	ADC 地	
F4、C5、B8	C3	VSSC	核心地	
D1	C4	SDA2/UART_RX	I^2C 数据输入与输出/UART 接收输入	
C1	C5	SCL1	TSXO I^2C 时钟输入与输出	
E1	C6	SCL2/UART_TX	I^2C 时钟输入与输出/UART 发送输出	典型应用电路如图 2-30 所示(以采用 WLBGA 封装应用在三星 S5830i 智能手机电路为例)
G10	D1	TCXO	TCXO 输入	
F10	D2	ADCP	ADC 非反相输入	
G3	D3	VSSC	核心地	
D3	D4	VSSC	核心地	
K2	D5	LPO_IN	RTC 输入	
G2	D6	VDDC	核心电源	
G9	E1	ADCN	ADC 同相输入	
H10	E2	GPS_VDDPLL	合成器电源	
H6	E3	VDD_AUXO	AUX LDO 输出	
J3、K3	E4	AVSS	PMU 地	
H7	E5	VDD_AUXIN	AUX LDO 输入	
K1	E6	TM2	测试模式输入2	
J8	F1	GPS_VSSIF	IF 地	
J10	F2	GPS_VDDLNA	LNA 电源	
K7	F3	GPS_VDDIF	IF 电源	
K6	F4	VDD1P2_GRF	RF LDO 输出	
K5	F5	VDD1P2_CORE	核心 LDO 输出	
H5	F6	VDD_PRE	稳压器电源	
K9	G1	GPS_RFIP	RF 输入	

（续）

引脚号		引脚符号	引脚功能	备 注
FPBGA	WLBGA			
K10、K8	G2	GPS_VSSLNA	LNA 地	
J7	G3	GPS_AUXOP	RF 测试输出	
J6	G4	REF_CAP	参考过滤器电容	
J5	G5	VDD_BAT	电池电压	
J4	G6	REGPU	上电信号	
H2		TM1	测试模式输入 1	
B3		TM3	测试模式输入 3	
J9		GPS_VSSPLL	合成器地	
K4		AUX_HI	AUX LDO 电压选择	
H8		GPS_AUXON	RF 测试	
E9		VDDIFP	系统 PLL 电源	
E10		GNDIFP	系统 PLL 地	
A3		C_GPIO_6	通用输入与输出端 6	
B5		C_GPIO_7	通用输入与输出端 7	BCM4751 为 GPS
A2		C_GPIO_5	通用输入与输出端 5	接收器,采用晶圆级
H1		C_GPIO_8	通用输入与输出端 8	球栅阵列（WLBGA）
F5		XCS_N	片选	封装与微间距球栅阵
E4		XWE_N	写使能	列（FPBGA）封装
E2		XOE_N	输出使能	典型应用电路如图
F2		XA_1	地址总线（为 1MB）1	2-30 所示（以采用
F7		XA_2	地址总线（为 1MB）2	WLBGA 封装应用在
H3		XA_3	地址总线（为 1MB）3	三星 S5830i 智能手
H4		XA_4	地址总线（为 1MB）4	机电路为例）
J2		XA_5	地址总线（为 1MB）5	
G8		XA_6	地址总线（为 1MB）6	
G7		XA_7	地址总线（为 1MB）7	
J1		XA_8	地址总线（为 1MB）8	
G6		XA_9	地址总线（为 1MB）9	
G4		XA_10	地址总线（为 1MB）10	
G1		XA_11	地址总线（为 1MB）11	
F1		XA_12	地址总线（为 1MB）12	
G5		XA_13	地址总线（为 1MB）13	
C10		XA_14	地址总线（为 1MB）14	
C8		XA_15	地址总线（为 1MB）15	
D5		XA_16	地址总线（为 1MB）16	
D8		XA_17	地址总线（为 1MB）17	
D6		XA_18	地址总线（为 1MB）18	

（续）

引脚号		引脚符号	引脚功能	备 注
FPBGA	WLBGA			
D9		XA_19	地址总线（为1MB）19	
E5		XD_0	16 位数据总线 0	
B1		XD_1	16 位数据总线 1	
E6		XD_2	16 位数据总线 2	
D4		XD_3	16 位数据总线 3	BCM4751 为 GPS
C4		XD_4	16 位数据总线 4	接收器，采用晶圆级
E3		XD_5	16 位数据总线 5	球栅阵列（WLBGA）
F6		XD_6	16 位数据总线 6	封装与微间距球栅阵
E7		XD_7	16 位数据总线 7	列（FPBGA）封装
C2		XD_8	16 位数据总线 8	典型应用电路如图
D10		XD_9	16 位数据总线 9	2-30 所示（以采用
B4		XD_10	16 位数据总线 10	WLBGA 封装应用在
A9		XD_11	16 位数据总线 11	三星 S5830i 智能手
A10		XD_12	16 位数据总线 12	机电路为例）
B9		XD_13	16 位数据总线 13	
C9		XD_14	16 位数据总线 14	
B10		XD_15	16 位数据总线 15	

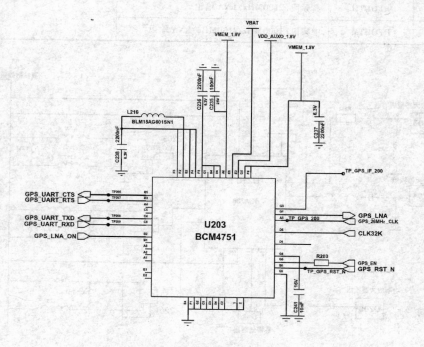

图 2-30　BCM4751 典型应用电路

33. BGA736

引脚号	引脚符号	引脚功能	备　注
1	VGS2	增益控制 2	
2	VGS1	增益控制 1	
3	V_{CC}	电源	
4	RFGNDH	地,高频段(2100 MHz)LNA 射频	
5	GND	地	
6	RFINM	中频段(1900 MHz/2100 MHz)LNA 输入	BGA736 是一个高度灵活、三增益模式、支持三频的微波低噪声放大器,具有动态增益控制、温度性能稳定、支持待机模式等特点
7	RFINH	高频段(2100 MHz)LNA 输入	
8	RFGNDM	地,中频段(1900 MHz/2100 MHz)LNA 射频	
9	GND	地	
10	RFINL	低频段(800 MHz/900 MHz)LNA 输入	典型应用电路如图 2-31 所示(以应用在苹果 iPhone 3G 智能手机电路为例)
11	VEN2	频段选择控制 2	
12	VEN1	频段选择控制 1	
13	RREF	偏置电流设置端	
14	RFOUTL	低频段(800 MHz/900 MHz)LNA 输出	
15	RFOUTH	高频段(2100 MHz)LNA 输出	
16	RFOUTM	中频段(1900 MHz/2100 MHz)LNA 输出	

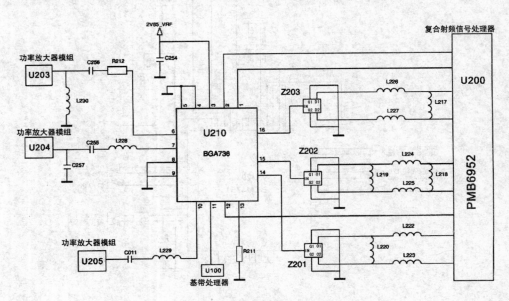

图 2-31　BGA736 典型应用电路

34. BGA748N16

引脚号	引脚符号	引脚功能	备　注
1	RFOUT8	LNA 输出 UMTS 频段 Ⅷ	
2	RFOUT5	LNA 输出 UMTS 频段 Ⅴ	
3	RFOUT1	LNA 输出 UMTS 频段 Ⅰ	
4	RFOUT2	LNA 输出 UMTS 频段 Ⅱ	
5	RREF	偏置电流参考电阻	
6	VGS	增益步进控制电压	该集成电路为高线性四频带
7	VCC	电源	UMTS LNA，采用小型无引线
8	RFGND1	地	TSNP-16-1 封装（2.3mm ×
9	VON	控制电压的电源	2.3mm×0.39mm)
10	RFIN2	LNA 输入 UMTS 频段 Ⅱ	典型应用电路如图 2-32 所
11	RFIN1	LNA 输入 UMTS 频段 Ⅰ	示（以应用在苹果 iPhone 4 智
12	RFGND2	地	能手机电路为例）
13	RFIN5	LNA 输入 UMTS 频段 Ⅴ	
14	RFIN8	LNA 输入 UMTS 频段 Ⅷ	
15	VEN2	频段选择控制电压 2	
16	VEN1	频段选择控制电压 1	
17	THRM_PAD	散热片接地	

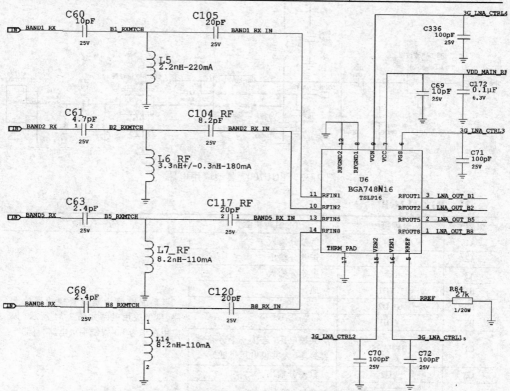

图 2-32　BGA748N16 应用在苹果 iPhone 4 智能手机上的典型应用电路

35. BGS12AL7-6

引脚号	引脚符号	引脚功能	备 注
1	RF2	RF 端口 2 输出	该集成电路为 SPDT RF 开关,采用 TSLP7 封装,用于接收/发射开关、频段选择或天线分集开关的射频开关,几乎可用于所有无线应用,例如手机、无线局域网、WiMAX、GPS 导航系统、蓝牙配件或遥控车门开关(RKE)等
2	GND	地	
3	RF1	RF 端口 1 输出	
4	VDD	电源	
5	RF IN	RF 端口输入	
6	CTRL	控制端	

36. BGU7007

引脚号	引脚符号	引脚功能	备 注
1	GND	地	BGU7007 为 GPS 低噪声放大器,采用 XSON-6 封装 典型应用电路如图 2-33 所示(以应用在三星 S5830i 智能手机电路为例)
2	GND	地	
3	RF_IN	RF 输入	
4	VCC	电源	
5	ENABLE	使能	
6	RF_OUT	RF 输出	

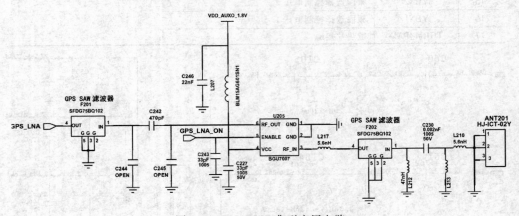

图 2-33　BGU7007 典型应用电路

37. BL6212CP

引脚号	引脚符号	引脚功能	备 注
A1	IN-	负差分输入	
A2	VO1	正差分输出	
A3	IN +	正差分输入	
B1	GND1	地	该集成电路为差分音频功率放大器,典型应用电路如图 2-34 所示(以应用在华为 K3 智能手机电路为例)
B2	GND2	地	
B3	VDD	电源	
C1	BYPASS	共模电压(连接一个旁路电容到地(为共模电压过滤))	
C2	VO2	负差分输出	
C3	$\overline{\text{SHUTDOWN}}$	关机(低态有效)	

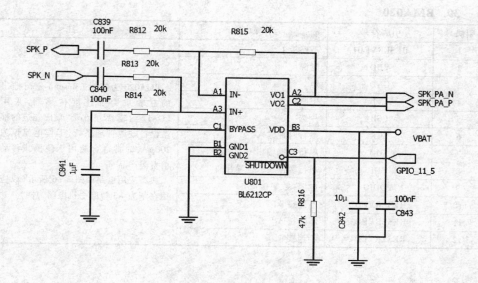

图 2-34　BL6212CP 典型应用电路

38. BL8568-CB5ATR12

引脚号	引脚符号	引脚功能	备　注
1	VIN	电源电压输入	该集成电路为低噪声,快速响应线性稳压器,采用 SOT-23-5 封装 典型应用电路如图 2-35 所示(以应用在华为 K3 智能手机电路为例)
2	VSS	地	
3	ON/OFF	开/关	
4	NC	空引脚	
5	VOUT	输出电压	

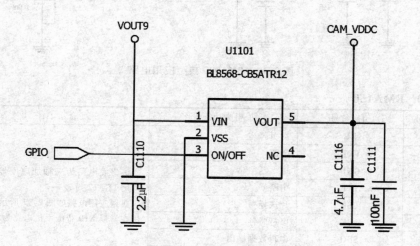

图 2-35　BL8568-CB5ATR12 典型应用电路

39. BMA020

引脚号	引脚符号	引脚功能	备 注
1	RESERVED1	不连接 1	
2	VDD	电源	
3	GND	地	BMA020 为博世（Bosch）公司推出
4	INT	中断	的三轴重力加速度传感器，采用
5	CSB	片选	LGA12 封装，尺寸小巧，集成先进的移
6	SCK	串行时钟输入	动设备电源管理系统、工作电流仅为
7	SDO	串行数据输出	200μA，非常适合应用于便携式移动
8	SDI	串行数据输入与输出	消费类产品
9	VDDIO	电源（数字接口）	典型应用电路如图 2-36 所示（以应
10	RESERVED2	不连接 2	用在华为 K3 智能手机电路为例）
11	RESERVED3	不连接 3	
12	RESERVED4	不连接 4	

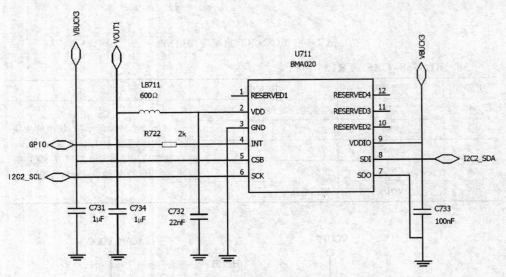

图 2-36　BMA020 典型应用电路

40. BMA150

引脚号	引脚符号	引脚功能	备 注
1	NC	空引脚	
2	VDD	电源	
3	GND	地	该集成电路为三轴加速度传感器，
4	INT	中断	采用 LGA12 封装
5	CSB	片选择	典型应用电路如图 2-37 所示（以应
6	SCK	串行时钟	用在索爱 X10 智能手机电路为例）
7	SDO	串行数据输出	
8	SDI	串行数据输入	

（续）

引脚号	引脚符号	引脚功能	备　注
9	VDDIO	电源	该集成电路为三轴加速度传感器，采用 LGA12 封装
10	NC	空引脚	
11	NC	空引脚	典型应用电路如图 2-37 所示（以应用在索爱 X10 智能手机电路为例）
12	NC	空引脚	

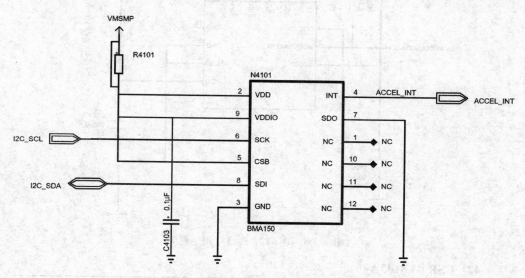

图 2-37　BMA150 典型应用电路

41. BMA222

引脚号	引脚符号	引脚功能	备　注
1	SDO	SPI 串行数据输出	
2	SDI/SDA/SDO	I^2C 串行数据/SPI 串行数据输入/SPI 串行数据输出	
3	VDDIO	输入/输出电源	
4	NC	空引脚	
5	INT1	中断输出 1	
6	INT2	中断输出 2	BMA222 为博世公司推出的数码加速度传感器，采用 LGA 封装
7	VDD	电源	
8	GNDIO	地	典型应用电路如图 2-38 所示（以应用在三星 S5830i 智能手机电路为例）
9	GND	地	
10	CSB	SPI 片选	
11	PS	协议选择（0 = SPI，1 = I^2C）	
12	SCK	SPI 串行时钟	
13	NC	空引脚	
14	NC	空引脚	

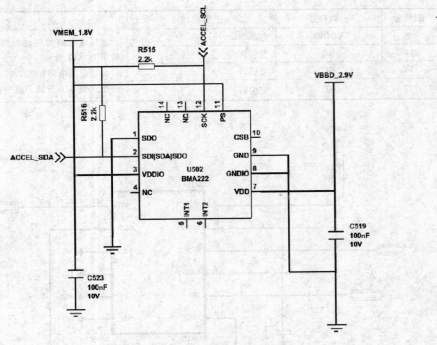

图 2-38 BMA222 典型应用电路

42. CSR 41B143A

引脚号	引脚符号	引脚功能	备　注
E2	RF_A	蓝牙射频信号	
E1	RF_B	蓝牙射频信号	
D2	AUX_DAC	辅助数-模转换器信号	
B7	PCM_IN	输入端（PCB 总线信号端口，用于数字音频信号的传输）	
D4	UART_RX	UART 接收（控制与数据信号传输端口）	
C4	UART_CTS*	UART 发送清除（控制与数据信号传输端口）	该集成电路为蓝牙芯片，典型应用电路如图 2-39 所示（以应用在苹果 iPhone 2G 智能手机电路为例）
E7	RESETB*	复位	
G6	SPI_CSB*	SPI 片选	
G5	SPI_CLK	SPI 时钟	
F6	SPI_MOSI	SPI 数据输入	
G7	TEST_EN	测试使能	
A2	VREG_IN	线性稳压器输入	
A3	XTAL_IN	主时钟信号输入端	
B3	XTAL_OUT	主时钟信号输出端	

（续）

引脚号	引脚符号	引脚功能	备　　注
C7	VSS_DIG	地	
G3	VSS_PADS	地	
C1	VSS_RADIO	地	
B4	VSS_ANA	地	
B1	VSS_LO	地	
C3	AIO2	模拟接口（用于访问内部电路和控制信号）2	
D3	AIO0	模拟接口（用于访问内部电路和控制信号）0	
F2	PIO10	双向可编程输入与输出端 10	
F1	PIO9	双向可编程输入与输出端 9	
E3	PIO8	双向可编程输入与输出端 8	
E5	PIO7	双向可编程输入与输出端 7	
D7	PIO6	双向可编程输入与输出端 6	
F5	PIO5	双向可编程输入与输出端 5	
E6	PIO4	双向可编程输入与输出端 4	
G2	PIO3	双向可编程输入与输出端 3	
G1	PIO2	双向可编程输入与输出端 2	
F4	PIO1	双向可编程输入与输出端 1	该集成电路为蓝牙芯片，典型应用电路如图 2-39 所示（以应用在苹果 iPhone 2G 智能手机电路为例）
F3	PIO0	双向可编程输入与输出端 0	
F7	SPI_MISO	SPI 数据输出	
A6	USB_DN	USB 数据（＋）	
B5	USB_DP	USB 数据（－）	
A7	UART_RTS*	UART 发送请求	
C5	UART_TX	UART 发送	
B6	PCM_CLK	时钟信号（PCB 总线信号端口，用于数字音频信号的传输）	
D5	PCM_SYNC	同步信号（PCB 总线信号端口，用于数字音频信号的传输）	
E4	PCM_OUT	输出端（PCB 总线信号端口，用于数字音频信号的传输）	
A4	VDD_ANA	电源	
C2	VDD_RADIO	电源	
B2	VDD_LO	电源	
C6	VDD_CORE	电源	
D6	VDD_PADS	电源	
G4	VDD_PIO	电源	
A5	VDD_USB	电源	

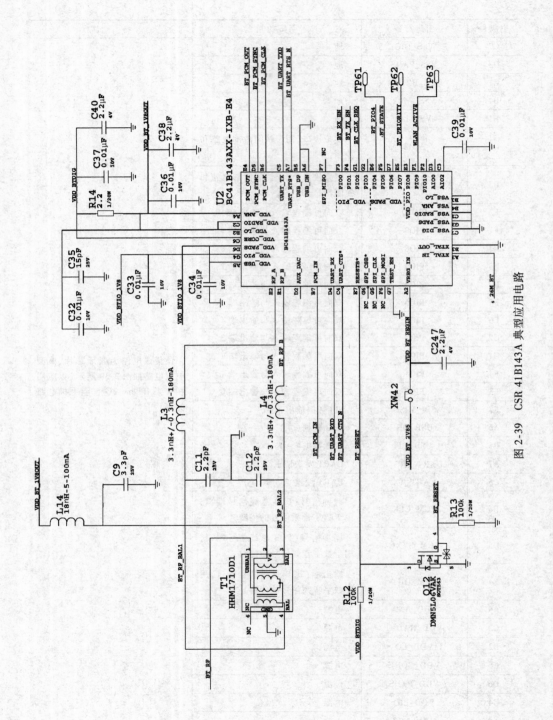

图 2-39　CSR 41B143A 典型应用电路

43. CXM3519ER

引脚号	引脚符号	引脚功能	备　注
1	GND	地	
2	TRX2	发射/接收端 2	
3	GND	地	
4	TRX3	发射/接收端 3	
5	TRX4	发射/接收端 4	
6	GND	地	
7	ANT	天线	
8	GND	地	
9	GND	地	
10	TX2	发送信号端 2	
11	GND	地	CXM3519ER 是一个 SP9T/SP10T 的
12	GND	地	天线开关模块（为 GSM 和 UMTS /
13	TX1	发送信号端 1	CDMA 双模手机），采用 VQFN-26P
14	GND	地	(3.0mm × 3.8mm × 0.8mm)封装
15	GND	地	典型应用电路如图 2-40 所示（以应
16	RX4	接收信号端 4	用在索爱 X10 智能手机电路为例）
17	RX3	接收信号端 3	
18	RX2	接收信号端 2	
19	RX1	接收信号端 1	
20	TRX1	发射/接收端 1	
21	GND	地	
22	VDD	电源	
23	CTLD	放电用控制端	
24	CTLC	充电用控制端	
25	CTLB	控制端	
26	CTLA	控制端	

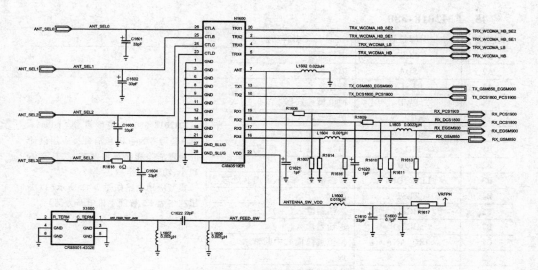

图 2-40　CXM3519ER 典型应用电路

44. FAN256L8X

引脚号	引脚符号	引脚功能	备 注
1	OUTA	比较器 A 输出	
2	IN-A	比较器 A 的反相输入	FAN256L8X 为双低电压比较器,采
3	IN + A	比较器 A 的非反相输入	用 8 引脚 MicroPak™ 1.6mm × 1.6mm
4	VSS	负电源电压	封装,典型应用电路如图 2-41 所示
5	IN + B	比较器 B 的非反相输入	(以应用在三星 S5830i 智能手机电路
6	IN-B	比较器 B 的反相输入	图为例)
7	OUTB	比较器 B 输出	
8	VDD	正电源	

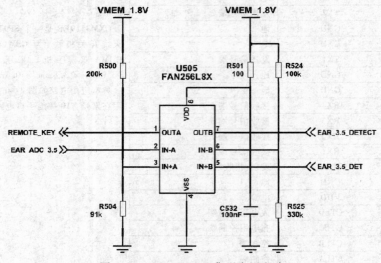

图 2-41　FAN256L8X 典型应用电路

45. FM2018-380

引脚号	引脚符号	引脚功能	备 注
A1	SCK	串行时钟	
A2	SDA	串行数据	
A3	RESET	复位	
A4	PWD	掉电模式选择	
A5	MIC1_N	送话器输入 (-)	FM2018-380 是美国富迪 (forteme-
A7	MIC0_N	送话器输入 (-)	dia) 公司专为手机和消费类应用设计
B1	SHI_S	串行主机 I / F 模式选择	的回声消除和噪声抑制芯片,具有体
B2	VDD	电源 (1.62V)	积小、功耗低、全双工等特点
B3	LINE_OUT	线路输出,带/不带语音处理	典型应用电路如图 2-42 所示(以应
B4	TEST	测试	用在华为 K3 智能手机电路为例)
B5	MIC1_P	送话器输入 (+)	
B7	MIC0_P	送话器输入 (+)	
C1	IRQ_ANA	模拟通信模式中断请求	
C2	VSS	地	
C3	COM	模拟共模参考电压	

（续）

引脚号	引脚符号	引脚功能	备　注
C4	LINE_IN_N	线路输入（-）作为回波参考	FM2018-380 是美国富迪（forteme-dia）公司专为手机和消费类应用设计的回声消除和噪声抑制芯片，具有体积小、功耗低、全双工等特点
C5	LINE_IN_P	线路输入（+）作为回波参考	
C6	VREF	带隙参考输出	
C8	VSS_CODEC	地	
D1	CLK_IN	外部时钟输入	典型应用电路如图 2-42 所示（以应用在华为 K3 智能手机电路为例）
D2	XTAL_OUT	晶体输出	
D3	VDD_CODEC	电源（1.8V）	

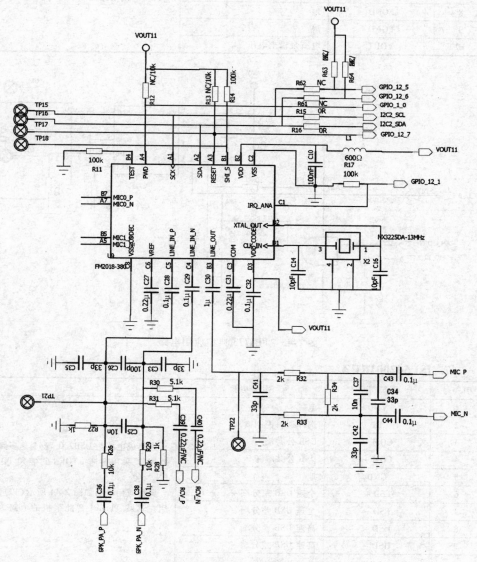

图 2-42　FM2018-380 典型应用电路

46. FP6773

引脚号	引脚符号	引脚功能	备 注
1	VIN	电荷泵输入电压	FP6773 为降压/升压充电泵 LED 驱动器,专为驱动高亮度白光 LED 相机闪光灯及智能型手机应用 采用 TDFN-10 3mm×3mm 封装 典型应用电路如图 2-43 所示
2	C1	外部快速电容正输入	
3	C2	外部快速电容负输入	
4	FLASH	闪光和手电筒模式输入	
5	EN	关断控制输入	
6	ISET	外接电阻	
7	IFB	电流控制回路反馈输入	
8	SGND	地	
9	PGND	地	
10	VOUT	电荷泵输出电压	

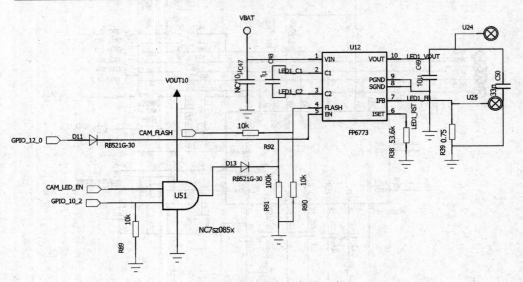

图 2-43　FP6773 典型应用电路

47. ISL54200IRUZ

引脚号	引脚符号	引脚功能	备 注
1	VDD	电源	该集成电路为 USB2.0 高/全速多路复用器,采用超薄 μTQFN 封装和 TD-FN 封装 典型应用电路如图 2-44 所示(以应用在苹果 iPhone4 智能手机的电路为例)
2	IN	选择逻辑控制输入	
3	COM −	USB 公共端 −	
4	COM +	USB 公共端 +	
5	GND	地	
6	FSD +	全速 USB 差分端 +	
7	FSD −	全速 USB 差分端 −	
8	HSD +	高速 USB 差分端 +	
9	HSD −	高速 USB 差分端 −	
10	EN	总线开关启用	

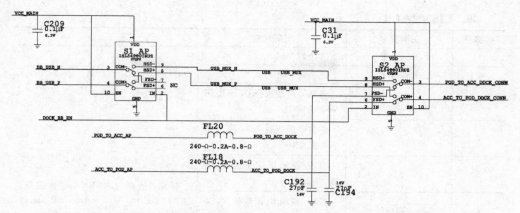

图 2-44　ISL54200IRUZ 在苹果 iPhone4 智能手机上的典型应用电路

48. ISL6294

引脚号	引脚符号	引脚功能	备　注
1	VIN	电源输入	ISL6294 是一种充单节锂电池的线性充电器;采用 8 个引脚小尺寸 DFN 封装(2mm×3mm),高度 0.8mm;工作温度范围为 40～85℃;适用于手机、MP3 播放器、蓝牙耳机及数码相机等 　　内部框图与典型应用电路如图 2-45 所示
2	PPR	电源输入指示	
3	CHG	充电状态指示	
4	EN	逻辑输入充电使能	
5	GND	地	
6	IMIN	充电终止设置	
7	IREF	充电电流设置	
8	BAT	充电电流输出	

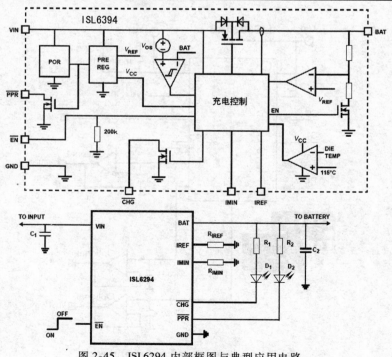

图 2-45　ISL6294 内部框图与典型应用电路

49. LIS302ALB

引脚号	引脚符号	引脚功能	备　　注
1	Reserved	连接到 Vdd	
2	Reserved	连接到 Vdd	
3	S0	多路复用器选择 0（连接到 Vdd 或 GND）	
4	S1	多路复用器选择 1（连接到 Vdd 或 GND）	
5	ST	自检（逻辑 0：正常模式；逻辑 1：自检）	
6	PD	掉电（逻辑 0：正常模式；逻辑 1：掉电模式）	该集成电路为 MEMS 运动传感器，采用 LGA-14（3mm × 5mm × 0.9mm）封装，应用在 iPhone 2G 智能手机上典型应用电路如图 2-46 所示
7	Voutx	输出电压 X 通道	
8	Vouty	输出电压 Y 通道	
9	Voutz	输出电压 Z 通道	
10	GND	地	
11	Vout	多路复用器输出	
12	Aux_In	辅助输入	
13	V_{dd}	电源	
14	Reserved	连接到 V_{dd}	

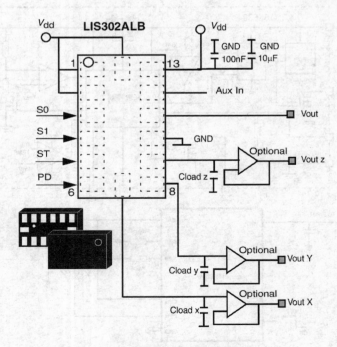

图 2-46　LIS302ALB 典型应用电路

50. LIS302DL

引脚号	引脚符号	引脚功能	备 注
1	VDD_IO	电源(I/O 端口)	
2	GND	地	
3	RESERVED	保留	
4	GND	地	
5	GND	地	
6	VDD	电源	该集成电路为加速度传感器,采用 LGA 封装
7	CS	SPI 使能与 I²C/SPI 模式选择(高电平为 I²C 模式;低电平为 SPI 使能)	典型应用电路如图 2-47 所示(以应用在苹果 iPhone 2G 智能手机电路为例)
8	INT1	中断信号 1	
9	INT2	中断信号 2	
10	GND	地	
11	RESERVED	保留	
12	SDO	SPI 串行数据输出	
13	SDA/SDI/SDO	I²C 串行数据/SPI 串行数据输入/三线串行接口数据输出	
14	SCL/SPC	I²C 串行时钟/SPI 串口时钟	

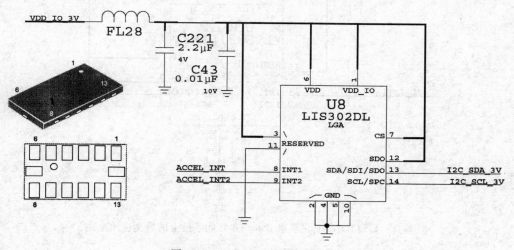

图 2-47　LIS302DL 典型应用电路

51. LIS331DLHF

引脚号	引脚符号	引脚功能	备 注
1	VDD_IO	输入与输出端电源	
2	NC	空引脚	
3	NC	空引脚	该集成电路为 MEMS 运动传感器,采用 LGA16(3mm×3mm×1mm)封装
4	SCL/SPC	I²C 串行时钟/SPI 串行端时钟	典型应用电路如图 2-48 所示(以应用在苹果 iPhone 4 智能手机电路为例)
5	GND	地	
6	SDA/SDI/SDO	I²C 串行数据/SPI 串行数据输入/3 线接口串行数据输出	

（续）

引脚号	引脚符号	引脚功能	备　注
7	SDO	SPI 串行数据输出	
8	CS	SPI 模式选择	
9	INT2	中断 2	该集成电路为 MEMS 运动传感器，采用 LGA16（3mm×3mm×1mm）封装
10	RESERVED	连接到地	
11	INT1	中断 1	典型应用电路如图 2-48 所示（以应用在苹果 iPhone 4 智能手机电路为例）
12	GND	地	
13	GND	地	
14	VDD	电源	
15	RESERVED	连接到地	
16	GND	地	

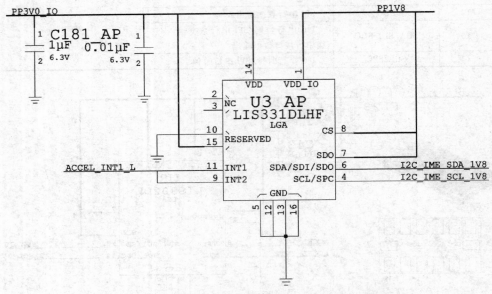

图 2-48　LIS331DLHF 在苹果 iPhone 4 智能手机上的典型应用电路

52. LM2512A

引脚号	引脚符号	引脚功能	备　注
B2	B0	RGB 数据总线输入（蓝色）0	
A1	B1	RGB 数据总线输入（蓝色）1	该集成电路为 24 位 RGB 显示接口芯片，可将 24 位的图像信号转化为 3 个或 4 个信号传输的图像数据
B1	B2	RGB 数据总线输入（蓝色）2	
C2	B3	RGB 数据总线输入（蓝色）3	
D3	B4	RGB 数据总线输入（蓝色）4	
E4	B5	RGB 数据总线输入（蓝色）5	
E1	B6	RGB 数据总线输入（蓝色）6	典型应用电路如图 2-49 所示（以应用在苹果 iPhone 3G 智能手机电路为例）
E2	B7	RGB 数据总线输入（蓝色）7	
F1	G0	RGB 数据总线输入（绿色）0	
F2	G1	RGB 数据总线输入（绿色）1	

（续）

引脚号	引脚符号	引脚功能	备　注
G1	G2	RGB 数据总线输入（绿色）2	
G2	G3	RGB 数据总线输入（绿色）3	
F3	G4	RGB 数据总线输入（绿色）4	
E3	G5	RGB 数据总线输入（绿色）5	
F5	G6	RGB 数据总线输入（绿色）6	
G6	G7	RGB 数据总线输入（绿色）7	
B3	VS	垂直同步信号输入	
A2	SPI_SDA/HS	多功能脚（当 SPI_CSX 信号为低电平时,该端口信号为 SPI 数据信号,初始状态为输入;当 SPI_CSX 信号为高电平时,该端口用作水平同步信号输入）	
C3	DE	数据使能信号输入	
G3	VSS	地	
C4	VSSA	地	
D1	VSSIO	地	
D4	VSSIO	地	
D5	VSSIO	地	
G4	VSSIO	地	
B6	TM	模式控制（低电平时为正常状态,高电平时为测试模式）	该集成电路为 24 位 RGB 显示接口芯片,可将 24 位的图像信号转化为 3 个或 4 个信号传输的图像数据
C5	SPI_CSX	SPI 片选信号输入	
A3	RES1	复位 1	
C6	SPI_SCL	SPI 总线时钟信号输入	典型应用电路如图 2-49 所示（以应用在苹果 iPhone 3G 智能手机电路为例）
B7	PD_L	掉电模式控制输入（当为低电平时,电路处于睡眠模式;当为高电平时,接口电路启动）	
C1	PCLK	像素时钟输入	
B5	MC	MPL 时钟信号输出	
A4	N/C	空引脚	
A5	MD2	MPL 数据输出信号 2	
A6	MD1	MPL 数据输出信号 1	
A7	MD0	MPL 数据输出信号 0	
C7	R7	RGB 数据总线输入（红色）7	
D7	R6	RGB 数据总线输入（红色）6	
E7	R5	RGB 数据总线输入（红色）5	
E6	R4	RGB 数据总线输入（红色）4	
F7	R3	RGB 数据总线输入（红色）3	
G7	R2	RGB 数据总线输入（红色）2	
E5	R1	RGB 数据总线输入（红色）1	
F6	R0	RGB 数据总线输入（红色）0	
F4	VDD	数字内核电源	
B4	VDDA	芯片内 PLL 与 MPL 接口电源（1.6～2V）	
D2	VDDIO	并行接口电源（1.6～3V）	
D6	VDDIO	并行接口电源（1.6～3V）	
G5	VDDIO	并行接口电源（1.6～3V）	

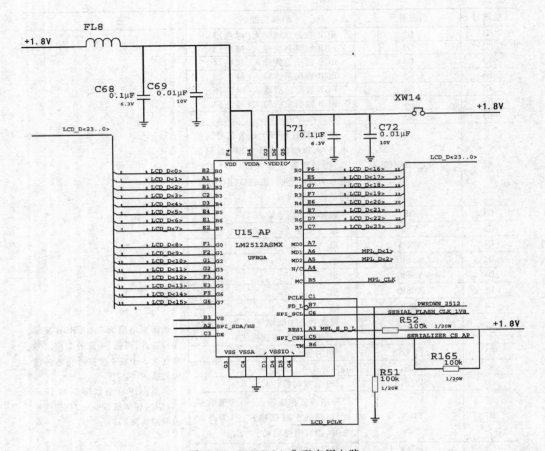

图 2-49　LM2512A 典型应用电路

53. LM3206TLX

引脚号	引脚符号	引脚功能	备　注
A1	PVIN	电源电压输入（去内部 PFET 开关）	
A2	SW	开关节点连接（去内部 PFET 开关和 NFET 同步整流器）	该集成电路为降压型 DC-DC 变换器，典型应用电路如图 2-50 所示（以应用在诺基亚 N95 智能手机电路为例）
A3	PGND	地	
B1	VDD	电源	
B3	SGND	地	
C1	EN	使能输入	
C2	VCON	电压控制	
C3	FB	反馈模拟输入	

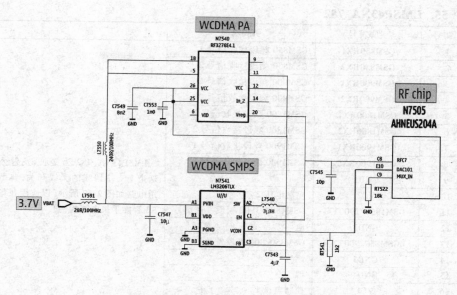

图 2-50　LM3206TLX 典型应用电路

54. LM48861

引脚号	引脚符号	引脚功能	备　　注
B1	VDD	正电源	
C3	INL	左声道输入	
D3	INR	右声道输入	
B2	SHDN#	停机(低电平有效)	
D2	COM	接地(输入和耳机)	该集成电路为超低噪声立体声耳机
A2	PGND	地	放大器,典型应用电路如图 2-51 所示
C2	VSS	负电源	(以应用在索爱 X10 智能手机电路
B3	CPVSS	电荷泵输出	为例)
A3	CPN	电荷泵电容器负端	
A1	CPP	电荷泵电容器正端	
D1	OUTR	右声道输出	
C1	OUTL	左声道输出	

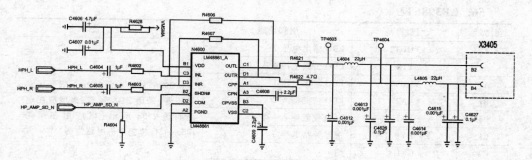

图 2-51　LM48861 典型应用电路

55. LMSP43NA_782

引脚号	引脚符号	引脚功能	备 注
1	GSM850RX1	GSM850 频段接收信号 1	
2	GSM850RX2	GSM850 频段接收信号 2	
3	GSM900RX1	GSM900 频段接收信号 1	
4	GSM900RX2	GSM900 频段接收信号 2	
5	GSM1800RX1	GSM1800 频段接收信号 1	
6	GSM1800RX2	GSM1800 频段接收信号 2	
7	GSM1900RX1	GSM1900 频段接收信号 1	
8	GSM1900RX2	GSM1900 频段接收信号 2	LMSP43NA_782 为接收、发射公用
9	GND1	地	通道上支持四频的天线开关,典型应
10	VC2	控制电压 2	用电路如图 2-52 所示(以应用在华为
11	GSM1800/1900TX	GSM1800/1900 频段发送信号	K3 智能手机电路为例)
12	GND2	地	
13	GSM850/900TX	GSM850/900 频段发送信号	
14	GND3	地	
15	GND4	地	
16	VC1	控制电压 1	
17	ANT	天线	
18	GND5	地	

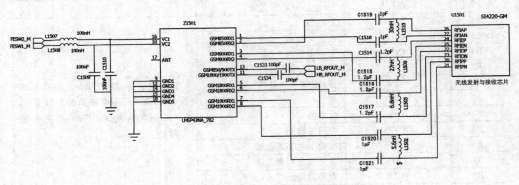

图 2-52　LMSP43NA_ 782 典型应用电路

56. LP3986TL

引脚号	引脚符号	引脚功能	备 注
A1	VOUT2	LDO 输出电压 2	
A2	VIN	LDO 公共电压输入	
A3	VOUT1	LDO 输出电压 1	LP3986TL 是一个 150mA 双低压差
B1	EN2	LDO 使能输入 2	稳压器,采用 BGA 封装,典型应用电
B3	EN1	LDO 使能输入 1	路如图 2-53 所示(以应用在苹果
C1	BYP	带隙旁路电容	iPhone 2G 智能手机电路为例)
C2	GND	地	
C3	GND	地	

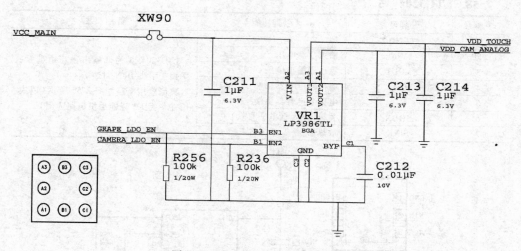

图 2-53 LP3986TL 典型应用电路

57. LT3493EDCB

引脚号	引脚符号	引脚功能	备　注
1	FB	反馈	该集成电路是一款电流模式 PWM 降压型 DC-DC 变换器,具有内部 1.75A 电源开关,宽阔的操作输入电压范围为 3.6～36V(最大值为 40V)典型应用电路如图 2-54 所示(以应用在 iPhone 2G 智能手机电路为例)
2	GND	地	
3	BOOST	升压	
4	SW	开关	
5	VIN	电压输入	
6	SHDN	关机	
7	THRML PAD	散热片接地	

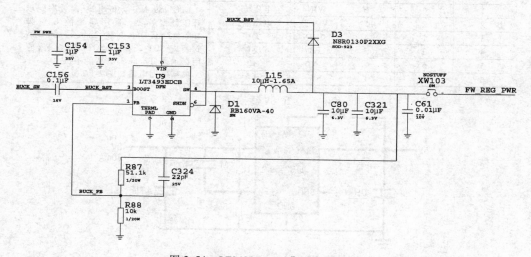

图 2-54 LT3493EDCB 典型应用电路

58. LTC3204_ 5

引脚号	引脚符号	引脚功能	备 注
1	GND	地	
2	VIN	输入电源电压	LTC3204_5 为低噪声稳压电荷泵,
3	VOUT	稳压器输出电压	采用 7 引脚 DFN 封装
4	C +	电荷泵电容器正端	典型应用电路如图 2-55 所示(以应
5	C −	电荷泵电容器负端	用在华为 K3 智能手机电路为例)
6	$\overline{SHDN}$	关机信号(低电平有效)	
7	SINK	散热器	

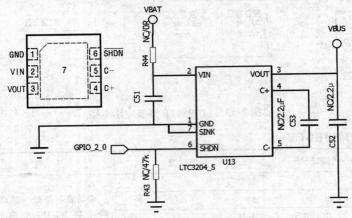

图 2-55　LTC3204_ 5 典型应用电路

59. LTC3459

脚号			引脚符号	引脚功能	备 注
2mm×2mm DFN 封装	2mm×3mm DFN 封装	SOT-23 封装			
1	6	6	VIN	电压输入	LTC3459 是一款低电流、高效率同步
2	2	5	VOUT	电压输出	升压型变换器,采用扁平的 6 引脚
3	1	4	$\overline{SHDN}$	关机	2mm×2mm DFN 封装、2mm×3mm DFN
4	3	3	FB	反馈	封装或 SOT-23(ThinSOTTM)封装,应
5	5	2	GND	地	用在苹果 iPhone 3GS 智能手机上
6	4	1	SW	开关	典型应用电路如图 2-56 所示

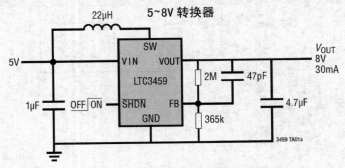

图 2-56　LTC3459 典型应用电路

60. LTC4066

引脚号	引脚符号	引脚功能	备 注
1	OUT1	电压输出 1	
2	BAT1	连接到一个单节锂离子电池 1(此引脚用作输出,电池充电时,作为输入供电时 OUT)	
3	OUT2	电压输出 2	
4	BAT2	连接到一个单节锂离子电池 2(此引脚用作输出,电池充电时,作为输入供电时 OUT)	
5	BAT3	连接到一个单节锂离子电池 3(此引脚用作输出,电池充电时,作为输入供电时 OUT)	
6	NC1	空引脚	
7	NC2	空引脚	
8	OUT3	电压输出 3	该集成电路为 USB 电源管理器和锂离子电池充电器,专为在便携式电池供电型应用中工作而设计,如应用在苹果 iPhone 2G 智能手机上。采用 24 引脚扁平(高度仅为 0.75mm)4mm × 4mm QFN 封装与 24 引脚超扁薄型(高度仅为 0.55mm)4mm × 4mm UTQFN 封装
9	IN	输入电源	
10	CLDIS	电流限制禁用	
11	SUSP	待机模式下输入	
12	SHDN	关断输入	
13	HPWR	大电流控制选择	
14	NTC	NTC 热敏电阻输入(用于在充电过程中监测电池温度)	
15	VNTC	NTC 输出偏置电压	典型应用电路如图 2-57 所示(以应用在苹果 iPhone 2G 智能手机电路为例)
16	GND	地	
17	ACPR*	墙上适配器输出	
18	CHRG*	可编程充电电流检测	
19	POL	电池电流状态极性	
20	WALL	墙上适配器输入	
21	TIMER	定时器电容	
22	CLPROG	电流限制程序和输入电流监控	
23	PROG	充电电流编程	
24	ISTAT	电池电流状态	
25	THIM PAD	散热片接地	

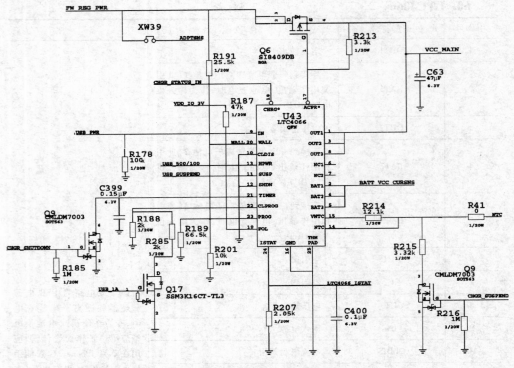

图 2-57 LTC4066 典型应用电路

61. LTC4088

引脚号	引脚符号	引脚功能	备　注
1	NTC	NTC 热敏电阻输入(用于在充电过程中监测电池温度)	
2	CLPROG	电流限制程序和输入电流监控	
3	LDO3V3	低压差线性稳压器输出	
4	D2	模式选择输入 2	该集成电路为 USB 充电控制 IC,采用扁平 14 引脚 4mm × 3mm × 0.75mm DFN 表面贴装型封装,应用在智能手机、媒体播放器、数码相机、GPS、PDA 上 典型应用电路及实物(以应用在苹果 iPhone 3G 智能手机电路为例)如图 2-58 所示
5	C/X	充电指示程序结束	
6	PROG	充电电流编程和充电电流监测端	
7	$\overline{CHRG}$	可编程充电电流检测	
8	GATE	理想二极管放大器输出	
9	BAT	连接到一个单节锂离子电池(此引脚用作输出,电池充电时,作为输入供电时 OUT)	
10	V_{OUT}	输出电压	
11	V_{BUS}	开关通路控制输入电压	
12	SW	开关	
13	D0	模式选择输入 0	
14	D1	模式选择输入 1	

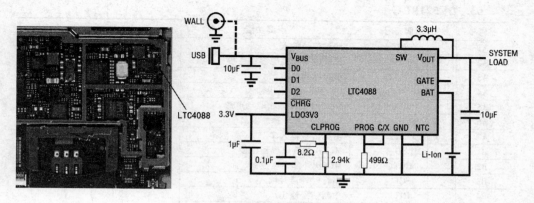

图 2-58 LTC4088 典型应用电路

62. LTR-502ALS-WR

引脚号	引脚符号	引脚功能	备　　注
1	VDD	电源	
2	GND	地	
3	REXT	外接电阻	
4	SEL	选择	该集成电路为二合一光环境传感器,典型应用电路如图 2-59 所示 (以应用在华为 K3 智能手机电路为例)
5	VLEDC	LED 阴极电压	
6	INT	中断信号	
7	SCL	串行时钟信号	
8	SDA	串行数据信号	

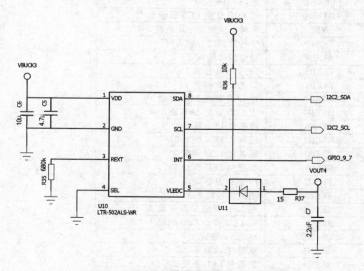

图 2-59 LTR-502ALS-WR 典型应用电路

63. LV5219LG

引脚号	引脚符号	引脚功能	备 注
A1	TEST	测试信号输入	
A2	CT	振荡频率设置电容器连接	
A3	SVBAT	模拟电路电源	
A4	IN	DC-DC 反馈电压输入	
A5	PVBAT	DC-DC 脉冲输出驱动电源	
A6	SWOUT	DC-DC PWM 脉冲输出	
A7	TEST2	测试信号输入 2	
B1	MLED_F	MLED 滤波电容器连接	
B2	MICTL	MLED 外部亮度控制	
B3	SCL	串行时钟信号输入	
B4	INT	中断信号输出	
B5	GPO0	通用输出 0	
B6	VDD2	参考电源（MLED 外部同步电路）	
B7	PGND	地（DC-DC 脉冲输出驱动）	
C1	SGND	地（模拟电路）	
C2	MLED1	主 LCD 背光 LED 驱动 1	
C3	GPO1	通用输出 1	
C4	SCTL	RBGLED 外部同步信号输入	
C5	PTEN	亮度传感器 ON/OFF 控制	
C6	RT	参考电流设置电阻连接	
C7	KLED2	键控 LED 驱动输出 2	
D1	MLED2	主 LCD 背光 LED 驱动 2	
D2	MLED6	主 LCD 背光 LED 驱动 6	
D3	GPO2	通用输出 2	LV5219LG 为 LED 驱动器，采
D4	PTD	亮度传感器输出连接	用 FLGA49J 封装，主要引脚及内
D5	VDD	电源（IF）	部结构框图如图 2-60 所示
D6	KLED1	键控 LED 驱动输出 1	
D7	LEDGND3	地（LED 驱动）	
E1	LEDGND1	地（LED 驱动）	
E2	MLED5	主 LCD 背光 LED 驱动 5	
E3	RT2	参考电流设置电阻连接 2	
E4	SDA	串行数据信号输入	
E5	RESET	复位信号输入	
E6	FLED3	闪光 LED 驱动 3	
E7	FLED1	闪光 LED 驱动 1	
F1	MLED3	主 LCD 背光 LED 驱动 3	
F2	MLED4	主 LCD 背光 LED 驱动 4	
F3	RLED1	红基色 LED 驱动 1	
F4	RLED2	红基色 LED 驱动 2	
F5	GLED2	绿基色 LED 驱动 2	
F6	BLED1	蓝基色 LED 驱动 1	
F7	FLED2	闪光 LED 驱动 2	
G1	TEST3	测试信号输入 3	
G2	SLED2	副 LED 背光 LED 驱动 2	
G3	SLED1	副 LED 背光 LED 驱动 1	
G4	LEDGND2	地（LED 驱动）	
G5	GLED1	绿基色 LED 驱动 1	
G6	BLED2	蓝基色 LED 驱动 2	
G7	TEST1	测试信号输入 1	

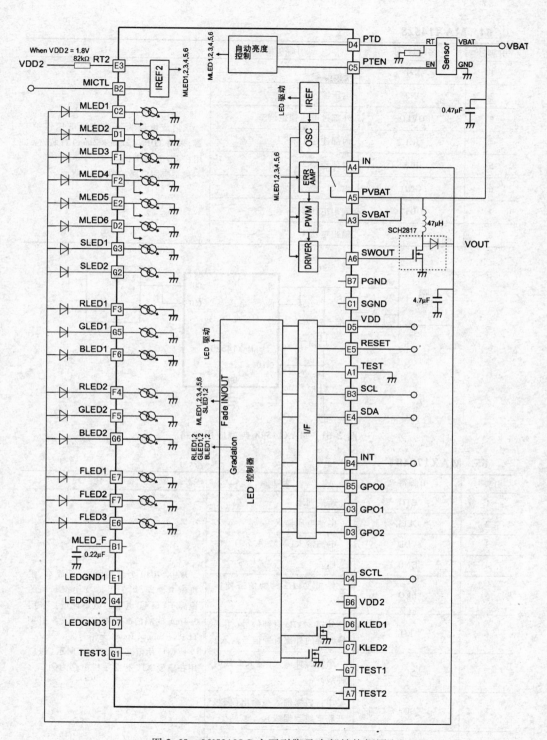

图 2-60　LV5219LG 主要引脚及内部结构框图

64. MAX14528

引脚号	引脚符号	引脚功能	备 注
1	IN1	电压输入 1	
2	IN2	电压输入 2	
3	OVLO	外部过电压锁定调节	该集成电路为可调式过电压保护
4	IC1	内部连接 1	器,采用 TDFN(2mm×2mm)封装,应
5	IC2	内部连接 2	用在 LG 智能手机上
6	GND	地	典型应用电路如图 2-61 所示
7	OUT2	输出电压 2	
8	OUT1	输出电压 1	

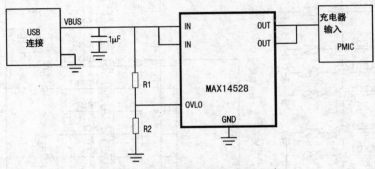

图 2-61   MAX14528 典型应用电路

65. MAX17040

引脚号	引脚符号	引脚功能	备 注
1	CTG	连接到地	
2	CELL	电池电压输入	
3	VDD	电源输入(2.5~4.5V)	
4	GND	地	MAX17040 为结构紧凑、低成本、主
5	SEO	外部 32kHz 时钟信号使能输入	机侧电量计,用于手持及便携产品的锂离子(Li+)电池的电量计量。采用
6	EO	外部 32kHz 时钟信号(主系统时钟的外部时钟信号输入)	0.4mm 间隔的 9 焊球 UCSP 或 8 引脚 TDFN(2mm×3mm)无铅封装
7	SCL	串行时钟输入(输入 2 线时钟线)	典型应用电路如图 2-62 所示(以应用在索爱 X10 智能手机电路为例)
8	SDA	串行数据输入与输出(漏极开路 2 线数据线)	
9	GND_SLUG	外壳接地	

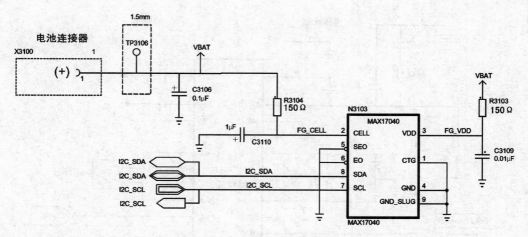

图 2-62　MAX17040 典型应用电路

66. MAX2309

引脚号	引脚符号	引脚功能	备　注
1	TANKH +	差分 TANK 输入,为高频振荡器 +	
2	TANKH −	差分 TANK 输入,为高频振荡器 −	
3	$\overline{\text{BUFEN}}$	本地振荡器缓冲放大器(低态有效)	
4	LOOUT	本地振荡器输出	
5	V_{CC}	电源(2.7 ~ 5.5V)	
6	GND	地	
7	$\overline{\text{REF}}$	参考频率输入	
8	$\overline{\text{SHDN}}$	关机输入(低态有效)	
9	IOUT +	差分同相基带输出 +	
10	IOUT −	差分同相基带输出 −	
11	LOCK	锁定输出(集电极开路)	该集成电路为接收中频芯
12	QOUT −	差分正交相位基带输出 −	片,信号通道由可变增益放
13	QOUT +	差分正交相位基带输出 +	大器(VGA)和一个 I/Q 解调
14	CLK	时钟输入(3 线串行总线)	器构成,它还包括一个振荡
15	$\overline{\text{EN}}$	使能输入	器、一个合成器和一个本地
16	DATA	数据输入(3 线串行总线)	振荡缓冲器
17	V_{CC}	电源(2.7 ~ 5.5V)	典型应用电路如图 2-63
18	VGC	VGA 增益控制输入	所示
19	CDMA −	差分 CDMA 输入 −	
20	CDMA +	差分 CDMA 输入 +	
21	NC	空引脚	
22	$\overline{\text{STBY}}$	待机输入(低态有效)	
23	BYP	旁路	
24	BYP	旁路	
25	BYP	旁路	
26	CP_OUT	电荷泵输出	
27	GND	地	
28	$\overline{\text{DIVSEL}}$	高选择 M1/R1;低选择 M2/R2	

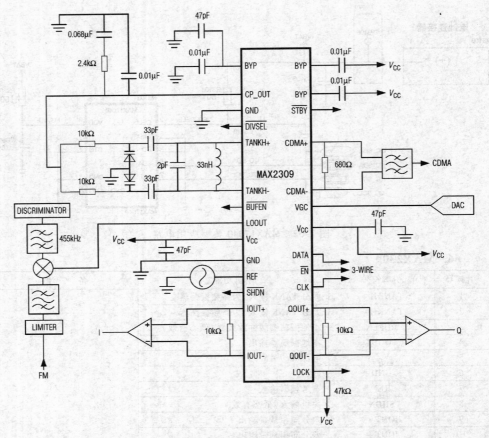

图 2-63　MAX2309 典型应用电路

67. MAX2393

引脚号	引脚符号	引脚功能	备　注
1	VCC	电源	
2	RF +	射频信号 +	
3	RF −	射频信号 −	
4	BIAS	偏置	
5	VCC	电源	
6	G_LNA	增益低噪声放大器	该集成电路是一款用于 3GPP TDD-WCDMA 应用的全集成直接变频接收机,典型应用电路如图 2-64 所示
7	LNA_OUT	低噪声放大器输出	
8	GND	地	
9	LNA_IN	低噪声放大器输入	
10	GND	地	
11	VCC	电源	
12	TUNE	振荡频率调谐	
13	CP	电荷泵	

（续）

引脚号	引脚符号	引脚功能	备　注
14	VCC	电源	
15	VCC	电源	
16	REF IN	参考频率输入	
17	LD	锁定 CMOS 输出	
18	$\overline{\text{SHDN}}$	关机 CMOS 数字输入	
19	AGC	自动增益控制	
20	Q +	差分正交相位基带输出 +	
21	Q −	差分正交相位基带输出 −	该集成电路是一款用于 3GPP TDD-WCDMA 应用的全集成直接变频接收机,典型应用电路如图 2-64 所示
22	I −	差分同相基带输出 −	
23	I +	差分同相基带输出 +	
24	VCC	电源	
25	$\overline{\text{CS}}$	3 线串行总线使能输入	
26	G_MXR	混频器(具有高增益和低增益两种工作模式,分别对应 G_MXR =1 和 G_MXR =0)	
27	SDATA	串行数据	
28	SCLK	串行时钟	

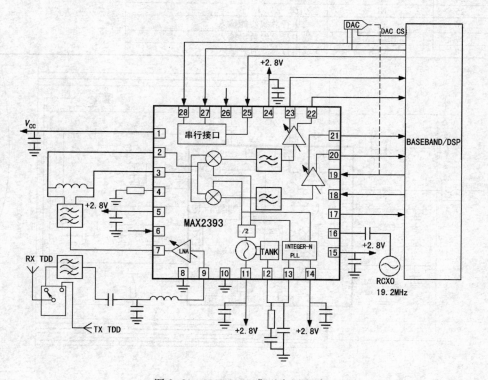

图 2-64　MAX2393 典型应用电路

68. MAX2395

引脚号	引脚符号	引脚功能	备　　注
1	NC	空引脚	
2	POUT	发射输出	
3	V_{CC}_PA	PA 驱动电源	
4	BIAS_SET	偏置设定	
5	VGC	增益控制	
6	V_{CC}_IF	中频部分电源	
7	V_{CC}_BB	基带部分电源	
8	$\overline{IDIE}$	空闲 CMOS 数字输入	
9	$\overline{SHDN}$	关机 CMOS 数字输入	
10	I +	差分 I 通道基带输入 +（去基带滤波器）	MAX2395 是一款单片
11	I −	差分 I 通道基带输入 −（去基带滤波器）	类零中频调制器集成芯
12	Q +	差分 Q 通道基带输入 +（去基带滤波器）	片,采用 28 引脚 TQFN 封
13	Q −	差分 Q 通道基带输入 −（去基带滤波器）	装,可用于 WCDMA/UMTS
14	NC	空引脚	发射机
15	LD	锁定 CMOS 输出	典型应用电路如图 2-65
16	REF	参考频率输入	所示
17	V_{CC}_PLL	锁相环电源	
18	V_{CC}_CP	合成器电荷泵电源	
19	RFCP	RF 电荷泵输出	
20	V_{CC}_VCO	压控振荡器电源	
21	GND_VCO	RF 压控振荡器变容二极管地	
22	VTUNE	振荡频率调谐电压输入	
23	BVP	旁路	
24	NC	空引脚	
25	NC	空引脚	
26	$\overline{CS}$	3 线串行总线使能输入	
27	SDATA	3 线串行总线数据输入	
28	SCLK	3 线串行总线时钟输入	

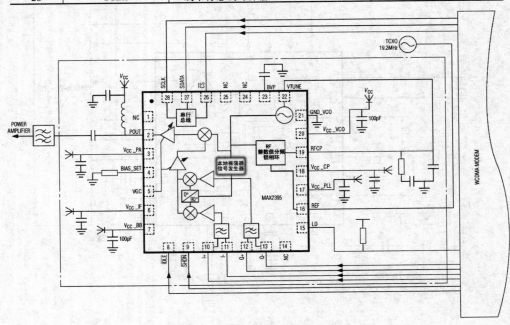

图 2-65　MAX2395 典型应用电路

69. MAX2538

引脚号	引脚符号	引脚功能	备 注
1	CLNA_OUT	蜂窝 LNA 输出	
2	PLNA_IN	PCS LNA 输入	
3	GND	地	
4	CLNA_IN	蜂窝 LNA 输入	
5	$\overline{SHDN}$	关机逻辑输入	
6	GLNA_IN	GPS LNA 输入	
7	G1	管理模式逻辑输入 1	
8	GLNA_OUT	GPS LNA 输出	
9	G2	管理模式逻辑输入 2	
10	GMIX_IN	GPS 混频器输入	
11	MODE	管理模式逻辑输入	
12	BIAS	偏置设置	
13	PLL	本地振荡器缓冲器输出端口,用于驱动外部锁相环合成器	该集成电路为射频前端芯片,内部集成了低噪声放大器(LNA)电路和混频电路,完成射频信号的前端处理采用 28 引脚 QFN(5mm×5mm)封装,典型应用电路如图 2-66 所示
14	LO_IN	本地振荡器输入	
15	BUFFEN	本地振荡器缓冲器使能逻辑输入	
16	LO_OUT	本地振荡器输出	
17	V_{CC}	电源	
18	IFO +	差分中频输出端口 0 +	
19	IFO −	差分中频输出端口 0 −	
20	GIF +	GPS 中频输出 +	
21	GIF −	GPS 中频输出 −	
22	IF1 +	差分中频输出端口 1 +	
23	IF1 −	差分中频输出端口 1 −	
24	CMIX_IN	蜂窝混频器输入	
25	PMIX_IN	PCS 混频器输入	
26	IF_SEL	中频选择逻辑输入	
27	BAND	BAND 逻辑输入	
28	PLNA_OUT	PCS LNA 输出	

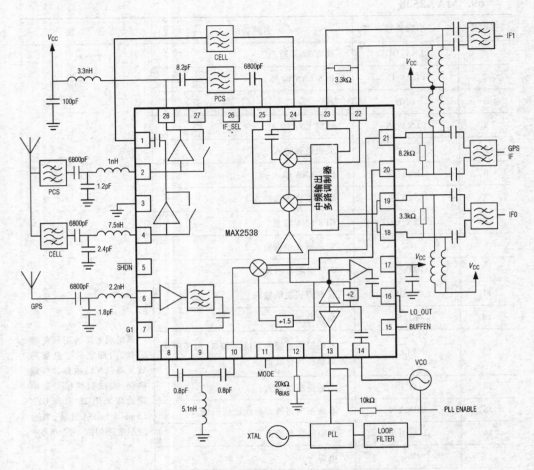

图 2-66　MAX2538 典型应用电路

70. MAX3378E

引脚号	引脚符号	引脚功能	备 注
1	V_L	逻辑输入电压	
2	I/O V_{L1}	输入/输出 1	
3	I/O V_{L2}	输入/输出 2	
4	I/O V_{L3}	输入/输出 3	该集成电路为双/四路低电压电平
5	I/O V_{L4}	输入/输出 4	转换器,采用 TSSOP-14 封装,典型应
6	NC	空引脚	用电路及应用在 HTC 多普达 686 智
7	GND	地	能手机上的实物如图 2-67 所示
8	$\overline{THREE-STATE}$	三态输出模式使能	
9	NC	空引脚	
10	I/O V_{CC4}	输入与输出 4 电源	

（续）

引脚号	引脚符号	引脚功能	备　注
11	I/O V$_{CC3}$	输入与输出 3 电源	该集成电路为双/四路低电压电平转换器，采用 TSSOP-14 封装，典型应用电路及应用在 HTC 多普达 686 智能手机上的实物如图 2-67 所示
12	I/O V$_{CC2}$	输入与输出 2 电源	
13	I/O V$_{CC1}$	输入与输出 1 电源	
14	V$_{CC}$	电源	

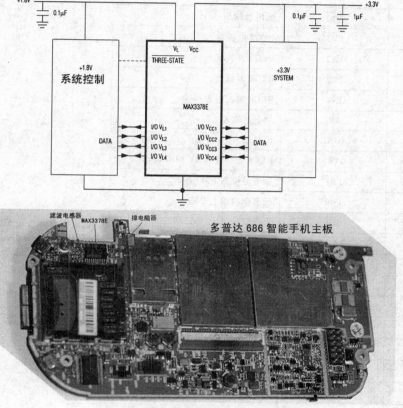

图 2-67　MAX3378E 典型应用电路及实物

71. MAX8660

引脚号	引脚符号	引脚功能	备　注
1	IN5	REG5 电源输入	该集成电路为电源管理芯片，采用 QFN(5mm×5mm×0.8mm) 封装典型应用电路如图 2-68 所示
2	V5	REG5 线性稳压器输出	
3	PV4	REG4 电源输入	
4	LX4	REG4 开关节点	
5	PG4	REG4 电源地	
6	SET2	REG2 电压选择输入	
7	V6	REG6 线路稳压器输出	

（续）

引脚号	引脚符号	引脚功能	备　　注
8	IN67	REG6 和 REG7 电源输入	
9	V7	REG7 线路稳压器输出	
10	V2	REG2 电压检测输入	
11	SCL	串行时钟输入	
12	SDA	串行数据输入	
13	$\overline{LBO}$	低电池输出	
14	PV2	REG2 电源输入	
15	LX2	REG2 开关节点	
16	PG2	REG2 电源地	
17	IN8	REG8 输入电源连接	
18	IN	主电池输入	
19	AGND	模拟地	
20	V8	REG8 始终在 3.3V LDO 输出	
21	LBF	低电池检测下降输入	
22	LBR	低电池检测上升输入	
23	$\overline{MR}$	手动复位输入	该集成电路为电源管理芯片，采用 QFN（5mm×5mm×0.8mm）封装
24	RAMP	斜率输入	
25	EN5	REG5 使能输入	典型应用电路如图 2-68 所示
26	PG3	REG3 电源地	
27	LX3	REG3 开关节点	
28	PV3	REG3 电源输入	
29	$\overline{RSO}$	漏极开路复位输出	
30	V3	REG3 电压检测输入	
31	EN34	REG3 和 REG4 硬件使能输入	
32	EN2	REG2 使能输入	
33	SRAD	串行地址输入	
34	PG1	REG1 电源地	
35	LX1	REG1 开关节点	
36	PV1	REG1 电源输入	
37	EN1	REG1 使能输入	
38	V1	REG1 电压检测输入	
39	SET1	REG1 电压检测输入	
40	V4	REG4 反馈检测输入	

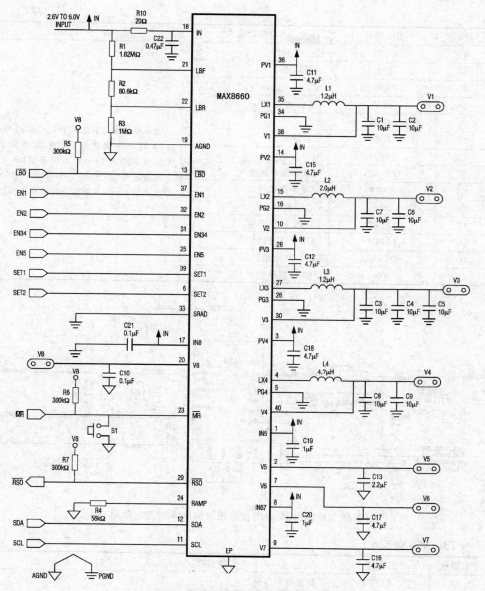

图 2-68 MAX8660 典型应用电路

72. MAX8834

引脚号	引脚符号	引脚功能	备　注
A1	OUT0	稳压器输出 0	该集成电路为自适应升压变换器与 1.5A 闪光灯驱动器,采用 20 焊球、0.5mm 间距、2.5mm × 2.0mm WLP。典型应用电路如图 2-69 所示(以应用在苹果 iPhone 4 智能手机电路为例)
A2	LX0	电感连接 0	
A3	PGND	地	
A4	IN	模拟电源电压输入	
A5	VDD	逻辑输入电源电压	

（续）

引脚号	引脚符号	引脚功能	备　注
B1	OUT1	稳压器输出 1	
B2	LX1	电感连接 2	
B3	PGND	地	
B4	SCL	I²C 时钟输入	
B5	AGND	地	该集成电路为自适应升压变换器与
C1	COMP	补偿输入	1.5A 闪光灯驱动器，采用 20 焊球、
C2	FGND	地	0.5mm 间距、2.5mm × 2.0mm WLP
C3	LED_EN	LED 使能逻辑输入	典型应用电路如图 2-69 所示（以应
C4	GSMB	GSM 消隐信号	用在苹果 iPhone 4 智能手机电路为例）
C5	SDA	I²C 数据输入	
D1	FLED2	FLED2 电流调整	
D3	FLED1	FLED1 电流调整	
D4	INDLED	INDLED 电流调整	
D5	NTC	NTC 偏置输出	

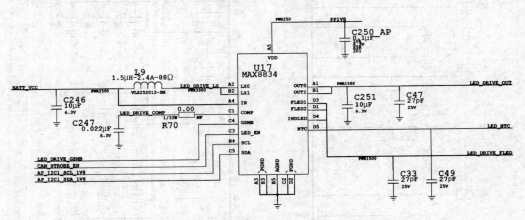

图 2-69　MAX8834 应用在苹果 iPhone 4 智能手机电路

73. MAX8836

引脚号	引脚符号	引脚功能	备　注
A1	REFBP	基准噪声旁路	
A2	AGND	地（低噪声模拟）	MAX8836 为高频降
A3	REFIN	DAC 控制输入	压变换器，可用于 WCD-
A4	PGND	地（PA 降压变换器）	MA 手机功率放大器
B1	LDO2	低压差稳压器输出 2	（PA）的动态供电
B2	PA_EN	PA 降压变换器使能输入	典型应用电路如图
B3	EN2	低压差稳压器使能输入 2	2-70所示（以应用在苹
B4	LX	电感连接	果 iPhone 3G 智能手机
C1	IN2	LDO1、LDO2 以及内部基准的电源电压输入	电路为例）

（续）

引脚号	引脚符号	引脚功能	备 注
C2	HP	大功率模式设置输入	MAX8836 为高频降压变换器，可用于 WCD-MA 手机功率放大器（PA）的动态供电
C3	IN1B	PA 降压变换器的电源电压输入	
C4	IN1A	PA 降压变换器的电源电压输入	
D1	LDO1	低压差稳压器输出 1	典型应用电路如图 2-70 所示（以应用在苹果 iPhone 3G 智能手机电路为例）
D2	EN1	低压差稳压器使能输入 1	
D3	PAB	旁路模式的 PA 连接	
D4	PAA	旁路模式的 PA 连接	

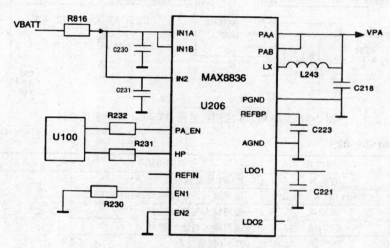

图 2-70　MAX8836 典型应用电路

74. MAX9718

引脚号		引脚符号	引脚功能	备 注
TDFN 封装/μMAX 封装	UCSP			
1	C2	SHDN	关机输入	
2	C1	IN －	反相输入	
3	B2	SHDM	关机模式极性输入	该集成电路为低成本、单声道/立体声、1.4W 差分音频功率放大器，采用 TDFN 封装/μMAX 封装与 UCSP
4	A1	IN ＋	同相输入	
5	A2	BIAS	DC 偏置旁路	
6	A3	OUT －	桥式放大器负输出	典型应用电路如图 2-71 所示（以应用在苹果 iPhone 4 智能手机电路为例）
7	B3	GND	地	
8		NC	空引脚	
9	B1	VCC	电源	
10	C3	OUT ＋	桥式放大器正输出	

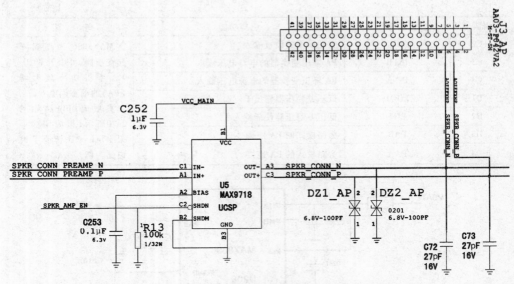

图 2-71   MAX9718 应用在苹果 iPhone 4 智能手机电路

75. MSM6025

引脚号	引脚符号	引脚功能	备　　注
A1	RFR_N	UART 准备接收信号	
A10	GPIO51/AUX_SBI_ST	通用输入与输出端 51/辅助 SBI	
A11	GPIO48	通用输入与输出端 48	
A12	GPIO45	通用输入与输出端 45	
A13	TRST_N	JTAG 复位	
A14	GPIO23/TX_PCS_HI	通用输入与输出端 23/控制 SPDT(单刀双抛)开关是否选择 PCS 高频段	
A15	GPIO20/TX_PCS_LOW	通用输入与输出端 20/控制 SPDT(单刀双抛)开关是否选择 PCS 低频段	
A16	GND	地	
A17	GPIO18	通用输入与输出端 18	该集成电路为高通的 CPU,采用 208-FBGA 封装,应用在智能手机上(如应用在酷派 N68 双模智能机上)
A2	CTS_N	UART 清除发送信号	
A3	DP_TX_DATA	UART 发送串行数据输出	
A4	GPIO31/UART2_RFR_N/UIM_CLK	通用输入与输出端 31/第二 UART 准备接收信号/UIM 卡接口时钟	
A5	GPIO28/UART2_DP_TX_DATA/UIM_DATA	通用输入/输出端 28/第二 UART 发送串行数据输出/UIM 卡接口数据	
A6	VDD_P1	电源(外围接口)	
A7	GPIO63/KENSENSE1_N	通用输入与输出端 63/键盘检测信号、电平敏感输入信号(连接到微处理器键盘中断控制器)	
A8	GPIO59	通用输入与输出端 59	
A9	GPIO55	通用输入与输出端 55	
B1	RAM_CS0_N	第一片选信号,用于 RAM 地址空间	

（续）

引脚号	引脚符号	引脚功能	备 注
B10	GPIO49	通用输入与输出端 49	
B11	GPIO46	通用输入与输出端 46	
B12	GPIO42	通用输入与输出端 42	
B13	TMS	JTAG 模式选择输入	
B14	TDI	JTAG 数据输入	
B15	GPIO22/EXT_VCO_EN	通用输入与输出端 22/外部 VCO 使能信号	
B16	GPIO19	通用输入与输出端 19	
B17	GPIO6/GP_PDM2	通用输入与输出端 6/通用处理器控制 16 位 PDM	
B2	GND	地	
B3	DP_RX_DATA	UART 接收串行数据输入	
B4	GPIO30/UART2_CTS_N	通用输入与输出端 30/第二 UART 清除发送信号	
B5	GPIO15	通用输入与输出端 15	
B6	GPIO64/KEYSENSE2_N	通用输入与输出端 64/键盘检测信号、电平敏感输入信号	
B7	GPIO60	通用输入与输出端 60	
B8	GPIO56	通用输入与输出端 56	
B9	GPIO52/AUX_SBI_CK	通用输入与输出端 52/辅助 SBI 时钟	
C1	ROM_CS0_N	第一片选信号,用于 ROM 地址空间	该集成电路为高通的 CPU,采用 208-FBGA 封装,应用在智能手机上（如应用在酷派 N68 双模智能机上）
C10	GND	地	
C11	GPIO43	通用输入与输出端 43	
C12	SLEEP_XTAL_OUT	低功率睡眠控制器晶体振荡器（32.768kHz）输出	
C13	TCK	JTAG 时钟输入	
C14	GPIO21	通用输入与输出端 21	
C15	VDD_A	电源(PLL 模拟)	
C16	GPIO5/GP_PDM1	通用输入与输出端 5/通用处理器控制 8 位 PDM 1	
C17	GPIO4/GP_PDM0	通用输入与输出端 4/通用处理器控制 8 位 PDM 0	
C2	OE_N	输出使能信号	
C3	GPIO29/UART2_DP_RX_DATA	通用输入与输出端 29/第二 UART 接收串行数据输入	
C4	GPIO16	通用输入与输出端 16	
C5	GPIO65/KEYSENSE3_N	通用输入与输出端 65/键盘检测信号、电平敏感输入信号	
C6	GPIO61	通用输入与输出端 61	
C7	CPIO57	通用输入与输出端 57	
C8	GPIO53/AUX_SBI_DT	通用输入与输出端 53/辅助 SBI 数据	
C9	GPIO50	通用输入与输出端 50	
D1	A0/LB_N	地址总线的地址线 0/低字节使能信号,用于 16 位存储器的字节访问	
D10	GPIO47	通用输入与输出端 47	

（续）

引脚号	引脚符号	引脚功能	备注
D11	GPIO44	通用输入与输出端 44	
D12	SLEEP_XTAL_IN	低功率睡眠控制器晶体振荡器（32.768kHz）输入	
D13	TDO	JTAG 数据输出	
D14	GND	地	
D15	TRK_LO_ADJ	PDM 输出,来自于芯片上频率跟踪子系统,用于调整 VCTCXO 的频率	
D16	GPIO2/I²C_SCL/USB_SUSPEND	通用输入与输出端 2/I²C 串行总线时钟/挂起状态指示	
D17	GPIO3/I²C_SDA	通用输入与输出端 3/I²C 串行总线数据	
D2	GPIO33/RAM_CSI_N	通用输入与输出端 33/第二片选信号,用于 RAM 地址空间	
D3	WE_N	写使能信号	
D4	GPIO17	通用输入与输出端 17	
D5	GPIO66/KEYSENSE4_N	通用输入与输出端 66/键盘检测信号、电平敏感输入信号	
D6	GPIO62/KEYSENSE0_N	通用输入与输出端 62/键盘检测信号、电平敏感输入信号	
D7	GPIO58	通用输入与输出端 58	
D8	GPIO54	通用输入与输出端 54	
D9	VDD_C	电源(内部数字电路)	该集成电路为高通的 CPU,采用 208-FBGA 封装,应用在智能手机上(如应用在酷派 N68 双模智能机上)
E1	A4	地址总线的地址线 4	
E14	GPIO1/TX_ON	通用输入与输出端 1/发射启动信号	
E15	TX_AGC_ADJ	PDM 输出,来自芯片上发射 AGC 电路,用于控制发射输出功率	
E16	PA_R1	数字输出,来自于芯片上的发射 AGC 电路,用于改变发射功率放大器特性	
E17	TCXO	温补晶体振荡器时钟输入	
E2	A2	地址总线的地址线 2	
E3	VDD_P0	电源(外围接口)	
E4	UB_N	高字节使能信号,用于 16 位存储器的字节访问	
F1	A6	地址总线的地址线 6	
F14	Q_OUT	从 Q 发射 DAC 输出的基带 Q 发射非反相电流模式信号(Q+)	
F15	Q_OUT_N	从 Q 发射 DAC 输出的基带 Q 发射反相电流模式信号(Q-)	
F16	SYNTH_LOCK	用于指示发射和接收频率合成器的入锁状态	
F17	PA_R0	数字输出,来自于芯片上的发射 AGC 电路,用于改变发射功率放大器的特性	
F2	A5	地址总线的地址线 5	
F3	GPIO36/LCD_EN	通用输入与输出端 36/并行 LCD 接口使能选通	

（续）

引脚号	引脚符号	引脚功能	备　注
F4	A3	地址总线的地址线 3	
G1	D3	数据总线 D 的数据线 3	
G14	I_OUT_N	从 I 发射 DAC 输出的基带 I 发射反相电流模式信号（I－）	
G15	I_OUT	从 I 发射 DAC 输出的基带 I 发射非反相电流模式信号（I＋）	
G16	VDD_A	电源（TXDAC 模拟）	
G17	DAC_REF	I&Q 发射 DAC 的输入参考	
G2	D1	数据总线 D 的数据线 1	
G3	GPIO37/LCD_CS_N	通用输入与输出端 37/LCD 片选信号输出	
G4	D0	数据总线 D 的数据线 0	
H1	D7	数据总线 D 的数据线 7	
H14	NC	空引脚	
H15	NC	空引脚	
H16	PA_ON0	用来控制功率放大器的信号，在射频功率放大器发射时 PA_ON 为高电平	
H17	GND	地	
H2	D4	数据总线 D 的数据线 4	
H3	A7	地址总线的地址线 7	
H4	D2	数据总线 D 的数据线 2	该集成电路为高通的
J1	D10	数据总线 D 的数据线 10	CPU，采用 208-FBGA 封
J14	SBST	串行总线开始/停止控制	装，应用在智能手机上
J15	SBDT	串行总线数据	（如应用在酷派 N68 双
J16	VDD_P1	电源（外围接口）	模智能机上）
J17	PA_ON1	用来控制功率放大器的信号，在射频功率放大器发射时 PA_ON 为高电平	
J2	D8	数据总线 D 的数据线 8	
J3	D5	数据总线 D 的数据线 5	
J4	D6	数据总线 D 的数据线 6	
K1	D13	数据总线 D 的数据线 13	
K14	GND	地	
K15	VDD_C	电源（内部数字电路）	
K16	SBCK	串行总线时钟	
K17	FM_LNA_RANGE（GPIO0）	GPIO0 专用为 FM_LNA_RANGE，并且不能改为他用	
K2	D11	数据总线 D 的数据线 11	
K3	GND	地	
K4	D9	数据总线 D 的数据线 9	
L1	A9	地址总线的地址线 9	
L14	MODE1	测试模式选择 1	
L15	MODE0	测试模式选择 0	
L16	RESIN_N	硬件复位输入到系统	
L17	RESOUT_N	复位输出	
L2	D14	数据总线 D 的数据线 14	

（续）

引脚号	引脚符号	引脚功能	备　注
L3	VDD_C	电源（内部数字电路）	
L4	D12	数据总线 D 的数据线 12	
M1	A12	地址总线的地址线 12	
M14	Q_IP	差分模拟接收基带 Q 信号（+）	
M15	GND	地	
M16	VDD_A	电源（HKADC、基带接收模拟）	
M17	WDOG_EN	看门狗定时器使能输入	
M2	A10	地址总线的地址线 10	
M3	D15	数据总线 D 的数据线 15	
M4	A8	地址总线的地址线 8	
N1	A15	地址总线的地址线 15	
N14	I_IP	差分模拟接收基带 I 信号（+）	
N15	GND	地	
N16	I_IN/Q_IN	差分模拟接收基带 I 信号（-）/差分模拟接收基带 Q 信号（-）	
N17	VDD_A	电源（HKADC、基带接收模拟）	
N2	A13	地址总线的地址线 13	
N3	GPIO34/GP_CS0_N	通用输入与输出端 34/片选信号	
N4	A11	地址总线的地址线 11	
P1	A18	地址总线的地址线 18	
P10	VDD_A	扬声器放大器模拟供电	该集成电路为高通的
P11	EAR20	扬声器 2 放大器输出	CPU，采用 208-FBGA 封
P12	AUXIP	辅助输入（+）	装，应用在智能手机上
P13	MIC2P	送话器 2 输入（+）	（如应用在酷派 N68 双
P14	MICFBN	送话放大器反馈，来自于外部发射高通滤波器（-）	模智能机上）
P15	HKADC2	模拟多路器输入通道 2	
P17	HKACD0	模拟多路器输入通道 0	
P2	A17	地址总线的地址线 17	
P3	A14	地址总线的地址线 14	
P4	GND	地	
P5	XTAL IN	48MHz 晶体振荡器输入	
P6	GPIO12/UART3_DP_TX_DATA/USB_TX_OE_N/UIM2_DATA	通用输入与输出端 12/第三 UART 发送串行数据输出/使能或关掉 USB 发收器的 D+ 和 D-/UIM 卡接口 2 数据	
P7	GPIO7/GP_MN	通用输入与输出端 7/通用处理器控制 M/N 计数器（时钟）输出	
P8	GPIO25/AUX_PCM_DIN/I2S_MASTER_CLK	通用输入与输出端 25/PCM 数据输入（用于辅助编解码器端口）/I^2S 接口主时钟	
P9	HPH_R	立体声耳机右声道输出	
R1	A19	地址总线的地址线 19	
R10	GND	地	
R11	GND	地	

（续）

引脚号	引脚符号	引脚功能	备　注
R12	AUXIN	辅助输入（－）	
R13	MIC2N	送话器2输入（－）	
R14	MICFBP	送话放大器反馈，来自于外部发射高通滤波器（＋）	
R15	MICINN	送话放大器输入，来自于外部发射高通滤波器（－）	
R16	HKADC1	模拟多路器输入通道1	
R17	HKADC3	模拟多路器输入通道3	
R2	A20	地址总线的地址线20	
R3	A16	地址总线的地址线16	
R4	GPIO32/ROM_CS1_N	通用输入与输出端32/第二片选信号，用于ROM地址空间	
R5	XTAL OUT	48MHz晶体振荡器反馈输出	
R6	GPIO11/UART3_DP_RX_DATA	通用输入与输出端11/第三UART接收串行数据输入/单端输入，来自USB收发器	
R7	GPIO14/UART3_RFR_N/USB_TX_VPO/UIM2_CLK	通用输入与输出端14/第三UART准备接收信号/正差动输出（D＋）/UIM卡接口2时钟	该集成电路为高通的CPU，采用208-FBGA封装，应用在智能手机上（如应用在酷派N68双模智能机上）
R8	GPIO24/AUX_PCM_DOUT/I2S_SD	通用输入与输出端24/PCM数据输出，用于辅助编解码器端口/I^2S接口串行数据	
R9	GPIO27/AUX_PCM_CLK_I2S_SCK	通用输入与输出端27/PCM时钟，用于辅助编解码端口/I^2S接口串行时钟	
T1	A1	地址总线的地址线1	
T10	EAR1OP	扬声器1放大器输出（＋）	
T11	AUXON	辅助输出（－）	
T12	MIC1P	送话器1输入（＋）	
T13	MICOUTP	送话放大器输出到外部发射高通滤波器（＋）	
T14	VDD_A	电源（编解码器模拟）	
T15	GND	地	
T16	HKADC5	模拟多路器输入通道5	
T17	HKADC4	模拟多路器输入通道4	
T2	GPIO39/A22	通用输入与输出端39/地址总线的地址线22	
T3	GPIO35/GP_CSI_N	通用输入与输出端35/第二片选信号	
T4	GPIO9/USB_RX_VPI	通用输入与输出端9/D＋的选通版，用于检测SE0（＋）	
T5	GPIO10/USB_RX_VMI	通用输入与输出端10/D－的选通版，用于检测SE0（－）	

（续）

引脚号	引脚符号	引脚功能	备　注
T6	GPIO13/UART3_CTS_N/USB_TX_VMO	通用输入与输出端13/第三 UART 清除发送信号/负差动输出（D－）	
T7	GPIO8/RINGER	通用输入与输出端8/DTMF 音调发生器电路输出	
T8	GPIO26/AUX_PCM_SYNC/I2S_WS	通用输入与输出端26/PCM 数据选通,用于辅助编解码器端口/I^{2}S 接口字选择	
T9	VDD_A	电源(编解码器模拟)	
U1	GPIO38/A21	通用输入与输出端38/地址总线的地址线21	
U10	AUXOP	辅助输出（＋）	
U11	MIC1N	送话器1输入（－）	
U12	MICOUTN	送话放大器输出到外部发射高通滤波器（－）	该集成电路为高通的 CPU,采用208-FBGA 封装,应用在智能手机上(如应用在酷派 N68 双模智能机上)
U13	MICINP	送话放大器输入,来自于外部发射高通滤波器（＋）	
U14	GND	地	
U15	MICBIAS	送话器偏置供电输出	
U16	CCOMP	外部去耦电容输入,用于编解码器电压参考	
U17	HKADC6	模拟多路器输入通道6	
U2	GPIO40/A23	通用输入与输出端40/地址总线的地址线23	
U3	GPIO41/A24	通用输入与输出端41/地址总线的地址线24	
U4	VDD_PD	电源(外围接口)	
U5	GND	地	
U6	VDD_C	电源(内部数字电路)	
U7	GND	地	
U8	GND	地	
U9	EARION	扬声器1放大器输出（－）	

76. MSM7200A

引脚号	引脚符号	引脚功能	备　注
A1	VSS	地	
A2	VSS	地	
A3	GND	地	该集成电路为高通推出的 CPU,使用在第一批中端安卓系统智能手机中(如 MOTO ME501、HTC G2、三星 i7500 等机型中)
A4	GND	地	
A5	LINE_R_IP	右声道立体声输入（＋）	
A6	LINE_R_IN	右声道立体声输入（－）	
A7	MIC1P	送话器1差分正输入	
A8	LINE_ON	负线输出或立体声左通道输出	
A9	EAR1_OP	耳机差分正输出	
A10	GND	地	

（续）

引脚号	引脚符号	引脚功能	备　注
A11	GND	地	
A12	GND	地	
A13	EBI1_DQ_23	32 位 EBI1 数据总线 23	
A14	EBI1_DQ_19	32 位 EBI1 数据总线 19	
A15	GND	地	
A16	GND	地	
A17	GND	地	
A18	GND	地	
A19	GND	地	
A20	GND	地	
A21	EBI1_DQS_0	EBI1 数据选通脉冲 0	
A22	GND	地	
A23	EBI1_CKE1	DDR 时钟使能 1	
A24	GND	地	
A25	VDD_P1	电源	
A26	EBI1_ADR_27	28 位 EBI1 地址总线 27	
A27	VSS	地	
A28	VSS	地	
B1	VSS	地	
B2	VDD_A	电源	该集成电路为高通
B3	VDD_C1	电源	推出的 CPU，使用在
B4	HKAIN2	管理输入 2	第一批中端安卓系统
B5	LINE_L_IP	左声道立体声输入（ + ）	智能手机中（如 MOTO
B6	LINE_L_IN	左声道立体声输入（ - ）	ME501、HTC G2、三星
B7	MIC1N	送话器 1 差分负输入	i7500 等机型中）
B8	LINE_OP	正线输出或立体声左通道输出	
B9	EAR1_ON	耳机差分负输出	
B10	VDD_C1	电源	
B11	VDD_P1	电源	
B12	VDD_P1	电源	
B13	EBI1_DQ_22	32 位 EBI1 数据总线 22	
B14	EBI1_DQS_2	EBI1 数据选通脉冲 2	
B15	VDD_P1	电源	
B16	VDD_C1	电源	
B17	VDD_P1	电源	
B18	VDD_C1	电源	
B19	VDD_P1	电源	
B20	VDD_P1	电源	
B21	EBI1_CS0_N	DDR SDRAM 片选	
B22	VDD_C1	电源	
B23	EBI1_DM_0	EBI1 数据掩膜 0	
B24	EBI1_DCLK	差分时钟（为 DDR SDRAM）	
B25	EBI1_DCLKB	差分时钟（为 DDR SDRAM）	
B26	EBI1_ADR_26	28 位 EBI1 地址总线 26	
B27	EBI1_ADR_25	28 位 EBI1 地址总线 25	

引脚号	引脚符号	引脚功能	备　注
B28	VSS	地	
C1	WIPER	触摸屏输入（5 线后面板输入）	
C2	GND_A	地	
C27	EBI1_ADR_25	28 位 EBI1 地址总线 25	
C28	VSS	地	
D1	TS_LR	触摸屏输入（5 线 LR、4 线 Y－）	
D2	TS_LL	触摸屏输入（5 线 LL、4 线 X－）	
D4	GND_RET_A	地	
D5	VDD_A	电源	
D6	MIC2P	送话器 2 差分正输入	
D7	AUXIP	辅助差分正输入	
D8	GND_A	地	
D9	GND_A	地	
D10	GND	地	
D11	EBI1_DQ_29	32 位 EBI1 数据总线 29	
D12	EBI1_DM_3	EBI1 数据掩膜 3	
D13	EBI1_DQ_21	32 位 EBI1 数据总线 21	
D14	EBI1_MEM_CLK	时钟	
D15	EBI1_DM_2	EBI1 数据掩膜 2	
D16	EMI1_DQS_1	EBI1 数据选通脉冲 1	
D17	EBI1_WAIT0_N	EBI1 等待 0	
D18	EBI1_DQ_8	32 位 EBI1 数据总线 8	该集成电路为高通推出的 CPU，使用在第一批中端安卓系统智能手机中（如 MOTO ME501、HTC G2、三星 i7500 等机型中）
D19	EBI1_DQ_5	32 位 EBI1 数据总线 5	
D20	EBI1_DQ_2	32 位 EBI1 数据总线 2	
D21	EBI1_CS2_N	DDR SDRAM 片选 2	
D22	EBI1_CS5_N	DDR SDRAM 片选 5	
D23	EBI1_ADR_24	28 位 EBI1 地址总线 24	
D24	EBI1_ADR_22	28 位 EBI1 地址总线 22	
D25	GND	地	
D27	VDD_SMIP	电源	
D28	GND	地	
E1	TS_UR	触摸屏输入（5 线 UR、4 线 Y＋）	
E2	TS_UL	触摸屏输入（5 线 UL、4 线 X＋）	
E4	CCOMP	外部去耦电容（为 CODEC 电压参考）	
E5	MICBIAS	送话器偏置电源	
E6	MIC2N	送话器 2 差分负输入	
E7	AUXIN	辅助差分负输入	
E8	VDD_A	电源	
E9	VDD_A	电源	
E10	VDD_P4	电源	
E11	EBI1_DQ_28	32 位 EBI1 数据总线 28	
E12	EBI1_DQS_3	EBI1 数据选通脉冲 3	
E13	EBI1_DQ_20	32 位 EBI1 数据总线 20	
E14	EBI1_DQ_18	32 位 EBI1 数据总线 18	
E15	EBI1_DM_1	EBI1 数据掩膜 1	

（续）

引脚号	引脚符号	引脚功能	备 注
E16	EBI1_DQ_10	32 位 EBI1 数据总线 10	
E17	EBI1_DQ_9	32 位 EBI1 数据总线 9	
E18	EBI1_DQ_7	32 位 EBI1 数据总线 7	
E19	EBI1_DQ_3	32 位 EBI1 数据总线 3	
E20	EBI1_CS4_N	DDR SDRAM 片选 4	
E21	EBI1_CS3_N	DDR SDRAM 片选 3	
E22	EBI1_ADR_20	28 位 EBI1 地址总线 20	
E23	EBI1_ADR_23	28 位 EBI1 地址总线 23	
E24	GND	地	
E25	EBI1_ADR_18	28 位 EBI1 地址总线 18	
E27	VDD_P1	电源	
E28	GND	地	
F1	HKAIN1	管理输入 1	
F2	HKAIN0	管理输入 0	
F4	GND_A	地	
F5	GND_A	地	
F24	EBI1_ADR_19	28 位 EBI1 地址总线 19	
F25	EBI1_ADR_12	28 位 EBI1 地址总线 12	
F27	VDD_P1	电源	
F28	GND	地	该集成电路为高通推出的 CPU，使用在第一批中端安卓系统智能手机中（如 MOTO ME501、HTC G2、三星 i7500 等机型中）
G1	Q_IN_CH0	Q 信号输入 0（ - ）	
G2	Q_IP_CH0	Q 信号输入 0（ + ）	
G4	I_IP_CH0	I 信号输入 0（ + ）	
G5	I_IM_CH0	I 信号输入 0（ - ）	
G7	HPH_VREF	耳机公共模式电压	
G8	AUXOUT	辅助输出	
G9	HPH_R	立体声耳机右声道输出或负耳机输出	
G10	EBI1_DQ_31	32 位 EBI1 数据总线 31	
G11	EBI1_DQ_27	32 位 EBI1 数据总线 27	
G12	EBI1_DQ_25	32 位 EBI1 数据总线 25	
G13	EBI1_DQ_17	32 位 EBI1 数据总线 17	
G14	EBI1_DQ_15	32 位 EBI1 数据总线 15	
G15	EBI1_DQ_12	32 位 EBI1 数据总线 12	
G16	EBI1_DQ_11	32 位 EBI1 数据总线 11	
G17	EBI1_DQ_6	32 位 EBI1 数据总线 6	
G18	EBI1_DQ_1	32 位 EBI1 数据总线 1	
G19	EBI1_RAS_N	存储器行地址选通	
G20	EBI1_ADR_21	28 位 EBI1 地址总线 21	
G21	EBI1_ADR_16	28 位 EBI1 地址总线 16	
G22	GND	地	
G24	EBI1_ADR_10	28 位 EBI1 地址总线 10	
G25	EBI1_ADR_8	28 位 EBI1 地址总线 8	
G27	VDD_SMIP	电源	
G28	GND	地	
H1	VDD_A	电源	

（续）

引脚号	引脚符号	引脚功能	备　注
H2	VDD_A	电源	
H4	Q_IN_CH1	Q 信号输入 1(−)	
H5	Q_IP_CH1	Q 信号输入 1(+)	
H7	I_IP_CH1	I 信号输入 1(+)	
H8	GND_A	地	
H9	HPH_L	立体声耳机左声道输出或正耳机输出	
H10	EBI1_DQ_30	32 位 EBI1 数据总线 30	
H11	EBI1_DQ_26	32 位 EBI1 数据总线 26	
H12	EBI1_DQ_24	32 位 EBI1 数据总线 24	
H13	EBI1_DQ_16	32 位 EBI1 数据总线 16	
H14	EBI1_DQ_14	32 位 EBI1 数据总线 14	
H15	EBI1_DQ_13	32 位 EBI1 数据总线 13	
H16	EBI1_DQ_4	32 位 EBI1 数据总线 4	
H17	EBI1_DQ_0	32 位 EBI1 数据总线 0	
H18	EBI1_CKE0	DDR 时钟使能 0	
H19	EBI1_CS1_N	DDR SDRAM 片选 1	
H20	EBI1_ADR_13	28 位 EBI1 地址总线 13	
H21	GND	地	
H22	EBI1_ADR_9	28 位 EBI1 地址总线 9	
H24	EBI1_ADR_7	28 位 EBI1 地址总线 7	
H25	EBI1_ADR_5	28 位 EBI1 地址总线 5	该集成电路为高通
H27	VDD_SMIP	电源	推出的 CPU，使用在
H28	GND	地	第一批中端安卓系统
J1	GND_A	电源	智能手机中(如 MOTO
J2	VDD_A	电源	ME501、HTC G2、三星
J4	VDD_A	电源	i7500 等机型中)
J5	GND_A	地	
J7	I_IM_CH1	I 信号输入 1(−)	
J8	GPIO_121	通用输入与输出端 121	
J21	EBI1_ADR_14	28 位 EBI1 地址总线 14	
J22	EBI1_ADR_1	28 位 EBI1 地址总线 1	
J24	EBI1_ADR_3	28 位 EBI1 地址总线 3	
J25	EBI1_WE_N	写使能	
J27	VDD_C1	电源	
J28	GND	地	
K1	USBH_CLK	时钟	
K2	VDD_P8	电源	
K4	GPIO_112	通用输入与输出端 112	
K5	GPIO_113	通用输入与输出端 113	
K7	GPIO_114	通用输入与输出端 114	
K8	GPIO_115	通用输入与输出端 115	
K21	EBI1_ADR_2	28 位 EBI1 地址总线 2	
K22	EBI1_ADR_0	28 位 EBI1 地址总线 0	
K24	EBI1_ADR_6	28 位 EBI1 地址总线 6	
K25	EBI1_RESOUT_N	复位输出	

（续）

引脚号	引脚符号	引脚功能	备　注
K27	VDD_SMIP	电源	
K28	GND	地	
L1	GND	地	
L2	VDD_C1	电源	
L4	GPIO_1	通用输入与输出端 1	
L5	GPIO_6	通用输入与输出端 6	
L7	GPIO_4	通用输入与输出端 4	
L8	GPIO_9	通用输入与输出端 9	
L12	GPIO_116	通用输入与输出端 116	
L13	GPIO_117	通用输入与输出端 117	
L14	GPIO_118	通用输入与输出端 118	
L15	EBI1_ADR_17	28 位 EBI1 地址总线 17	
L16	EBI1_ADR_15	28 位 EBI1 地址总线 15	
L17	EBI1_ADR_11	28 位 EBI1 地址总线 11	
L18	GND	地	
L21	EBI1_ADR_4	28 位 EBI1 地址总线 4	
L22	EBI1_OE_N	DDR/SDRMA 输出使能	
L24	EBI2_DATA_0	16 位数据总线 0	
L25	EBI2_DATA_2	16 位数据总线 2	
L27	VDD_SMIC	电源	
L28	GND	地	该集成电路为高通
M1	GPIO_8	通用输入与输出端 8	推出的 CPU，使用在
M2	GPIO_0	通用输入与输出端 0	第一批中端安卓系统
M4	GPIO_2	通用输入与输出端 2	智能手机中（如 MOTO
M5	GPIO_3	通用输入与输出端 3	ME501、HTC G2、三星
M7	GPIO_10	通用输入与输出端 10	i7500 等机型中）
M8	GPIO_11	通用输入与输出端 11	
M11	GPIO_14（CAM_VSYNC）	通用输入与输出端 14（场同步）	
M12	GPIO_111	通用输入与输出端 111	
M13	GND	地	
M14	GND	地	
M15	GND	地	
M16	GND	地	
M17	GND	地	
M18	GND	地	
M21	EBI2_DATA_1	16 位数据总线 1	
M22	EBI2_DATA_4	16 位数据总线 4	
M24	EBI2_DATA_3	16 位数据总线 3	
M25	EBI2_DATA_5	16 位数据总线 5	
M27	VDD_C1	电源	
M28	GND	地	
N1	GND	地	
N2	VDD_P4	电源	
N4	I_OUT_P	I 信号输出（ + ）	
N5	GPIO_95（AUX_I2C_SCL）	通用输入与输出端 95（串行控制时钟）	

（续）

引脚号	引脚符号	引脚功能	备　　注
N7	GPIO_5	通用输入与输出端 5	
N8	GPIO_7	通用输入与输出端 7	
N11	GPIO_15（CAM_MCLK）	通用输入与输出端 15（主时钟）	
N12	GND	地	
N13	GND	地	
N14	GND	地	
N15	GND	地	
N16	GND	地	
N17	GND	地	
N18	EBI2_DATA_6	16 位数据总线 6	
N21	EBI2_DATA_10	16 位数据总线 10	
N22	EBI2_DATA_7	16 位数据总线 7	
N24	EBI2_DATA_8	16 位数据总线 8	
N25	EBI2_DATA_12	16 位数据总线 12	
N27	VDD_P2	电源	
N28	GND	地	
P1	Q_OUT_P	Q 信号输出（＋）	
P2	Q_OUT_N	Q 信号输出（－）	
P4	I_OUT_N	I 信号输出（－）	
P5	GPIO_12（CAM_PCLK）	通用输入与输出端 12（像素速率时钟）	该集成电路为高通推出的 CPU，使用在第一批中端安卓系统智能手机中（如 MOTO ME501、HTC G2、三星 i7500 等机型中）
P7	TX_ON	发射信号（ON）	
P8	VDD_EFUSE_PROG	电源	
P11	GPIO_13（CAM_HSYNC）	通用输入与输出端 13（行同步）	
P12	GND	地	
P13	GND	地	
P14	GND	地	
P15	GND	地	
P16	GND	地	
P17	GND	地	
P18	EBI2_DATA_13	16 位数据总线 13	
P21	EBI2_DATA_11	16 位数据总线 11	
P22	EBI2_OE_N	输出使能	
P24	EBI2_DATA_9	16 位数据总线 9	
P25	EBI2_DATA_14	16 位数据总线 14	
P27	VDD_SMIP	电源	
P28	GND	地	
R1	GND_A	地	
R2	VDD_A	电源	
R4	DAC_IREF	DAC 参考电流	
R5	TX_AGC_ADJ	发射增益调节	
R7	GPIO_94	通用输入与输出端 94	
R8	MPM_GPIO_2	调制解调器电源管理通用输入与输出端 2	
R11	TRK_LO_ADJ	晶振频率调整控制	
R12	GND	地	

（续）

引脚号	引脚符号	引脚功能	备注
R13	GND	地	
R14	GND	地	
R15	GND	地	
R16	GND	地	
R17	GND	地	
R18	VDD_SMIP	电源	
R21	EBI2_DATA_15	16 位数据总线 15	
R22	EBI2_LB_N	低字节使能	
R24	EBI2_UB_N	高字节使能	
R25	EBI2_WE_N	写使能	
R27	VDD_SMIC	电源	
R28	GND	地	
T1	GND_A	地	
T2	VDD_A	电源	
T4	PA_DAC_TST	功率放大器 DAC 测试	
T5	PA_POWER_CTL_M	功率放大器功率控制	
T7	PA_POWER_CTL	功率放大器功率控制	
T8	TVDAC_R_SET	视频 DAC 复位	
T11	GPIO_96（AUX_I2C_SDA）	通用输入与输出端 96（串行控制数据）	
T12	GND	地	该集成电路为高通推出的 CPU，使用在第一批中端安卓系统智能手机中（如 MOTO ME501、HTC G2、三星 i7500 等机型中）
T13	GND	地	
T14	GND	地	
T15	GND	地	
T16	GND	地	
T17	GND	地	
T18	EBI2_ADR_5	20 位地址总线 5	
T21	EBI2_ADR_8	20 位地址总线 8	
T22	EBI2_ADR_9	20 位地址总线 9	
T24	EBI2_ADR_2	20 位地址总线 2	
T25	EBI2_ADR_4	20 位地址总线 4	
T27	EBI2_ADR_1	20 位地址总线 1	
T28	EBI2_ADR_3	20 位地址总线 3	
U1	GND_A	地	
U2	VDD_A	电源	
U4	TVOUT	手机支持输出信号到电视的相关接口	
U5	PLL_TEST_SE	锁相环测试选择	
U7	GPIO_119	通用输入与输出端 119	
U8	CLK_TEST_SE	时钟测试选择	
U11	MPM_GPIO_0	调制解调器电源管理通用输入与输出端 0	
U12	GND	地	
U13	GND	地	
U14	GND	地	

（续）

引脚号	引脚符号	引脚功能	备　注
U15	GND	地	
U16	GND	地	
U17	GND	地	
U18	EBI2_ADR_14	20 位地址总线 14	
U21	EBI2_ADR_15	20 位地址总线 15	
U22	EBI2_ADR_10	20 位地址总线 10	
U24	EBI2_ADR_7	20 位地址总线 7	
U25	EBI2_ADR_6	20 位地址总线 6	
U27	VDD_P2	电源	
U28	GND	地	
V1	GND_A	地	
V2	VDD_A	电源	
V4	GND_A	地	
V5	VDD_A	电源	
V7	GPIO_57	通用输入与输出端 57	
V8	GPIO_58	通用输入与输出端 58	
V11	GPIO_60	通用输入与输出端 60	
V12	GPIO_120	通用输入与输出端 120	
V13	GPIO_53	通用输入与输出端 53	
V14	GPIO_67（SDC2_DATA）	通用输入与输出端 67（SDC2 数据位 0）	该集成电路为高通推出的 CPU，使用在第一批中端安卓系统智能手机中（如 MOTO ME501、HTC G2、三星 i7500 等机型中）
V15	GPIO_66（SDC2_DATA）	通用输入与输出端 66（SDC2 数据位 1）	
V16	GPIO_92（SDC3_DATA）	通用输入与输出端 92（SDC3 数据位 1）	
V17	GPIO_108（UART2DM_TX/SDC4_DATA/SDC3_DATA）	通用输入与输出端 108（发送串行数据输出/SDC4 数据位 0/SDC3 数据位 4）	
V18	GPIO_83	通用输入与输出端 83	
V21	EBI2_CS1_N	片选	
V22	EBI2_ADR_17	20 位地址总线 17	
V24	EBI2_ADR_11	20 位地址总线 11	
V25	EBI2_ADR_13	20 位地址总线 13	
V27	VDD_SMIC	电源	
V28	GND	地	
W1	GND_A	地	
W2	VDD_A	电源	
W4	GND_A	地	
W5	VDD_A	电源	
W6	GPIO_59	通用输入与输出端 59	
W7	PA_ON0	功率放大器 ON 0	
W21	EBI2_ADR_20	20 位地址总线 20	
W22	EBI2_ADR_19	20 位地址总线 19	
W24	EBI2_ADR_16	20 位地址总线 16	

（续）

引脚号	引脚符号	引脚功能	备　注
W25	EBI2_ADR_12	20 位地址总线 12	
W27	VDD_SMIP	电源	
W28	GND	地	
Y1	GND	地	
Y2	VDD_C1	电源	
Y4	GND_A	地	
Y5	GND_A	地	
Y6	GPIO_61	通用输入与输出端 61	
Y7	PA_RANGE0	功率放大器范围 0	
Y21	EBI2_CS2_N	片选 2	
Y22	GPIO_101	通用输入与输出端 101	
Y24	EBI2_ADR_18	20 位地址总线 18	
Y25	EBI2_CS0_N	片选 0	
Y27	VDD_C1	电源	
Y28	GND	地	
AA1	GND	地	
AA2	VDD_C2	电源	
AA4	GPIO_69	通用输入与输出端 69	
AA5	GPIO_68	通用输入与输出端 68	
AA7	MODE_3	IC 操作模式 3	
AA8	GND	地	该集成电路为高通推出的 CPU，使用在第一批中端安卓系统智能手机中（如 MOTO ME501、HTC G2、三星 i7500 等机型中）
AA9	GPIO_46（UART1_TX）	通用输入与输出端 46（发送串行数据输出）	
AA10	GPIO_43（UART1_RFR_N）	通用输入与输出端 43（准备接收）	
AA11	GPIO_51（SDC1_DATA）	通用输入与输出端 51（SDC1 数据位 3）	
AA12	GPIO_63（SDC2_CMD）	通用输入与输出端 63（SDC2 命令与应答）	
AA13	GPIO_64（SDC2_DATA）	通用输入与输出端 64（SDC2 数据位 3）	
AA14	MDDI_E_STB_P	外围差分选通脉冲	
AA15	MDDI_E_DATA_N	外围差分数据	
AA16	GPIO_88（SDC3_CLK）	通用输入与输出端 88（SDC3 时钟）	
AA17	GPIO_16	通用输入与输出端 16	
AA18	GPIO_20（UART2DM_CTS_N/SDC3_DATA）	通用输入与输出端 20（清除发送/SDC3 数据位 6）	
AA19	GPIO_28（ASYNC_TIMER2B/ETM_GPIO_IRQ）	通用输入与输出 28（相机变焦和自动对焦控制/中断信号）	
AA20	GPIO_32	通用输入与输出端 32	
AA21	GPIO_73	通用输入与输出端 73	
AA22	EBI2_CLK	时钟信号	
AA24	EBI2_CS3_N	片选信号 3	
AA25	EBI2_BUSY0_N	忙信号 0	
AA27	VDD_P2	电源	
AA28	GND	地	

（续）

引脚号	引脚符号	引脚功能	备　　注
AB1	GND	地	
AB2	VDD_P3	电源	
AB4	TCXO	温度补偿晶体振荡器	
AB5	TDI	JTAG 数据输入	
AB7	GND	地	
AB8	MODE_2	IC 操作模式 2	
AB9	GPIO_45（UART1_RX_DATA）	通用输入与输出端 45（接收串行数据输入）	
AB10	NC	空引脚	
AB11	GPIO_56（SDC1_CLK）	通用输入与输出端 56（SDC1 时钟）	
AB12	USB_SE0_VM	单端数据或差分负,复位输入	
AB13	GPIO_110	通用输入与输出端 110	
AB14	MDDLE_STB_N	外围差分选通脉冲	
AB15	MDDI_E_DATA_P	外围差分数据	
AB16	GPIO_90（SDC3_DATA/SDC3_DATA）	通用输入与输出端 90（SDC3 数据位 3/SDC3 数据位 3）	
AB17	GPIO_18（ASYNC_TIMER1B）	通用输入与输出 18（相机变焦和自动对焦控制）	
AB18	GPIO_25	通用输入与输出端 25	该集成电路为高通推出的 CPU，使用在第一批中端安卓系统智能手机中（如 MOTO ME501、HTC G2、三星 i7500 等机型中）
AB19	GPIO_30（SYNC_TIMER1/ETM_TRACECLK）	通用输入与输出端 30（相机闪光灯快门和机械快门控制 1/ETM 跟踪时钟）	
AB20	GPIO_29（SYNC_TIMER2/ETM11_TRACE）	通用输入与输出端 29（相机闪光灯快门和机械快门控制 2/ETM11 跟踪）	
AB21	GPIO_40	通用输入与输出端 40	
AB22	GPIO_42	通用输入与输出端 42	
AB24	GPIO_107（SDC4_CMD）	通用输入与输出端 107（SDC4 命令和应答）	
AB25	GPIO_109（SDC4_CLK）	通用输入与输出端 109（SDC4 时钟）	
AB27	VDD_SMIP	电源	
AB28	GND	地	
AC1	GND	地	
AC2	VDD_C2	电源	
AC4	WDOG_EN	看门狗定时器使能	
AC5	TRST_N	JTAG 复位	
AC24	GPIO_84（UART3_RFR_N）	通用输入与输出端 84（准备接收）	
AC25	GPIO_86（UART3_RX_DATA）	通用输入与输出端 86（接收串行数据输入）	
AC27	EBI2_CS5_N	片选	
AC28	EBI2_CS4_N	片选	
AD1	GPIO_70（SYNC_TIMER1）	通用输入与输出端 70（相机闪光灯快门和机械快门控制 1）	
AD2	GPIO_71	通用输入与输出端 71	
AD4	TMS	JTAG 模式选择	

（续）

引脚号	引脚符号	引脚功能	备 注
AD5	GND	地	
AD6	TCK	JTAG 时钟输入	
AD7	MODE_1	IC 操作模式 1	
AD8	GPIO_47（UART2_RFR_N）	通用输入与输出端 47（准备接收）	
AD9	GPIO_50（UART2_TX）	通用输入与输出端 50（发送串行数据输出）	
AD10	NC	空引脚	
AD11	GPIO_54（SDC1_DATA）	通用输入与输出端 54（SDC1 数据位 0）	
AD12	USB_DAT_VP	单端数据或差分正，复位输入	
AD13	MDDI_P_STB_N	LCD 差分选通脉冲	
AD14	MDDI_P_DATA_N	LCD 差分数据	
AD15	VDD_MDDI	电源	
AD16	GPIO_93（SDC3_DATA）	通用输入与输出端 93（SDC3 数据位 0）	
AD17	GPIO_17（ASYNC_TIMER1A）	通用输入与输出 17（相机变焦和自动对焦控制）	
AD18	GPIO_22	通用输入与输出端 22	
AD19	GPIO_26	通用输入与输出端 26	
AD20	GPIO_34	通用输入与输出端 34	
AD21	GPIO_38	通用输入与输出端 38	
AD22	GPIO_75	通用输入与输出端 75	该集成电路为高通推出的 CPU，使用在第一批中端安卓系统智能手机中（如 MOTO ME501、HTC G2、三星 i7500 等机型中）
AD23	GPIO_77（ASYNC_TIMER1A）	通用输入与输出 77（相机变焦和自动对焦控制）	
AD24	GPIO_78	通用输入与输出端 78	
AD25	GPIO_87（UART3_TX）	通用输入与输出端 87（发送串行数据输出）	
AD27	VDD_SMIP	电源	
AD28	GND	地	
AE1	MPM_GPIO_1	调制解调器电源管理通用输入与输出端 1	
AE2	VDD_P3	电源	
AE4	GND	地	
AE5	RTCK	JTAG 回报时钟	
AE6	TDO	JTAG 数据输出	
AE7	MODE_0	IC 操作模式 0	
AE8	GPIO_49（UART2_RX_DATA）	通用输入与输出端 49（接收串行数据输入）	
AE9	USB_OE_INT_N	低电平有效使能 D + 和 D −	
AE10	GPIO_55（SDC1_CMD）	通用输入与输出端 55（SDC1 命令与应答）	
AE11	GPIO_62（SDC2_CLK）	通用输入与输出端 62（SDC2 时钟）	
AE12	GPIO_65（SDC2_DATA）	通用输入与输出端 65（SDC2 数据位 2）	
AE13	MDDI_P_STB_P	LCD 差分选通脉冲	
AE14	MDDI_P_DATA_P	LCD 差分数据	

（续）

引脚号	引脚符号	引脚功能	备　注
AE15	GND	地	
AE16	GPIO_91（SDC3_DATA）	通用输入与输出端 91（SDC3 数据位 2）	
AE17	GPIO_19（UART2DM_RFR_N/SDC3_DATA/ETM_TRACEDATA）	通用输入与输出端 19（准备接收/SDC3 数据位 7/16 位 ETM 跟踪数据）	
AE18	GPIO_24（ETM_GPIO_CS_N）	通用输入与输出端 24（片选）	
AE19	GPIO_27（ASYNC_TIMER2A/ETM11_TRACECTL）	通用输入与输出 27（相机变焦和自动对焦控制/ETM11 跟踪控制）	
AE20	GPIO_33	通用输入与输出端 33	
AE21	GPIO_36	通用输入与输出端 36	
AE22	GPIO_39	通用输入与输出端 39	
AE23	GPIO_76（SYNC_TIMER1）	通用输入与输出端 76（相机闪光灯快门和机械快门控制 1）	
AE24	GPIO_74	通用输入与输出端 74	
AE25	GPIO_79	通用输入与输出端 79	
AE27	VDD_C1_SENSE	电源	
AE28	GPIO_85（UART3_CTS_N）	通用输入与输出端 85（清除发送）	
AF1	GND	地	
AF2	VDD_C2_SENSE	电源	
AF27	VDD_SMIC	电源	该集成电路为高通推出的 CPU，使用在第一批中端安卓系统智能手机中（如 MOTO ME501、HTC G2、三星 i7500 等机型中）
AF28	GND	地	
AG1	VSS THERMAL	地	
AG2	VDD_C2	电源	
AG3	VDD_P3	电源	
AG4	VDD_C2	电源	
AG5	VDD_C2	电源	
AG6	GPIO_44（UART1_CTS_N）	通用输入与输出 44（清除发送）	
AG7	VDD_C2	电源	
AG8	SLEEP_CLK	睡眠时钟	
AG9	VDD_P3	电源	
AG10	VDD_C2	电源	
AG11	VDD_C2	电源	
AG12	VDD_C1	电源	
AG13	MDDI_C_DATA1_N	相机差分数据 1	
AG14	MDDI_C_DATA0_N	相机差分数据 0	
AG15	MDDI_C_STB_N	相机差分选通脉冲	
AG16	GPIO_89（SDC3_CMD）	通用输入与输出端 89（SDC3 命令和应答）	
AG17	VDD_C1	电源	
AG18	GPIO_21（SDC4_DATA/SDC3_DATA/ETM_KEYSENSE_IRQ）	通用输入与输出端 21（SDC4 数据位 1/SDC3 数据位 5/ETM 键盘中断）	
AG19	VDD_P3	电源	
AG20	VDD_C1	电源	
AG21	VDD_P3	电源	

（续）

引脚号	引脚符号	引脚功能	备　注
AG22	GPIO_35	通用输入与输出端 35	
AG23	GPIO_41	通用输入与输出端 41	
AG24	VDD_C1	电源	
AG25	GPIO_81	通用输入与输出端 81	
AG26	RESOUT_N	复位输出	
AG27	RESIN_N	复位输入	
AG28	RESIN_N	复位输入	
AH1	VSS	地	
AH2	VSS	地	
AH3	GND	地	
AH4	GND	地	
AH5	GND	地	
AH6	GPIO_48（UART2_CTS_N）	通用输入与输出端 48（清除发送）	
AH7	GND	地	
AH8	GPIO_53（SDC1_DATA）	通用输入与输出端 53（SDC1 数据位 1）	
AH9	GND	地	
AH10	GND	地	
AH11	GND	地	
AH12	GND	地	该集成电路为高通推出的 CPU，使用在第一批中端安卓系统智能手机中（如 MOTO ME501、HTC G2、三星 i7500 等机型中）
AH13	MDDI_C_DATA1_P	相机差分数据 1	
AH14	MDDI_C_DATA0_P	相机差分数据 0	
AH15	MDDI_C_STB_P	相机差分选通脉冲	
AH16	GPIO_97	通用输入与输出端 97	
AH17	GND	地	
AH18	GPIO_23	通用输入与输出端 23	
AH19	GND	地	
AH20	GPIO_31（ETM9_TRACESYNC）	通用输入与输出端 31（跟踪同步）	
AH21	GND	地	
AH22	GPIO_37	通用输入与输出端 37	
AH23	GPIO_72	通用输入与输出端 72	
AH24	GND	地	
AH25	GPIO_80（ASYNC_TIMER1B）	通用输入与输出 80（相机变焦和自动对焦控制）	
AH26	GPIO_82（ETM9_TRACESYNCB DP/ETM_TRACECLK_B）	通用输入与输出端 82（ETM9 跟踪同步或双端口/TEM 跟踪时钟）	
AH27	VSS	地	
AH28	VSS	地	

77. MXC6225XU

引脚号	引脚符号	引脚功能	备　注
1	INT	中断信号	MXC6225XU 是一款超低成本，两轴运动的定位传感器，典型应用电路如图 2-72 所示（以应用在 HTC_G23 智能手机电路为例）
2	NC	空引脚	
3	VDD	电源	
4	SCL	时钟信号	
5	SDA	数据信号	
6	GND	地	

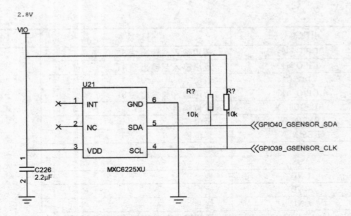

图 2-72　MXC6225XU 典型应用电路

78. MXT224E

引脚号		引脚符号	引脚功能	备　注
49 球	48 引脚			
A1	34	AVDD	模拟电源	
A2	48	Y12	Y 线路连接或 X 线路扩展模式 12	
A3	46	Y10	Y 线路连接或 X 线路扩展模式 10	
A4	44	Y8	Y 线路连接 8	
A5	42	Y6	Y 线路连接 6	
A6	40	Y4	Y 线路连接 4	
A7	38	Y2	Y 线路连接 2	
B1	4	X8	X 矩阵驱动线 8	
B2	35	GND	地	该集成电路为爱特梅尔
B3	47	Y11	Y 线路连接或 X 线路扩展模式 11	maXTouch 生产的触摸控制
B4	45	Y9	Y 线路连接 9	器,采用 48 引脚 QFN 与 49
B5	41	Y5	Y 线路连接 5	球 UFBGA/VFBGA 封装,应
B6	37	Y1	Y 线路连接 1	用在三星 Galaxy S Ⅱ 智能手
B7	36	Y0	Y 线路连接 0	机上,另外还可用于设计 7in
C1	6	X10	X 矩阵驱动线 10	以下的小型汽车触摸屏和触
C2	5	X9	X 矩阵驱动线 9	摸板,包括汽车中控台显示
C3	1	Y13	Y 线路连接或 X 线路扩展模式 13	屏、导航系统、无线人机界面
C4	43	Y7	Y 线路连接 7	(HMI)和后座娱乐系统
C5	39	Y3	Y 线路连接 3	典型应用电路如图 2-73
C6	2	GND	地	所示(以 49 球 UFBGA/VFB-
C7	3	AVDD	模拟电源	GA 封装为例)
D1	8	X12	X 矩阵驱动线 12	
D2	9	X13	X 矩阵驱动线 13	
D3	7	X11	X 矩阵驱动线 11	
D4		GND	地	
D5	33	X7	X 矩阵驱动线 7	
D6	31	X5	X 矩阵驱动线 5	
D7	32	X6	X 矩阵驱动线 6	
E1	10	X14	X 矩阵驱动线 14	
E2	11	X15	X 矩阵驱动线 15	
E3	14	$\overline{\text{RESET}}$	复位	

（续）

引脚号		引脚符号	引脚功能	备　注
49 球	48 引脚			
E4	19	GPIO1	通用输入与输出端 1	该集成电路为爱特梅尔 maXTouch 生产的触摸控制器，采用 48 引脚 QFN 与 49 球 UFBGA/VFBGA 封装，应用在三星 Galaxy S Ⅱ 智能手机上，另外还可用于设计 7in 以下的小型汽车触摸屏和触摸板，包括汽车中控台显示屏、导航系统、无线人机界面（HMI）和后座娱乐系统
E5	27	X1	X 矩阵驱动线 1	
E6	29	X3	X 矩阵驱动线 3	
E7	30	X4	X 矩阵驱动线 4	
F1	13	VDD	数字电源	
F2	12	GND	地	
F3	17	SCL	串行接口时钟	
F4	22	GPIO3/MOSI	通用输入与输出 3/调试数据	
F5	25	GND	地	
F6	24	$\overline{\text{CHG}}$	状态变化中通	
F7	28	X2	X 矩阵驱动线 2	
G1	15	N/C	空引脚	
G2	16	SDA	串行接口数据	
G3	18	GPIO0/SYNC	通用输入与输出端 0/外部同步	
G4	21	GPIO2/SCK	通用输入与输出端 2/调试时钟	
G5	20	VDD	数字电源	典型应用电路如图 2-73 所示（以 49 球 UFBGA/VFB-GA 封装为例）
G6	23	ADDR_SEL	I^2C 兼容地址选择	
G7	26	X0	X 矩阵驱动线 0	

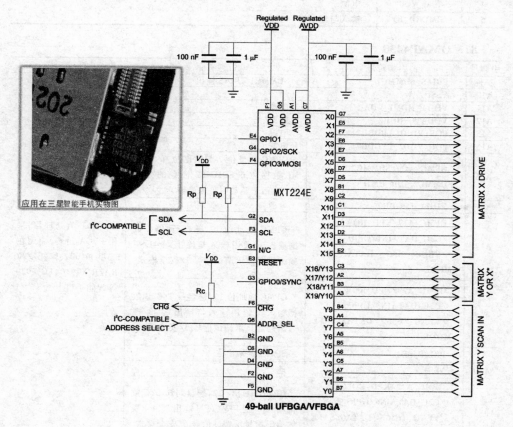

图 2-73　MXT224E 典型应用电路及应用实物

79. NLAS5223BMNR2G

引脚号	引脚符号	引脚功能	备 注
1	VCC	正电源电压	
2	NO1	独立通道 1（常开）	
3	COM1	公共通道 1	
4	IN1	控制输入 1	
5	NC1	独立通道 1（常闭）	该集成电路为双路 SPDT 模拟开关，应
6	GND	地	用领域有：手机音响座、扬声器和耳机开
7	NC2	独立通道 2（常闭）	关、铃音芯片/功率放大器开关等
8	IN2	控制输入 2	
9	COM2	公共通道 2	
10	NO2	独立通道 2（常开）	

80. NUP412VP5XXG

引脚号	引脚符号	引脚功能	备 注
1	SIMCRD_RST	复位信号	
2	GND	地	
3	SIMCRD_CLK	时钟信号	该集成电路为 ESD 保护元件，应用在
4	SIM_VCC	电源	苹果 iPhone 3GS 智能手机上
5	SIMCRD_IO	输入与输出端	

81. OMAP4430

引脚号	引脚符号	引脚功能	备 注
A1	PBIAS_SDMMC1	SDMMC1 PBIAS 输出	
A10	VSS	地	
A11	VDDA_HDMI_VDAC	电源	
A12	VDDA_LPDDR2	电源	
A13	POP_VDD1_LPDDR21_A15	电源	
A15	POP_VDD2_LPDDR21_A16	电源	
A16	GPMC_AD6/SDMMC2_DAT6 /SDMMC2_DIR_CMD	GPMC 地址位 7 与数据位 6/SDM-MC 数据位 6/SDMMC2 命令的方向信号（用于驱动电平转换器）	
A17	VDDA_LPDDR2	电源	
A18	GPMC_A17/KPD_ROW5 /C2C_DATAIN1/GPIO_41 /VENC _ 656 _ DATA1/SAFE _MODE	GPMC 地址位 17/键盘行/C2C 数据输入 1/通用输入与输出端 41/视频编码器显示调试信号 1/安全模式	OMAP 为处理器，采用 PBGA 封装，应用在三星 i9100g、摩托罗拉 RAZR XT910、LG P920 等智能手机上
A19	GPMC_A19/KPD_ROW7 /C2C_DATAIN3/GPIO_43 /VENC _ 656 _ DATA3/SAFE _MODE	GPMC 地址位 19/键盘行 7/C2C 数据输入 3/通用输入与输出端 43/视频编码器显示调试信号 3/安全模式	
A2	PBIAS_SIM	SIM 偏置输出	
A20	VSS	地	
A21	GPMC_A22/KPD_COL6 /C2C_DATAIN6/GPIO_46 /VENC _ 656 _ DATA6/SAFE _MODE	GPMC 地址位 22/键盘列 6/C2C 数据输入 6/通用输入与输出端 46/视频编码器显示调试信号 6/安全模式	

（续）

引脚号	引脚符号	引脚功能	备　注
A22	VDDA_LPDDR2	电源	
A23	VSS	地	
A24	GPMC_nCS4/DSI1_TE0/C2C_CLKIN0/GPIO_101/SYS_NDMAREQ1/SAFE_MODE	GPMC 片选 4（反选）/DSI1 撕裂效果输入 0/C2C 时钟输入 0/通用输入与输出端 101/外部 DMA 请求 1/安全模式	
A25	VDDA_LPDDR2	电源	
A26	POP_VACC_LPDDR2_B28	电源	
A27	ATESTV	保留	
A28	NC1	空引脚	
A3	POP_VDD2_LPDDR2_SHARED_A3	电源	
A4	VDDA_LPDDR2	电源	
A5	VDDA_USBA0OTG_3P3V	电源	
A6	VDDA_LPDDR2	电源	
A7	VDDA_USBA0OTG_1P8V	电源	
A8	HDMI_DDC_SCL/GPIO_65/SAFE_MODE	HDMI 显示数据通道时钟/通用输入与输出端 65/安全模式	
A9	VDDA_LPDDR2	电源	
AA1	DPM_EMU12/USBA0_ULPIPHY_DAT6/GPIO_23/RFBI_DATA7/DISPC2_DATA7/ATTILA_HW_DBG12/SAFE_MODE	调试与管理 12/USBA0 数据位 6（来自外部收发器）/通用输入与输出端 23/RFBI 数据位 7/LCD2 面板的 DISPC 数据—数据位 7/TTILA 硬件调试 12/安全模式	OMAP 为处理器，采用 PBGA 封装，应用在三星 i9100g、摩托罗拉 RAZR XT910、LG P920 等智能手机上
AA10	VDD_MPU	电源	
AA11	VSS	地	
AA12	VSS	地	
AA13	VDD_CORE	电源	
AA14	VDDS_DV_BANK0	电源	
AA16	VDDS_IP2V	电源	
AA17	VDD_IVA_AUDIO	电源	
AA18	VDD_IVA_AUDIO	电源	
AA19	VDD_IVA_AUDIO	电源	
AA2	DPM_EMU13/USBA0_ULPIPHY_DAT7/GPIO_24/RFBI_DATA6/DISPC2_DATA6/ATTILA_HW_DBG13/SAFE_MODE	调试与管理 13/USBA0 数据位 7（来自外部收发器）/通用输入与输出端 24/RFBI 数据位 6/LCD2 面板的 DISPC 数据—数据位 6/TTILA 硬件调试 13/安全模式	
AA20	VSS	地	
AA21	VDDCA_LPDDR2	电源	
AA22	VDDCA_LPDDR2	电源	
AA25	UART2_RX/SDMMC3_DAT0/GPIO_125/SAFE_MODE	UART2 接收数据/SDMMC3 数据位 0/通用输入与输出端 125/安全模式	

（续）

引脚号	引脚符号	引脚功能	备注
AA26	UART2_TX/SDMMC3_DAT1/GPIO_126/SAFE_MODE	UART2 发送数据/SDMMC3 数据位 1/通用输入与输出端 126/安全模式	
AA27	HDQ_SIO/I2C3_SCCB/I2C2_SCCB/GPIO_127/SAFE_MODE	HDQ™1-Wire® 的控制和数据接口/I²C3 串行相机控制总线/I²C2 串行相机控制总线/通用输入与输出端 127/安全模式	
AA28	FREF_CLK1_OUT/GPIO_181/SAFE_MODE	FREF 时钟 1 输出/通用输入与输出端 181/安全模式	
AA3	DPM_EMU14/SYS_DRM_MSECURE/UART1_RX/GPIO_25/RFBI_DATA5/DISPC2_DATA5/ATTILA_HW_DBG14/SAFE_MODE	调试与管理 14/安全模式下输出/UART1 接收数据/通用输入与输出端 25/RFBI 数据位 5/LCD2 面板的 DISPC 数据—数据位 5/TTILA 硬件调试 14/安全模式	
AA4	DPM_EMU15/SYS_SECURE_INDICATOR/GPIO_26/RFBI_DATA4/DISPC2_DATA4/ATTILA_HW_DBG15/SAFE_MODE	调试与管理 15/安全模式指示/通用输入与输出端 26/RFBI 数据位 4/LCD2 面板的 DISPC 数据—数据位 4/TTILA 硬件调试 15/安全模式	
AA7	VDDS_DV_BANK0	电源	
AA8	VDDA_LPDDR2	电源	OMAP 为处理器,采用 PBGA 封装,应用在三星 i9100g、摩托罗拉 RAZR XT910、LG P920 等智能手机上
AA9	VDDA_LPDDR2	电源	
AB1	VSS	地	
AB10	VDDA_DLL1_LPDDR22	地	
AB11	CAP_VDD_LDO_SRAM_MPU	电源	
AB12	VDDA_BDGP_VBB	电源	
AB13	CAP_VDD_LDO_MPU	电源	
AB14	VDDA_LDO_SRAM_MPU	电源	
AB16	VDDS_DV_BANK0	电源	
AB17	VDDS_DV_BANK0	电源	
AB18	VDDS_DV_BANK0	电源	
AB19	VDDS_DV_BANK0	电源	
AB2	DPM_EMU16/DMTIMER8_PWM_EVT/DSI1_TE0/GPIO_27/RFBI_DATA3/DISPC2_DATA3/ATTILA_HW_DBG16/SAFE_MODE	调试与管理 16/DM 计时器事件输入或 PWM 输出/DSI1 撕裂效果输入 0/通用输入与输出端 27/RFBI 数据位 3/LCD2 面板的 DISPC 数据—数据位 3/TTILA 硬件调试 16/安全模式	
AB20	VDDS_DV_BANK0	电源	
AB21	VDDCA_LPDDR2	电源	
AB22	VDDCA_LPDDR2	电源	
AB25	ABE_McBSP1_DX/SDMMC3_DAT2/ABE_MCASP_ACLKX/GPIO_116/SAFE_MODE	ABE McBSP1 串行数据传送/SDMMC3 数据位 2/ABE McASP 时钟发送/通用输入与输出端 116/安全模式	

（续）

引脚号	引脚符号	引脚功能	备　注
AB26	UART2＿CTS/SDMMC3＿CLK/GPIO_123/SAFE_MODE	UART2 发送/SDMMC3 时钟/通用输入与输出端 123/安全模式	
AB27	UART2＿RTS/SDMMC3＿CMD/GPIO_124/SAFE_MODE	UART2 发送请求/SDMMC3 命令/通用输入与输出端 124/安全模式	
AB28	VDDCA_LPDDR2	电源	
AB3	DPM＿EMU17/DMTIMER9＿PWM＿EVT/DSI1＿TE1/GPIO_28/RFBI＿DATA2/DISPC2＿DATA2/ATTILA_HW_DBG17/SAFE_MODE	调试与管理 17/DM 计时器事件输入或 PWM 输出/DSI1 撕裂效果输入 1/通用输入与输出端 28/RFBI 数据位 2/LCD2 面板的 DISPC 数据—数据位 2/TTILA 硬件调试 17/安全模式	
AB4	DPM＿EMU18/DMTIMER10＿PWM＿EVT/DSI2＿TE0/GPIO_190/RFBI＿DATA1/DISPC2＿DATA1/ATTILA_HW_DBG18/SAFE_MODE	调试与管理 18/DM 计时器事件输入或 PWM 输出/DSI2 撕裂效果输入 0/通用输入与输出端 190/RFBI 数据位 1/LCD2 面板的 DISPC 数据—数据位 1/TTILA 硬件调试 18/安全模式	
AB7	VDDS_1P8	电源	
AB8	VDDS_DV_BANK0	电源	
AB9	VDDA_LPDDR2	电源	OMAP 为处理器，采用 PBGA 封装，应用在三星 i9100g、摩托罗拉 RAZR XT910、LG P920 等智能手机上
AC1	VDDA_LPDDR2	电源	
AC2	FREF＿CLK4＿REQ/FREF＿CLK5＿OUT/GPIO＿WK7/SDMMC2_DAT6/ATTILA_HW_DBG9	FREF 时钟请求/FREF 时钟输出/通用输入与输出端 7/SDMMC2 数据位 6/TTILA 硬件调试 9	
AC25	ABE＿McBSP1＿DR/ABE＿SLIMBUS1＿DATA/GPIO＿115/SAFE_MODE	ABE McBSP1 接收串行数据/ABE SLIMbus1 数据/通用输入与输出端 115/安全模式	
AC26	ABE＿McBSP1＿CLKX/ABE＿SLIMBUS1＿CLOCK/GPIO＿114/SAFE_MODE	ABE McBSP1 结合串行时钟/ABE SLIMbus1 时钟/通用输入与输出端 114/安全模式	
AC27	ABE_McBSP1_FSX/SDMMC3_DAT3/ABE_MCASP_AMUTEIN/GPIO_117/SAFE_MODE	ABE McBSP1 联合帧同步/SDMMC3 数据位 3/ABE McASP 自动静音输入/通用输入与输出端 117/安全模式	
AC28	ABE＿McBSP2＿FSX/McSPI2＿CS0/ABE_MCASP_AFSX/GPIO_113/USBB2＿MM＿TXEN/SAFE_MODE	ABE McBSP2 联合帧同步/McSPI2 片选 0（从机输入，主输出）/ABE McASP 帧控制同步传输/通用输入与输出端 113/USBB2 发送使能/安全模式	
AC3	FREF＿CLK4＿OUT/GPIO＿WK8/ATTILA_HW_DBG10	FREF 时钟输入/通用输入与输出端 8/TTILA 硬件调试 10	

（续）

引脚号	引脚符号	引脚功能	备　注
AC4	DPM _ EMU19/DMTIMER11 _ PWM _ EVT/DSI2 _ TE1/GPIO _ 191/RFBI_DATA0/DISPC2 _ DATA0/ATTILA_HW_DBG19/SAFE _MODE	调试与管理 19/DM 计时器事件输入或 PWM 输出/DSI2 撕裂效果输入 1/通用输入与输出端 191/RFBI 数据位 0/LCD2 面板的 DISPC 数据—数据位 0/TTILA 硬件调试 19/安全模式	
AD1	FREF_CLK_IOREQ	FREF 输入或输出时钟请求（为主时钟）	
AD2	FREF _ CLK0 _ OUT/FREF _ CLK1 _ REQ/SYS _ DRM _ MSECURE/GPIO _ WK6/SDMMC2 _ DAT7/ATTILA _ HW _ DBG6/ SAFE_MODE	FREF 时钟 0 输出/FREF 时钟请求/安全模式下输出/通用输入与输出端 6/SDMMC2 数据位 7/TTILA 硬件调试 6/安全模式	
AD25	ABE _ McBSP2 _ DX/McSPI2 _ SIMO/ABE _ MCASP _ AMUTE/ GPIO _ 112/USBB2 _ MM _ RXRCV/SAFE_MODE	ABE McBSP2 串行数据传送/McSPI2 数据（从输入,主输出）/ABE McASP 自动静音输出/通用输入与输出端 112/USBB2 差分接收器的信号输入/安全模式	
AD26	ABE _ McBSP2 _ DR/McSPI2 _ SOMI/ABE _ MCASP _ AXR/GPIO _111/USBB2 _ MM _ RXDP/SAFE _MODE	ABE McBSP2 接收串行数据/McSPI2 数据（主输入,从输出）/ABE McASP 的串行数据 IO/通用输入与输出端 111/USBB2 正接收数据/安全模式	OMAP 为处理器,采用 PBGA 封装,应用在三星 i9100g、摩托罗拉 RAZR XT910、LG P920 等智能手机上
AD27	ABE_McBSP2_CLKX/McSPI2_ CLK/ABE _ MCASP _ AHCLKX/ GPIO_110/USBB2_MM_RXDM/ SAFE_MODE	ABE McBSP2 结合串行时钟/McSPI2 时钟（从输入,主输出）/ABE McASP 高频率时钟输出/通用输入与输出端 110/USBB2 负接收数据	
AD28	VDDCA_LPDDR2	电源	
AD3	FREF _ CLK3 _ REQ/FREF _ CLK1 _ REQ/SYS _ DRM _ MSECURE/GPIO_WK30/C2C _ WAKEREQIN/SDMMC2_DAT4/ATTILA_HW_DBG7/SAFE_MODE	FREF 时钟请求/FREF 时钟请求/安全模式下输出/通用输入与输出端 30/唤醒请求输入/SDMMC2 数据位 4/TTILA 硬件调试 7/安全模式	
AD4	FREF _ CLK3 _ OUT/FREF _ CLK2 _ REQ/SYS _ SECURE _ INDICATOR/GPIO _ WK31/C2C _ WAKEREQOUT/SDMMC2 _ DAT5/ATTILA _ HW _ DBG8/ SAFE_MODE	FREF 时钟输出/FREF 时钟请求/安全模式指示/通用输入与输出端 31/C2C 唤醒请求输出/SDMMC2 数据位 5/TTILA 硬件调试 8/安全模式	
AE1	JTAG_TDI	JTAG 测试数据输入	

（续）

引脚号	引脚符号	引脚功能	备　注
AE10	USBB2＿ULPITLL＿DAT4/US-BB2＿ULPIPHY＿DAT4/SDMMC3＿DAT0/GPIO＿165/McSPI3＿SOMI/DISPC2＿DATA14/RFBI＿DATA14/SAFE_MODE	USBB2 TLL ULPI 数据位 4/USBB2 数据位 4（来自外部收发器）/SDMMC3 数据位 0/通用输入与输出端 165/McSPI3 数据（主输入，从输出）/LCD2 面板的 DISPC 数据—数据位 14/RFBI 数据位 14/安全模式	
AE11	USBB2＿ULPITLL＿DAT0/US-BB2＿ULPIPHY＿DAT0/SDMMC4＿DAT2/GPIO＿161/HSI2＿ACWAKE/DISPC2＿DATA20/USBB2＿MM_TXEN/SAFE_MODE	USBB2 TLL ULPI 数据位 0/USBB2 数据位 0（来自外部收发器）/SDMMC4 数据位 2/通用输入与输出端 161/HSI2 APE 蜂窝调制解调器唤醒信号/LCD2 面板的 DISPC 数据—数据位 20/USBB2 发送使能/安全模式	
AE12	USBB2_ULPITLL_DIR/USBB2＿ULPIPHY＿DIR/SDMMC4/DAT0/GPIO＿159/HSI2＿CAFLAG/DISPC2＿DATA22/SAFE_MODE	USBB2 ULPI TLL 方向控制/USBB2 数据方向控制（来自外部收发器）/SDMMC4 数据位 0/通用输入与输出端 159/HSI2 蜂窝调制解调器 APE 标志信号/LCD2 面板的 DISPC 数据—数据位 22/安全模式	
AE13	USBB2_HSIC_STROBE/GPIO_170/SAFE_MODE	USBB2 间芯片选通/通用输入与输出端 170/安全模式	OMAP 为处理器,采用 PBGA 封装,应用在三星 i9100g、摩托罗拉 RAZR XT910、LG P920 等智能手机上
AE14	USBB1_HSIC_STROBE/GPIO_97/SAFE_MODE	USBB1 间芯片选通/通用输入与输出端 97/安全模式	
AE16	USBB1＿ULPITLL＿DAT5/DM-TIMER9＿PWM_EVT/ABE＿McBSP3＿DX/GPIO＿93/USBB1＿ULPIPHY＿DAT5/ATTILA＿HW＿DBG29/SAFE_MODE	USBB1 ULPI TLL 数据位 5/DM 计时器事件输入或 PWM 输出/ABE McBSP3 串行数据传送/通用输入与输出端 93/USBB1 数据位 5（来自外部收发器）/TTILA 硬件调试 29/安全模式	
AE17	USBB1＿ULPITLL＿DAT2/HSI1＿ACFLAG/McBSP4＿DR/GPIO＿90/USBB1＿ULPIPHY＿DAT2/US-BB1＿MM_TXSE0/ATTILA＿HW＿DBG26/SAFE_MODE	USBB1 ULPI TLL 数据位 2/HSI1 APE 蜂窝调制解调器就绪信号/McBSP4 接收串行数据/通用输入与输出端 90/USBB1 数据位 2（来自外部收发器）/USBB1 单端过零/TTILA 硬件调试 26/安全模式	
AE18	USBB1＿ULPITLL＿CLK/HSI1＿CAWAKE/GPIO_84/USBB1＿ULPIPHY＿CLK/ATTILA＿HW＿DBG20/SAFE_MODE	USBB1 ULPI TLL 时钟/HSI1 蜂窝调制解调器 APE 唤醒信号/通用输入与输出端 84/USBB1 IO（来自外部收发器 60MHz 时钟）/TTILA 硬件调试 20/安全模式	

（续）

引脚号	引脚符号	引脚功能	备　注
AE19	USBB1_ULPITLL_NXT/HSI1_ACREADY/McBSP4_FSX/GPIO_87/USBB1_ULPIPHY_NXT/USBB1_MM_RXDM/ATTILA_HW_DBG23/SAFE_MODE	USBB1 ULPI TLL 下传信号控制/HSI1 APE 蜂窝调制解调器就绪信号/McBSP4 发送帧同步/通用输入与输出端 87/USBB1 下传信号控制（来自外部收发器）/USBB1 负接收数据/TTILA 硬件调试 23/安全模式	
AE20	McSPI4_CS0/SDMMC4_DAT3/KPD_ROW7/GPIO_154/SAFE_MODE	McSPI4 片选 0（从输入，主输出）/SDMMC4 数据位 3/键盘行 7/通用输入与输出端 154/安全模式	
AE21	McSPI4_CLK/SDMMC4_CLK/KPD_COL6/GPIO_151/SAFE_MODE	McSPI4 时钟（从输入，主输出）/SDMMC4 时钟/键盘列 6/通用输入与输出端 151/安全模式	
AE22	McSPI1_SOMI/GPIO_135/SAFE_MODE	McSPI1 数据（从输出，主输入）/通用输入与输出端 135/安全模式	
AE23	McSPI1_CS0/GPIO_137/SAFE_MODE	McSPI1 片选 0（从输入，主输出）/通用输入与输出端 137/安全模式	
AE24	ABE_DMIC_CLK1/GPIO_119/USBB2_MM_TXSE0/UART4_CTS/SAFE_MODE	ABE 数字送话器时钟输出 1/通用输入与输出端 119/USBB2 单端置零/UART4 发送/安全模式	OMAP 为处理器，采用 PBGA 封装，应用在三星 i9100g、摩托罗拉 RAZR XT910、LG P920 等智能手机上
AE25	ABE_PDM_FRAME/ABE_McBSP3_CLKX/SAFE_MODE	ABE PDM 帧同步/ABE McBSP3 结合串行时钟/安全模式	
AE26	I2C1_SDA	I^2C1 数据	
AE27	VSS	地	
AE28	I2C1_SCL	I^2C1 时钟	
AE3	JTAG_RTCK	JTAG ARM 时钟仿真	
AE4	SDMMC5_DAT0/MCSPI2_SOMI/USBC1_ICUSB_RCV/GPIO_147/SDMMC2_DAT0/SAFE_MODE	SDMMC5 数据位 0/McSPI2 数据（主输入，从输出）/USBC1 接收/通用输入与输出端 147/SDMMC2 数据位 0/安全模式	
AE5	SDMMC5_CLK/MCSPI2_CLK/USBC1_ICUSB_DP/GPIO_145/SDMMC2_CLK/SAFE_MODE	SDMMC5 时钟/McSPI2 时钟（从输入，主输出）/USBC1 芯片间 USB 主机 D+/通用输入与输出端 145/SDMMC2 时钟/安全模式	
AE6	SYS_NIRQ1/SAFE_MODE	外部中断 1/安全模式	
AE7	SYS_NRESPWRON	通用冷复位输入	
AE8	SYSBOOT7/DPM_EMU19/GPIO_WK10/ATTILA_HW_DBG13/SAFE_MODE	系统引导配置 7/调试与管理 19/通用输入与输出端 10/TTILA 硬件调试 13/安全模式	

（续）

引脚号	引脚符号	引脚功能	备　注
AE9	USBB2＿ULPITLL＿DAT7/US-BB2＿ULPIPHY＿DAT7/SDMMC3＿CLK/GPIO＿168/McSPI3＿CLK/DISPC2＿DATA11/RFBI＿DATA11/SAFE_MODE	USBB2 TLL ULPI 数据位 7/USBB2 数据位 7（来自外部收发器）/SDM-MC3 时钟/通用输入与输出端 168/McSPI3 时钟（从输入，主输出）/LCD2 面板的 DISPC 数据—数据位 11/RFBI 数据位 11/安全模式	
AF1	VDDA_LPDDR2	电源	
AF10	USBB2＿ULPITLL＿DAT5/US-BB2＿ULPIPHY＿DAT5/SDMMC3＿DAT3/GPIO＿166/McSPI3＿CS0/DISPC2＿DATA13/RFBI＿DATA13/SAFE_MODE	USBB2 TLL ULPI 数据位 5/USBB2 数据位 5（来自外部收发器）/SDM-MC3 数据位 3/通用输入与输出端 166/McSPI3 片选 0（从输入，主输出）/LCD2 面板的 DISPC 数据—数据位 13/RFBI 数据位 13/安全模式	
AF11	USBB2＿ULPITLL＿DAT1/US-BB2＿ULPIPHY＿DAT1/SDMMC4＿DAT3/GPIO＿162/HSI2＿ACDATA/DISPC2＿DATA19/USBB2＿TXDAT/SAFE_MODE	USBB2 TLL ULPI 数据位 1/USBB2 数据位 1（来自外部收发器）/SDM-MC4 数据位 3/通用输入与输出端 162/HSI2 APE 蜂窝调制解调器的数据信号/LCD2 面板的 DISPC 数据—数据位 19/USBB2 数据/安全模式	OMAP 为处理器，采用 PBGA 封装，应用在三星 i9100g、摩托罗拉 RAZR XT910、LG P920 等智能手机上
AF12	USBB2＿ULPITLL_STP/USBB2＿ULPIPHY_STP/SDMMC4＿CLK/GPIO＿158/HSI2＿CADATA/DIS-PC2_DATA23/SAFE_MODE	USBB2 ULPI TLL 停止/USBB2 输出外部收发器停止数据流/SDMMC4 时钟/通用输入与输出端 158/HSI2 蜂窝调制解调器 APE 信号/LCD2 面板的 DISPC 数据—数据位 23/安全模式	
AF13	USBB2＿HSIC＿DATA/GPIO＿169/SAFE_MODE	USBB2 间芯片的数据/通用输入与输出端 169/安全模式	
AF14	USBB1＿HSIC＿DATA/GPIO＿96/SAFE_MODE	USBB1 间芯片的数据/通用输入与输出端 96/安全模式	
AF16	USBB1＿ULPITLL_DAT6/DM-TIMER10＿PWM＿EVT/ABE＿McBSP3＿CLKX/GPIO＿94/US-BB1＿ULPIPHY＿DAT6/ABE＿DMIC＿DIN3/ATTILA＿HW＿DBG30/SAFE_MODE	USBB1 ULPI TLL 数据位 6/DM 计时器事件输入或 PWM 输出/ABE McBSP3 结合串行时钟/通用输入与输出端 94/USBB1 数据位 6（来自外部收发器）/ABE 数字送话器数据输入/TTILA 硬件调试 30/安全模式	
AF17	USBB1_ULPITLL_DAT3/HSI1＿CAREADY/GPIO＿91/USBB1＿ULPIPHY＿DAT3/USBB1＿MM＿RXRCV/ATTILA＿HW＿DBG27/SAFE_MODE	USBB1 ULPI TLL 数据位 3/HSI1 蜂窝调制解调器 APE 准备好信号/通用输入与输出端 91/USBB1 数据位 3（来自外部收发器）/USBB1 差分接收器的信号输入/TTILA 硬件调试 27/安全模式	

（续）

引脚号	引脚符号	引脚功能	备　注
AF18	USBB1 _ULPITLL_DAT0/HSI1 _ ACWAKE/McBSP4 _ CLKX/ GPIO _ 88/USBB1 _ ULPIPHY _ DAT0/USBB1_MM_TXEN/ATTI-LA_HW_DBG24/SAFE_MODE	USBB1 ULPI TLL 数据位 0/HS1 APE 蜂窝调制解调器唤醒信号/ McBSP4 传输串行时钟/通用输入与输出端 88/USBB1 数据位 0（来自外部收发器）/USBB1 发送使能/TTILA 硬件调试 24/安全模式	
AF19	USBB1 _ULPITLL_DIR/HSI1 _ CAFLAG/McBSP4 _ FSR/GPIO _ 86/USBB1 _ ULPIPHY _ DIR/AT-TILA_HW_DBG22/SAFE_MODE	USBB1 ULPI TLL 传输方向/HSI1 蜂窝调制解调器 APE 标志信号/ McBSP4 接收帧同步/通用输入与输出端 86/USBB1 数据方向控制（来自外部收发器）/TTILA 硬件调试 22/安全模式	
AE2	JTAG_TDO	JTAG 测试数据输出	
AF2	VSS	地	
AF20	McSPI4 _ SIMO/SDMMC4 _ CMD/KPD _ COL7/GPIO _ 152/ SAFE_MODE	McSPI4 数据（主输出，从输入）/ SDMMC4 命令/键盘列 7/通用输入与输出端 152/安全模式	
AF21	McSPI4 _ SOMI/SDMMC4 _ DAT0/KPD_ROW6 /GPIO_153/SAFE_MODE	McSPI4 数据（主输入，从输出）/ SDMMC4 数据位 0/键盘行 6/通用输入与输出端 153/安全模式	OMAP 为处理器，采用 PBGA 封装，应用在三星 i9100g、摩托罗拉 RAZR XT910、LG P920 等智能手机上
AF22	McSPI1 _ CLK/GPIO _ 134/ SAFE_MODE	McSPI1 时钟（从输入，主输出）/通用输入与输出端 134/安全模式	
AF23	McSPI1 _ CS1/UART1 _ RX/ GPIO_138/SAFE_MODE	McSPI1 片选 1/UART1 接收数据/通用输入与输出端 138/安全模式	
AF24	ABE_DMIC_DIN1/GPIO_120/ USBB2 _ MM _ TXDAT/UART4 _ RTS/SAFE_MODE	ABE 数字送话器数据输入 1/通用输入与输出端 120/USBB2 数据/ UART4 请求发送/安全模式	
AF25	ABE_PDM_DL_DATA/ABE_ McBSP3_DX/SAFE_MODE	ABE PDM 数据流/ABE McBSP3 串行数据传送/安全模式	
AF26	ABE _ PDM _ LB _ CLK/ABE _ McBSP3_FSX/SAFE_MODE	ABE PDM 环回时钟/ABE McBSP3 联合帧同步/安全模式	
AF27	POP_VDD2_LPDDR2_SHARED _AG28	电源	
AF28	POP_LPDDR22_ZQ	接 LPDDR21 ZQ 引脚	
AF3	SDMMC5 _ DAT3/MCSPI2 _ CS0/GPIO _ 150/SDMMC2 _ DAT3/SAFE_MODE	SDMMC5 数据位 3/MCSPI2 片选 0/通用输入与输出端 150/DMMC2 数据位 3/安全模式	
AF4	SDMMC5 _ DAT1/USBC1 _ ICUSB _ TXEN/GPIO _ 148/SDM-MC2_DAT1/SAFE_MODE	SDMMC5 数据位 1/USBC1 发送使能/通用输入与输出端 148/SDMMC2 数据位 1/安全模式	

（续）

引脚号	引脚符号	引脚功能	备 注
AF5	SDMMC5_CMD/MCSPI2_SIMO/USBC1_ICUSB_DM/GPIO_146/SDMMC2_CMD/SAFE_MODE	SDMMC5 命令/McSPI2 数据（从输入,主输出）/USBC1 芯片间 USB 主机 D-/通用输入与输出端 146/SDMMC2 命令/安全模式	
AF6	SYS_NIRQ2/GPIO_183/SAFE_MODE	外部中断 2/通用输入与输出端 183/安全模式	
AF7	SYS_NRESWARM	通用热复位输入/输出	
AF8	SYSBOOT6/DPM_EMU18/GPIO_WK9/C2C_WAKEREQOUT/ATTILA_HW_DBG12/SAFE_MODE	系统引导配置 6/调试与管理 18/通用输入与输出端 9/C2C 唤醒请求输出/TTILA 硬件调试 12/安全模式	
AF9	SR_SDR	智能反射数据	
AG1	JTAG_TCK/SAFE_MODE	JTAG 测试时钟/安全模式	
AG10	USBB2_ULPITLL_DAT6/USBB2_ULPIPHY_DAT6/SDMMC3_CMD/GPIO_167/McSPI3_SIMO/DISPC2_DATA12/RFBI_DATA12/SAFE_MODE	USBB2 TLL ULPI 数据位 6/USBB2 数据位 6（来自外部收发器）/SDMMC3 命令/通用输入与输出端 167/McSPI3 数据（从输入,主输出）/LCD2 面板的 DISPC 数据—数据位 12/RFBI 数据位 12/安全模式	OMAP 为处理器,采用 PBGA 封装,应用在三星 i9100g、摩托罗拉 RAZR XT910、LG P920 等智能手机上
AG11	USBB2_ULPITLL_DAT2/USBB2_ULPIPHY_DAT2/SDMMC3_DAT2/GPIO_163/HSI2_ACFLAG/DISPC2_DATA18/USBB2_MM_TXSE0/SAFE_MODE	USBB2 TLL ULPI 数据位 2/USBB2 数据位 2（来自外部收发器）/SDMMC3 数据位 2/通用输入与输出端 163/HSI2 APE 蜂窝调制解调器就绪信号/LCD2 面板的 DISPC 数据—数据位 18/USBB2 单端过零/安全模式	
AG12	USBB2_ULPITLL_CLK/USBB2_ULPIPHY_CLK/SDMMC4_CMD/GPIO_157/HSI2_CAWAKE/SAFE_MODE	USBB2 ULPI TLL 时钟/USBB2 IO（来自外部收发器 60MHz 时钟）/SDMMC4 命令/通用输入与输出端 157/HSI2 蜂窝调制解调器 APE 唤醒信号/安全模式	
AG13	USBB2_ULPITLL_NXT/USBB2_ULPIPHY_NXT/SDMMC4_DAT1/GPIO_160/HSI2_ACREADY/DISPC2_DATA21/SAFE_MODE	USBB2 ULPI TLL 下传控制/USBB2 下传信号控制（来自外部收发器）/SDMMC4 数据位 1/通用输入与输出端 160/HSI2 APE 蜂窝调制解调器就绪信号/LCD2 面板的 DISPC 数据—数据位 21/安全模式	
AG14	POP_VDD2_LPDDR21_AH15	电源	
AG16	USBB1_ULPITLL_DAT7/DMTIMER11_PWM_EVT/ABE_McBSP3_FSX/GPIO_95/USBB1_ULPIPHY_DAT7/ABE_DMIC_CLK3/ATTILA_HW_DBG31/SAFE_MODE	USBB1 ULPI TLL 数据位 7/DM 计时器事件输入或 PWM 输出/ABE McBSP3 联合帧同步/通用输入与输出端 95/USBB1 数据位 7（来自外部收发器）/ABE 数字送话器时钟输出 3/TTILA 硬件调试 31/安全模式	

（续）

引脚号	引脚符号	引脚功能	备　注
AG17	VSS	地	
AG18	USBB1_ULPITLL_DAT1/HSI1_ACDATA/McBSP4_DX/GPIO_89/USBB1_ULPIPHY_DAT1/USBB1_MM_TXDAT/ATTILA_HW_DBG25/SAFE_MODE	USBB1 ULPI TLL 数据位 1/HSI1 APE 蜂窝调制解调器的数据信号/McBSP4 串行数据传送/通用输入与输出端 89/USBB1 数据位 1（来自外部收发器）/USBB1 数据/TTILA 硬件调试 25/安全模式	
AG19	USBB1_ULPITLL_STP/HSI1_CADATA/McBSP4_CLKR/GPIO_85/USBB1_ULPIPHY_STP/USBB1_MM_RXDP/ATTILA_HW_DBG21/SAFE_MODE	USBB1 ULPI TLL 停止/HSI1 蜂窝调制解调器 APE 信号/McBSP4 接收串行时钟/通用输入与输出端 85/USBB1 输出外部收发器停止数据流/USBB1 正接收数据/TTILA 硬件调试 21/安全模式	
AG2	POP_VDD1_LPDDR2_SHARED_AH2	电源	
AG20	UART4_RX/SDMMC4_DAT2/KPD_ROW8/GPIO_155/SAFE_MODE	UART4 接收数据/SDMMC4 数据位 2/键盘行 8/通用输入与输出端 155/安全模式	
AG21	I2C4_SCL/GPIO_132/SAFE_MODE	I2C4 时钟/通用输入与输出端 132/安全模式	OMAP 为处理器，采用 PBGA 封装，应用在三星 i9100g、摩托罗拉 RAZR XT910、LG P920 等智能手机上
AG22	McSPI1_SIMO/GPIO_136/SAFE_MODE	McSPI 数据（从输入，主输出）/通用输入与输出端 136/安全模式	
AG23	McSPI1_CS2/UART1_CTS/SLIMBUS2_CLOCK/GPIO_139/SAFE_MODE	McSPI1 片选 2/UART1 清除发送/SLIMbus2 时钟/通用输入与输出端 139/安全模式	
AG24	ABE_DMIC_DIN2/SLIMBUS2_CLOCK/ABE_MCASP_AXR/GPIO_121/DMTIMER11_PWM_EVT/SAFE_MODE	ABE 数字送话器数据输入 2/SLIMbus2 时钟/ABE McASP 的串行数据 IO/通用输入与输出端 121/DM 计时器事件输入或 PWM 输出/安全模式	
AG25	ABE_PDM_UL_DATA/ABE_McBSP3_DR/SAFE_MODE	ABE PDM 数据流/ABE McBSP3 接收串行数据/安全模式	
AG26	VSS	地	
AG27	POP_VDD1_LPDDR2_SHARED_AH28	电源	
AG28	VSENSE	保留	
AG3	SDMMC5_DAT2/MCSPI2_CS1/GPIO_149/SDMMC2_DAT2/SAFE_MODE	SDMMC5 数据位 2/McSPI2 片选 1/通用输入与输出端 149/SDMMC2 数据位 2/安全模式	
AG4	VSS	地	
AG5	FREF_XTAL_VSSOSC	地	

（续）

引脚号	引脚符号	引脚功能	备　注
AG6	SYS＿PWRON＿RESET＿OUT/GPIO_WK29/ATTILA_HW_DBG11	外围上电复位输出/通用输入与输出端29/TTILA 硬件调试11	
AG7	SYS_32k	32kHz 时钟	
AG8	FREF_SLICER_IN/GPI_WK5/C2C_WAKEREQIN/SAFE_MODE	FREF 主时钟输入（到限幅器）或备用时钟输入（到内部外设）/通用输入端 5/C2C 唤醒请求输入/安全模式	
AG9	SR_SCL	智能反射时钟	
AH1	JTAG_TMS_TMSC/SAFE_MODE	JTAG 测试模式选择/安全模式	
AH10	VSS	地	
AH11	USBB2＿ULPITLL＿DAT3/USBB2＿ULPIPHY＿DAT3/SDMMC3＿DAT1/GPIO＿164/HSI2CAREADY/DISPC2＿DATA15/RFBI_DATA15/SAFE_MODE	USBB2 TLL ULPI 数据位 3/USBB2 数据位 3（来自外部收发器）/SDMMC3 数据位 1/通用输入与输出端 164/HSI2 蜂窝调制解调器 APE 准备好信号/LCD2 面板的 DISPC 数据—数据位 15/RFBI 数据位 15/安全模式	
AH12	VDDA_LPDDR2	电源	
AH13	VSS	地	OMAP 为处理器,采用 PBGA 封装,应用在三星 i9100g、摩托罗拉 RAZR XT910、LG P920 等智能手机上
AH14	POP_VDD1_LPDDR21_AJ15	电源	
AH16	POP_LPDDR21_ZQ	接 LPDDR21 ZQ 引脚	
AH17	USBB1＿ULPITLL＿DAT4/DMTIMER8＿PWM＿EVT/ABE_McBSP3＿DR/GPIO＿92/USBB1＿ULPIPHY＿DAT4/ATTILA＿HW＿DBG28/SAFE_MODE	USBB1 ULPI TLL 数据位 4/DM 计时器事件输入或 PWM 输出/ABE McBSP3 接收串行数据/通用输入与输出端 92/USBB1 数据位 4（来自外部收发器）/TTILA 硬件调试 28/安全模式	
AH18	VDDCA_LPDDR2	电源	
AH19	UART4_TX/SDMMC4_DAT1/KPD＿COL8/GPIO＿156/SAFE_MODE	UART4 发送数据/SDMMC4 数据位 1/键盘列 8/通用输入与输出端 156/安全模式	
AH2	JTAG_nTRST	JTAG 测试复位	
AH20	VDDCA_LPDDR2	电源	
AH21	VSS	地	
AH22	I2C4＿SDA/GPIO＿133/SAFE_MODE	I2C4 数据/通用输入与输出端 133/安全模式	
AH23	McSPI1＿CS3/UART1＿RTS/SLIMBUS2＿DATA/GPIO＿140/SAFE_MODE	McSPI1 片选 3/UART1 请求发送/SLIMbus2 数据/通用输入与输出端 140/安全模式	
AH24	ABE_DMIC_DIN3/SLIMBUS2＿DATA/ABE_DMIC_CLK2/GPIO＿122/DMTIMER9＿PWM＿EVT/SAFE_MODE	ABE 数字送话器数据输入 3/SLIMbus2 数据/ABE 数字送话器时钟输出 2/通用输入与输出端 122/DM 计时器事件输入或 PWM 输出/安全模式	

（续）

引脚号	引脚符号	引脚功能	备　注
AH25	VDDCA_LPDDR2	电源	
AH26	ABE_CLKS/GPIO_118/SAFE_MODE	ABE 时钟输入/通用输入与输出端 118/安全模式	
AH27	IFORCE	保留	
AH28	LPDDR21_NCS0	LPDDR21 片选 0	
AH3	POP_VDD2_LPDDR2_SHARED_AH3	电源	
AH4	VDDA_LPDDR2	电源	
AH5	FREF_XTAL_OUT	FREF 振荡器单元驱动衰减输出	
AH6	FREF_XTAL_IN/C2C_WAKEREQIN	FREF 振荡器单元驱动衰减输入或备用时钟调整输入/C2C 唤醒请求输入	
AH7	SYS_PWR_REQ	电源请求退去关断模式	
AH8	VSS	地	
AH9	VDDA_LPDDR2	电源	
B1	NC2	空引脚	
B10	HDMI_CEC/GPIO_64/SAFE_MODE	HDMI 消费类电子控制/通用输入与输出端 64/安全模式	
B11	GPMC_nOE/SDMMC2_CLK	GPMC 输出使能（反选）/SDMMC2 时钟	
B12	GPMC_nWE/SDMMC2_CMD	GPMC 写使能（反选）/SDMMC2 命令	OMAP 为处理器，采用 PBGA 封装，应用在三星 i9100g、摩托罗拉 RAZR XT910、LG P920 等智能手机上
B13	VSS	地	
B15	POP_VDD2_LPDDR21_B16	电源	
B16	GPMC_AD7/SDMMC2_DAT7/SDMMC2_CLK_FDBK	GPMC 地址位 8 与数据位 7/SDMMC2 数据位 7/SDMMC2 时钟反馈	
B17	GPMC_A16/KPD_ROW4/C2C_DATAIN0/GPIO_40/VENC_656_DATA0	GPMC 地址位 17/键盘行 4/C2C 数据输入 0/通用输入与输出端 40/视频编码器显示调试信号 0	
B18	GPMC_A18/KPD_ROW6/C2C_DATAIN2/GPIO_42/VENC_656_DATA2/SAFE_MODE	GPMC 地址位 18/键盘行 6/C2C 数据输入 2/通用输入与输出端 42/视频编码器显示调试信号 2/安全模式	
B19	GPMC_A20/KPD_COL4/C2C_DATAIN4/GPIO_44/VENC_656_DATA4/SAFE_MODE	GPMC 地址位 20/键盘列 4/C2C 数据输入 4/通用输入与输出端 44/视频编码器显示调试信号 4/安全模式	
B2	POP_VACC_LPDDR2_B2	电源	
B20	GPMC_A21/KPD_COL5/C2C_DATAIN5/GPIO_45/VENC_656_DATA5/SAFE_MODE	GPMC 地址位 21/键盘列 5/C2C 数据输入 5/通用输入与输出端 45/视频编码器显示调试信号 5/安全模式	
B21	GPMC_A23/KPD_COL7/C2C_DATAIN7/GPIO_47/VENC_656_DATA7/SAFE_MODE	GPMC 地址位 23/键盘列 7/C2C 数据输入 7/通用输入与输出端 47/视频编码器显示调试信号 7/安全模式	

（续）

引脚号	引脚符号	引脚功能	备　注
B22	GPMC_CLK/GPIO_55/SYS_nDMAREQ2/SDMMC1_CMD	GPMC 时钟/通用输入与输出端 55/外部 DMA 请求/SDMMC1 命令	
B23	GPMC_WAIT1/C2C_DATA-OUT2/GPIO_62/SAFE_MODE	GPMC 外部指示等待 1/C2C 数据输出 2/通用输入与输出端 62/安全模式	
B24	GPMC_nCS5/DSI1_TE1/C2C_CLKIN1/GPIO_102/SYS_NDMAREQ2/SAFE_MODE	GPMC 片选 5（反选）/DSI1 撕裂效果输入 1/C2C 时钟输入 1/通用输入与输出端 102/外部 DMA 请求 2/安全模式	
B25	GPMC_nCS0/GPIO_50/SYS_NDMAREQ0	GPMC 片选 0（反选）/通用输入与输出端 50/外部 DMA 请求 0	
B26	GPMC_WAIT0/DSI2_TE1/GPIO_61	GPMC 外部指示等待 0/DSI2 撕裂效果输入 1/通用输入与输出端 61	
B27	VSS	地	
B28	NC3	空引脚	
B3	VSS	地	
B4	USBA0_OTG_DM/UART3_TX_IRTX/UART2_TX/SAFE_MODE	USBA0 OTG 数据 M/UART3 发送数据输出或红外数据输出/UART2 发送数据/安全模式	OMAP 为处理器，采用 PBGA 封装，应用在三星 i9100g、摩托罗拉 RAZR XT910、LG P920 等智能手机上
B5	USBA0_OTG_DP/UART3_RX_IRRX/UART2_RX/SAFE_MODE	USBA0 OTG 数据 P/UART3 接收数据输入或红外数据输入/UART2 接收数据/安全模式	
B6	VSS	地	
B7	CVIDEO_TVOUT	CVODEP TV 模拟复合输出	
B8	HDMI_DDC_SDA/GPIO_66/SAFE_MODE	HDMI 显示数据通道数据/通用输入与输出端 66/安全模式	
B9	HDMI_HPD/GPIO_63/SAFE_MODE	HDMI 显示器热插拔检测/通用输入与输出端 63/安全模式	
C1	POP_VDD1_LPDDR2_SHARED_C1	电源	
C10	HDMI_DATA0X	HDMI 数据 0 差分正或负	
C11	HDMI_CLOCKX	HDMI 时钟差分正或负	
C12	GPMC_AD0/SDMMC2_DAT0	GPMC 地址位 1 与数据位 0/SDMMC2 数据位 0	
C13	GPMC_AD2/SDMMC2_DAT2	GPMC 地址位 3 与数据位 2/SDMMC2 数据位 2	
C15	GPMC_AD4/SDMMC2_DAT4/SDMMC2_DIR_DAT0	GPMC 地址位 5 与数据位 4/SDMMC2 数据位 4/SDMMC2 数据位 0 方向信号（用于驱动外部电平转换器）	

（续）

引脚号	引脚符号	引脚功能	备 注
C16	GPMC_AD8/KPD_ROW0/C2C_DATA15/GPIO_32/SDMMC1_DAT0	GPMC 地址位 9 与数据位 8/键盘行 0/C2C 数据 15/通用输入与输出端 32/SDMMC1 数据位 0	
C17	GPMC_AD10/KPD_ROW2/C2C_DATA13/GPIO_34/SDMMC1_DAT2	GPMC 地址位 11 与数据位 10/键盘行 2/C2C 数据 13/通用输入与输出端 34/SDMMC2 数据位 2	
C18	GPMC_AD12/KPD_COL0/C2C_DATA11/GPIO_36/SDMMC1_DAT4	GPMC 地址位 13 与数据位 12/键盘列 0/C2C 数据 11/通用输入与输出端 36/SDMMC2 数据位 4	
C19	GPMC_AD14/KPD_COL2/C2C_DATA9/GPIO38/SDMMC1_DAT6	GPMC 地址位 15 与数据位 14/键盘列 2/C2C 数据 9/通用输入与输出端 38/SDMMC2 数据位 6	
C2	VSS	地	
C20	GPMC_A24/KPD_COL8/C2C_CLKOUT0/GPIO_48/SAFE_MODE	GPMC 地址位 24/键盘列 8/C2C 时钟输出 0/通用输入与输出端 48/安全模式	
C21	GPMC_nCS1/C2C_DATAOUT6/GPIO_51/SAFE_MODE	GPMC 片选 1（反选）/C2C 数据输出 6/通用输入与输出端 51/安全模式	OMAP 为处理器,采用 PBGA 封装,应用在三星 i9100g、摩托罗拉 RAZR XT910、LG P920 等智能手机上
C22	GPMC_nCS3/GPMC_DIR/C2C_DATAOUT4/GPIO_53/SAFE_MODE	GPMC 片选 3（反选）/GPMC 地址信号方向控制/C2C 数据输出 4/通用输入与输出端 53/安全模式	
C23	GPMC_NBE0_CLE/DSI2_TE0/GPIO_59	GPMC 低字节使能（反选）/DSI2 撕裂效果输入 0/通用输入与输出端 59	
C24	GPMC_nCS6/DSI2_TE0/C2C_DATAOUT0/GPIO_103/SYS_NDMAREQ3/SAFE_MODE	GPMC 片选 6（反选）/DSI2 撕裂效果输入 0/C2C 数据输出 0/通用输入与输出端 103/外部 DMA 请求 3/安全模式	
C25	GPMC_nWP/DSI1_TE0/GPIO_54/SYS_NDMAREQ1	GPMC 闪存写保护（反选）/DSI1 撕裂效果输入 0/通用输入与输出端 54/外部 DMA 请求 1	
C26	I2C2_SCL/UART1_RX/GPIO_128/SAFE_MODE	I2C2 时钟/UART1 接收数据/通用输入与输出端 128/安全模式	
C27	POP_VDD1_LPDDR21_C28	电源	
C28	POP_VDD2_LPDDR2_SHARED_C29	电源	
C3	USBA0_OTG_CE	USBA0 OTG 充电使能信号	
C4	RSVD1	保留 1	
C5	RSVD2	保留 2	

（续）

引脚号	引脚符号	引脚功能	备　　注
C6	RSVD3	保留 3	
C7	CVIDEO_VFB	CVIDEO 输入反馈（通过电阻去输出）	
C8	HDMI_DATA2X	HDMI 数据 2 差分正或负	
C9	HDMI_DATA1X	HDMI 数据 1 差分正或负	
D1	VDDA_LPDDR2	电源	
D10	HDMI_DATA0Y	HDMI 数据 0 差分正或负	
D11	HDMI_CLOCKY	HDMI 时钟差分正或负	
D12	GPMC_AD1/SDMMC2_DAT1	GPMC 地址位 2 与数据位 1/SDM-MC2 数据位 1	
D13	GPMC_AD3/SDMMC2_DAT3	GPMC 地址位 4 与数据位 3/SDM-MC2 数据位 3	
D15	GPMC_AD5/SDMMC2_DAT5/SDMMC2_DIR_DAT1	GPMC 地址位 6 与数据位 5/SDM-MC2 数据位 5/SDMMC2 数据位 1、3 方向信号 1（用于驱动外部电平转换器）	
D16	GPMC_AD9/KPD_ROW1/C2C_DATA14/GPIO_33/SDMMC1_DAT1	GPMC 地址位 8 与数据位 9/键盘行 1/C2C 数据 14/通用输入与输出端 33/SDMMC1 数据位 1	
D17	GPMC_AD11/KPD_ROW3/C2C_DATA12/GPIO_35/SDM-MC1_DAT3	GPMC 地址位 10 与数据位 11/键盘行 3/C2C 数据 12/通用输入与输出端 35/SDMMC1 数据位 3	OMAP 为处理器，采用 PBGA 封装，应用在三星 i9100g、摩托罗拉 RAZR XT910、LG P920 等智能手机上
D18	GPMC_AD13/KPD_COL1/C2C_DATA10/GPIO_37/SDM-MC1_DAT5	GPMC 地址位 14 与数据位 13/键盘列 1/C2C 数据 10/通用输入与输出端 37/SDMMC1 数据位 5	
D19	GPMC_AD15/KPD_COL3/C2C_DATA8/GPIO39/SDMMC1_DAT7	GPMC 地址位 16 与数据位 15/键盘列 3/C2C 数据 8/通用输入与输出端 39/SDMMC1 数据位 7	
D2	SDMMC1_CLK/DPM_EMU19/GPIO_100/SAFE_MODE	SDMMC1 时钟/调试与管理 19/通用输入与输出端 100/安全模式	
D20	GPMC_A25/C2C_CLKOUT1/GPIO_49/SAFE_MODE	GPMC 地址位 25/C2C 时钟输出 1/通用输入与输出端 49/安全模式	
D21	GPMC_nCS2/KPD_ROW8/C2C_DATAOUT7/GPIO_52/SAFE_MODE	GPMC 片选 2（反选）/键盘行 8/C2C 数据输出 7/通用输入与输出端 52/安全模式	
D22	GPMC_nBE1/C2C_DATAOUT5/GPIO_60/SAFE_MODE	GPMC 上字节使能 1（反选）/C2C 数据输出 5/通用输入与输出端 60/安全模式	
D23	GPMC_WAIT2/USBC1_ICUSB_TXEN/C2C_DATAOUT3/GPIO_100/SYS_NDMAREQ0/SAFE_MODE	GPMC 外部指示等待 2/USBC1 发送使能/C2C 数据输出 3/通用输入与输出端 100/外部 DMA 请求 0/安全模式	

（续）

引脚号	引脚符号	引脚功能	备　注
D24	GPMC_nCS7/DSI2_TE1/C2C_DATAOUT1/GPIO_104/SAFE_MODE	GPMC 片选 7（反选）/DSI2 撕裂效果输入 1/C2C 数据输出 1/通用输入与输出端 104/安全模式	
D25	GPMC_nADV_ALE/DSI1_TE1/GPIO_56/SYS_NDMAREQ3/SDMMC1_CLK	GPMC 地址（反选）或地址锁存使能/DSI1 撕裂效果输入 1/通用输入与输出端 56/外部 DMA 请求 3/SDMMC1 时钟	
D26	I2C2_SDA/UART1_TX/GPIO_129/SAFE_MODE	I2C2 数据/UART1 发送数据/通用输入与输出端 129/安全模式	
D27	SYS_BOOT5/GPIO_189/SAFE_MODE	系统引导配置 5/通用输入与输出端 189/安全模式	
D28	SYS_BOOT4/GPIO_188/SAFE_MODE	系统引导配置 4/通用输入与输出端 188/安全模式	
D3	RSVD4	保留 4	
D4	RSVD5	保留 5	
D5	RSVD6	保留 6	
D6	RSVD7	保留 7	
D7	CVIDEO_RSET	CVIDEO 输入参考电流电阻设置	
D8	HDMI_DATA2Y	HDMI 数据 2 差分正或负	OMAP 为处理器，采用 PBGA 封装，应用在三星 i9100g、摩托罗拉 RAZR XT910、LG P920 等智能手机上
D9	HDMI_DATA1Y	HDMI 数据 1 差分正或负	
E1	SDMMC1_DAT2/DPM_EMU16/GPIO_104/JTAG_TMS_TMSC/SAFE_MODE	SDMMC1 数据位 2/调试与管理 16/通用输入与输出端 104/JTAG 测试模式选择/安全模式	
E2	SDMMC1_DAT1/DPM_EMU17/GPIO_103/SAFE_MODE	SDMMC1 数据位 1/调试与管理 17/通用输入与输出端 103/安全模式	
E25	SYS_BOOT3/GPIO_187/SAFE_MODE	系统引导配置 3/通用输入与输出端 187/安全模式	
E26	SYS_BOOT2/GPIO_186/SAFE_MODE	系统引导配置 2/通用输入与输出端 186/安全模式	
E27	SYS_BOOT1/GPIO_185/SAFE_MODE	系统引导配置 1/通用输入与输出端 185/安全模式	
E28	VDDA_LPDDR2	电源	
E3	SDMMC1_CMD/UART1_RX/GPIO_101/SAFE_MODE	SDMMC1 命令/UART1 接收数据/通用输入与输出端 101/安全模式	
E4	SDMMC1_DAT0/DPM_EMU18/GPIO_102/SAFE_MODE	SDMMC1 数据位 0/调试与管理 18/通用输入与输出端 102/安全模式	
F1	SDMMC1_DAT5/GPIO_107/SAFE_MODE	SDMMC1 数据位 5/通用输入与输出端 107/安全模式	
F2	VSS	地	
F25	VSS	地	

（续）

引脚号	引脚符号	引脚功能	备 注
F26	SYS_BOOT0/GPIO_184/SAFE_MODE	系统引导配置 0/通用输入与输出端 184/安全模式	
F27	UART3_CTS_RCTX/UART1_TX/GPIO_141/SAFE_MODE	UART3 发送或远程控制数据输出/UART1 发送数据/通用输入与输出端 141/安全模式	
F28	UART3_RTS_SD/GPIO_142/SAFE_MODE	UART3 发送请求或红外收发器关闭/通用输入与输出端 142/安全模式	
F3	SDMMC1_DAT4/GPIO_106/SAFE_MODE	SDMMC1 数据位 4/通用输入与输出端 106/安全模式	
F4	SDMMC1_DAT3/DPM_EMU15/GPIO_105/JTAG_TCK/SAFE_MODE	SDMMC1 数据位 3/调试与管理 15/通用输入与输出端 105/JTAG 测试时钟/安全模式	
G1	VDDA_LPDDR2	电源	
G10	VSSA_USBA0OTG_3P3V	地	
G11	VSSA_HDMI_VDAC	地	
G12	VDDA_HDMI_VDAC	电源	
G13	VDDA_DPLL_CORE_AUDIO	电源	
G15	VDDQ_VREF_LPDDR21	电源	
G16	VDDS_DV_SDMMC2	电源	
G17	VDDS_DV_C2C	电源	OMAP 为处理器,采用 PBGA 封装,应用在三星 i9100g、摩托罗拉 RAZR XT910、LG P920 等智能手机上
G18	VDDS_DV_C2C	电源	
G19	VDDS_DV_C2C	电源	
G2	SIM_RESET/GPIO_WK2/AT-TILA_HW_DBG3/SAFE_MODE	SIM 复位/通用输入与输出端 2/TTILA 硬件调试 3/安全模式	
G20	VDDS_DV_GPMC	电源	
G21	VDDA_LPDDR2	电源	
G22	VDDA_DLL0_LPDDR22	电源	
G25	KPD_COL4/KPD_COL1/GPIO_172/SAFE_MODE	键盘列 4/键盘列 1/通用输入与输出端 172/安全模式	
G26	KPD_COL3/KPD_COL0/GPIO_171/SAFE_MODE	键盘列 3/键盘列 0/通用输入与输出端 171/安全模式	
G27	UART3_RX_IRRX/DMTIMER8_PWM_EVT/GPIO_143/SAFE_MOD	UART3 接收数据输入或红外数据输入/DM 计时器事件输入或 PWM 输出/通用输入与输出端 143/安全模式	
G28	UART3_TX_IRTX/DMTIMER9_PWM_EVT/GPIO_144/SAFE_MODE	UART3 发送数据输出或红外数据输入/DM 计时器事件输入或 PWM 输出/通用输入与输出端 144/安全模式	
G3	SDMMC1_DAT7/GPIO_109/SAFE_MODE	SDMMC1 数据位 7/通用输入与输出端 109/安全模式	

（续）

引脚号	引脚符号	引脚功能	备 注
G4	SDMMC1_DAT6/GPIO_108/SAFE_MODE	SDMMC1 数据位 6/通用输入与输出端 108/安全模式	
G7	VSS_SDMMC1	地	
G8	VDDA_LPDDR2	电源	
G9	VDDA_DLL1_LPDDR21	电源	
H1	VSS	地	
H10	VSSA_USBA0OTG	地	
H11	VSS	地	
H12	VDD_CORE	电源	
H13	VSS	地	
H15	C2C_VREF	C2C 参考电压	
H16	VDDS_DV_SDMMC2	电源	
H17	VSS	地	
H18	VDD_CORE	电源	
H19	VSS	地	
H2	USBC1_ICUSB_DP/GPIO_98/SAFE_MODE	USBC1 芯片间 USB 主机 D+/通用输入与输出端 98/安全模式	
H20	VDDA_LPDDR2	电源	
H21	VDDA_LPDDR2	电源	
H22	VDDS_1P8	电源	OMAP 为处理器,采用 PBGA 封装,应用在三星 i9100g、摩托罗拉 RAZR XT910、LG P920 等智能手机上
H25	KPD_COL0/KPD_COL3/GPIO_174/SAFE_MODE	键盘列 0/键盘列 3/通用输入与输出端 174/安全模式	
H26	KPD_COL5/KPD_COL2/GPIO_173/SAFE_MODE	键盘列 5/键盘列 2/通用输入与输出端 173/安全模式	
H27	KPD_COL2/KPD_COL5/GPIO_1/SAFE_MODE	键盘列 2/键盘列 5/通用输入与输出端 1/安全模式	
H28	VSS	地	
H3	USBC1_ICUSB_DM/GPIO_99/SAFE_MODE	USBC1 芯片间 USB 主机 D-/通用输入与输出端 99/安全模式	
H4	SIM_IO/GPIO_WK0/ATTILA_HW_DBG1/SAFE_MODE	SIM 数据/通用输入与输出端 0/TTILA 硬件调试 1/安全模式	
H7	VDDS_SDMMC1	电源	
H8	VDDA_LPDDR2	电源	
H9	VDDA_LPDDR2	电源	
I21	VSS	地	
I25	VSS	地	
J1	SIM_CD/GPIO_WK3/ATTILA_HW_DBG4/SAFE_MODE	SIM 卡选择/通用输入与输出端 3/TTILA 硬件调试 4/安全模式	
J10	VDD_CORE	电源	
J11	VDD_CORE	电源	
J12	VDD_CORE	电源	
J13	VDD_CORE	电源	

（续）

引脚号	引脚符号	引脚功能	备　注
J15	VDD_CORE	电源	
J16	VDD_CORE	电源	
J17	VDD_CORE	电源	
J18	VDD_CORE	电源	
J19	VDD_CORE	电源	
J2	SIM_CLK/GPIO_WK1/ATTI-LA_HW_DBG2/SAFE_MODE	SIM 时钟/通用输入与输出端 1/TTILA 硬件调试 2/安全模式	
J20	VDD_CORE	电源	
J21	VSS	地	
J22	VDDS_1P8	电源	
J25	KPD_ROW4/KPD_ROW1/GPIO_176/SAFE_MODE	键盘行 4/键盘行 1/通用输入与输出端 176/安全模式	
J26	KPD_ROW3/KPD_ROW0/GPIO_175/SAFE_MODE	键盘行 3/键盘行 0/通用输入与输出端 175/安全模式	
J27	KPD_COL1/KPD_COL4/GPIO_0/SAFE_MODE	键盘列 1/键盘列 4/通用输入与输出端 0/安全模式	
J28	VDDA_LPDDR2	电源	
J3	VSS	地	
J4	VSS	地	OMAP 为处理器，采用 PBGA 封装，应用在三星 i9100g、摩托罗拉 RAZR XT910、LG P920 等智能手机上
J7	VDDS_SIM	电源	
J8	VPP_CUST	电源	
J9	VDD_CORE	电源	
K1	SIM_PWR_CTRL/GPIO_WK4/ATTILA_HW_DBG5/SAFE_MODE	SIM 功率控制/通用输入与输出端 4/TTILA 硬件调试 5/安全模式	
K2	VSS	地	
K20	VDD_CORE	电源	
K21	RSVD10	保留 10	
K22	RSVD11	保留 11	
K25	KPD_ROW0/KPD_ROW3/GPIO_178/SAFE_MODE	键盘行 0/键盘行 3/通用输入与输出端 178/安全模式	
K26	KPD_ROW5/KPD_ROW2/GPIO_177/SAFE_MODE	键盘行 5/键盘行 2/通用输入与输出端 177/安全模式	
K27	KPD_ROW2/KPD_ROW5/GPIO_3/SAFE_MODE	键盘行 2/键盘行 5/通用输入与输出端 3/安全模式	
K28	VSS	地	
K3	DSI1_DX4	DSI1 显示通道 4 差分正或负	
K4	DSI1_DY4	DSI1 显示通道 4 差分正或负	
K7	VDDS_1P8	电源	
K8	VSS	地	
K9	VDD_CORE	电源	
L1	VDDA_DSI1	电源	

（续）

引脚号	引脚符号	引脚功能	备 注
L2	VDDA_CSI2	电源	
L20	VDD_CORE	电源	
L22	RSVD8	保留 8	
L27	KPD_ROW1/KPD_ROW4/GPIO_2/SAFE_MODE	键盘行 1/键盘行 4/通用输入与输出端 2/安全模式	
L28	VDDA_LPDDR2	电源	
L3	DSI1_DX3	DSI1 显示通道 3 差分正或负	
L4	DSI1_DY3	DSI1 显示通道 3 差分正或负	
L7	VDDA_LPDDR2	电源	
L8	VDDA_LPDDR2	电源	
L9	VDD_CORE	电源	
M1	VSS	地	
M13	VSS	地	
M14	VSS	地	
M15	VSS	地	
M16	VSS	地	
M17	VSS	地	
M2	DPM_EMU0/GPIO_11/ATTILA_HW_DBG0/SAFE_MODE	调试与管理 0/通用输入与输出端 11/ATTILA 硬件调试 0/安全模式	
M20	VDD_CORE	电源	OMAP 为处理器,采用 PBGA 封装,应用在三星 i9100g、摩托罗拉 RAZR XT910、LG P920 等智能手机上
M21	VSS	地	
M22	VSSA	地	
M25	CSI22_DY0/GPI_78/SAFE_MODE	CSI2（CSI22）摄像头通道 0 差分 Y/通用输入与输出端 78/安全模式	
M26	CSI22_DX0/GPI_77/SAFE_MODE	CSI2（CSI22）摄像头通道 0 差分 X/通用输入与输出端 77/安全模式	
M27	RSVD12	保留 12	
M28	VDDS_DV_BANK7	电源	
M3	DSI1_DX2	DSI1 显示通道 2 差分正或负	
M4	DSI1_DY2	DSI1 显示通道 2 差分正或负	
M7	VDDA_DLL0_LPDDR22	电源	
M8	VDDA_LPDDR2	电源	
M9	VDD_CORE	电源	
N1	POP_VDD1_LPDDR22_N2	电源	
N12	VSS	地	
N13	VSS	地	
N14	VSS	地	
N15	VSS	地	
N16	VSS	地	
N17	VSS	地	
N2	DPM_EMU1/GPIO_12/ATTILA_HW_DBG1/SAFE_MODE	调试与管理 1/通用输入与输出端 12/TTILA 硬件调试 1/安全模式	
N20	VDD_CORE	电源	

（续）

引脚号	引脚符号	引脚功能	备　注
N21	CAP_VDD_LDO_SRAM_IVA _AUDIO	电源	
N22	VDDA_LDO_SRAM_IVA_AU-DIO	电源	
N25	CSI22_DY1/GPIO_80/SAFE _MODE	CSI2（CSI22）摄像头通道1差分 Y/通用输入与输出端80/安全模式	
N26	CSI22_DX1/GPIO_79/SAFE _MODE	CSI2（CSI22）摄像头通道1差分 X/通用输入与输出端79/安全模式	
N27	RSVD13	保留13	
N28	POP_VDD2_LPDDR22_P28	电源	
N3	DSI1_DX1	DSI1 显示通道1差分正或负	
N4	DSI1_DY1	DSI1 显示通道1差分正或负	
N7	RSVD9	保留9	
N8	VSSA_DSI	地	
N9	VSS	地	
P1	POP_VDD1_LPDDR22_R1	电源	
P12	VSS	地	
P13	VSS	地	
P14	VSS	地	
P15	VSS	地	
P16	VSS	地	
P17	VSS	地	OMAP 为处理器，采用 PBGA 封装，应用在三星 i9100g、摩托罗拉 RAZR XT910、LG P920 等智能手机上
P2	DPM_EMU2/USBA0_ULPI-PHY_CLK/GPIO_13/DISPC2_FID/ATTILA_HW_DBG2/SAFE_MODE	调试与管理2/USBA0 IO /从外部收发器60MHz时钟/通用输入与输出端13/DISPC字段识别（去LCD2）/TTILA硬件调试2/安全模式	
P3	DSI1_DX0	DSI1 显示通道0差分正或负	
P4	DSI1_DY0	DSI1 显示通道0差分正或负	
P7	VDDA_LDO_EMU_WKUP	电源	
P8	VSSA_DSI	地	
P9	VDDA_DPLL_MPU	电源	
R12	VSS	地	
R13	VSS	地	
R14	VSS	地	
R15	VSS	地	
R16	VSS	地	
R17	VSS	地	
R20	VDD_CORE	电源	
R21	CAP_VDD_LDO_IVA_AUDIO	电源	
R22	VSSA_CSI2	地	
R25	CSI21_DY0/GPI_68/SAFE _MODE	CSI2（CSI21）摄像头通道0差分 Y/通用输入端68/安全模式	

（续）

引脚号	引脚符号	引脚功能	备　注
R26	CSI21 _ DX0/GPI _ 67/SAFE _MODE	CSI2（CSI21）摄像头通道 0 差分 X/通用输入端 67/安全模式	
R27	VDDCA_VREF_LPDDR22	电源	
R28	POP_VDD1_LPDDR22_P29	电源	
T1	POP_VDD2_LPDDR22_T1	电源	
T12	VSS	地	
T13	VSS	地	
T14	VSS	地	
T15	VSS	地	
T16	VSS	地	
T17	VSS	地	
T2	POP_VDD2_LPDDR22_T2	电源	
T20	VDD_CORE	电源	
T21	RSVD14	保留 14	
T22	VDDA_LDO_SRAM_CORE	电源	
T25	CSI21 _ DY1/GPI _ 70/SAFE _MODE	CSI2（CSI21）摄像头通道 1 差分 Y/通用输入端 70/安全模式	
T26	CSI21 _ DX1/GPI _ 69/SAFE _MODE	CSI2（CSI21）摄像头通道 1 差分 X/通用输入端 69/安全模式	
T27	CAM _ SHUTTER/GPIO _ 81/ SAFE_MODE	相机的机械快门控制/通用输入与 输出端 81/安全模式	OMAP 为处理器，采 用 PBGA 封装，应用在 三星 i9100g、摩托罗拉 RAZR XT910、LG P920 等智能手机上
T28	VDDCA_LPDDR2	电源	
T3	DSI2_DX0	DSI2 显示通道 0 差分正或负	
T4	DSI2_DY0	DSI2 显示通道 0 差分正或负	
T7	CAP_VDD_LDO_EMU_WKUP	电源	
T8	VDDQ_VREF_LPDDR22	电源	
T9	VDD_CORE	电源	
U1	VDDA_LPDDR2	电源	
U12	VSS	地	
U13	VSS	地	
U14	VSS	地	
U15	VSS	地	
U16	VSS	地	
U17	VSS	地	
U2	VSS	地	
U20	VDD_CORE	电源	
U21	VSS	地	
U22	CAP_VDD_LDO_SRAM_CORE	电源	
U25	CSI21 _ DY2/GPI _ 72/SAFE _MODE	CSI2（CSI21）摄像头通道 2 差分 Y/通用输入端 72/安全模式	
U26	CSI21 _ DX2/GPI _ 71/SAFE _MODE	CSI2（CSI21）摄像头通道 2 差分 X/通用输入端 71/安全模式	

（续）

引脚号	引脚符号	引脚功能	备　注
U27	CAM _ STROBE/GPIO _ 82/SAFE_MODE	相机闪光灯启动触发/通用输入与输出端82/安全模式	
U28	VSS	地	
U3	DSI2_DX1	DSI2 显示通道 1 差分正或负	
U4	DSI2_DY1	DSI2 显示通道 1 差分正或负	
U7	VDDS_1P8	电源	
U8	VSS	地	
U9	VDD_MPU	电源	
V1	DPM _ EMU3/USBA0 _ ULPI-PHY_STP/GPIO _ 14/RFBI _ DATA10/DISPC2_DATA10/ATTILA _HW_DBG3/SAFE_MODE	调试与管理 3/USBA0 输出外部收发器停止数据/通用输入与输出端14/RFBI 数据位 10/LCD2 面板的 DISPC 数据—数据位 10/TTILA 硬件调试 3/安全模式	
V2	DPM _ EMU4/USBA0 _ ULPI-PHY_DIR/GPIO _ 15/RFBI _ DATA9/DISPC2 _ DATA9/ATTILA _HW_DBG4/SAFE_MODE	调试与管理 4/USBA0 数据方向控制（来自外部收发器）/通用输入与输出端15/RFBI 数据位 9/LCD2 面板的 DISPC 数据—数据位 9/TTILA 硬件调试4/安全模式	OMAP 为处理器,采用 PBGA 封装,应用在三星 i9100g、摩托罗拉 RAZR XT910、LG P920 等智能手机上
V20	VDD_CORE	电源	
V21	VDD_IVA_AUDIO	电源	
V22	VDDS_DV_CAM	电源	
V25	CSI21 _ DY3/GPI _ 74/SAFE _MODE	CSI2（CSI21）摄像头通道 3 差分 Y/通用输入端74/安全模式	
V26	CSI21 _ DX3/GPI _ 73/SAFE _MODE	CSI2（CSI21）摄像头通道 3 差分 X/通用输入端73/安全模式	
V27	CAM_GLOBALRESET/GPIO _ 83/SAFE_MODE	相机传感器复位/通用输入与输出端83/安全模式	
V28	VDDA_CSI22	电源	
V3	DSI2_DX2	DSI2 显示通道 2 差分正或负	
V4	DSI2_DY2	DSI2 显示通道 2 差分正或负	
V7	VDDS_1P8	电源	
V8	VDD_MPU	电源	
V9	VDD_MPU	电源	
W1	DPM _ EMU5/USBA0 _ ULPI-PHY_NXT/GPIO_16/RFBI_TE_VSYNC0/DISPC2_DATA16/AT-TILA_HW_DBG5/SAFE_MODE	调试与管理 5/USBA0 下传信号控制（来自外部收发器）/通用输入与输出端16/RFBI 垂直同步、撕裂效果控制信号 0/LCD2 面板的 DISPC 数据—数据位 16/TTILA 硬件调试5/安全模式	

（续）

引脚号	引脚符号	引脚功能	备　　注
W2	DPM _ EMU6/USBA0 _ ULPI-PHY _ DAT0/UART3 _ TX _ IRTX/GPIO _ 17/RFBI _ HSYNC0/DISPC2 _ DATA17/ATTILA _ HW _ DBG6/SAFE_MODE	调试与管理 6/USBA0 数据位 0（来自外部收发器）/UART3 发送数据输出或红外数据输出/通用输入与输出端 17/RFBI 水平同步、撕裂效果控制信号/LCD2 面板的 DISPC 数据—数据位 17/TTILA 硬件调试 6/安全模式	
W20	VDD_IVA_AUDIO	电源	
W21	VDD_IVA_AUDIO	电源	
W22	VDDS_1P8	电源	
W25	CSI21 _ DY4/GPI _ 76/SAFE_MODE	CSI2（CSI21）摄像头通道 4 差分 Y/通用输入端 76/安全模式	
W26	CSI21 _ DX4/GPI _ 75/SAFE_MODE	CSI2（CSI21）摄像头通道 4 差分 X/通用输入端 75/安全模式	
W27	I2C3 _ SCL/GPIO _ 130/SAFE_MODE	I2C3 时钟/通用输入与输出端 130/安全模式	
W28	VDDA_CSI21	电源	
W3	DPM _ EMU7/USBA0 _ ULPI-PHY _ DAT1/UART3 _ RX _ IRRX/GPIO _ 18/RFBI _ CS0/DISPC2 _ HSYNC/ATTILA _ HW _ DBG7/SAFE_MODE	调试与管理 7/USBA0 数据位 1（来自外部收发器）/UART3 接收数据输入或红外数据输入/通用输入与输出端 18/RFBI 片选 0/DISPC 水平同步（从 DISPC 到 LCD2）/TTILA 硬件调试 7/安全模式	OMAP 为处理器,采用 PBGA 封装,应用在三星 i9100g、摩托罗拉 RAZR XT910、LG P920 等智能手机上
W4	DPM _ EMU8/USBA0 _ ULPI-PHY _ DAT2/UART3 _ RTS _ SD/GPIO _ 19/RFBI _ RE/DISPC2 _ PCLK/ATTILA _ HW _ DBG8/SAFE_MODE	调试与管理 8/USBA0 数据位 2（来自外部收发器）/UART3 发送请求或红外收发器关闭/通用输入与输出端 19/RFBI 读使能/DISPC LCD 像素时钟（去 LCD2）/TTILA 硬件调试 8/安全模式	
W7	VDDS_DV_FREF	电源	
W8	VDD_MPU	电源	
Y1	VDDA_LPDDR2	电源	
Y10	VDD_MPU	电源	
Y11	VDD_CORE	电源	
Y12	VDD_CORE	电源	
Y13	VDD_CORE	电源	
Y14	VDDCA_VREF_LPDDR21	电源	
Y16	VDDA_DPLL_IVA_PER	电源	
Y17	VSS	地	
Y18	VDD_IVA_AUDIO	电源	
Y19	VDD_IVA_AUDIO	电源	

（续）

引脚号	引脚符号	引脚功能	备注
Y2	DPM_EMU9/USBA0_ULPI-PHY_DAT3/UART3_CTS_RCTX/GPIO_20/RFBI_WE/DIS-PC2_VSYNC/ATTILA_HW_DBG9/SAFE_MODE	调试与管理9/USBA0数据位3（来自外部收发器）/UART3发送或远程控制数据输出/通用输入与输出端20/RFBI写使能/DISPC场同步（从DISPC至LCD2）/TTILA硬件调试9/安全模式	
Y20	VDD_IVA_AUDIO	电源	
Y21	VDD_IVA_AUDIO	电源	
Y22	VPP_STD	电源	
Y25	VSS	地	
Y26	VSS	地	
Y27	I2C3_SDA/GPIO_131/SAFE_MODE	I2C3数据/通用输入与输出端131/安全模式	OMAP为处理器，采用PBGA封装，应用在三星i9100g、摩托罗拉RAZR XT910、LG P920等智能手机上
Y28	FREF_CLK2_OUT/GPIO_182/SAFE_MODE	FREF时钟输出/通用输入与输出端182/安全模式	
Y3	DPM_EMU10/USBA0_ULPI-PHY_DAT4/GPIO_21/RFBI_A0/DISPC2_DE/ATTILA_HW_DBG10/SAFE_MODE	调试与管理10/USBA0数据位4（来自外部收发器）/通用输入与输出端21/RFBI数据、控制选择0/DIS-PC的AC偏置输出使能或数据使能（去LCD2）/TTILA硬件调试10/安全模式	
Y4	DPM_EMU11/USBA0_ULPI-PHY_DAT5/GPIO_22/RFBI_DA-TA8/DISPC2_DATA8/ATTILA_HW_DBG11/SAFE_MODE	调试与管理11/USBA0数据位5（来自外部收发器）/通用输入与输出端22/RFBI数据位8/LCD2面板的DISPC数据—数据位8/TTILA硬件调试11/安全模式	
Y7	VDDS_1P8_FREF	电源	
Y8	VDD_MPU	电源	
Y9	VDD_MPU	电源	

82. PCF50611

引脚号	引脚符号	引脚功能	备注
1	OSCI	32.768kHz晶体振荡器输入	
2	OSCO	32.768kHz晶体振荡器输出	
3	$\overline{IRQ}$	中断请求，输出到主控制器	
4	SIMCKHC	SIM时钟输入，来自主控制器	该集成电路为无线电源管理芯片，采用HVQFN52（6mm×6mm）封装，应用在华为智能手机上
5	$\overline{SIMRSHC}$	SIM复位输入，来自主控制器（低态有效）	
6	SIMIOHC/$\overline{SIMOFF}$	SIM输入与输出数据（来自或到主控制器）/SIM关断	
7	$\overline{RSTHC}$	复位输出到主控制器（低态有效）	
8	GPO3	可编程通用漏极开路输出3	
9	GPO2	可编程通用漏极开路输出2	
10	GPO1	可编程通用漏极开路输出1	

（续）

引脚号	引脚符号	引脚功能	备 注
11	PWREN1	控制信号输入 1	
12	PWREN2	控制信号输入 2	
13	VSS	地	
14	CLK32K	32.768KHz 数字时钟输出	
15	SCN	开关电容负端	
16	SCP	开关电容正端	
17	CPVDD	电荷泵输出电压	
18	DCDLX	DC-DC 降压开关稳压器电感连接端	
19	DCDVBAT	DC-DC 降压开关稳压器供电输入	
20	DCDVDD	DC-DC 降压开关稳压器电压输出	
21	SDA	I^2C 总线数据输入与输出	
22	SCL	I^2C 总线时钟输入	
23	SIMCKCD	SIM 时钟输出到 SIM 卡	
24	SIMIOCD	SIM 输入与输出数据,送到或来自 SIM 卡	
25	SIMRSCD	SIM 复位输出到 SIM 卡(低态有效)	
26	SIMEN	使能 SIMI 和 SIMREG	
27	NTC	温度检测	
28	ONKEY	开机键输入(低态有效)	
29	MICBIAS	送话器偏置输出电压	
30	REFC	参考电压,外部连接旁路电容	
31	REFGND	参考地	该集成电路为无线电源管理芯片,采用 HVQFN52(6mm×6mm)封装,应用在华为智能手机上
32	VISA	电压退耦	
33	VBATSENSE	电池电压检测	
34	REC1	附件识别输入 1,带有防抖动滤波器(低态有效)	
35	REC2	附件识别输入 2,带有防抖动滤波器和可编程阈值(低态有效)	
36	CHGCUR	充电电流反馈	
37	USBVIN	USB 电压输入	
38	VCHG	充电器电压	
39	VSS	地	
40	VSAVE	备用电池供电	
41	RF1VDD	RF1REG 稳压器输出电压	
42	RF2VDD	RF2REG 稳压器输出电压	
43	SIMVCC	SIMREG 输出电压	
44	HCVDD	HCREG 输出电压	
45	IOVDD	IOREG 稳压器输出电压	
46	VBAT	电池电压输入	
47	D2VDD	D2REG 稳压器输出电压	
48	LPVDD	LPREG 输出电压	
49	D3VDD	D3REG 输出电压	
50	D1VDD	D1REG 输出电压	
51	D1VBAT	D1REG 稳压器供电输入	
52	LCVDD	LCREG 稳压器输出电压	

83. PCF50633

引脚号	引脚符号	引脚功能	备　注
1	BATSNS	电池电压监测输入	
2	NTCSW	电池温度电阻桥连接	
3	HCLDO OUT	大电流线性电压调节器输出	
4	HCLDO IN	大电流线性电压调节器输入	
5	LDO5 OUT	LDO5 输出	
6	LDO56 IN	线性电压调节器 LDO5、LDO6 输入	
7	LDO6 OUT	LDO6 输出	
8	ACCSW	附件电阻桥连接	
9	ADCIN1	ADC 输入 1	
10	ADCIN2	ADC 输入 2	
11	VISA	内部模拟电压退耦	
12	REF GND	参考电源地	
13	REFC	参考电压,旁路电容连接	
14	GPIO3	输入与输出端 3(输入模式:电压调节器的控制信号输入;输出模式:通用开漏输出)	
15	GPIO2	输入与输出端 2(输入模式:电压调节器的控制信号输入;输出模式:通用开漏输出)	
16	GPIO1	输入与输出端 1(输入模式:电压调节器的控制信号输入;输出模式:通用开漏输出)	
17	IRQ	中断信号(到主机控制器)	
18	SDA	I^2C 总线数据	该集成电路为电源管理芯片,应用在苹果 iPhone 智能手机上
19	SCL	I^2C 总线时钟	
20	CLK32K	32.768kHz 睡眠时钟输出	
21	RSTHC	主机控制器复位输出(低电平有效)	
22	DOWN2FB	DC-DC 降压变换器反馈输入和 MEMLDO 输出	
23	DOWN2IN	DC-DC 降压变换器输入	
24	DOWN2LX	电感连接到 DC-DC 降压变换器	
25	DOWN1LX	电感连接到 DC-DC 降压变换器	
26	DOWN1IN	DC-DC 降压变换器输入	
27	DOWN1FB	DC-DC 降压变换器反馈输入	
28	GPO	通用推挽输出	
29	LEDIN	LED 升压变换器输入	
30	LEDOUT	LED 升压变换器的电流控制输出	
31	LDELX	电感连接到 LED 升压变换器输入	
32	LEDAMB	环境光传感器输入	
33	LEDFB	LED 升压变换器电流回路的反馈	
34	LEDFBGND	LED 升压变换器电流回路的反馈地	
35	EXTON1	外部激活(唤醒)输入 1	
36	EXTON2	外部激活(唤醒)输入 2	
37	EXTON3	外部激活(唤醒)输入 3	
38	KEEPACT	激活状态连续输入	
39	SHUTDOWN	关机信号	
40	ONKEY	连接一上位电阻,低电平触发	
41	AUTOLXB2	连接电感 B2	

（续）

引脚号	引脚符号	引脚功能	备　注
42	AUTOOUT2	DC/DC 自动升/降压变换器输出 2	
43	AUTOOUT1	DC/DC 自动升/降压变换器输出 1	
44	AUTOLXB1	连接电感 B1	
45	AUTOLXA2	连接电感 A2	
46	AUTOIN2	DC-DC 自动升/降压变换器输入 2	
47	AUTOIN1	DC-DC 自动升/降压变换器输入 1	
48	AUTOLXA1	连接电感 A1	
49	BUBAT	后备电池连接	
50	OSCO	32.768kHz 晶体振荡器输出	
51	OSCI	32.768kHz 晶体振荡器输入	
52	LDO1OUT	LDO1 输出	
53	LDO12IN	线性电压调节器 LDO1、LDO2 输入	
54	LDO2OUT	LDO2 输出	该集成电路为电源管
55	LDO3OUT	LDO3 输出	理芯片，应用在苹果
56	LDO34IN	线性电压调节器 LDO3、LDO4 输入	iPhone 智能手机上
57	LDO4OUT	LDO4 输出	
58	SYS1	充电器连接输入 1	
59	SYS2	充电器连接输入 2	
60	USB1	USB 电源输入 1	
61	USB2	USB 电源输入 2	
62	BAT1	电池 1	
63	BAT2	电池 2	
64	VISC	内部模拟电压退耦	
65	CHGCUR	充电电流参考电阻连接	
66	ADAPTSNS	充电器监测	
67	ADAPTCTRL	充电控制输出	
68	BATTEMP	电池温度监测	

84. PCF50635HN

引脚号	引脚符号	引脚功能	备　注
1	BATSNS	电池电压检测输入	
2	NTCSW	电池温度电阻桥连接	
3	HCLDOOUT	高电流线性稳压器输出	
4	HCLDOIN	高电流线性稳压器输入	
5	LDO5OUT	LDO5 线性稳压器输出	该集成电路为电源管
6	LDO56IN	LDO5 和 LDO6 线性稳压器共享输入	理芯片，采用 HVQFN 封
7	LDO6OUT	LDO6 线性稳压器输出	装，典型应用电路如图
8	ACCSW	附件电阻桥连接	2-74 所示（以应用在苹
9	ADCIN1	ADC 通道 1 输入	果 iPhone 2G 智能手机电
10	ADCIN2	ADC 通道 2 输入	路为例）
11	VISA	内部模拟电源电压退耦节点	
12	REFGND	地	
13	REFC	参考电压	
14	GPIO3	输入与输出端 3（输入模式：控制信号输入与可编程监管；输出模式：通用漏极开路输出）	

（续）

引脚号	引脚符号	引脚功能	备　注
15	GPIO2	输入与输出端2（输入模式：控制信号输入与可编程监管；输出模式：通用漏极开路输出）	
16	GPIO1	输入与输出端1（输入模式：控制信号输入与可编程监管；输出模式：通用漏极开路输出）	
17	IRQ	中断请求（去主控制器）	
18	SDA	I^2C 总线接口数据	
19	SCL	I^2C 总线接口时钟	
20	CLK32K	32.768kHz 数字时钟输出	
21	RSTHC	低有效复位输出（为主控制器）	
22	DOWN2FB	DC-DC 降压变换器 2 反馈输入和 MEMLDO 输出	
23	DOWN2IN	DC-DC 降压变换器 2 输入	
24	DOWN2LX	电感器连接（至 DC-DC 降压变换器 2）	
25	DOWN1LX	电感器连接（至 DC-DC 降压变换器 1）	
26	DOWN1IN	DC-DC 降压变换器 1 输入	
27	DOWN1FB	DC-DC 降压变换器 1 反馈输入	
28	GPO	通用推挽输出	
29	LEDIN	LED 升压变换器输入	
30	LEDOUT	电流受控输出（用于 LED 升压变换器）	
31	LEDLX	电感连接（去 LED 升压变换器）	
32	LEDAMB	环境光传感器输入	
33	LEDFB	LED 升压变换器的电流回路反馈	
34	LEDFBGND	地	该集成电路为电源管理芯片，采用 HVQFN 封装，典型应用电路如图 2-74 所示（以应用在苹果 iPhone 2G 智能手机电路为例）
35	EXTON1	外部激活（唤醒）输入 1	
36	EXTON2	外部激活（唤醒）输入 2	
37	EXTON3	外部激活（唤醒）输入 3	
38	KEEPACT	工作状态延续输入	
39	SHUTDOWN	关机	
40	ONKEY	键输入	
41	AUTOLXB2	电感器连接 2（去升压部分的 DC-DC 自动向上/向下变换器）	
42	AUTOOUT2	DC-DC 自动向下/向下变换器输出 2	
43	AUTOOUT1	DC-DC 自动向下/向下变换器输出 1	
44	AUTOLXB1	电感器连接 1（去升压部分的 DC-DC 自动向上/向下变换器）	
45	AUTOLXA2	电感器连接 2（去降压部分的 DC-DC 自动向上/向下变换器）	
46	AUTOIN2	DC-DC 自动向上/向下变换器输入 2	
47	AUTOIN1	DC-DC 自动向上/向下变换器输入 1	
48	AUTOLXA1	电感器连接 1（去降压部分的 DC-DC 自动向上/向下变换器）	
49	BUBAT	备用电池连接	
50	OSCO	32.768kHz 晶体振荡器输出	
51	OSCI	32.768kHz 晶体振荡器输入	

（续）

引脚号	引脚符号	引脚功能	备 注
52	LDO1OUT	LDO1 线性稳压器输出	
53	LDO12IN	LDO1 和 LDO2 线性稳压器共享输入	
54	LDO2OUT	LDO2 线性稳压器输出	
55	LDO3OUT	LDO3 线性稳压器输出	
56	LDO34IN	LDO3 和 LDO4 线性稳压器共享输入	
57	LDO4OUT	LDO4 线性稳压器输出	该集成电路为电源管
58	SYS1	系统和适配器连接端 1	理芯片，采用 HVQFN 封
59	SYS2	系统和适配器连接端 2	装，典型应用电路如图
60	USB1	USB 电源输入 1	2-74 所示（以应用在苹
61	USB2	USB 电源输入 2	果 iPhone 2G 智能手机电
62	BAT1	电池端 1	路为例）
63	BAT2	电池端 2	
64	VISC	内部模拟电源电压退耦节点	
65	CHGCUR	充电电流参考电阻连接	
66	ADAPTSNS	适配器检测输入	
67	ADAPTCTRL	适配器开关栅极驱动输出	
68	BATTEMP	电池温度检测输入	

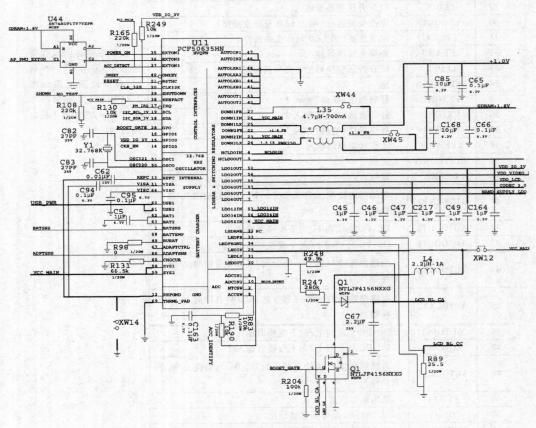

图 2-74 PCF50635HN 典型应用电路

85. PM7540

引脚号	引脚符号	引脚功能	备　注
A1	MPP_6	多功能引脚 6〔其预期配置的是 RUIM（移动用户身份模块）复位〕	
A2	VREG_GP1	通用线性稳压器输出 1	
A3	VREG_RFTX	线性稳压器输出（去功率发射电路或其他）	
A4	SPKR_OUT_R_P	正极输出（到右置扬声器驱动电路）	
A5	SPKR_OUT_R_M	负极输出（到右置扬声器驱动电路）	
A6	SPKR_OUT_L_M	负极输出（到左置扬声器驱动电路）	
A7	SPKR_OUT_L_P	正极输出（到左置扬声器驱动电路）	
A8	VREG_RFRX1	线路稳压器输出 1（去主接收电路或其他）	
A9	VREG_GP4	通用线性稳压器输出 4	
A10	VREG_RFRX2	线路稳压器输出 2（去主接收电路或其他）	
A11	VREG_MSMA	线性稳压器输出（去 MSM 设备模拟供电）	
A12	REF_ISET	电流检测（内部参考）	
A13	REF_GND	地（内部参考）	
B1	VIDEO_OUT	视频放大器输出	
B2	VIDEO_IN	视频放大器输入	
B3	MPP_17	多功能引脚 17	
B4	SPKR_IN_R_P	正极输入（到右置扬声器驱动电路）	
B5	SPKR_IN_R_M	负极输入（到右置扬声器驱动电路）	PM7540 为电源管理芯片，应用在步步高、索爱、HTC 等智能手机上
B6	SPKR_IN_L_M	负极输入（到左置扬声器驱动电路）	图 2-75 所示为应用在
B7	SPKR_IN_L_P	正极输入（到左置扬声器驱动电路）	HTC 智能手机上的实物，典
B8	VDD_L_SPKR	电源	型应用电路如图 2-76 所示
B9	VDD_RF1	电源	（以应用在 LG E510 智能手
B10	VDD_ANA	电源	机电路为例）
B11	VCOIN	连接到主板电池	
B12	MPP_4	多功能引脚 4（识别串行电缆插入和启动上电序列）	
B13	VREG_GP5	通用线性稳压器输出 5	
C1	ISNS_P	正电流传感器输入	
C2	ISNS_M	负电流传感器输入	
C12	KPD_PWR_N	连接到键盘电源按钮	
C13	REF_BYP	低通滤波器（为内部参考）	
D1	USB_CTL_N	控制信号（为外部 USB 传输晶体管）	
D2	CHG_CTL_N	控制信号（为外部旁路晶体管）	
D4	MPP_5	多功能引脚 5〔其预期配置的是 RUIM（移动用户身份模块）复位〕	
D5	MPP_18	多功能引脚 18	
D6	VDD_RF2	电源	
D7	VDD_R_SPKR	电源	
D8	MPP_3	多功能引脚 3（识别串行电缆插入和启动上电序列）	
D9	TCXO_EN	MSM 设备控制信号（启动 TCXO 控制任务）	
D10	MSM_INT_N	PMIC 的中断状态报告（到 MSM 移动设备）	

（续）

引脚号	引脚符号	引脚功能	备 注
D12	VDD_TCXO	电源	
D13	VREG_TCXL	线性稳压器输出（去 VCTCXO 电路）	
E1	KPD_DRV_N	可编程电流吸收器（用于支持键盘背光或其他功能）	
E2	VCHG	模拟电压	
E4	BAT_FET_N	控制信号（外部电池 MOSFET）	
E5	GND	地	
E6	GND	地	
E7	GND	地	
E8	GND	地	
E9	GND	地	
E10	PS_HOLD	PMU 关电逻辑控制	
E12	VREG_SYNT	线性稳压器的输出（功率频率合成器电路或其他）	
E13	VREG_GP6	通用线性稳压器输出 6	
F1	LCD_DRV_N	可编程电流吸收器（用于支持 LCD 背光或其他功能）	
F2	VBAT	监视电池电压	
F4	MPP_19	多功能引脚 19	PM7540 为电源管理芯片,应用在步步高、索爱、HTC 等智能手机上
F5	GND	地	
F6	GND	地	图 2-75 所示为应用在
F7	GND	地	HTC 智能手机上的实物,典
F8	GND	地	型应用电路如图 2-76 所示
F9	GND	地	（以应用在 LG E510 智能手
F10	PON_RESET_N	MSM 电源上电复位命令（连接到 MSM 设备的 RESIN_N 引脚）	机电路为例）
F12	VDD_GP6	电源	
F13	VDD_MSME2	电源	
G1	VREG_WLAN	线路稳压器输出（去 WLAN 电路或其他）	
G2	VDD_WLAN	电源	
G4	MPP_20	多功能引脚 20	
G5	GND	地	
G6	GND	地	
G7	GND	地	
G8	GND	地	
G9	GND	地	
G10	TCXO_OUT	缓冲和验证 VCTCXO 输出时钟信号	
G12	MIC_BIAS	线性稳压器输出（去偏置 MIC 电路）	
G13	VREG_MSME2	线性稳压器输出 2（去电源 EBI_2 电路或其他）	
H1	FLSH_DRV_N	可编程电流吸收器（用于相机闪光灯频闪或其他功能）	
H2	USB_ID	USB 识别	

（续）

引脚号	引脚符号	引脚功能	备　注
H4	USB_OE_N	USB 输出使能（低电平有效）	
H5	GND	地	
H6	GND	地	
H7	GND	地	
H8	GND	地	
H9	GND	地	
H10	SBCK	同步数据传输时钟	
H12	TCXO_IN	手机 VCTCXO（压控温度补偿晶体振荡器）输入	
H13	VREG_MSMP	线性稳压器输出（去 MSM 周边供电）	
J1	VREG_5V	检测稳压输出（去 +5 V 升压型开关电源）	
J2	MPP_21	多功能引脚 21	
J4	USB_DAT	数字微分正（ + ）线，双向 USB 信号（来自 MSM 设备）	
J5	GND	地	PM7540 为电源管理芯片，应用在步步高、索爱、HTC 等智能手机上
J6	GND	地	
J7	GND	地	图 2-75 所示为应用在 HTC 智能手机上的实物，典型应用电路如图 2-76 所示（以应用在 LG E510 智能手机电路为例）
J8	GND	地	
J9	GND	地	
J10	SBST	用于发起数据的传输	
J12	VDD_MSMP	电源	
J13	VREG_GP2	通用线性稳压器输出 2	
K1	VSW_5V	开关输出（去 +5V 升压开关电源电路）	
K2	MPP_22	多功能引脚 22	
K4	USB_SE0	数字微分负（ – ）线，双向 USB 信号 0（来自 MSM 设备）	
K5	MPP_11	多功能引脚 11［其预期配置的是双向 RUIM（移动用户身份模块）输入与输出电平变换器］	
K6	MPP_12	多功能引脚 12［其预期配置的是双向 RUIM（移动用户身份模块）输入与输出电平变换器］	
K7	SLEEP_CLK	缓冲 32.768kHz 的睡眠时钟信号	
K8	MPP_9	多功能引脚 9［其预期配置的是 RUIM（移动用户身份模块）时钟］	
K9	MPP_10	多功能引脚 10［其预期配置的是 RUIM（移动用户身份模块）时钟］	

（续）

引脚号	引脚符号	引脚功能	备　注
K10	SBDT/SSBI	双向数据传输/单线串行总线接口	
K12	VDD_GP2	电源	
K13	VREG_MMC	线性稳压输出（去电源 MMC 电路或其他）	
L1	USB_VBUS	模拟输入或模拟输出	
L2	USB_D_P	微分正（＋）线，双向 USB 信号（来自外围设备装置）	
L12	MPP_7	多功能引脚 7（其预期的功能是支持通用的可编程电流源 LED 或背光装置）	
L13	V_BACKUP	连接到 SRAM 电源引脚（S）	
M1	VREG_USB	线性稳压器输出（去内部 USB 收发器）	
M2	USB_D_M	微分负（－）线，双向 USB 信号（来自外围设备装置）	
M3	MPP_13	多功能引脚 13	
M4	VREG_PA	检测稳压输出（去 PA 降压开关电源）	
M5	MPP_16	多功能引脚 16	PM7540 为电源管理芯片，应用在步步高、索爱、HTC 等智能手机上
M6	VREG_MSMC2	检测稳压输出 2［去 core_2 降压开关电源（SMPS）］	图 2-75 所示为应用在 HTC 智能手机上的实物，典型应用电路如图 2-76 所示（以应用在 LG E510 智能手机电路为例）
M7	MPP_1	多功能引脚 1（其预期的功能是第一外部输入的模拟多路变换器，电池 ID 和温度传感器）	
M8	VREG_MSMC1	检测稳压输出 1［去 core_1 降压开关电源（SMPS）］	
M9	VREG_MSME	检测稳压输出（去 EBI 降压开关电源）	
M10	VDD_RUIM	电源	
M11	MPP_8	多功能引脚 8［其预期的功能是可选择的，缓冲版本的内部参考电压（$0.5 \times$ VREF，1 个 VREF 时，或 $2 \times$ VREF）］	
M12	AMUX_OUT	模拟多路变换器的输出	
M13	XTAL_IN	晶体振荡器输入（32.768kHz）	
N1	MPP_14	多功能引脚 14	
N2	VIB_DRV_N	振动电动机驱动输出	
N3	MPP_15	多功能引脚 15	
N4	VSW_PA	开关输出（去 PA 降压开关电源电路）	
N5	MPP_2	多功能引脚 2（其预期的功能是第二外部输入的模拟多路变换器、电池 ID 和温度传感器）	
N6	VSW_MSMC2	开关输出 2［去 MSM core_2 降压开关电源（SMPS）］	

（续）

引脚号	引脚符号	引脚功能	备　注
N7	VDD_C2_PA	电源	PM7540 为电源管理芯片，应用在步步高、索爱、HTC 等智能手机上 图 2-75 所示为应用在HTC 智能手机上的实物，典型应用电路如图 2-76 所示（以应用在 LG E510 智能手机电路为例）
N8	VSW_MSMC1	开关输出 1［去 MSM core_1 降压开关电源（SMPS）］	
N9	VDD_C1_E	电源	
N10	VSW_MSME	开关输出（去 EBI_1 降压开关电源电路）	
N11	VREG_RUIM1	线性稳压器输出 1（去频率合成器电路或其他）	
N12	VREG_GP3	通用线性稳压器输出 3	
N13	XTAL_OUT	晶体振荡器输出（32.768kHz）	

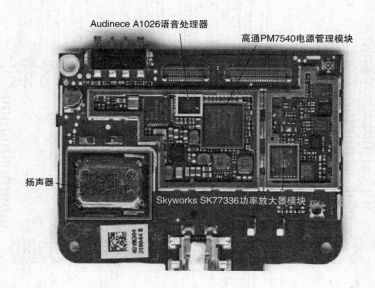

图 2-75　PM7540 应用实物

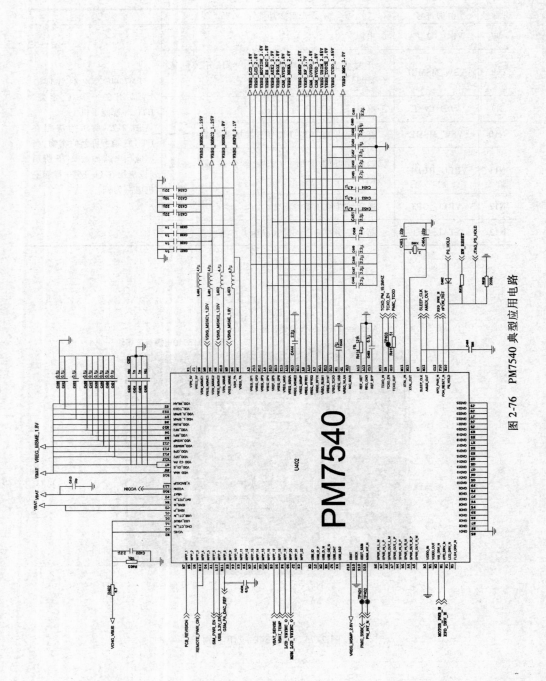

图 2-76 PM7540 典型应用电路

86. PMB6258

引脚号	引脚符号	引脚功能	备 注
1	VCCBB	电源	
2	VCCSC	电源	
3	VDDSC	电源	
4	VCXOBTEN	VCXO 参考时钟振荡电路蓝牙输出使能	
5	PLLREFR	锁相环参考设置电阻	
6	VCXOBBEN	VCXO 参考时钟振荡电路基带输出使能	
7	VCXO	参考振荡器晶体输入正端	
8	VCXOX	参考振荡器晶体输入负端	
9	VCCVCXO	VCXO 电源	
10	FSYS-BB	输出到基带的参考时钟	
11	FSYS-BT	输出到蓝牙的参考时钟	
12	LOFISW	本机振荡器快速入锁控制开关	
13	VDDPLL	频率合成器电源	
14	CPLO	RF 频率合成器电荷泵输出到环路滤波器,用于控制 RF VCO 所产生的频率	
15	VCCPRE	电源	
16	VT	经过环路滤波后的 RF VCO 控制信号输入	
17	GNDVCO	VCO 地	
18	VREG	内部稳压器退耦	
19	VCCVCO	VCO 电源	
20	C1	Q 通道低通滤波器电容(正输出)	
21	C1X	Q 通道低通滤波器电容(负输出)	该集成电路为射频收发器,采用 P-VQFN-48(7mm × 7mm)封装,应用在苹果 iPhone 2G 智能手机上
22	C2	I 通道低通滤波器电容(正输出)	
23	C2X	I 通道低通滤波器电容(负输出)	
24	CLK	串行接口时钟	
25	DA	串行接口数据	
26	EN	串行接口数据使能信号	
27	RX1	GSM850 频段接收信号 LNA(低噪声放大器)输入(+)	
28	RX1X	GSM850 频段接收信号 LNA(低噪声放大器)输入(-)	
29	RX2	EGSM900 频段接收信号 LNA(低噪声放大器)输入(+)	
30	RX2X	EGSM900 频段接收信号 LNA(低噪声放大器)输入(-)	
31	RX3	DCS1800 频段接收信号 LNA(低噪声放大器)输入(+)	
32	RX3X	DCS1800 频段接收信号 LNA(低噪声放大器)输入(-)	
33	VCCFE	电源	
34	RX4	PCS1900 频率接收信号 LNA(低噪声放大器)输入(+)	

（续）

引脚号	引脚符号	引脚功能	备 注
35	RX4X	PCS1900 频率接收信号 LNA（低噪声放大器）输入（－）	
36	VCCLOGEN	电源	
37	TXCTRL3	发射控制信号输出 3	
38	TXCTRL2	发射控制信号输出 2	
39	TXCTRL1	发射控制信号输出 1	该集成电路为射频收发器，采用 P-VQFN-48（7mm×7mm）封装，应用在苹果 iPhone 2G 智能手机上
40	TX1	低频段发射信号输出 1＋	
41	TX1X	低频段发射信号输出 1－	
42	TX2	高频段发射信号输出 2＋	
43	TX2X	高频段发射信号输出 2－	
44	VCCTX	电源	
45	AX	I 通道基带接收/发射信号负输出与输入	
46	A	I 通道基带接收/发射信号正输出与输入	
47	BX	Q 通道基带接收/发射信号负输出与输入	
48	B	Q 通道基带接收/发射信号正输出与输入	

87. PMB6811

引脚号	引脚符号	引脚功能	备 注
1	VCHS	充电电流检测/预充电输出	
2	VBATS	电池电压检测	
3	VRFC	射频内核供电	
4	ON	尾插或 RTC 开机上电	
5	VDDPW	SDBB（基带降压变换器）输出级供电电压	
6	SW	SDBB（基带降压变换器）输出	
7	VSSPW	地（基带降压变换器输出级）	该集成电路是一个高度集成的电源与电池管理芯片，可用于 GSM、GPRS 和 EDGE（如应用在苹果 iPhone 2G 智能手机上），采用 VQFN48 封装，典型应用电路如图 2-77 所示
8	VSSFB	地（基带降压变换器电压反馈）	
9	FB	SDBB（基带降压变换器）电压反馈输入	
10	VUPU	UPU 电压	
11	VUSB	USB 输入电压	
12	VBUS	USB 总线电压	
13	VIB	振动驱动器输出	
14	SLED2	第二 LED 驱动	
15	SLED1	第一 LED 驱动	
16	LED	背光灯 LED 驱动	
17	VDDB	外围电路稳压器供电输入	
18	VSIM1	SIM 卡和 S-GOLD SIM 接口供电	

（续）

引脚号	引脚符号	引脚功能	备　注
19	VSIM2	外围电路供电	
20	VMMC	外围电路供电	
21	VINT	S-GOLD 接口供电（I^2C、SSC、键盘）	
22	LRF3EN	RF3 稳压器使能	
23	SCL	I^2C 总线时钟	
24	SDA	I^2C 总线数据/确认	
25	AUIN	来自于 S-GOLD 差动音频放大器输入（－），还可作为数字振铃输入（－）	
26	AUIP	来自于 S-GOLD 差动音频放大器输入（＋），还可作为数字振铃输入（＋）	
27	VSSAU	音频放大器地	
28	AUON	差动音频放大器输出（－）	
29	AUOP	差动音频放大器输出（＋）	
30	VDDAU	音频放大器供电输入	
31	BYP	带隙参考旁路电容	
32	IREF	电流参考电阻	
33	VSSR	参考地	该集成电路是一个高度集成的电源与电池管理芯片，可用于 GSM、GPRS 和 EDGE（如应用在苹果 iPhone 2G 智能手机上），采用 VQFN48 封装，典型应用电路如图 2-77 所示
34	VANA	S-GOLD 的模拟部分供电	
35	VDDA	模拟稳压器输入电压	
36	VCXOEN	由 S-GOLD 输出的模式触发信号（参考振荡器供电使能）	
37	VRF3	蓝牙供电	
38	VRF2	外部参考振器供电	
39	VDDRF	射频稳压器输入电压	
40	VRF1	射频 IC 供电	
41	INTOUT	中断输出到 S-GOLD	
42	VRTC	S-GOLD 实时时钟供电	
43	VDDCH	充电器输入电压（来自外部交流适配器）	
44	VCHC	外部 PMOS 器件充电控制输出	
45	VLBB1	S-GOLD DSP 供电	
46	VDDC	基带稳压器和振动驱动器供电输入	
47	VLBB2	S-GOLD 内核供电	
48	RESETQ	输出到 S-GOLD 的复位信号	
49	VSS*	接地	

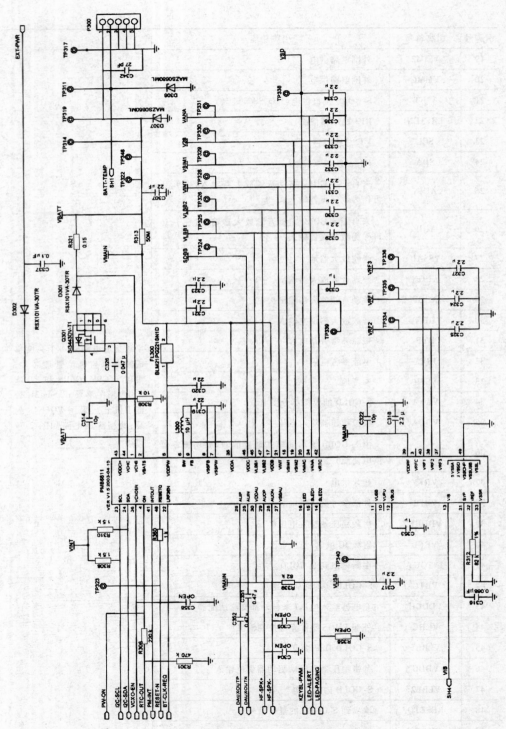

图 2-77 PMB6811 典型应用电路

88. PMB6812

引脚号	引脚符号	引脚功能	备 注
1	VHS	充电电流监测/预充电输出	
2	VBATS	电池电压监测	
3	LRFC	射频处理器内核电源	
4	ON	开机触发信号输入	
5	VDDPW	电源(SDBB 电压调节器的供电)	
6	SW	SDBB 电压调节器输出	
7	VSSPW	地(SDBB 电压调节器输出级)	
8	VSSFB	地(SDBB 电压调节器反馈)	
9	FB	SDBB 电压调节器反馈输入	
10	VUPU	USB 检测	
11	VUBS	USB 电源	
12	VBUS	USB 电源输入	
13	VIB	振动驱动器输出	
14	SLED2	LED 驱动 2	
15	SLED1	LED 驱动 1	
16	LED	背景灯 LED 电源	
17	VDDB	电源(外设电压调节器的供电)	
18	VSIM1	SIM 卡/SIM 卡接口电路电源输出 1	
19	VSIM2	SIM 卡/SIM 卡接口电路电源输出 2	
20	VMMC	外设电源输出	
21	VINT	数字基带的接口电源,如 I^2C、SSC、键盘接口	该集成电路是一款用于智能手机的高度集成的电源与电池管理电路,其内部集成了高效的降压变换器,主要为数字基带部分的处理器与存储器接口电路供电,应用在苹果 iPhone 2G 智能手机上
22	LRF3EN	射频电源控制	
23	SCL	I^2C 总线时钟	
24	SDA	I^2C 总线数据	
25	AUIN	差分音频放大器输入	
26	AUIP	差分音频放大器输入	
27	VSSAU	地(音频放大器)	
28	AUON	差分音频放大器输出	
29	AUOP	差分音频放大器输出	
30	VDDAU	电源(音频放大器供电)	
31	BYP	参考电源的旁路电容端口	
32	IREF	参考电流调节电阻端口	
33	VSSR	地(参考电源)	
34	VANA	模拟电源输出	
35	VDDA	电源(模拟电压调节器供电)	
36	VCXOEN	工作模式控制信号输入	
37	VRF3	射频电源输出	
38	VRF2	外部振动器(时钟电路)电源输出	
39	VDDRF	射频电压调节器的供电电源	
40	VRF1	射频 IC 电源输出	
41	INTOUT	中断信号输出	
42	VRTC	实时时钟电源输出	
43	VDDCH	充电电源输入	
44	VCHC	用于外部 PMOS 管的充电控制输出	
45	VLBB1	DSP 电源输出	
46	VDDC	电源(基带电压调节器和振动器驱动器的供电)	
47	VLBB2	数字基带内核电源输出	
48	RESETQ	复位信号输出	

89. PMB8876

引脚号	引脚符号	引脚功能	备　注
A1	NC	空引脚	
A2	IRDA_TX	IRDA 发送数据	
A3	DIF_WR	显示接口写选通	
A4	DIF_CS1	LCD 片选 1	
A5	DIF_DS	显示接口数据线	
A6	DIF_D0	显示接口数据线 0	
A7	USIF_TXD_MTSR	通用串行接口接收数据	
A8	CIF_HSYNC	照相接口水平参考信号输入	
A9	VDDP_DIGB_1	电源(外围接口数字)	
A10	CIF_D6	照相接口像素数据输入 6	
A11	CIF_D3	照相接口像素数据输入 3	
A12	MMCI_DAT3	SD 卡串行数据输入与输出 3	
A13	VDDP_MMC	电源(多媒体卡外围接口)	
A14	MON2	监控信号 2(仅用于测试)	
A15	VDDP_DIGC_1	电源(外围接口数字电源)	
A16	T_OUT10	TDMA 定时器控制输出 10(用于控制接收/发送部分)	
A17	RF_STR1	射频控制串行接口复位 1	
A18	T_OUT8	TDMA 定时器控制输出 8(用于控制接收/发送数据)	
A19	NC	空引脚	该集成电路为基带处理器,应用在苹果 iPhone 2G 智能手机上
B1	VDDP_DIGD	电源(外围接口数字)	
B2	IRDA_RX	IRDA 接收数据	
B3	DIF_VD	显示接口垂直同步信号	
B4	DIF_HD	显示接口水平同步信号	
B5	IDF_CD	显示接口命令/数据选择	
B6	DIF_D2	显示接口数据线 2	
B7	USIF_RXD_MRST	通用串行接口发送数据	
B8	CIF_PD	照相接口下电(关闭)控制	
B9	CIF_D7	照相接口像素数据输入 7	
B10	CIF_D5	照相接口像素数据输入 5	
B11	CIF_D1	照相接口像素数据输入 1	
B12	MMCI_DAT2	SD 卡串行数据输入与输出 2	
B13	MON1	监控信号 1(仅用于测试)	
B14	T_OUT4	TDMA 定时器控制输出 4(用于控制接收/发送部分)	
B15	T_OUT2	TDMA 定时器控制输出 2(用于控制接收/发送部分)	
B16	T_OUT1	TDMA 定时器控制输出 1(用于控制接收/发送部分)	
B17	T_OUT0	TDMA 定时器控制输出 0(用于控制接收/发送部分)	
B18	RF_CLK	射频控制串行接口时钟输出	

（续）

引脚号	引脚符号	引脚功能	备　注
B19	VDDP_DIGC_2	电源（外围接口数字）	
C1	KP_OUT3	键盘扫描线输出 3	
C2	KP_OUT2	键盘扫描线输出 2	
C3	I²C_SCL	I²C 串行总线时钟	
C4	DIF_RESET2	LCD 复位信号 2	
C5	DIF_RD	显示接口读选项	
C6	DIF_D7	显示接口数据线 7	
C7	DIF_D1	显示接口数据线 1	
C8	CIF_RESET	照相接口复位信号输出	
C9	CIF_PCLK	照相接口像素数据时钟	
C10	CIF_D2	照相接口像素数据输入 2	
C11	MMCI_CLK	SD 卡串行时钟/MS 串行时钟输出	
C12	MMCI_DAT0	SD 卡串行数据/MS 串行数据输入与输出端 0	
C13	T_OUT11	TDMA 定时器控制输出 11（用于控制接收/发送部分）	
C14	T_OUT9	TDMA 定时器控制输出 9（用于控制接收/发送部分）	
C15	AFC	自动频率控制输出	
C16	RF_DATA	射频控制串行接口数据	
C17	RF_STR0	射频控制串行接口复位 0	
C18	T_OUT5	TDMA 定时器控制输出 5（用于控制接收/发送部分）	该集成电路为基带处理器，应用在苹果 iPhone 2G 智能手机上
C19	TRST	JTAG 测试端口复位输入	
D1	KP_IN1	键盘扫描线输入 1	
D2	KP_IN0	键盘扫描线输入 0	
D3	KP_OUT0	键盘扫描线输出 0	
D5	KP_IN2	键盘扫描线输入 2	
D6	DIF_RESET1	LCD 复位信号 1	
D7	DIF_D6	显示接口数据线 6	
D8	DIF_D3	显示接口数据线 3	
D9	USIF_SCLK	通用串行接口时钟	
D10	CIF_VSYNC	照相接口垂直参考信号输入	
D11	CIF_D4	照相接口像素数据输入 4	
D12	MMCI_DAT1	SD 卡串行数据输入与输出 1	
D13	T_OUT3	TDMA 定时器控制输出 3（用于控制接收/发送部分）	
D14	T_OUT7	TDMA 定时器控制输出 7（用于控制接收/发送部分）	
D15	T_OUT6	TDMA 定时器控制输出 6（用于控制接收/发送部分）	
D17	T_OUT12	TDMA 定时器控制输出 12（用于控制接收/发送部分）	
D18	RTCK	JTAG 测试端口返回时钟输出	

（续）

引脚号	引脚符号	引脚功能	备注
D19	TDI	JTAG 测试端口数据输入	
E1	KP IN6	键盘扫描线输入 6	
E2	KP IN5	键盘扫描线输入 5	
E3	KP_IN4	键盘扫描线输入 4	
E4	I²C_SDA	I²C 串行总线数据	
E5	DIF_CS2	LCD 片选 2	
E7	DIF_D4	显示接口数据线 4	
E8	VSSP_DIG2	地（外围接口数字）	
E9	CLKOUT2	照相接口主时钟输出 2	
E10	VSSP_DIG2	地（外围接口数字）	
E11	CIF_D0	照相接口像素数据输入 0	
E12	MMCI_CMD	SD 卡命令/MS 总线状态输出	
E13	VSSP_DIG3	地（外围接口数字）	
E14	TRIG_IN	调试跟踪输入	
E15	TCK	JTAG 测试端口时钟输入	
E16	TDO	JTAG 测试端口数据输出	
E17	I²S1_WA0	I²S 串行口 1 字选择 0	
E18	USART1_RTS	UART1 请求发送	
E19	USART1_RTS	UART1 请求发送	
F1	DSPOUT0	DSP 串行口输出 0	
F2	DSPOUT1	DSP 串行口输出 1	
F3	DSPIN0	DSP 串行口输入 0	该集成电路为基带处理
F4	KP_OUT1	键盘扫描线输出 1	器，应用在苹果 iPhone 2G
F5	KP_IN3	键盘扫描线输入 3	智能手机上
F15	USART1_CTS	UART1 清除发送	
F16	TMS	JTAG 测试端口模式开关	
F17	USART1_RXD	UART1 接收数据	
F18	RSTOUT	复位输出	
F19	I²S1_CLK0	I²S 串行口 1 时钟 0	
G1	USART0_RXD	UART0 接收数据	
G2	FCDP_RB	SD 卡检测	
G3	USART0_CTS	UART0 清除发送	
G4	USART0_TXD	UART0 发送数据	
G5	DSPIN1	DSP 串行口输入 1	
G15	I²S1_TX	I²S 串行口 1 发送数据输出	
G16	I²S1_CLK1	I²S 串行口 1 时钟 1	
G17	I²S1_RX	I²S 串行口 1 接收数据输入	
G18	USART1_TXD	UART1 发送数据	
G19	VDDP_DIGA	电源（外围接口数字）	
H1	CLKOUT0	时钟输出 0	
H2	EBU_A0	外部存储器地址总线 0	
H3	EBU_A1	外部存储器地址总线 1	
H4	USART0_RTS	UART0 请求发送	
H5	NC	空引脚	
H9	VDD_DSP_1	电源（DSP 内核）	

（续）

引脚号	引脚符号	引脚功能	备　注
H10	VDD_DSP_2	电源(DSP 内核)	
H11	VDD_DSP_3	电源(DSP 内核)	
H15	SSC1_SCLK	串行同步接口控制器 1 串行时钟	
H16	I²S2_WA1	I²S 串行口 2 字选择 1	
H17	I²S2_CLK1	I²S 串行口 2 时钟 1	
H18	I²S2_TX	I²S 串行口 2 发送数据输出	
H19	I²S2_RX	I²S 串行口 2 接收数据输入	
J1	VDDP_EBU_1	电源(存储器接口供电)	
J2	EBU_A3	外部存储器地址总线 3	
J3	EBU_A4	外部存储器地址总线 4	
J4	EBU_A2	外部存储器地址总线 2	
J5	VSSP_EBU_1	地(存储器接口)	
J8	VSS_1	地	
J9	VSS_1	地	
J10	VSS_1	地	
J11	VSS_1	地	
J12	PAOUT2-1	发射功率控制输出 2-1	
J15	VSSP_DIG4	地(外围接口数字)	
J16	CC_CLK	SIM 卡时钟输出	
J17	SSC1_MRST	串行同步接口控制器 1 主收从发	
J18	I²S2_CLK0	I²S 串行口 2 时钟 0	
J19	I²S2_WA0	I²S 串行口 2 字选择 0	
K1	EBU_A5	外部存储器地址总线 5	该集成电路为基带处理
K2	EBU_A6	外部存储器地址总线 6	器,应用在苹果 iPhone 2G
K3	EBU_A7	外部存储器地址总线 7	智能手机上
K4	EBU_A13	外部存储器地址总线 13	
K5	EBU_A8	外部存储器地址总线 8	
K8	VDD_MAIN_1	电源(微处理器内核)	
K9	VDD_MAIN_2	电源(微处理器内核)	
K10	VDD_MAIN_3	电源(微处理器内核)	
K11	VDD_MAIN_4	电源(微处理器内核)	
K12	PAOUT2-2	发射功率控制输出 2-2	
K15	GND	地(保护)	
K16	VMICN	送话器电压发生器负输出	
K17	VDDBG	电源(数字)	
K18	SSC1_MISR	串行同步接口控制 1 主发从收	
K19	VCXO_EN	参考振荡器供电使能	
L1	EBU_A10	外部存储器地址总线 10	
L2	EBU_A9	外部存储器地址总线 9	
L3	EBU_A16	外部存储器地址总线 16	
L4	EBU_A14	外部存储器地址总线 14	
L5	NC	空引脚	
L8	VSS_5	地	
L9	VSS_6	地	
L10	VSS_7	地	

（续）

引脚号	引脚符号	引脚功能	备　注
L11	VSS_8	地	
L12	PAOUT1-1	发射功率控制输出 1-1	
L15	VSSBB	地（基带部分）	
L16	VMICP	送话器电压发生器正输出	
L17	VREFP	参考电压正端	
L18	CC_IO	SIM 卡数据输入与输出	
L19	VDDP_SIM	电源（SIM 外围接口）	
M1	EBU_A11	外部存储器地址总线 11	
M2	EBU_RAS	SDRAM 存储器行地址选通	
M3	EBU_BC0	SDRAM 存储器字节 0 使能	
M4	EBU_CAS	SDRAM 存储器列地址选通	
M5	VSSP_EBU_2	地（存储器接口）	
M9	VDD_MAIN_5	电源（微处理器内核）	
M10	VDD_MAIN_6	电源（微处理器内核）	
M11	PAOUT1-2	发射功率控制输出 1-2	
M15	VDDBB	电源（基带部分）	
M16	IREF	参考电流端	
M17	MICP1	送话器放大器 1 输入（＋）	
M18	MICN1	送话器放大器 1 输入（－）	
M19	CC_RST	SIM 卡复位输出	
N1	EBU_A12	外部存储器地址总线 12	
N2	EBU_A18	外部存储器地址总线 18	该集成电路为基带处理
N3	EBU_RD	外部存储器读选通	器,应用在苹果 iPhone 2G
N4	EBU_A19	外部存储器地址总线 19	智能手机上
N5	EBU_A20	外部存储器地址总线 20	
N15	BB_QX	通道基带接收/发射信号输出与输入（Q－）	
N16	AGND	地（模拟）	
N17	EP_N1-1	扬声器放大器 1-1 输出（－）	
N18	MICP2	送话器放大器 2 输入（＋）	
N19	VSSBG	地（数字）	
P1	EBU_A15	外部存储器地址总线 15	
P2	EBU_BC1	SDRAM 存储器字节 1 使能	
P3	EBU_CS3	外部存储器片选 3	
P4	EBU_CS0	外部存储器片选 0	
P5	VSSP_EBU_3	地（存储器接口）	
P15	BB_Q	通道基带接收/发射信号输出与输入	
P16	VREFN	参考电压负端	
P17	VSSVBR_1	地（基带接收）	
P18	EP_N1-2	扬声器放大器 1-2 输出（－）	
P19	MICN2	送话器放大器 2 输入（－）	
R1	EBU_A17	外部存储器地址总线 17	
R2	EBU_A22	外部存储器地址总线 22	
R3	EBU_BFCLKO	脉冲模式 FLASH 存储器时钟输出	
R4	EBU_AD1	外部存储器数据总线 1	
R6	EBU_AD4	外部存储器数据总线 4	

（续）

引脚号	引脚符号	引脚功能	备　注
R7	EBU_AD13	外部存储器数据总线 13	
R8	VSSP_EBU_4	地（存储器接口）	
R9	TRACEPKT0	ETM 跟踪检测端 0	
R10	RTACEPKT6	ETM 跟踪检测端 6	
R12	VSS_USB	地（USB 外围接口）	
R13	BB_I	通道基带接收/发射信号输入与输出（I＋）	
R14	BB_IX	通道基带接收/发射信号输入与输出（I－）	
R16	VSSVBT	地（基带发射）	
R17	VDDVBR_1	电源（基带接收）	
R18	EP_PA1-1	扬声器音频放大器输出 1-1	
R19	EP_P1-1	扬声器放大器 1-1 输出（＋）	
T1	EBU_A21	外部存储器地址总线 21	
T2	EBU_CS2	外部存储器片选 2	
T3	EBU_CK3	SDRAM 存储器时钟使能	
T5	EBU_AD3	外部存储器数据总线 3	
T6	EBU_WAIT	外部存储器等待信号	
T7	EBU_ADV	脉冲模式 FLASH 存储器地址有效信号	
T8	EBU_AD12	外部存储器数据总线 12	
T9	PIPESTAT0	ETM 流水线状态 0	
T10	TRACEPKT2	ETM 跟踪检测端 2	
T11	TRACEPKT7	ETM 跟踪检测端 7	
T12	VSS_RTC_PLL	地（实时时钟-锁相环）	该集成电路为基带处理
T13	PM_INT	电源管理器中断	器，应用在苹果 iPhone 2G
T14	VDDD	电源（数字）	智能手机上
T15	VDDVBT	电源（基带发射）	
T17	VSSVBR_2	地（基带接收）	
T18	EP_PA1-2	扬声器放大器输出 1-2	
T19	EP_P1-2	扬声器放大器 1-2 输出（＋）	
U1	EBU_WR	外部存储器写选通	
U2	EBU_A23	外部存储器地址总线 23	
U3	EBU_SDCLKO	SDRAM 存储器时钟输出	
U4	EBU_SDCLKI	SDRAM 存储器时钟输入	
U5	EBU_AD5	外部存储器数据总线 5	
U6	EBU_AD8	外部存储器数据总线 8	
U7	EBU_AD13	外部存储器数据总线 13	
U8	TRACESYNC	ETM 跟踪检测同步信号	
U9	PIPESTAT1	ETM 流水线状态 1	
U10	TRACEPKT4	ETM 跟踪检测端 4	
U11	USB_DPLUS	USB D＋输入与输出	
U12	F26M	26MHz 系统时钟输入	
U13	F32K	32.768kHz 晶体振荡器输入	
U14	RESET	系统复位	
U16	VSSD	地（数字）	
U17	M_0	辅助 A-D 变换器输入 0	
U18	VDDVBR_2	电源（基带接收）	

（续）

引脚号	引脚符号	引脚功能	备　　注
U19	EPREF-1	扬声器音频放大器参考 1	
V1	EBU_CS1	外部存储器片选 1	
V2	EBU_A24	外部存储器地址总线 24	
V3	EBU_BFCLKI	脉冲模式 FLASH 存储器时钟输入	
V4	EBU_AD0	外部存储器数据总线 0	
V5	EBU_AD9	外部存储器数据总线 9	
V6	EBU_AD10	外部存储器数据总线 10	
V7	EBU_AD14	外部存储器数据总线 14	
V8	TRACECLK	ETM 时钟	
V9	TRACEPKT3	ETM 跟踪检测端 3	
V10	TRACEPKT5	ETM 跟踪检测端 5	
V11	USB_DMINUS	USB D-输入与输出	
V12	RTC_OUT	实时时钟中断输出(闹钟)	
V13	OSC32K	32.768kHz 晶体振荡器输出	
V14	VDDM	电源(调制解调器)	
V15	VSSM	地(调制解调器)	
V16	M_8	辅助 A-D 变换器输入 8	
V17	M_9	辅助 A-D 变换器输入 9	
V18	EP_PA2	扬声器音频放大器输出 2	该集成电路为基带处理
V19	EPREF-2	扬声器音频放大器参考端 2	器,应用在苹果 iPhone 2G
W1	BALL_W1	锁相环开关	智能手机上
W2	VDDP_EBU_2	电源(存储器接口)	
W3	EBU_AD2	外部存储器数据总线 2	
W4	EBU_AD6	外部存储器数据总线 6	
W5	EBU_AD7	外部存储器数据总线 7	
W6	EBU_AD11	外部存储器数据总线 11	
W7	VDDP_EBU_3	电源(存储器接口)	
W8	PIPESTAT2	ETM 流水线状态 2	
W9	TRACEPKT1	ETM 跟踪检测端 1	
W10	VDDP_ETM	电源(输入/输出接口)	
W11	VDDP_USB	电源(USB 外围接口)	
W12	VDD_PLL	电源(内部锁相环)	
W13	VDD_RTC	电源(实时时钟)	
W14	NC	空引脚	
W15	M_7	辅助 A-D 变换器输入 7	
W16	M_2	辅助 A-D 变换器输入 2	
W17	M_1	辅助 A-D 变换器输入 1	
W18	M_10	辅助 A-D 变换器输入 10	
W19	NC	空引脚	

90. PN544

引脚号	引脚符号	引脚功能	备　　注
A1	GPIO7	通用 IO 端 7/数字测试总线信号	
A2	IFSEL0	主接口选择输入 0	
A3	IRQ	中断输出	
A4	PVDD	电源	
A5	DVDD	电源	
A6	TMS	JTAG 引脚	
A7	RFU1	保留 1（供将来使用）	
A8	PMUVCC	电源	
B1	GPIO4	通用 IO 端 4/下载模式控制	
B2	GPIO5	通用 IO 端 5/数字测试总线信号	
B3	GPIO6	通用 IO 端 6/数字测试总线信号	
B4	IF1	主接口 1（功能取决于选定的接口）	
B5	PVSS	地	
B6	nOCI	选择之间 OCI 和边界扫描功能	
B7	VEN	启用/禁用 LDO 稳压器/复位	
B8	SIMVCC	电源	
C1	VDHF	监视器整流输出电压	
C2	GPIO3	通用 IO 端 3/向主机的电源请求	
C3	GPIO2	通用 IO 端 2/向主机的时钟请求	
C4	IF2	主接口 2（功能取决于选定的接口）	
C5	TCK	JTAG 引脚	PN544 为 NXP 推出的近
C6	NRESET	复位输入（低电平有效）	距离无线通信（NFC）控制
C7	SWIO	SWP 数据连接	器,采用 TFBGA64 封装,应
C8	SVDD	电源	用在三星 Galaxy S Ⅲ 智能手
D1	VCO_VDD	电源	机上
D2	DVSS	地	
D3	GPIO1	通用 IO 端 1/主时钟应答	
D4	IF3	主接口 3（功能取决于选定的接口）	
D5	TDI	JTAG 引脚	
D6	EXT_SW_CTRL	控制输出信号（为外部 UICC 电源开关）	
D7	SIGOUT	NFC-Wi 数据输出	
D8	VBAT	电池电压	
E1	XTAL1	振荡器输入 1	
E2	AVSS1	地	
E3	GPIO0	通用 IO 端 0	
E4	IF0	主接口 0（功能取决于选定的接口）	
E5	TDO	JTAG 引脚	
E6	RFU2	保留 2（供将来使用）	
E7	SIGIN	NFC-WI 数据输入	
E8	VEN_MON	启用（电池电压监视）	
F1	XTAL2	振荡器输出 2	
F2	AVDD_OUT6	电源	
F3	AUX3	辅助输出 3（该引脚提供了模拟和数字测试信号）	
F4	IFSEL1	主接口选择输入 1	

（续）

引脚号	引脚符号	引脚功能	备　注
F5	IFSEL2	主接口选择输入 2	PN544 为 NXP 推出的近距离无线通信（NFC）控制器，采用 TFBGA64 封装，应用在三星 Galaxy S Ⅲ 智能手机上
F6	VSS	地	
F7	TVDD_OUT	电源	
F8	VBAT2	保留 2（供将来使用的电源引脚）	
G1	AVDD_IN	电源	
G2	AUX1	辅助输出 1（该引脚提供了模拟和数字测试信号）	
G3	AUX4	辅助输出 4（该引脚提供了模拟和数字测试信号）	
G4	VMID	电压接收器参考	
G5	PF1	场接触技术 1	
G6	PF2	场接触技术 2	
G7	PMU_GND	地	
G8	TVDD	电源	
H1	RFU3	保留 3（供将来使用）	
H2	AUX2	辅助输出 2（该引脚提供了模拟和数字测试信号）	
H3	AVSS2	地	
H4	RX	接收器输入	
H5	TVSS1	地	
H6	TX1	天线驱动 1	
H7	TX2	天线驱动 2	
H8	TVSS2	地	

91. PXA270

引脚号		引脚符号	引脚功能	备　注
PBGA 封装	VF-BGA 封装			
A1	D5	VSS_MEM	地（存储控制器）	PXA270 微处理器芯片是一款集成了 32 位 Intel XScale 处理器核、多通信信道、LCD 控制器、增强型存储控制器和 PCMCIA/CF 控制器以及通用 I/O 接口的高度集成应用微处理器
A2	F4	VSS_MEM	地（存储控制器）	
A3	D6	MA[25]	存储器地址总线 25	
A4	A3	GPIO[15]	通用 I/O 接口 15	
A5	C8	GPIO[79]	通用 I/O 接口 79	
A6	C10	GPIO[13]	通用 I/O 接口 13	
A7	B10	GPIO[12]	通用 I/O 接口 12	采用 13mm × 13mm VF-BGA 球封装与 23mm × 23mm 360 球 PBGA 封装。PXA270 更适合传统 PDA、手持 PC、平板电脑、智能手机市场。它最初出现在 PDA（比如惠普 HP4700）和智能手机（如 MOTO E680）上
A8	C11	GPIO[11]	通用 I/O 接口 11	
A9	B11	GPIO[46]	通用 I/O 接口 46	
A10	A13	GPIO[113]	通用 I/O 接口 113	
A11	B13	GPIO[29]	通用 I/O 接口 29	
A12	D13	GPIO[22]	通用 I/O 接口 22	
A13	B14	GPIO[38]	通用 I/O 接口 38	
A14	B15	GPIO[26]	通用 I/O 接口 26	
A15	D16	GPIO[25]	通用 I/O 接口 25	
A16	B16	GPIO[23]	通用 I/O 接口 23	
A17	C17	GPIO[111]	通用 I/O 接口 111	

（续）

引脚号		引脚符号	引脚功能	备　注
PBGA 封装	VF-BGA 封装			
A18	A19	GPIO[92]	通用 I/O 接口 92	
A19	C18	GPIO[41]	通用 I/O 接口 41	
A20	B20	GPIO[44]	通用 I/O 接口 44	
A21	B24	VCC_USB	电源	
A22	A24	VCC_USB	电源	
AA1	D9	VSS_MEM	地	
AA2	B8	VCC_MEM	电源	
AA3	AB5	NWE	存储器写使能	
AA4	AC5	NOE	存储器输出使能	
AA5	AB7	NSDCS[0]	SDRAM 片选 0	
AA6	N4	VSS_MEM	地	
AA7	AB10	DQM[1]	SDRAM DQM 数据字节掩码 1	
AA8	AD9	GPIO[82]	通用 I/O 接口 82	
AA9	R2	VSS_MEM	地	
AA10	AC12	GPIO[85]	通用 I/O 接口 85	PXA270 微处理器芯片是一款集成了 32 位 Intel XScale 处理器核、多通信信道、LCD 控制器、增强型存储控制器和 PCMCIA/CF 控制器以及通用 I/O 接口的高度集成应用微处理器
AA11	AD12	VCC_BB	电源	
AA12	AB14	GPIO[53]	通用 I/O 接口 53	
AA13	AD14	GPIO[108]	通用 I/O 接口 108	
AA14	D18	VSS_IO	地	
AA15	AC18	GPIO[100]	通用 I/O 接口 100	
AA16	AD18	GPIO[98]	通用 I/O 接口 98	
AA17	AD19	GPIO[94]	通用 I/O 接口 94	采用 13mm × 13mm VF-BGA 球封装与 23mm × 23mm 360 球 PBGA 封装。PXA270 更适合传统 PDA、手持 PC、平板电脑、智能手机市场。它最初出现在 PDA（比如惠普 HP4700）和智能手机（如 MOTO E680）上
AA18	U24	VSS_IO	地	
AA19	AD20	VSS_PLL	地	
AA20	AD21	PXTAL_OUT	处理器晶体振荡器输出	
AA21	AD22	PWR_CAP[1]	电力电容器 1	
AA22	AD24	VSS	地	
AB1	C5	VSS_MEM	地	
AB2	Y4	VSS_MEM	地	
AB3	AC4	SDCLK[0]	SDRAM 或同步静态存储器时钟 0	
AB4	AD3	SDCLK[2]	SDRAM 或同步静态存储器时钟 2	
AB5	AD7	SDCLK[1]	SDRAM 或同步静态存储器时钟 1	
AB6	AC9	DQM[2]	SDRAM DQM 数据字节掩码 2	
AB7	AC10	DQM[3]	SDRAM DQM 数据字节掩码 3	
AB8	AB11	GPIO[56]	通用 I/O 接口 56	
AB9	AC11	GPIO[57]	通用 I/O 接口 57	

（续）

引脚号		引脚符号	引脚功能	备 注
PBGA 封装	VF-BGA 封装			
AB10	AD10	GPIO[83]	通用 I/O 接口 83	
AB11	AA13	VSS_BB	地	
AB12	AD13	GPIO[51]	通用 I/O 接口 51	
AB13	AA14	GPIO[54]	通用 I/O 接口 54	
AB14	AC15	GPIO[107]	通用 I/O 接口 107	
AB15	AC16	GPIO[103]	通用 I/O 接口 103	
AB16	AC17	GPIO[101]	通用 I/O 接口 101	
AB17	AB18	GPIO[99]	通用 I/O 接口 99	
AB18	AA18	GPIO[95]	通用 I/O 接口 95	
AB19	AC20	VCC_PLL	电源	
AB20	AC21	PXTAL_IN	处理器晶体振荡器输入	
AB21	AC23	VSS	地	
AB22	AD23	VSS	地	
B1	H4	VSS_MEM	地	
B2	P1	VCC_MEM	电源	PXA270 微处理器芯片是一款集成了 32 位 Intel XScale 处理器核、多通信信道、LCD 控制器、增强型存储控制器和 PCMCIA/CF 控制器以及通用 I/O 接口的高度集成应用微处理器
B3	J4	VSS_MEM	地	
B4	A9	VCC_RAM	电源	
B5	A6	MA[1]	存储器地址总线 1	
B6	AC3	VSS_MEM	地	
B7	A8	VCC_RAM	电源	
B8	A5	VCC_RAM	电源	
B9	AB2	VSS_MEM	地	
B10	A12	VCC_IO	电源	
B11	C13	GPIO[30]	通用 I/O 接口 30	
B12	D11	VSS_IO	地	
B13	C14	GPIO[36]	通用 I/O 接口 36	采用 13mm × 13mm VF-BGA 球封装与 23mm × 23mm 360 球 PBGA 封装。PXA270 更适合传统 PDA、手持 PC、平板电脑、智能手机市场。它最初出现在 PDA（比如惠普 HP4700）和智能手机（如 MOTO E680）上
B14	A17	GPIO[24]	通用 I/O 接口 24	
B15	AA19	VSS_IO	地	
B16	B18	GPIO[112]	通用 I/O 接口 112	
B17	D19	GPIO[39]	通用 I/O 接口 39	
B18	D15	VSS_IO	地	
B19	A21	GPIO[34]	通用 I/O 接口 34	
B20	A22	GPIO[118]	通用 I/O 接口 118	
B21	C22	GPIO[43]	通用 I/O 接口 43	
B22	A23	VCC_USB	电源	
C1	F3	MA[16]	存储器地址总线 16	
C2	D1	MA[17]	存储器地址总线 17	
C3	C3	VCC_MEM	电源	
C4	C4	MA[24]	存储器地址总线 24	
C5	B4	VCC_RAM	电源	
C6	E2	VCC_MEM	电源	
C7	B6	GPIO[33]	通用 I/O 接口 33	
C8	C9	RDNWR	读/写	
C9	L3	VCC_MEM	电源	

（续）

引脚号		引脚符号	引脚功能	备　注
PBGA 封装	VF-BGA 封装			
C10	A11	GPIO[47]	通用 I/O 接口 47	
C11	C12	GPIO[31]	通用 I/O 接口 31	
C12	D14	GPIO[40]	通用 I/O 接口 40	
C13	C15	GPIO[27]	通用 I/O 接口 27	
C14	A18	GPIO[16]	通用 I/O 接口 16	
C15	B17	GPIO[110]	通用 I/O 接口 110	
C16	A20	GPIO[32]	通用 I/O 接口 32	
C17	C19	GPIO[45]	通用 I/O 接口 45	
C18	D20	GPIO[117]	通用 I/O 接口 117	
C19	—	NC	空引脚	
C20	—	NC	空引脚	
C21	D22	GPIO[89]	通用 I/O 接口 89	
C22	C23	GPIO[88]	通用 I/O 接口 88	
D1	F2	MA[14]	存储器地址总线 14	
D2	G4	MA[15]	存储器地址总线 15	
D3	E3	MA[19]	存储器地址总线 19	PXA270 微处理器芯片是一款集成了 32 位 Intel XScale 处理器核、多通信信道、LCD 控制器、增强型存储控制器和 PCMCIA/CF 控制器以及通用 I/O 接口的高度集成应用微处理器
D4	C2	MA[22]	存储器地址总线 22	
D5	C6	MA[0]	存储器地址总线 0	
D6	B3	NCS_0	静态芯片选择 0	
D7	C7	GPIO[80]	通用 I/O 接口 80	
D8	B7	GPIO[78]	通用 I/O 接口 78	
D9	B9	GPIO[18]	通用 I/O 接口 18	
D10	A10	GPIO[49]	通用 I/O 接口 49	
D11	B12	VCC_CORE	电源	采用 13mm × 13mm VF-BGA 球封装与 23mm × 23mm 360 球 PBGA 封装。PXA270 更适合传统 PDA、手持 PC、平板电脑、智能手机市场。它最初出现在 PDA（比如惠普 HP4700）和智能手机（如 MOTO E680）上
D12	A14	GPIO[28]	通用 I/O 接口 28	
D13	A15	GPIO[37]	通用 I/O 接口 37	
D14	A16	VCC_IO	电源	
D15	C16	GPIO[17]	通用 I/O 接口 17	
D16	D17	GPIO[109]	通用 I/O 接口 109	
D17	B19	GPIO[35]	通用 I/O 接口 35	
D18	B22	USBC_P	USB 客户端正线	
D19	B23	VCC_USB	电源	
D20	C21	GPIO[42]	通用 I/O 接口 42	
D21	N21	VSS_IO	地	
D22	D23	USBH_N[1]	USB 主机负线 1	
E1	G2	MA[11]	存储器地址总线 11	
E2	G3	MA[12]	存储器地址总线 12	
E3	D2	MA[21]	存储器地址总线 21	
E4	D4	MA[23]	存储器地址总线 23	
E5	B2	VSS_CORE	地	
E6	A7	VCC_CORE	电源	
E7	A2	VSS_CORE	地	
E8	D3	VCC_CORE	电源	
E9	B1	VSS_CORE	地	

（续）

引脚号		引脚符号	引脚功能	备　注
PBGA 封装	VF-BGA 封装			
E14	D10	VSS_CORE	地	
E15	AD16	VCC_CORE	电源	
E16	AA15	VSS_CORE	地	
E17	R24	VCC_CORE	电源	
E18	M21	VSS_CORE	地	
E19	C20	USBC_N	USB 客户端负线	
E20	C24	GPIO［116］	通用 I/O 接口 116	
E21	E21	GPIO［115］	通用 I/O 接口 115	
E22	E22	USBH_P［1］	USB 主机负线 1	
F1	H2	MA［9］	存储器地址总线 9	
F2	L4	VSS_MEM	地	
F3	AD2	VCC_MEM	电源	
F4	E4	MA［20］	存储器地址总线 20	
F5	J23	VCC_CORE	电源	
F18	M23	VCC_CORE	电源	PXA270 微处理器芯片是一款集成了 32 位 Intel XScale 处理器核、多通信信道、LCD 控制器、增强型存储控制器和 PCMCIA/CF 控制器以及通用 I/O 接口的高度集成应用微处理器
F19	D24	GPIO［114］	通用 I/O 接口 114	
F20	E23	UIO	USIM I/O 接口（USIM 数据信号）	
F21	E24	VCC_USIM	电源	
F22	H24	GPIO［61］	通用 I/O 接口 61	
G1	J3	MA［7］	存储器地址总线 7	
G2	G1	MA［8］	存储器地址总线 8	
G3	E1	MA［13］	存储器地址总线 13	采用 13mm × 13mm VF-BGA 球封装与 23mm × 23mm 360 球 PBGA 封装。PXA270 更适合传统 PDA、手持 PC、平板电脑、智能手机市场。它最初出现在 PDA（比如惠普 HP4700）和智能手机（如 MOTO E680）上
G4	C1	MA［18］	存储器地址总线 18	
G5	A1	VSS_CORE	地	
G18	U3	VSS_CORE	地	
G19	F23	GPIO［91］	通用 I/O 接口 91	
G20	G24	GPIO［58］	通用 I/O 接口 58	
G21	G23	GPIO［60］	通用 I/O 接口 60	
G22	H22	GPIO［62］	通用 I/O 接口 62	
H1	K2	MA［4］	存储器地址总线 4	
H2	T4	VSS_MEM	地	
H3	AC2	VCC_MEM	电源	
H4	H3	MA［10］	存储器地址总线 10	
H5	L24	VCC_CORE	电源	
H18	B21	VCC_CORE	电源	
H19	F22	GPIO［90］	通用 I/O 接口 90	
H20	G22	GPIO［59］	通用 I/O 接口 59	
H21	AA16	VSS_IO	地	
H22	J22	GPIO［64］	通用 I/O 接口 64	
J1	J1	MA［3］	存储器地址总线 3	
J2	K4	MA［2］	存储器地址总线 2	
J3	J2	MA［6］	存储器地址总线 6	
J4	K3	MA［5］	存储器地址总线 5	

（续）

引脚号		引脚符号	引脚功能	备 注
PBGA 封装	VF-BGA 封装			
J5	J21	VSS_CORE	地	
J9	—	VSS_CORE	地	
J10	—	VSS_CORE	地	
J11	—	VSS_CORE	地	
J12	—	VSS_CORE	地	
J13	—	VSS_CORE	地	
J14	—	VSS_CORE	地	
J18	AA7	VSS_CORE	地	
J19	K22	GPIO[66]	通用 I/O 接口 66	
J20	H23	GPIO[63]	通用 I/O 接口 63	
J21	J24	VCC_LCD	电源	
J22	L23	GPIO[69]	通用 I/O 接口 69	
K1	K1	MD[15]	存储器数据总线 15	
K2	M2	MD[30]	存储器数据总线 30	
K3	AC1	VCC_MEM	电源	
K4	L2	MD[31]	存储器数据总线 31	PXA270 微处理器芯片是
K9	—	VSS_CORE	地	一款集成了 32 位 Intel XS-
K10	—	VSS_CORE	地	cale 处理器核、多通信信道、
K11	—	VSS_CORE	地	LCD 控制器、增强型存储控
K12	—	VSS_CORE	地	制器和 PCMCIA/CF 控制器
K13	—	VSS_CORE	地	以及通用 I/O 接口的高度集
K14	—	VSS_CORE	地	成应用微处理器
K19	K23	GPIO[67]	通用 I/O 接口 67	采用 13mm × 13mm VF-
K20	K24	GPIO[65]	通用 I/O 接口 65	BGA 球封装与 23mm ×23mm
K21	L21	GPIO[68]	通用 I/O 接口 68	360 球 PBGA 封装。PXA270
K22	M24	GPIO[70]	通用 I/O 接口 70	更适合传统 PDA、手持 PC、
L1	L1	MD[14]	存储器数据总线 14	平板电脑、智能手机市场。
L2	V4	VSS_MEM	地	它最初出现在 PDA（比如惠
L3	M3	MD[29]	存储器数据总线 29	普 HP4700）和智能手机（如
L4	F24	VCC_CORE	电源	MOTO E680）上
L9	—	VSS_CORE	地	
L10	—	VSS_CORE	地	
L11	—	VSS_CORE	地	
L12	—	VSS_CORE	地	
L13	—	VSS_CORE	地	
L14	—	VSS_CORE	地	
L19	W3	VCC_CORE	电源	
L20	L22	GPIO[71]	通用 I/O 接口 71	
L21	N24	GPIO[72]	通用 I/O 接口 72	
L22	M22	GPIO[73]	通用 I/O 接口 73	
M1	M4	MD[13]	存储器数据总线 13	
M2	P2	MD[11]	存储器数据总线 11	
M3	AD1	VCC_MEM	电源	
M4	N3	MD[12]	存储器数据总线 12	

（续）

引脚号		引脚符号	引脚功能	备　注
PBGA 封装	VF-BGA 封装			
M9	—	VSS_CORE	地	
M10	—	VSS_CORE	地	
M11	—	VSS_CORE	地	
M12	—	VSS_CORE	地	
M13	—	VSS_CORE	地	
M14	—	VSS_CORE	地	
M19	P24	VCC_LCD	电源	
M20	N22	GPIO[86]	通用 I/O 接口 86	
M21	H21	VSS_IO	地	
M22	N23	GPIO[87]	通用 I/O 接口 87	
N1	N2	MD[28]	存储器数据总线 28	
N2	P3	MD[26]	存储器数据总线 26	
N3	R1	MD[24]	存储器数据总线 24	
N4	R3	MD[25]	存储器数据总线 25	
N9	—	VSS_CORE	地	PXA270 微处理器芯片是
N10	—	VSS_CORE	地	一款集成了 32 位 Intel XS-
N11	—	VSS_CORE	地	cale 处理器核、多通信信道、
N12	—	VSS_CORE	地	LCD 控制器、增强型存储控
N13	—	VSS_CORE	地	制器和 PCMCIA/CF 控制器
N14	—	VSS_CORE	地	以及通用 I/O 接口的高度集
N19	F21	VSS_IO	地	成应用微处理器
N20	P23	GPIO[75]	通用 I/O 接口 75	采用 13mm × 13mm VF-
N21	P22	GPIO[76]	通用 I/O 接口 76	BGA 球封装与 23mm ×23mm
N22	R23	GPIO[74]	通用 I/O 接口 74	360 球 PBGA 封装。PXA270
P1	N1	MD[27]	存储器数据总线 27	更适合传统 PDA、手持 PC、
P2	AA5	VSS_MEM	地	平板电脑、智能手机市场。
P3	M1	VCC_MEM	电源	它最初出现在 PDA（比如惠
P4	T3	MD[8]	存储器数据总线 8	普 HP4700）和智能手机（如
P5	P21	VSS_CORE	地	MOTO E680）上
P9	—	VSS_CORE	地	
P10	—	VSS_CORE	地	
P11	—	VSS_CORE	地	
P12	—	VSS_CORE	地	
P13	—	VSS_CORE	地	
P14	—	VSS_CORE	地	
P18	D8	VSS_CORE	地	
P19	R22	GPIO[19]	通用 I/O 接口 19	
P20	T24	GPIO[14]	通用 I/O 接口 14	
P21	R21	GPIO[77]	通用 I/O 接口 77	
P22	T23	TESTCLK	测试时钟	
R1	P4	MD[10]	存储器数据总线 10	
R2	T1	MD[23]	存储器数据总线 23	
R3	V1	MD[21]	存储器数据总线 21	
R4	U1	MD[7]	存储器数据总线 7	

（续）

引脚号		引脚符号	引脚功能	备　注
PBGA 封装	VF-BGA 封装			
R5	AD4	VCC_CORE	电源	
R18	N/A	VCC_CORE	电源	
R19	T22	TCK	JTAG 测试时钟	
R20	T21	TMS	JTAG 测试模式选择	
R21	V24	TDO	JTAG 测试数据输出	
R22	U23	TDI	JTAG 测试数据输入	
T1	R4	MD[9]	存储器数据总线 9	
T2	AA8	VSS_MEM	地	
T3	H1	VCC_MEM	电源	
T4	U4	MD[5]	存储器数据总线 5	
T5	K21	VSS_CORE	地	
T18	W4	VSS_CORE	地	
T19	W23	GPIO[4]	通用 I/O 接口 4	
T20	U21	NTRST	JTAG 测试复位	
T21	W24	CLK_REQ	时钟请求	
T22	U22	GPIO[9]	通用 I/O 接口 9	PXA270 微处理器芯片是一款集成了 32 位 Intel XS-cale 处理器核、多通信信道、LCD 控制器、增强型存储控制器和 PCMCIA/CF 控制器以及通用 I/O 接口的高度集成应用微处理器
U1	V2	MD[22]	存储器数据总线 22	
U2	V3	MD[6]	存储器数据总线 6	
U3	Y2	MD[4]	存储器数据总线 4	
U4	AA3	MD[2]	存储器数据总线 2	
U5	T2	VCC_CORE	电源	
U18	N/A	VCC_CORE	电源	
U19	AB24	NBATT_FAULT	主电池故障	采用 13mm × 13mm VF-BGA 球封装与 23mm × 23mm 360 球 PBGA 封装。PXA270 更适合传统 PDA、手持 PC、平板电脑、智能手机市场。它最初出现在 PDA（比如惠普 HP4700）和智能手机（如 MOTO E680）上
U20	V22	GPIO[0]	通用 I/O 接口 0	
U21	Y24	GPIO[1]	通用 I/O 接口 1	
U22	V23	GPIO[10]	通用 I/O 接口 10	
V1	W1	MD[20]	存储器数据总线 20	
V2	AA9	VSS_MEM	地	
V3	F1	VCC_MEM	电源	
V4	AA4	MD[16]	存储器数据总线 16	
V5	G21	VSS_CORE	地	
V6	AD11	VCC_CORE	电源	
V7	D21	VSS_CORE	地	
V8	N/A	VCC_CORE	电源	
V9	D12	VSS_CORE	地	
V14	AA12	VSS_CORE	地	
V15	N/A	VCC_CORE	电源	
V16	B5	VSS_CORE	地	
V17	N/A	VCC_CORE	电源	
V18	D7	VSS_CORE	地	
V19	AB23	BOOT_SEL	引导选择	
V20	W22	NVDD_FAULT	VDD 故障	
V21	AA24	SYS_EN	电源启动（为系统外设电源）	
V22	W21	GPIO[3]	通用 I/O 接口 3	

（续）

引脚号		引脚符号	引脚功能	备　注
PBGA 封装	VF-BGA 封装			
W1	Y1	MD[19]	存储器数据总线 19	
W2	AA1	MD[18]	存储器数据总线 18	
W3	AB1	MD[1]	存储器数据总线 1	
W4	AB4	MD[0]	存储器数据总线 0	
W5	AB6	GPIO[20]	通用 I/O 接口 20	
W6	AC7	NSDRAS	SDRAM 行地址选通	
W7	AD6	SDCKE	SDRAM 时钟使能	
W8	AB9	DQM[0]	SDRAM DQM 数据字节掩码 0	
W9	AA10	GPIO[55]	通用 I/O 接口 55	
W10	AB12	GPIO[81]	通用 I/O 接口 81	
W11	N/A	VCC_CORE	电源	
W12	AB13	GPIO[50]	通用 I/O 接口 50	
W13	AB15	GPIO[106]	通用 I/O 接口 106	
W14	AD15	GPIO[104]	通用 I/O 接口 104	
W15	AD17	VCC_IO	电源	
W16	AC19	GPIO[96]	通用 I/O 接口 96	PXA270 微处理器芯片是一款集成了 32 位 Intel XScale 处理器核、多通信信道、LCD 控制器、增强型存储控制器和 PCMCIA/CF 控制器以及通用 I/O 接口的高度集成应用微处理器
W17	AA20	PWR_CAP[3]	电力电容器 3	
W18	AA21	VSS	地	
W19	AB22	PWR_OUT	电源输出	
W20	Y22	NRESET	复位输入	
W21	Y21	NRESET_OUT	复位输出	
W22	Y23	PWR_EN	电源启动（为核心电源）	
Y1	Y3	MD[3]	存储器数据总线 3	
Y2	AB3	MD[17]	存储器数据总线 17	采用 13mm × 13mm VF-BGA 球封装与 23mm × 23mm 360 球 PBGA 封装。PXA270 更适合传统 PDA、手持 PC、平板电脑、智能手机市场。它最初出现在 PDA（比如惠普 HP4700）和智能手机（如 MOTO E680）上
Y3	AD8	VCC_MEM	电源	
Y4	AA6	NSDCAS	SDRAM 列地址选通	
Y5	U2	VCC_MEM	电源	
Y6	AD5	GPIO[21]	通用 I/O 接口 21	
Y7	AA2	VCC_MEM	电源	
Y8	AB8	NSDCS[1]	SDRAM 片选 1	
Y9	AC8	VCC_MEM	电源	
Y10	AA11	GPIO[84]	通用 I/O 接口 84	
Y11	AC13	GPIO[48]	通用 I/O 接口 48	
Y12	AC14	GPIO[52]	通用 I/O 接口 52	
Y13	AB16	GPIO[105]	通用 I/O 接口 105	
Y14	AB17	GPIO[102]	通用 I/O 接口 102	
Y15	AA17	GPIO[97]	通用 I/O 接口 97	
Y16	AB19	GPIO[93]	通用 I/O 接口 93	
Y17	AB20	VCC_BATT	电源	
Y18	AC22	PWR_CAP[2]	电力电容器 2	
Y19	AB21	PWR_CAP[0]	电力电容器 0	
Y20	AC24	VSS	地	
Y21	AA22	TXTAL_IN	时钟晶体输入	
Y22	AA23	TXTAL_OUT	时钟晶体输出	
—	A4	VCC_MEM	电源	
—	AC6	VCC_MEM	电源	
—	V21	VSS	地	

92. R3200K001A-TR

引脚号	引脚符号	引 脚 功 能	备 注
1	RST2	CMOS 输出	
2	GND	地	
3	_SR1	第二复位输入	R3200K001A-TR 为复位定时器 IC, 采用 DFN(PLP)2020-8B 封装
4	_RST	N 交通道开漏输出	
5	DSR	输出延迟时间选择	典型应用电路如图 2-78 所示(以应用在三星 S5830i 智能手机电路为例)
6	TEST	测试	
7	_SR0	第 1 复位输入	
8	VDD	电源	

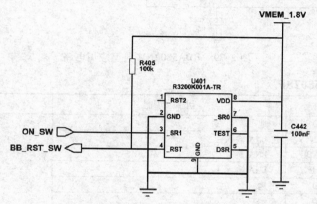

图 2-78　R3200K001A-TR 典型应用电路

93. RDA5802NM

引脚号	引脚符号	引 脚 功 能	备 注
1	LNAN	LNA 输入端 –	
2	LNAP	LNA 输入端 +	
3	SCLK	串行控制总线时钟输入	
4	SDIO	串行控制总线数据输入与输出	
5	RCLK	外部参考时钟输入	
6	VIO	输入与输出电源	该集成电路是全集成的单芯片立体声调谐收音机芯片, 典型应用电路如图 2-79 所示(以应用在 HTC_G23 智能手机电路为例)
7	VDD	电源	
8	ROUT	右声道音频输出	
9	LOUT	左声道音频输出	
10	GND	地	
11	GPIO2	通用输入与输出端 2	
12	GND	地	

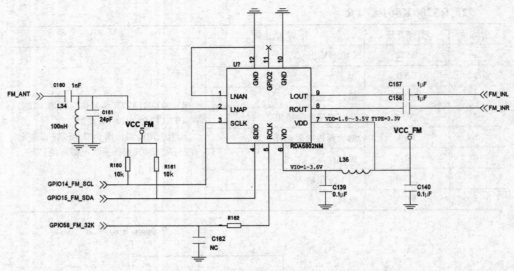

图 2-79　RDA5802NM 典型应用电路

94. RDA5807SP

引脚号	引脚符号	引 脚 功 能	备　注
1	GND	地	
2	LNAN	LNA 输入 −	
3	RFGND	LNA 地	
4	LNAP	LNA 输入 +	
5	GND	地	
6	GND	地	
7	MODE	控制接口选择（MODE 引脚为低，I^2C 接口选择；MODE 引脚设置为 VIO，SPI 选择）	
8	$\overline{SEN}$	串行控制总线锁存使能输入（低电平有效）	
9	SCLK	串行控制总线时钟输入	
10	SDIO	串行控制总线数据输入与输出	
11	RCLK	外部参考时钟输入	
12	VIO	输入与输出端电源	
13	DVDD	电源	采用 24 引脚 QFN 封装，工作电压为 2.7 ~ 5.5V
14	GND	地	
15	ROUT	右声道音频输出	典型应用电路如图 2-80 所示（音频负载电阻大于
16	LOUT	左声道音频输出	32Ω TCXO 应用图）
17	GND	地	
18	AVDD	电源	
19	GPIO3	通用输入与输出端 3	
20	GPIO2	通用输入与输出端 2	
21	GPIO1	通用输入与输出端 1	
22	NC	空引脚	
23	NC	空引脚	
24	GND	地	

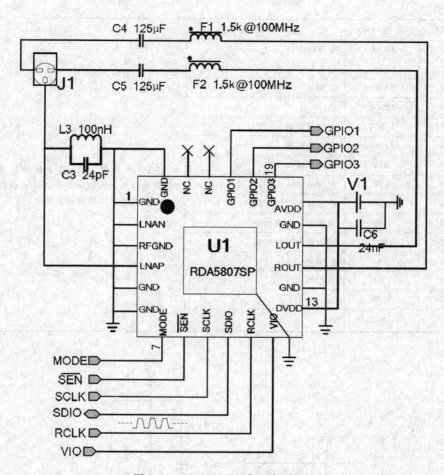

图 2-80　RDA5807SP 典型应用电路

95. RDA5820

引脚号	引脚符号	引脚功能	备　注
1	GND1	地	
2	FMOUT	FM 输出	
3	RFGND	地	
4	FMIN	FM 输入	
5	GND2	地	RDA5820 为单芯片 FM 立体声收发模块,典型应用电路如图 2-81 所示(以应用在华为 K3 智能手机电路为例)
6	GND3	地	
7	MODE	模式控制	
8	$\overline{\text{SEN}}$	串行端口使能	
9	SCLK	串行时钟	
10	SDIO	串行数据输入与输出	

（续）

引脚号	引脚符号	引脚功能	备 注
11	RCLK	实时时钟	
12	VIO	输入与输出电源	
13	DVDD	电源	
14	GND4	地	
15	ROUT	右声道输出	
16	LOUT	左声道输出	
17	RIN	右声道输入	RDA5820 为单芯片 FM 立体声收发模
18	LIN	左声道输入	块，典型应用电路如图 2-81 所示（以应用
19	GPIO3	通用输入与输出端 3	在华为 K3 智能手机电路为例）
20	GPIO2	通用输入与输出端 2	
21	GPIO1	通用输入与输出端 1	
22	NC	空引脚	
23	NC	空引脚	
24	GND6	地	
25	GND7	地	

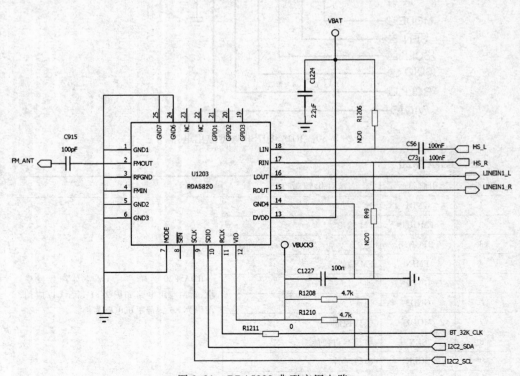

图 2-81　RDA5820 典型应用电路

96. RF3159

引脚号	引脚符号	引脚功能	备注
1	HB RF IN	RF 输入（为高频段 PA）	
2	BAND SELECT	数字输入启用选择（为模块内的低频段或高频段放大器）	
3	TX ENABLE	数字输入启用或禁用（为内部电路）	
4	VBATT	主 DC 电源（为 RF3159 的所有电路）	
5	VMODE	模式选择	
6	VRAMP	放大器电压控制	
7	LB RF IN	RF 输入（为低频段 PA）	
8	VBIAS	偏置选择逻辑	
9	GND	地	
10	GND	地	
11	GND	地	
12	LB RF OUT	RF 输出（为低频段 PA）	该集成电路为射频功率放大器
13	GND	地	
14	GND	地	
15	GND	地	
16	GND	地	
17	GND	地	
18	HB RF OUT	RF 输出（为高频段 PA）	
19	GND	地	
20	GND	地	
21	GND	地	
22	GND	地	

97. RF3242

引脚号	引脚符号	引脚功能	备注
1	GND	地	
2	GND	地	
3	RFIN_LB	RF 信号输入	
4	GND	地	RF3242 为功率放大器 IC，典型应用电路如图 2-82 所示（以应用在三星 S5830i 智能手机电路为例）
5	RFIN_HB	RF 信号输入	
6	GND	地	
7	GND	地	
8	GND	地	

（续）

引脚号	引脚符号	引脚功能	备 注
9	GND	地	
10	RX1	RX1 端口的天线开关	
11	RX2	RX2 端口的天线开关	
12	TRX1	发射/接收端 1	
13	TRX2	发射/接收端 2	
14	ANT	天线端	
15	GND	地	
16	GND	地	RF3242 为功率放大器 IC，典型应
17	GPCTRL2	控制端 2	用电路如图 2-82 所示（以应用在三
18	VBATT	模拟电源	星 S5830i 智能手机电路为例）
19	GPCTRL1	控制端 1	
20	GPCTRL0	控制端 0	
21	TX_EN	PA 模块使能	
22	VRAMP	DAC 斜波信号	
23	GND	地	
24	GND	地	

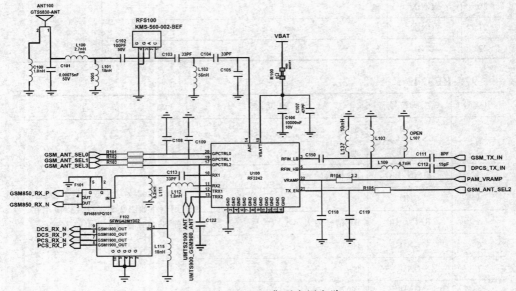

图 2-82　RF3242 典型应用电路

98. RF5924

引脚号	引脚符号	引脚功能	备注
1	GND	地	
2	TXIN	RF 输入(为 802.11b/g TX 节)	
3	GND	地	
4	RXIN−	接收端口−(为 802.11b/g 波段)	RF5924 是 RFMD(RF Micro Devices)公司推出面向无线手机中嵌入式无线局域网(WLAN)应用的前端模块(FEM),它是一款无需外部元器件的完整前端模块。该器件采用 WLAN 功率放大器(PA)、开关及接收平衡—不平衡转换器,并且在 RF 收发器与系统 BPF/天线间提供了所有必需功能
5	RXIN+	接收端口+(为 802.11b/g 波段)	
6	TRSW-P	开关控制端	
7	TRSW-M	开关控制端	
8	BTH	RF 双向端口(为蓝牙)	
9	ANSW-M	开关控制端	
10	ANSW-P	开关控制端	
11	OUT	FEM 连接去滤波器和天线	
12	P_DETECT	功率检测电压(为 TX 部分)	典型应用电路如图 2-83 所示(以应用在诺基亚 N95 智能手机电路为例)
13	VCC	电源	
14	NC	空引脚	
15	PA_EN	数字使能(为 802.11b/g PA)	
16	GND	地	

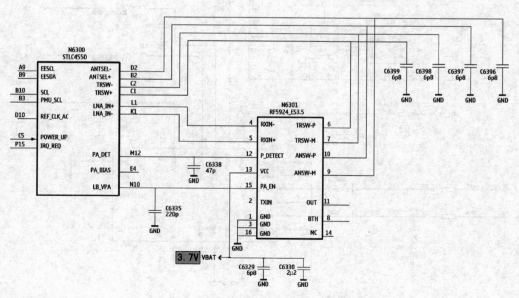

图 2-83　RF5924 典型应用电路

99. RF7176

引脚号	引脚符号	引脚功能	备　注
1	GND	地	
2	GND	地	
3	RFIN_HB	RF 信号输入（到 DCS1800/PCS1900 基带）	
4	GND	地	
5	RFIN_LB	RF 信号输入（到 GSM850/EGSM900 基带）	
6	GND	地	
7	GND	地	
8	GND	地	
9	GND	地	该集成电路为四波段 TX/RX 双频 GSM/GPRS 发送模块，内部结构框图及典型应用电路如图 2-84 所示（以应用在 HTC_G23 智能手机电路为例）
10	NC	空引脚	
11	RX0	RX0 端口的天线开关	
12	RX1	RX1 端口的天线开关	
13	NC	空引脚	
14	ANTENNA	天线端口	
15	GND	地	
16	GND	地	
17	NC	空引脚	
18	VBATT	模块电源	
19	GPCTRL1	控制端 1	
20	GPCTRL0	控制端 0	
21	TX ENABLE	PA 模块使能信号（操作与一个逻辑高电平）	
22	VRAMP	DAC 斜波信号	

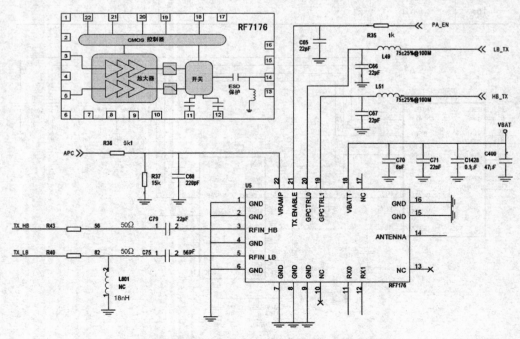

图 2-84　RF7176 内部结构框图及典型应用电路

100. RP102K281D-TR

引脚号	引脚符号	引脚功能	备 注
1	VOUT_1	输出端 1	
2	VOUT_2	输出端 2	
3	GND	地	RP102K281D-TR 为低噪声 300mA 的 LDO 稳
4	CE	芯片使能	压器,采用 PLP1820-6 封装
5	VDD_1	电源输入 1	典型应用电路如图 2-85 所示(以应用在索爱
6	VDD_2	电源输入 2	X10 智能手机电路为例)
7	SLUG	芯块外壳接地	

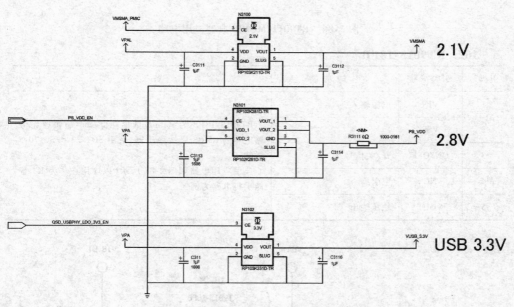

图 2-85 RP102K281D-TR 典型应用电路

101. RT9011-MGPJ6

引脚号	引脚符号	引脚功能	备 注
1	VOUT2	通道 2 输出电压	
2	GND	地	
3	EN2	芯片使能 2	该集成电路为便携式电源管理 300mA
4	EN1	芯片使能 1	的双路 LDO 稳压器,采用 TSOT23-6 封装
5	VIN	电源输入	典型应用电路如图 2-86 所示(以应用
6	VOUT1	通道 1 输出电压	在 HTC_G23 智能手机电路为例)

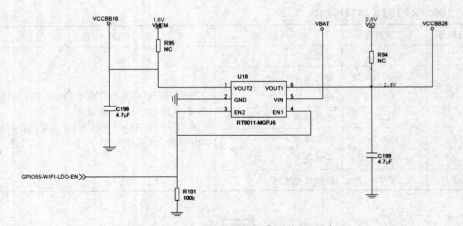

图 2-86　RT9011-MGPJ6 典型应用电路

102. RT9013-18PB

引脚号	引脚符号	引脚功能	备　注
1	VIN	电源输入	RT9013-18PB 为 500mA 低损耗低噪声超快速无旁路电容的 CMOS 线性稳压器,采用 SOT-23-5/SC-70-5 封装 典型应用电路如图 2-87 所示(以应用在华为 K3 智能手机电路为例)
2	VSS	地	
3	ON/OFF	开/关信号	
4	NC	空引脚	
5	VOUT	稳压输出	

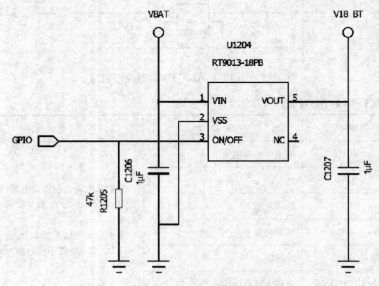

图 2-87　RT9013-18PB 典型应用电路

103. RTR6285

引脚号	引脚符号	引脚功能	备注
1	VDDA2_1	模拟电源	
2	TCXO	TCXO 信号输入,19.2MHz	
3	VDDA1_1	模拟电源	
4	VDDA1_2	模拟电源	
5	VTUNE1	PLL1 环路滤波器 1	
6	VDDA1_3	模拟电源	
7	VDDA2_2	模拟电源	
8	VDDA2_3	模拟电源	
9	VTUNE_GPS	GPS 片环路滤波器	
10	VDDA1_4	模拟电源	
11	PRX_QP	主通路 RX Q 正输出	
12	PRX_QN	主通路 RX Q 负输出	
13	PRX_IN	主通路 RX I 负输出	
14	PRX_IP	主通路 RX I 正输出	
15	DRX_QP	GPS 路径 RX Q 正输出	
16	DRX_QN	GPS 路径 RX Q 负输出	
17	DRX_IP	GPS 路径 RX I 正输出	
18	DRX_IN	GPS 路径 RX I 负输出	RTR6285 是由美国高通公司推出的带接收分集和 GPS 功能的单芯片 UMTS 射频(RF)互补型金属氧化物半导体(CMOS)收发信机
19	NC	空引脚	
20	SBDT	SSBI 数据数字 CMOS 输入	
21	VDDA2_4	模拟电源	
22	VDDA1_5	模拟电源	
23	VDDM	MSM 数字输入与输出电源电压	
24	VTUNE2	PLL2 环路滤波 2	图 2-88 所示为应用在 HTC G5 智能手机上实物, 典型应用电路如图 2-89 所示(以应用在 LG E510 智能手机电路为例)
25	VDDA2_5	模拟电源	
26	RF_ON	RF 使能信号	
27	VDDA2_6	模拟电源	
28	WB_MX_INP	WCDMA 混频器正输入	
29	WB_MX_INM	WCDMA 混频器负输入	
30	WPRXLBP	WCDMA 主 RX 低频段 LNA 输入[为微分双工器(天线共用器,天线转换开关)路径正输入]	
31	WPRXLBN	WCDMA 主 RX 低频段 LNA 输入[为微分双工器(天线共用器,天线转换开关)路径负输入]	
32	WPRXHBP	WCDMA 主 RX 高频段 LNA 输入[为微分双工器(天线共用器,天线转换开关)路径正输入]	
33	WPRXHBN	WCDMA 主 RX 高频段 LNA 输入[为微分双工器(天线共用器,天线转换开关)路径负输入]	
34	WPRXSE2_OUT	WCDMA 主 RX 单端 LNA 输出 2	
35	WPRXSE1_OUT	WCDMA 主 RX 单端 LNA 输出 1	
36	WPRXSE2	WCDMA 主 RX 单端 LNA 输入 2	
37	VDDA2_7	模拟电源	
38	WPRXSE1	WCDMA 主 RX 单端 LNA 输入 1	
39	WDRXHB2	WCDMA 主 RX 高频段单端 LNA 输入 2	
40	WDRXHB1	WCDMA 主 RX 高频段单端 LNA 输入 1	
41	WDRXLB	WCDMA 低频段单端 LNA 输入	

引脚号	引脚符号	引脚功能	备注
42	GPS_IN	GPS RX LNA 输入	
43	VDDA2_8	电源	
44	GPCS_INP	GSM PCS RX LNA 正输入	
45	GPCS_INN	GSM PCS RX LNA 负输入	
46	DCS_INP	GSM RX 高频段 LNA 正输入	
47	DCS_INN	GSM RX 高频段 LNA 负输入	
48	EGSM_INP	GSM RX 低频段 LNA 正输入	
49	EGSM_INN	GSM RX 低频段 LNA 负输入	
50	GCELL_INP	GSM RX 低频段 LNA 正输入	RTR6285 是由美国高通
51	GCELL_INN	GSM RX 低频段 LNA 负输入	公司推出的带接收分集和
52	PDET_IN	功率检测输入	GPS 功能的单芯片 UMTS
53	VDDA1_6	模拟电源	射频（RF）互补型金属氧
54	VDDA2_9	模拟电源	化物半导体（CMOS）收发
55	LB_RF_OUT1	1^{ST}低频段驱动放大 RF 输出（为 GSM）	信机
56	HB_RF_OUT1	1^{ST}高频段驱动放大 RF 输出（为 GSM）	图 2-88 所示为应用在
57	LB_RF_OUT2	2^{nd}低频段驱动放大 RF 输出（为 WCDMA）	HTC G5 智能手机上实物，
58	HB_RF_OUT2	2^{nd}高频段驱动放大 RF 输出（为 WCDMA）	典型应用电路如图 2-89
59	HB_RF_OUT3	3^{rd}高频段驱动放大 RF 输出（为 WCDMA）	所示（以应用在 LG E510
60	VDDA2_10	模拟电源	智能手机电路为例）
61	VDDA2_11	模拟电源	
62	VDDA2_12	模拟电源	
63	TX_IN	TX_I 负输入	
64	TX_IP	TX_I 正输入	
65	TX_QN	TX_Q 负输入	
66	TX_QP	TX_Q 正输入	
67	DAC_IREF	MSM TX DAC 参考电流，电流源输出	
68	TX_RBIAS	偏置电流设置电阻	
69	PGND	芯片地	

图 2-88 RTR6285 实物

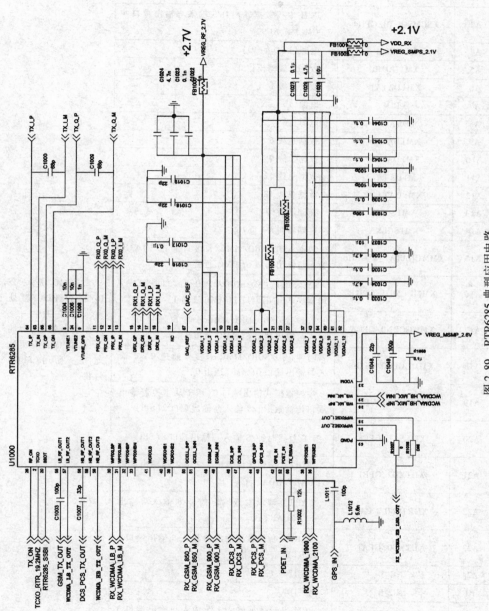

图 2-89 RTR6285 典型应用电路

104. S3C6410

引脚号	引脚符号	引脚功能	备注
A2	NC_C	空引脚	
A3	XPCMSOUT0/GPD4	PCM 串行数据输出 0/5 输入与输出端口 4（PCM、I^2S、AC97）	
A4	VDDPCM	电源（LCD 的 IO）	
A5	XM1DQM0	数据总线掩模位 0	
A6	XM1DATA1	数据总线 1	
A7	VDDI	电源	
A8	VDDARM	电源	
A9	XM1DATA6	数据总线 6	
A10	XM1DATA9	数据总线 9	
A11	XM1DATA12	数据总线 12	
A12	XM1DATA18	数据总线 18	
A13	XM1SCLK	存储器时钟	
A14	XM1SCLKN	存储器时钟（负）	
A15	XMMCDATA1_4/GPH6	数据（SD/SDIO/MMC 卡接口通道 1）4/10 输入与输出端口 6（MMC 通道 1）	S3C6410 是一个 16/32 位 RISC 微处理器,旨在提供一个具有成本效益、功耗低、性能高的应用处理器,采用 FBGA 封装
A16	XMMCCMD1/GPH1	命令/响应（SD/SDIO/MMC 卡接口通道 1）/10 输入与输出端口 1（MMC 通道 1）	
A17	XMMCCDN0/GPG6	卡删除（SD/SDIO/MMC 卡接口通道 0）/7 输入与输出端口 6（MMC 通道 0）	
A18	XMMCCLK0/GPG0	时钟（SD/SDIO/MMC 卡接口通道 0）/7 输入与输出端口 0（MMC 通道 0）	
A19	XSPIMOSI0/GPC2	主控器模式输出端口 0（用于从主控器输出端口传输数据）/8 输入与输出端口 2（SPI）	
A20	XI2CSCL/GPC8	I^2C 总线时钟/8 输入与输出端口 8（SPI）	
A21	XUTXD2/GPB1	UART 2 传输数据输出 2/7 输入与输出端口 1（UART、IrDA、I^2C）	
A22	XURTSN0/GPA3	UART 0 请求发送输出信号/8 输入与输出端口 3（UART）	
A23	XUTXD0/GPA1	UART 0 传输数据输出/8 输入与输出端口 1（UART）	
A24	NC_D	空引脚	
B1	NC_B	空引脚	
B2	XPCMSIN1/GPE3	PCM 串行数据输入 1/5 输入与输出端口 3（PCM、I^2S、AC97）	
B3	XPCMEXTCLK1/GPE1	可选的参考时钟 1/5 输入与输出端口 1（PCM、I^2S、AC97）	

（续）

引脚号	引脚符号	引脚功能	备 注
B4	XPCMSIN0/GPD3	PCM 串行数据输入 0/5 输入与输出端口 3（PCM、I^2S、AC97）	
B5	XPCMEXTCLK0/GPD1	可选的参考时钟 0/5 输入与输出端口 1（PCM、I^2S、AC97）	
B6	XM1DATA0	数据总线 0	
B7	XM1DATA3	数据总线 3	
B8	VDDM1	电源	
B9	VDDM1	电源	
B10	XM1DATA13	数据总线 13	
B11	VDDARM	电源	
B12	XM1DATA16	数据总线 16	
B13	XM1DATA17	数据总线 17	
B14	XM1DQS2	数据选通 12	
B15	XM1DATA22	数据总线 22	
B16	XMMCDATA1_2/GPH4	数据（SD/SDIO/MMC 卡接口通道 1）2/10 输入与输出端口 4（MMC 通道 1）	
B17	VDDMMC	电源	
B18	XMMCDATA0_0/GPG2	数据（SD/SDIO/MMC 卡接口通道 0）0/7 输入与输出端口 2（MMC 通道 0）	S3C6410 是一个16/32 位 RISC 微处理器，旨在提供一个具有成本效益、功耗低、性能高的应用处理器，采用 FBGA封装
B19	XSPIMISO1/GPC4	主控器模式输入端口 1（输入模式用于从从属器输出端口获得数据）/8 输入与输出端口 4（SPI）	
B20	XSPIMISO0/GPC0	主控器模式输入端口 0（输入模式用于从从属器输出端口获得数据）/8 输入与输出端口 0（SPI）	
B21	XUTXD3/GPB3	UART 3 传输数据输出/7 输入与输出端口 3（UART、IrDA、I^2C）	
B22	XUTXD1/GPA5	UART 1 传输数据输出/8 输入与输出端口 5（UART）	
B23	XCIYDATA7/GPF12	在 8 位模式，像素数据为 YCbCr，或在 16 位模式下为 Y，通过相机处理器 A 驱动 7/16 输入与输出端口 12（摄像头 I/F、PWM、时钟输出）	
B24	XCIYDATA5/GPF10	在 8 位模式，像素数据为 YCbCr，或在 16 位模式下为 Y，通过相机处理器 A 驱动 5/16 输入与输出端口 10（摄像头 I/F、PWM、时钟输出）	
B25	NC_F	空引脚	
C1	XM0ADDR0	数据总线 0（输出地址存储器读/写地址）	
C2	VCCARM	电源	
C3	XPCMSOUT1/GPE4	PCM 串行数据输出 1/5 输入与输出端口 4（PCM、I^2S、AC97）	

（续）

引脚号	引脚符号	引脚功能	备注
C4	XPCMFSYNC1/GPE2	PCM 帧同步指示 1/5 输入与输出端口 2（PCM、I²S、AC97）	
C5	XPCMDCLK1/GPE0	PCM 串行移位时钟 1/5 输入与输出端口 0（PCM、I²S、AC97）	
C6	XM1DATA4	数据总线 4	
C7	XM1DATA2	数据总线 2	
C8	XM1DATA5	数据总线 5	
C9	XM1DATA7	数据总线 7	
C10	VDDARM	电源	
C11	XM1DATA14	数据总线 14	
C12	XM1DATA10	数据总线 10	
C13	XM1DATA19	数据总线 19	
C14	VDDM1	电源	
C15	XM1DATA20	数据总线 20	
C16	XMMCDATA1_6/GPH8	数据（SD/SDIO/MMC 卡接口通道 1）6/10 输入与输出端口 8（MMC 通道 1）	
C17	XMMCDATA1_1/GPH3	数据（SD/SDIO/MMC 卡接口通道 1）1/10 输入与输出端口 3（MMC 通道 1）	S3C6410 是一个 16/32 位 RISC 微处理器，旨在提供一个具有成本效益、功耗低、性能高的应用处理器，采用 FBGA 封装
C18	XMMCDATA0_2/GPG4	数据（SD/SDIO/MMC 卡接口通道 0）2/7 输入与输出端口 4（MMC 通道 0）	
C19	XSPIMOSI1/GPC6	主控器模式输出端口 1（该端口用于从主控器输出端口传输数据）/8 输入与输出端口 6（SPI）	
C20	XSPICS0/GPC3	从属器选择信号，当 XspiCS 是低电平时，所有数据发送与接收依次被执行 0/8 输入与输出端口 3（SPI）	
C21	VDDEXT	电源	
C22	XURTSN1/GPA7	UART 1 请求发送输出信号/8 输入与输出端口 7（UART）	
C23	XPWMECLK/GPF13	PWM 定时器外部时钟/16 输入与输出端口 13（摄像头 I/F、PWM、时钟输出）	
C24	XCIYDATA2/GPF7	在 8 位模式，像素数据为 YCbCr，或在 16 位模式下为 Y，通过相机处理器 A 驱动 2/16 输入与输出端口 7（摄像头 I/F、PWM、时钟输出）	
C25	XCIYDATA0/GPF5	在 8 位模式，像素数据为 YCbCr，或在 16 位模式下为 Y，通过相机处理器 A 驱动 0/16 输入与输出端口 5（摄像头 I/F、PWM、时钟输出）	
D1	XM0ADDR2	数据总线 2	
D2	XM0ADDR3	数据总线 3	

（续）

引脚号	引脚符号	引脚功能	备 注
D3	VDDARM	电源	
D6	XPCMFSYNC0/GPD2	PCM 帧同步指示 0/5 输入与输出端口 2（PCM、I^2S、AC97）	
D7	XPCMDCLK0/GPD0	PCM 串行移位时钟 0/5 输入与输出端口 0（PCM、I^2S、AC97）	
D8	VDDARM	电源	
D9	XM1DQS0	数据选通 0	
D10	XM1DATA15	数据总线 15	
D11	XM1DATA11	数据总线 11	
D12	XM1DATA8	数据总线 8	
D13	VDDI	电源	
D14	XM1DQM2	数据总线掩模位 2	
D15	XM1DATA21	数据总线 21	
D16	XM1DATA23	数据总线 23	
D17	XSPICS1/GPC7	从属器选择信号,当 XspiCS 是低电平时,所有数据发送与接收依次被执行 1/8 输入与输出端口 7(SPI)	
D18	VDDI	电源	S3C6410 是一个 16/32 位 RISC 微处理器,旨在提供一个具有成本效益、功耗低、性能高的应用处理器,采用 FBGA 封装
D19	XURXD2/GPB0	UART 2 接收数据输入/7 输入与输出端口 0（UART、IrDA、I^2C）	
D20	XURXD0/GPA0	UART 0 接收数据输入/8 输入与输出端口 0（UART）	
D23	XPWMTOUT1/GPF15	PWM 定时器输出 1/16 输入与输出端口 15（摄像头 I/F、PWM、时钟输出）	
D24	XCIVSYNC/GPF4	垂直同步,通过相机处理器 A 驱动/16 输入与输出端口 4(摄像头 I/F、PWM、时钟输出)	
D25	XCIHREF/GPF1	水平同步,通过相机处理器 A 驱动/16 输入与输出端口 1(摄像头 I/F、PWM、时钟输出)	
E1	XM0ADDR5	数据总线 5	
E2	VDDARM	电源	
E3	XM0ADDR1	数据总线 1	
E23	XCIYDATA1/GPF6	在 8 位模式,像素数据为 YCbCr,或在 16 位模式下为 Y,通过相机处理器 A 驱动 1/16 输入与输出端口 6(摄像头 I/F、PWM、时钟输出)	
E24	XM1DATA28	数据总线 28	
E25	XM1DQS3	数据选通 3	
F1	XM0ADDR8/GPO8	数据总线 8/16 输入与输出 8(存储器端口 0)	
F2	XM0ADDR6/GPO6	数据总线 6/16 输入与输出 6(存储器端口 0)	

（续）

引脚号	引脚符号	引脚功能	备 注
F3	VDDARM	电源	
F4	VDDM0	电源	
F22	XCIPCLK/GPF2	像素时钟,通过相机处理器 A 驱动/16 输入与输出端口 2（摄像头 I/F、PWM、时钟输出）	
F23	XM1DATA24	数据总线 24	
F24	XM1DATA25	数据总线 25	
F25	XM1DATA26	数据总线 26	
G1	XM0ADDR11/GPO11	数据总线 11/16 输入与输出 11（存储器端口 0）	
G2	XM0ADDR10/GPO10	数据总线 10/16 输入与输出 10（存储器端口 0）	
G3	VDDM0	电源	
G4	XM0ADDR7/GPO7	数据总线 7/16 输入与输出 7（存储器端口 0）	
G8	XM1DQM1	数据总线掩模位 1	
G9	XM1DQS1	数据选通 1	
G10	VDDM1	电源	
G11	XMMCDATA1_5/GPH7	数据（SD/SDIO/MMC 卡接口通道 1）5/10 输入与输出端口 7（MMC 通道 1）	S3C6410 是一个 16/32 位 RISC 微处理器,旨在提供一个具有成本效益、功耗低、性能高的应用处理器,采用 FBGA 封装
G12	XMMCDATA0_3/GPG5	数据（SD/SDIO/MMC 卡接口通道 0）3/7 输入与输出端口 5（MMC 通道 0）	
G13	XMMCCMD0/GPG1	命令与响应（SD/SDIO/MMC 卡接口通道 0）/7 输入与输出端口 1（MMC 通道 0）	
G14	XI2CSDA/GPC9	I^2C 总线数据/8 输入与输出端口 9（SPI）	
G15	XIRSDB2/GPB4	IrDA 收发控制信号 2（关机和带宽控制）/7 输入与输出端口 4（UART、IrDA、I^2C）	
G16	XUCTSN0/GPA2	UART 0 清除发送数据信号/8 输入与输出端口 2（UART）	
G17	XCIYDATA6/GPF11	在 8 位模式,像素数据为 YCbCr,或在 16 位模式下为 Y,通过相机处理器 A 驱动 6/16 输入与输出端口 3（摄像头 I/F、PWM、时钟输出）	
G18	XCIYDATA3/GPF3	在 8 位模式,像素数据为 YCbCr,或在 16 位模式下为 Y,通过相机处理器 A 驱动 3/16 输入与输出端口 3（摄像头 I/F、PWM、时钟输出）	
G22	XCICLK/GPF0	主时钟相机处理器 A/16 输入与输出端口 0（摄像头 I/F、PWM、时钟输出）	
G23	XM1DATA29	数据总线 29	
G24	XM1DATA27	数据总线 27	
G25	XM1DATA30	数据总线 30	
H1	VDDI	电源	

（续）

引脚号	引脚符号	引脚功能	备 注
H2	XM0ADDR13/GPO13	数据总线 13/16 输入与输出 13（存储器端口 0）	
H3	XM0ADDR15/GPO15	数据总线 15/16 输入与输出 15（存储器端口 0）	
H4	XM0ADDR12/GPO12	数据总线 12/16 输入与输出 12（存储器端口 0）	
H7	XM0ADDR4	数据总线 4	
H8	VSSIP	地	
H9	XMMCDATA1_7/GPH9	数据（SD/SDIO/MMC 卡接口通道 1）7/10 输入与输出端口 9（MMC 通道 1）	
H10	XMMCDATA1_3/GPH5	数据（SD/SDIO/MMC 卡接口通道 1）3/10 输入与输出端口 5（MMC 通道 1）	
H11	XMMCDATA1_0/GPH2	数据（SD/SDIO/MMC 卡接口通道 1）0/10 输入与输出端口 2（MMC 通道 1）	
H12	XSPICLK1/GPC5	串行时钟，用于控制传输数据的时间 1/8 输入与输出端口 5（SPI）	
H13	XMMCDATA0_1/GPG3	数据（SD/SDIO/MMC 卡接口通道 0）1/7 输入与输出端口 3（MMC 通道 0）	
H14	XSPICLK0/GPC1	串行时钟，用于控制传输数据的时间 0/8 输入与输出端口 1（SPI）	
H15	XUCTSN1/GPA6	UART 1 清除发送数据信号/8 输入与输出端口 6（UART）	S3C6410 是一个 16/32 位 RISC 微处理器，旨在提供一个具有成本效益、功耗低、性能高的应用处理器，采用 FBGA 封装
H16	XPWMTOUT0/GPF14	PWM 定时器输出 0/16 输入与输出端口 14（摄像头 I/F、PWM、时钟输出）	
H17	XCIYDATA4/GPF9	在 8 位模式，像素数据为 YCbCr，或在 16 位模式下为 Y，通过相机处理器 A 驱动 4/16 输入与输出端口 9（摄像头 I/F、PWM、时钟输出）	
H18	VSSPERI	地	
H19	XCIRSTN/GPF3	软件复位到相机处理器 A 驱动/16 输入与输出端口 3（摄像头 I/F、PWM、时钟输出）	
H22	XM1DQM3	数据总线掩模位 3	
H23	XM1DATA31	数据总线 31	
H24	XM1ADDR0	地址总线 0	
H25	XM1ADDR3	地址总线 3	
J1	XM0AP/GPQ8	SROMC 地址/9 输入与输出端口 8（存储器端口 0 DRAM 部分）	
J2	XM0WEN	写使能	
J3	VDDARM	电源	
J4	XM0ADDR14/GPO14	地址总线 14/16 输入与输出 14（存储器端口 0）	

（续）

引脚号	引脚符号	引脚功能	备　注
J7	VSSMEM	地	
J8	XM0ADDR9/GPO9	数据总线 9/16 输入与输出 9（存储器端口0）	
J11	XMMCCLK1/GPH0	时钟（SD/SDIO/MMC 卡接口通道 2）1/10 输入与输出端口 0（MMC 通道 1）	
J12	VSSIP	地	
J13	VSSPERI	地	
J14	XURXD3/GPB2	UART 3 接收数据输入 3/7 输入与输出端口 2（UART、IrDA、I^2C）	
J15	XURXD1/GPA4	UART 1 接收数据输入/8 输入与输出端口 4（UART）	
J18	VDDI	电源	
J19	VDDM1	电源	
J22	XM1ADDR9	地址总线 9	
J23	XM1ADDR2	地址总线 2	
J24	XM1ADDR1	地址总线 1	
J25	XM1ADDR6	地址总线 6	
K1	XM0DATA15	数据总线 15	S3C6410 是一个 16/32 位 RISC 微处理器，旨在提供一个具有成本效益、功耗低、性能高的应用处理器，采用 FBGA 封装
K2	VDDM0	电源	
K3	VDDARM	电源	
K4	XM0DATA14	数据总线 14	
K7	XM0DQM1	数据总线屏蔽位 1	
K8	VSSIP	地	
K18	XM1ADDR7	地址总线 7	
K19	XM1ADDR11	地址总线 11	
K22	XM1ADDR13	地址总线 13	
K23	XM1ADDR8	地址总线 8	
K24	XM1ADDR12	地址总线 12	
K25	XM1ADDR5	地址总线 5	
L1	XM0DQM0	数据总线屏蔽位 0	
L2	XM0DATA13	数据总线 13	
L3	XM0SMCLK/GPP1	静态存储时钟（为同步静态存储器设备）/15 输入与输出端口 1（储存器端口 0）	
L4	XM0OEN	输出使能	
L7	XM0DATA10	数据总线 10	
L8	XM0DATA12	数据总线 12	
L9	VSSIP	地	
L17	VDDI	电源	
L18	XM1CSN1	列地址选通 1（低态有效）	

（续）

引脚号	引脚符号	引脚功能	备 注
L19	XM1ADDR4	地址总线 4	
L22	XM1RASN	行地址选通（低态有效）	
L23	XM1CSN0	芯片选择 0	
L24	XM1CASN	列地址选通（低态有效）	
L256	XM1ADDR15	地址总线 15（堆选择）	
M1	VDDM0	电源	
M2	XM0DATA8	数据总线 8	
M3	XM0DATA11	数据总线 11	
M4	XM0DATA9	数据总线 9	
M7	XM0DATA2	数据总线 2	
M8	XM0DATA4	数据总线 4	
M9	VSSMEM	地	
M17	XM1ADDR14	地址总线 14（堆选择）	
M18	XM1CKE0	时钟使能 0	
M19	XM1WEN	写使能（低态有效）	
M22	VDDI	电源	
M23	XM1ADDR10	地址总线 10	
M24	XM1CKE1	时钟使能 1	S3C6410 是一个 16/32 位 RISC 微处理器,旨在提供一个具有成本效益、功耗低、性能高的应用处理器,采用 FBGA 封装
M25	XHIDATA17/GPL14	数据总线 17（在内存读/写地址段期间,输出地址；内存读数据段时输入数据,内存写数据段时输出数据）/15 输入与输出端 14（主 I/F、键盘 I/F EINT）	
N1	XM0DATA1	数据总线 1	
N2	XM0DATA0	数据总线 0	
N3	XM0DATA3	数据总线 3	
N4	XM0DATA6	数据总线 6	
N7	XM0CSN0	芯片选择每个芯片 0（低态有效）	
N8	XM0CSN5/GPO3	芯片选择每个芯片 5（低态有效）/16 输入与输出 3（存储器端口 0）	
N9	VSSIP	地	
N17	XHIDATA16/GPL13	数据总线 16（在内存读/写地址段期间,输出地址；内存读数据段时输入数据,内存写数据段时输出数据）/15 输入与输出端口 13（主 I/F、键盘 I/F EINT）	
N18	XHIDATA14/GPK14	数据总线 14（在内存读/写地址段期间,输出地址；内存读数据段时输入数据,内存写数据段时输出数据）/16 输入与输出端口 14（主 I/F、HSI、键盘 I/F）	
N19	VDDUH	电源	

（续）

引脚号	引脚符号	引脚功能	备　注
N22	XUHDP	USB 数据引脚 DATA（＋）用作 USB1.1 主设备	
N23	XHIDATA15/GPK15	数据总线 15（在内存读/写地址段期间,输出地址;内存读数据段时输入数据,内存写数据段时输出数据）/16 输入与输出端口 15（LCD 视频输出）	
N24	XHIDATA13/GPK13	数据总线 13（在内存读/写地址段期间,输出地址;内存读数据段时输入数据,内存写数据段时输出数据）/16 输入与输出端口 13（LCD 视频输出）	
N25	XHIDATA12/GPK12	数据总线 12（在内存读/写地址段期间,输出地址;内存读数据段时输入数据,内存写数据段时输出数据）/16 输入与输出端口 12（LCD 视频输出）	
P1	VDDI	电源	
P2	XM0DATA5	数据总线 5	
P3	XM0DATA7	数据总线 7	S3C6410 是一个 16/32 位 RISC 微处理器,旨在提供一个具有成本效益、功耗低、性能高的应用处理器,采用 FBGA 封装
P4	XM0CSN2/GPO0	芯片选择每个芯片 2（低态有效）/16 输入与输出端口 0（存储器端口 0）	
P7	XM0CSN7/GPO5	芯片选择每个芯片 7（低态有效）/16 输入与输出端口 5（存储器端口 0）	
P8	XM0CASN/GPQ1	列地址滤波（低态有效）/9 输入与输出端口 1（存储器端口 0 DRAM 部分）	
P9	VSSMEM	地	
P17	VSSIP	地	
P18	XHIDATA11/GPK11	数据总线 11（在内存读/写地址段期间,输出地址;内存读数据段时输入数据,内存写数据段时输出数据）/16 输入与输出端口 11（主 I/F、HSI、键盘 I/F）	
P19	XHIDATA9/GPK9	数据总线 9（在内存读/写地址段期间,输出地址;内存读数据段时输入数据,内存写数据段时输出数据）/16 输入与输出端口 9（主 I/F、HSI、键盘 I/F）	
P22	XUHDN	USB 数据引脚 DATA（－）用作 USB1.1 主设备	
P23	XHIDATA10/GPK10	数据总线 10（在内存读/写地址段期间,输出地址;内存读数据段时输入数据,内存写数据段时输出数据）/16 输入与输出端口 10（主 I/F、HSI、键盘 I/F）	
P24	VDDHI	电源	

（续）

引脚号	引脚符号	引脚功能	备 注
P25	XHIDATA8/GPK8	数据总线8(在内存读/写地址段期间,输出地址;内存读数据段时输入数据,内存写数据段时输出数据)/16 输入与输出端口 8(主 I/F、HSI、键盘 I/F)	
R1	VDDM0	电源	
R2	XM0CSN3/GPO1	芯片选择每个芯片 3(低态有效)/16 输入与输出 1(存储器端口 0)	
R3	XM0CSN1	芯片选择每个芯片 1(低态有效)	
R4	XM0WAITN/GPP2	CF 卡等待信号/15 输入与输出端口 2(储存器端口 0)	
R7	XM0INTATA/GPP8	CF 卡中断请求/15 输入与输出端口 8(储存器端口 0)	
R8	XM0RDY0_ALE/GPP3	同步脉冲等待输入(存储器端口 0 NAND Flash 地址锁定有效)/15 输入与输出端口 3(储存器端口 0)	
R9	VSSIP	地	
R17	VSSPERI	地	
R18	VDDALIVE	电源	S3C6410 是一个16/32 位 RISC 微处理器,旨在提供一个具有成本效益、功耗低、性能高的应用处理器,采用 FBGA封装
R19	XHIADR12/GPL12	地址总线,通过调制解调器芯片控制 12/15 输入与输出端口 12(主 I/F,键盘 I/F EINT)	
R22	XHIDATA5/GPK5	数据总线5(在内存读/写地址段期间,输出地址;内存读数据段时输入数据,内存写数据段时输出数据)/16 输入与输出端口 5(LCD 视频输出)	
R23	XHIDATA4/GPK4	数据总线4(在内存读/写地址段期间,输出地址;内存读数据段时输入数据,内存写数据段时输出数据)/16 输入与输出端口 4(LCD 视频输出)	
R24	XHIDATA6/GPK6	数据总线6(在内存读/写地址段期间,输出地址;内存读数据段时输入数据,内存写数据段时输出数据)/16 输入与输出端口 6(LCD 视频输出)	
R25	XHIDATA7/GPK7	数据总线7(在内存读/写地址段期间,输出地址;内存读数据段时输入数据,内存写数据段时输出数据)/16 输入与输出端口 7(LCD 视频输出)	
T1	XM0SCLK/GPQ2	存储器时钟/9 输入与输出端口 2(存储器端口 0 DRAM 部分)	
T2	XM0CSN6/GPO4	芯片选择每个芯片 6(低态有效)/16 输入与输出 4(存储器端口 0)	

（续）

引脚号	引脚符号	引脚功能	备 注
T3	XM0CSN4/GPO2	芯片选择每个芯片 4（低态有效）/16 输入与输出 2（存储器端口 0）	
T4	XM0DQS0/GPQ5	数据滤波输入 0/16 输入与输出 5（存储器端口 0）	
T7	XEFFVDD	电源	
T8	VSSMPLL	地	
T18	XHIADR7/GPL7	数据总线 7（在内存读/写地址段期间，输出地址；内存读数据段时输入数据，内存写数据段时输出数据）/15 输入与输出端口 7（主 I/F、键盘 I/F EINT）	
T19	XHIADR9/GPL9	数据总线 9（在内存读/写地址段期间，输出地址；内存读数据段时输入数据，内存写数据段时输出数据）/15 输入与输出端口 9（主 I/F、键盘 I/F EINT）	
T22	XHIDATA1/GPK1	数据总线 1（在内存读/写地址段期间，输出地址；内存读数据段时输入数据，内存写数据段时输出数据）/16 输入与输出端口 1（主 I/F、HSI、键盘 I/F EINT）	S3C6410 是 一 个 16/32 位 RISC 微处理器，旨在提供一个具有成本效益、功耗低、性能高的应用处理 器，采 用 FBGA 封装
T23	XHIDATA3/GPK3	数据总线 3（在内存读/写地址段期间，输出地址；内存读数据段时输入数据，内存写数据段时输出数据）/16 输入与输出端口 3（主 I/F、HSI、键盘 I/F EINT）	
T24	XHIDATA2/GPK2	数据总线 2（在内存读/写地址段期间，输出地址；内存读数据段时输入数据，内存写数据段时输出数据）/16 输入与输出端口 2（主 I/F、HSI、键盘 I/F EINT）	
T25	XHIDATA0/GPK0	数据总线 0（在内存读/写地址段期间，输出地址；内存读数据段时输入数据，内存写数据段时输出数据）/16 输入与输出端口 0（主 I/F、HSI、键盘 I/F EINT）	
U1	XM0SCLKN/GPQ3	存储器时钟/9 输入与输出端口 3（存储器端口 0 DRAM 部分）	
U2	XM0RASN/GPQ0	行地址滤波（低态有效）/9 输入与输出端口 0（存储器端口 0 DRAM 部分）	
U3	XM0WENDMC/GPQ7	写使能（低态有效）/9 输入与输出端口 7（存储器端口 0 DRAM 部分）	
U4	XM0INTSM1_FREN/GPP6	中断输入/15 输入与输出端口 6（存储器端口 0）	
U7	XM0CDATA/GPP14	卡检测信号/15 输入与输出端口 14（存储器端口 0）	
U8	VSSMEM	地	

引脚号	引脚符号	引脚功能	备 注
U11	VSSPERI	地	
U12	VSSPERI	地	
U13	VSSIP	地	
U14	VSSPERI	地	
U15	VDDALIVE	电源	
U18	XHIADR2/GPL2	地址总线,通过调制解调器芯片控制 2/15 输入与输出端口 2（主 I/F、键盘 I/F EINT）	
U19	XHIADR0/GPL0	地址总线,通过调制解调器芯片控制 0/15 输入与输出端口 0（主 I/F、键盘 I/F EINT）	
U22	XHIADR4/GPL4	地址总线,通过调制解调器芯片控制 4/15 输入与输出端口 4（主 I/F、键盘 I/F EINT）	
U23	XHIADR11/GPL11	地址总线,通过调制解调器芯片控制 11/15 输入与输出端口 11（主 I/F、键盘 I/F EINT）	
U24	XHIADR10/GPL10	地址总线,通过调制解调器芯片控制 10/15 输入与输出端口 10（主 I/F、键盘 I/F EINT）	
U25	XHIADR8/GPL8	地址总线,通过调制解调器芯片控制 8/15 输入与输出端口 8（主 I/F、键盘 I/F EINT）	S3C6410 是一个 16/32 位 RISC 微处理器,旨在提供一个具有成本效益、功耗低、性能高的应用处理器,采用 FBGA 封装
V1	VDDM0	电源	
V2	XM0DQS1/GPQ6	数据滤波输入 1/9 输入与输出端口 6（存储器端口 0 DRAM 部分）	
V3	XM0CKE/GPQ4	时钟启动每个芯片/9 输入与输出端口 4（存储器端口 0 DRAM 部分）	
V4	XM0WEATA/GPP12	写使能选通/15 输入与输出端口 12（存储器端口 0）	
V7	VSSEPLL	地	
V8	XOM3	操作模式选择 3	
V9	XNRESET	硬件复位	
V10	XEINT1/GPN1	外部中断 1/16 输入与输出端口 1（EINT）	
V11	XEINT6/GPN6	外部中断 6/16 输入与输出端口 6（EINT）	
V12	XEINT12/GPN12	外部中断 12/16 输入与输出端口 12（EINT）	
V13	XVVD3/GPI3	数据信号驱动 3/16 输入与输出端口 3（LCD 视频输出）	
V14	XVVD8/GPI8	数据信号驱动 8/16 输入与输出端口 8（LCD 视频输出）	
V15	XVVD12/GPI12	数据信号驱动 12/16 输入与输出端口 12（LCD 视频输出）	
V16	XVVD16/GPJ0	数据信号驱动 16/12 输入与输出端口 0（LCD 视频输出）	
V17	VSSPERI	地	

（续）

引脚号	引脚符号	引脚功能	备　注
V18	XHICSN_MAIN/GPM1	片选作为主 LCD 旁路,通过调制解调器芯片驱动/6 输入与输出端口 1(主 I/F、EINT)	
V19	XVVCLK/GPJ11	时钟信号/12 输入与输出端口 11(LCD 视频输出)	
V22	XHIOEN/GPM4	读使能,通过调制解调器芯片驱动/6 输入与输出端口 4(主 I/F、EINT)	
V23	XHIADR6/GPL6	地址总线,通过调制解调器芯片控制 6/15 输入与输出端口 6(主 I/F、键盘 I/F EINT)	
V24	VDDHI	电源	
V25	XHIADR5/GPL5	地址总线,通过调制解调器芯片控制 5/15 输入与输出端口 5(主 I/F、键盘 I/F EINT)	
W1	VDDI	电源	
W2	XM0RDY1_CLE/GPP4	同步脉冲等待输入(存储器端口 0 NAND Flash 命令锁存有效)/15 输入与输出端口 4(存储器端口 0)	
W3	XM0RESETATA/GPP9	CF 卡复位/15 输入与输出端口 9(存储器端口 0)	
W4	VSSAPLL	地	S3C6410 是一个 16/32 位 RISC 微处理器,旨在提供一个具有成本效益、功耗低、性能高的应用处理器,采用 FBGA 封装
W8	VSSMEM	地	
W9	XOM1	操作模式选择 1	
W10	VDDALIVE	电源	
W11	XEXTCLK	外部时钟源	
W12	XEINT8/GPN8	外部中断 8/16 输入与输出端口 8(EINT)	
W13	XEINT14/GPN14	外部中断 14/16 输入与输出端口 14(EINT)	
W14	XVVD1/GPI1	数据信号驱动 1/16 输入与输出端口 1(LCD 视频输出)	
W15	XVVD6/GPI6	数据信号驱动 6/16 输入与输出端口 6(LCD 视频输出)	
W16	XVVD11/GPI11	数据信号驱动 11/16 输入与输出端口 11(LCD 视频输出)	
W17	XVVD14/GPI14	数据信号驱动 14/16 输入与输出端口 14(LCD 视频输出)	
W18	XVVD22/GPJ6	数据信号驱动 22/12 输入与输出端口 6(LCD 视频输出)	
W22	XVVSYNC/GPJ9	同步信号/12 输入与输出端口 9(LCD 视频输出)	
W23	XHIADR3/GPL3	地址总线,通过调制解调器芯片控制 3/15 输入与输出端口 3(主 I/F、键盘 I/F EINT)	
W24	XHIADR1/GPL1	地址总线,通过调制解调器芯片控制 1/15 输入与输出端口 1(主 I/F、键盘 I/F EINT)	

（续）

引脚号	引脚符号	引脚功能	备　注
W25	XHIIRQN/GPM5	地址总线/6 输入与输出端口 5（主 I/F、EINT）	
Y1	XM0RPN_RNB/GPP7	系统复位输出/15 输入与输出端口 7（存储器端口 0）	
Y2	XM0ADRVALID/GPP0	地址有效输出/15 输入与输出端口 0（存储器端口 0）	
Y3	XM0INTSM0_FWEN/GPP5	从 OneNAND 存储页 0 中断输入/15 输入与输出端口 5（存储器端口 0）	
Y4	XPLLEFILTER	环路滤波器电容器	
Y22	XVVD18/GPJ2	数据信号驱动 18/12 输入与输出端口 2（LCD 视频输出）	
Y23	XHIWEN/GPM3	写入使能,通过调制解调器芯片驱动/6 输入与输出端口 3（主 I/F、EINT）	
Y24	XHICSN_SUB/GPM2	片选作为子 LCD 旁路,通过调制解调器芯片驱动/6 输入与输出端口 2（主 I/F、EINT）	
Y25	VDDI	电源	
AA1	VDDAPLL	电源	
AA2	XM0INPACKATA/GPP10	I/O 模式输入响应/15 输入与输出端口 10（存储器端口 0）	S3C6410 是一个 16/32 位 RISC 微处理器,旨在提供一个具有成本效益、功耗低、性能高的应用处理器,采用 FBGA 封装
AA3	XM0REGATA/GPP11	CF 卡内触发寄存器/15 输入与输出端口 11（存储器端口 0）	
AA23	XHICSN/GPM0	片选,通过调制解调器芯片驱动/6 输入与输出端口 0（主 I/F、EINT）	
AA24	XVDEN/GPJ10	数据使能/12 输入与输出端口 10（LCD 视频输出）	
AA25	XVHSYNC/GPJ8	行同步/12 输入与输出端口 8（LCD 视频输出）	
AB1	VDDEPLL	电源	
AB2	VDDMPLL	电源	
AB3	XM0OEATA/GPP13	输出使能触发/15 输入与输出端口 13（存储器端口 0）	
AB6	VSSMEM	地	
AB7	VSSOTG	地	
AB8	VSSOTGI	地	
AB9	XRTCXTI	RTC 32kHz 晶体输入	
AB10	XJTRSTN	TAP 控制器复位	
AB11	XJTCK	TAP 控制器时钟（提供 JTAG 逻辑时钟输入）	
AB12	XJTDI	TAP 控制器数据输入（是测试指令和数据的串行输入）	

（续）

引脚号	引脚符号	引脚功能	备　注
AB13	XJDBGSEL	JTAG 选择	
AB14	XXTO27	内部振荡器电路晶体输出 27	
AB15	XXTI27	内部振荡器电路晶体输入 27	
AB16	XSELNAND	选择 Flash 存储器（1：OneNAND，1：NAND）	
AB17	XEINT3/GPN3	外部中断 3/16 输入与输出端口 3（EINT）	
AB18	XEINT10/GPN10	外部中断 10/16 输入与输出端口 10（EINT）	
AB19	VDDALIVE	电源	
AB20	XVVD5/GPI5	数据信号驱动 5/16 输入与输出端口 5（LCD 视频输出）	
AB23	XVVD23/GPJ7	数据信号驱动 23/12 输入与输出端口 7（LCD 视频输出）	
AB24	XVVD21/GPJ5	数据信号驱动 21/12 输入与输出端口 5（LCD 视频输出）	
AB25	XVVD20/GPJ4	数据信号驱动 20/12 输入与输出端口 4（LCD 视频输出）	
AC1	XDAC_AIN0	ADC 模拟输入 0	
AC2	XDAC_AIN1	ADC 模拟输入 1	
AC3	XDAC_AIN7	ADC 模拟输入 7	S3C6410 是一个 16/32 位 RISC 微处理器，旨在提供一个具有成本效益、功耗低、性能高的应用处理器，采用 FBGA 封装
AC4	VDDDAC	电源	
AC5	VSSDAC	地	
AC6	XDACOUT0	DAC 模拟输出 0	
AC7	XDACCOMP	外部电容器连接	
AC8	XUSBREXT	外部 3.4kΩ（ +／−1%）电阻连接	
AC9	VDDOTG	电源	
AC10	VDDOTGI	电源	
AC11	VDDRTC	电源	
AC12	XJTDO	TAP 控制器数据输出（测试指令和数据的串行输入）	
AC13	XOM2	操作模式选择 2	
AC14	VSSPERI	地	
AC15	VDDSYS	电源	
AC16	XXTI	晶体振荡器输入	
AC17	XXTO	晶体振荡器输出	
AC18	XEINT5/GPN5	外部中断 5/16 输入与输出端口 5（EINT）	
AC19	XEINT7/GPN7	外部中断 7/16 输入与输出端口 7（EINT）	
AC20	VDDI	电源	
AC21	XVVD9/GPI9	数据信号驱动 9/16 输入与输出端口 9（LCD 视频输出）	
AC22	XVVD10/GPI10	数据信号驱动 10/16 输入与输出端口 10（LCD 视频输出）	

（续）

引脚号	引脚符号	引脚功能	备注
AC23	VDDLCD	电源（LCD）	
AC24	XVVD15/GPI15	数据信号驱动 15/16 输入与输出端口 15（LCD 视频输出）	
AC25	XVVD19/GPJ3	数据信号驱动 19/12 输入与输出端口 3（LCD 视频输出）	
AD1	NC_G	空引脚	
AD2	XDAC_AIN2	ADC 模拟输入 2	
AD3	XDAC_AIN3	ADC 模拟输入 3	
AD4	XDAC_AIN5	ADC 模拟输入 5	
AD5	VSSADC	地	
AD6	VDDDAC	电源	
AD7	XUSBXTI	晶体振荡器 XI 信号	
AD8	XUSBXTO	晶体振荡器 XO 信号	
AD9	XUSBVBUS	USB 迷你插座 Vbus	
AD10	XUSBID	USB 迷你插座标识	
AD11	VDDOTG	电源	
AD12	XRTCXTO	RTC 32kHz 晶体输出	S3C6410 是一个 16/32 位 RISC 微处理器，旨在提供一个具有成本效益、功耗低、性能高的应用处理器，采用 FBGA 封装
AD13	XOM0	操作模式选择 0	
AD14	XPWRRGTON	功率调节器使能	
AD15	XNWRESET	系统热复位	
AD16	XNRSTOUT	外部设备复位控制输出	
AD17	XEINT2/GPN2	外部中断 2/16 输入与输出端口 2（EINT）	
AD18	VDDSYS	电源	
AD19	XEINT11/GPN11	外部中断 11/16 输入与输出端口 11（EINT）	
AD20	XEINT15/GPN15	外部中断 15/16 输入与输出端口 15（EINT）	
AD21	XVVD4/GPI4	数据信号驱动 4/16 输入与输出端口 4（LCD 视频输出）	
AD22	VDDLCD	电源	
AD23	XVVD13/GPI13	数据信号驱动 13/16 输入与输出端口 13（LCD 视频输出）	
AD24	XVVD17/GPJ1	数据信号驱动 17/12 输入与输出端口 1（LCD 视频输出）	
AD25	NC_I	空引脚	
AE2	NC_H	空引脚	
AE3	XDAC_AIN4	ADC 模拟输入 4	
AE4	XDAC_AIN6	ADC 模拟输入 6	
AE5	XDACOUT1	DAC 模拟输出 1	
AE6	XDACIREF	外部寄存器连接	
AE7	XDACVREF	参考电压输入	

（续）

引脚号	引脚符号	引脚功能	备 注
AE8	VSSOTG	地	
AE9	XUSBDM	USB 数据引脚 DATA（ － ）	
AE10	XUSBDP	USB 数据引脚 DATA（ ＋ ）	
AE11	XUSBDRVVBUS	驱动 Vbus 作为芯片外电荷泵	
AE12	XJTMS	TAP 控制器模式选择（控制 TAP 控制器状态的顺序）	
AE13	XJRTCK	TAP 控制器返回的时钟（提供 JTAG 逻辑时钟输出）	
AE14	XOM4	操作模式选择 4	S3C6410 是一个 16/32 位 RISC 微处理器，旨在提供一个具有成本效益、功耗低、性能高的应用处理器，采用 FBGA 封装
AE15	XNBATF	电池故障指示	
AE16	VDDI	电源	
AE17	XEINT0/GPN0	外部中断 0/16 输入与输出端口 0（EINT）	
AE18	XEINT4/GPN4	外部中断 4/16 输入与输出端口 4（EINT）	
AE19	XEINT9/GPN9	外部中断 9/16 输入与输出端口 9（EINT）	
AE20	XEINT13/GPN13	外部中断 13/16 输入与输出端口 13（EINT）	
AE21	XVVD0/GPI0	数据信号驱动 0/16 输入与输出端口 0（LCD 视频输出）	
AE22	XVVD2/GPI2	数据信号驱动 2/16 输入与输出端口 2（LCD 视频输出）	
AE23	XVVD7/GPI7	数据信号驱动 7/16 输入与输出端口 7（LCD 视频输出）	
AE24	NC_J	空引脚	

105. SFR942PY002

引脚号	引脚符号	引脚功能	备 注
1	DCS_IN	DCS 输入	
2	GND	地	
3	GND	地	
4	GSM_IN	GSM 输入	SFR942PY002 为声表滤波器（1800 ＋ 900）
5	GND	地	
6	GSM_OUT	GSM 输出	典型应用电路如图 2-90 所示（以应用在 HTC_G23 智能手机电路为例）
7	GSM_OUT	GSM 输出	
8	DCS_OUT	DCS 输出	
9	DCS_OUT	DCS 输出	
10	GND	地	

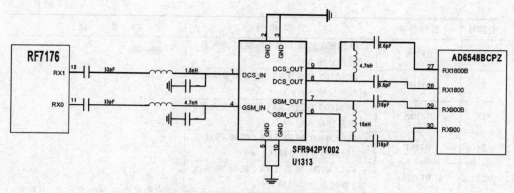

图 2-90   SFR942PY002 典型应用电路

106. Si4220

引脚号	引脚符号	引脚功能	备　注
1	SEN	串行接口使能输入(低电平有效)	
2	SDIO	串行接口数据输入与输出	
3	SCLK	串行接口时钟输入	
4	BQP	Q 通道基带接收/发射差分信号输出 与输入(-)	
5	BQN	Q 通道基带接收/发射差分信号输出 与输入(+)	
6	BIP	I 通道基带接收/发射差分信号输出 与输入(-)	
7	BIN	I 通道基带接收/发射差分信号输出 与输入(+)	
8	XOUT	参考时钟输出,到基带	
9	RESET	复位(低电平有效)	该集成电路为收发芯片,主要作
10	VIO	接口供电	用是调制(发射)解调(接收),采用
11	VDD1	电源	37 引脚 LGA 封装,典型应用电路如
12	VDD2	电源	图 2-91 所示(以应用在华为 K3 智
13	RAMPIN	基带功率放大器控制信号输入	能手机电路为例)
14	RAMPOUT	功率放大器控制信号输出	
15	RFOL	GSM850 和 E-GSM900 频段发射信号 输出,到功率放大器	
16	VDD3	电源	
17	VDD4	电源	
18	RFOH	DCS1800 和 PCS1900 频段发射信号 输出,到功率放大器	
19	PDN	关闭电源(掉电)输入(低电平有效)	
20	RFIPP	PCS1900 频段 LNA(低噪声放大器) 射频差分输入(+)	

（续）

引脚号	引脚符号	引脚功能	备　注
21	RFIPN	PCS1900 频段 LNA（低噪声放大器）射频差分输入（－）	
22	RFIDP	DCS1800 频段 LNA（低噪声放大器）射频差分输入（＋）	
23	RFIDN	DCS1800 频段 LNA（低噪声放大器）射频差分输入（－）	
24	RFIEP	E-GSM900 频段 LNA（低噪声放大器）射频差分信号输入（＋）	
25	RFIEN	E-GSM900 频段 LNA（低噪声放大器）射频差分信号输入（－）	该集成电路为收发芯片,主要作用是调制（发射）解调（接收）,采用 37 引脚 LGA 封装,典型应用电路如图 2-91 所示（以应用在华为 K3 智能手机电路为例）
26	RFIAP	GSM850 频段 LNA（低噪声放大器）射频差分信号输入（＋）	
27	RFIAN	GSM850 频段 LNA（低噪声放大器）射频差分信号输入（－）	
28	GND	地	
29	XMODE	DCXO 或 VC-TCXO 模式使能	
30	XDIV	XOUT 频率选择输入	
31	AFC	模拟 AFC 控制信号输入	
32	VDD5	电源	
33	VDD6	电源	
34	XTAL2	参考时钟晶体振荡器输出	
35	XTAL1	参考时钟晶体振荡器输入	
36	XEN	XOUT 引脚输出使能	
37	SINK	散热片	

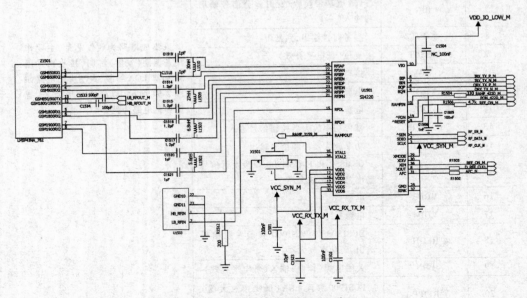

图 2-91　Si4220 典型应用电路

107. SIL1162

引脚号	引脚符号	引脚功能	备 注
1	GND	地	
2	VREF	输入参考电压	
3	VCC	电源	
4	GND	地	
5	D11	12 位像素总线输入 11	
6	D10	12 位像素总线输入 10	
7	D9	12 位像素总线输入 9	
8	D8	12 位像素总线输入 8	
9	D7	12 位像素总线输入 7	
10	D6	12 位像素总线输入 6	
11	IDCK −	输入数据时钟（−）	
12	IDCK +	输入数据时钟（+）	
13	D5	12 位像素总线输入 5	
14	D4	12 位像素总线输入 4	
15	D3	12 位像素总线输入 3	
16	D2	12 位像素总线输入 2	
17	D1	12 位像素总线输入 1	
18	D0	12 位像素总线输入 0	
19	DE	数据使能	
20	HSYNC	行同步输入控制信号	SIL1162 是一款 DVI
21	VSYNC	场同步输入控制信号	发送器，采用 48 引
22	VCC	电源	脚 TSSOP
23	GND	地	
24	CTL3/A2	控制端 3/I^2C 地址信号 2	
25	ISEL/RST	I^2C 接口选择/异步复位	
26	SDA	I^2C 数据	
27	SCL	I^2C 时钟	
28	PVCC1	电源	
29	PGND	地	
30	EXT_SEING	电压摆幅调整	
31	AGND	地	
32	TXC −	TMDS 低电压差分信号输出时钟 −	
33	TXC +	TMDS 低电压差分信号输出时钟 +	
34	AVCC	电源	
35	TX0 −	TMDS 低电压差分信号输出数据 0 −	
36	TX0 +	TMDS 低电压差分信号输出数据 0 +	
37	AGND	地	
38	TX1 −	TMDS 低电压差分信号输出数据 1 −	

（续）

引脚号	引脚符号	引脚功能	备　　注
39	TX1 +	TMDS 低电压差分信号输出数据 1 +	
40	AVCC	电源	
41	TX2 −	TMDS 低电压差分信号输出数据 2 −	
42	TX2 +	TMDS 低电压差分信号输出数据 2 +	SIL1162 是一款 DVI 发送器，采用 48 引脚 TSSOP
43	AGND	地	
44	EDGE/HTPLG	EDGE 模式/热插拔输入	
45	PGND	地	
46	PVCC2	电源	
47	PD	掉电（低态有效）	
48	MSEN	监控感测	

108. SKY77161

引脚号	引脚符号	引脚功能	备　　注
1	VCC1	电源	
2	VBIAS	偏置电压	
3	RF_IN	射频信号输入	
4	VCONT	控制电压	该集成电路为 TD-SCDMA 功率放大器（PA）模块，采用 10 引脚 4mm × 4mm 表面安装，应用在 LG 手机上
5	VREF	参考电压	
6	GND	地	
7	GND	地	
8	RF_OUT	射频信号输出	内部结构框图如图 2-92 所示
9	GND	地	
10	VCC2	电源	

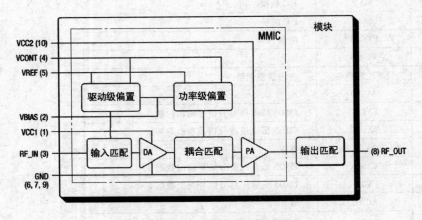

图 2-92　SKY77161 内部结构框图

109. SKY77197

引脚号	引脚符号	引脚功能	备 注
1	IN_BAND_V	输入频段 V	
2	VMODE_0	模式控制 0	
3	VMODE_1	模式控制 1	
4	VCC2_1	电源	
5	VEN_BAND_V	PA 使能(频段 V)	
6	VEN_BAND_I	PA 使能(频段 I)	SKY77197 为双频 PA 模块[为 WCD-MA/HSDPA 频段 I(1920~1980MHz)和频段 V(824~849MHz)]
7	IN_BAND_I	输入频段 I	
8	CPL_OUT	共同耦合输出端口	
9	GND1	地	
10	OUT_BAND_I	输出频段 I	典型应用电路如图 2-93 所示(以应用在 LG E510 智能手机电路为例)
11	GND2	地	
12	VCC2_2	电源	
13	GND3	地	
14	OUT_BAND_V	输出频段 V	
15	PGND1	地	
16	PGND2	地	

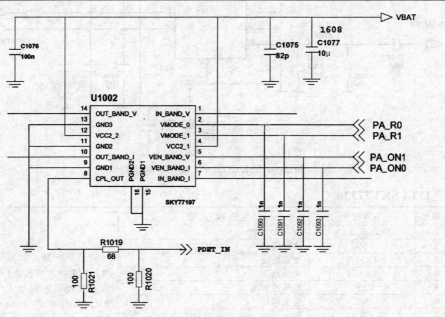

图 2-93　SKY77197 典型应用电路

110. SKY77329-1

引脚号	引脚符号	引脚功能	备 注
1	TX EN	发射使能信号(启动控制)	
2	DCS/PCS IN	DCS/PCS 输入	
3	BS	频段转换控制	该集成电路为功率放大器模组,典型应用电路如图 2-94 所示(以应用在三星智能手机电路为例)
4	RSVD	保留	
5	VBATT	电池电压	
6	VAPC	功率放大器的功率控制	

（续）

引脚号	引脚符号	引脚功能	备　注
7	GSM IN	GSM 输入	该集成电路为功率放大器模组，典型应用电路如图 2-94 所示（以应用在三星智能手机电路为例）
8	RSVD	保留	
9	GSM OUT	GSM 输出	
10	GND	地	
11	GND	地	
12	RSVD	保留	
13	GND	地	
14	GND	地	
15	GND	地	
16	DCS/PCS OUT	DCS/PCS 输出	

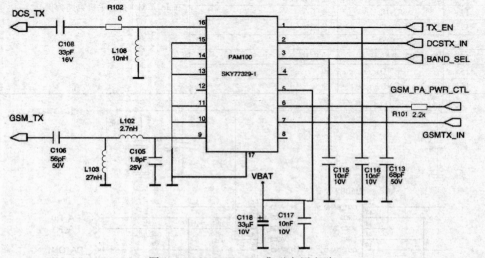

图 2-94　SKY77329-1 典型应用电路

111. SKY77336

引脚号	引脚符号	引脚功能	备　注
1	DCS/PCS_IN	DCS/PCS 输入	SKY77336 是一款高性能的电源功率放大器模块（PAM），为了四频手机包括 GSM850/900、DCS1800 和 PCS1900，它被设计成一种很紧凑、灵巧的外形。它同时支持高斯最小频移键控的支持（调制）和极性的增强数为了 GSM 演进（EDGE）调制 典型应用电路如图 2-95 所示（以应用在索爱 X10 智能手机电路为例）
2	BS	多频端口	
3	TX_EN	发送使能	
4	VBATT	电池电压	
5	VAPC	电压控制端	
6	NC	空引脚	
7	GND	地	
8	GSM_IN	GSM 输入	
9	GSM_OUT	GSM 输出	
10	GND	地	
11	GND	地	
12	GND	地	
13	NC	空引脚	
14	GND	地	
15	GND	地	
16	DCS/PCS_OUT	DCS/PCS 输出	
17	GND	地	

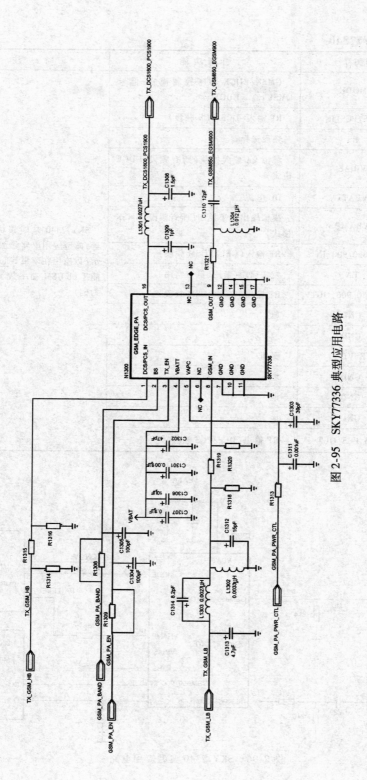

图 2-95 SKY77336 典型应用电路

112. SKY77340

引脚号	引脚符号	引 脚 功 能	备 注
1	MODE	GMSK/EDGE 功率控制模式:低 = GMSK;高 = EDGE	
2	DCS_PCS_IN	RF 输入(DCS/PCS 频段)	
3	BS	频段选择	
4	VBIAS	模拟 PA 偏置控制(所有频段,EDGE 模式)	
5	VBATT	DC 电源	
6	VRAMP	模拟输出功率控制(所有频段,GMSK 模式)	SKY77340 是四频功率放大器,典型应用电路如图 2-96 所示(以应用在苹果 iPhone 3G 智能手机 GSM 功率放大器电路为例)
7	GSM850_900_IN	RF 输入(CEL/EGSM 频段)	
8	EN	发送启用/禁用(低 = 禁用)	
9	GSM850_900_OUT	RF 输出(CEL/EGSM 频段)	
10	GND	地	
11	GND	地	
12	RSVD2	保留	
13	GND	地	
14	GND	地	
15	GND	地	
16	DCS_PCS_OUT	RF 输出(DCS/PCS 频段)	

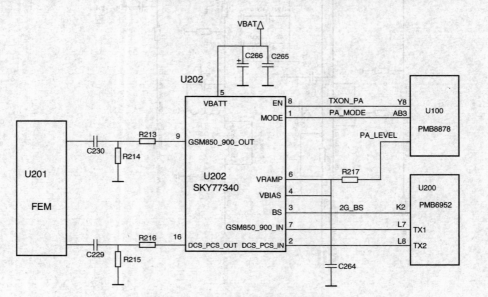

图 2-96　SKY77340 典型应用电路

113. SKY77701

引脚号	引脚符号	引脚功能	备注
1	VCC1	电源	
2	RF_IN	RF 输入	
3	VMODE_1	模式控制 1	
4	VMODE_0	模式控制 0	SKY77701 为功率放大器模块［为 CD-
5	VEN	PA 使能	MA/WCDMA/HSDPA/HSUPA/HSPA +/
6	CPL_OUT	共同耦合输出端口	LTE – 波段 I(1920 ~ 1980MHz)］
7	GND	地	典型应用电路如图 2-97 所示(以应用
8	CPL_IN	共同耦合输入端口	在三星 S5830i 智能手机电路为例)
9	RF_OUT	RF 输出	
10	VCC2	电源	
11	GND	地	

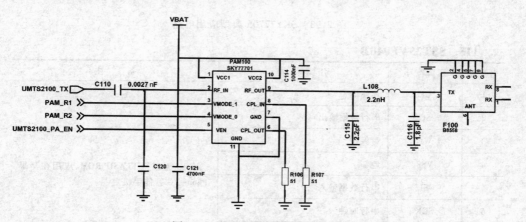

图 2-97　SKY77701 典型应用电路

114. SKY77705

引脚号	引脚符号	引脚功能	备注
1	VCC1	电源	
2	RF_IN	RF 输入	
3	VMODE_1	模式控制 1	
4	VMODE_0	模式控制 0	SKY77705 为功率放大器模块［为 WC-
5	VEN	PA 使能	DMA/HSDPA/HSUPA/HSPA +/LTE –
6	CPL_OUT	共同耦合输出端口	波段 Ⅷ(880 ~ 915MHz)］
7	GND	地	典型应用电路如图 2-98 所示(以应用
8	CPL_IN	共同耦合输入端口	在三星 S5830i 智能手机电路为例)
9	RF_OUT	RF 输出	
10	VCC2	电源	
11	GND	地	

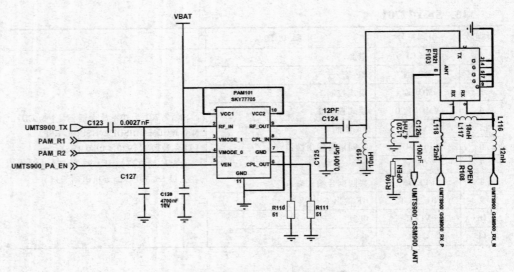

图 2-98　SKY77705 典型应用电路

115. SST25VF040B

引脚号	引脚符号	引脚功能	备　注
1	CE	片使能	
2	SO	串行数据输出	
3	WP	写保护	
4	VSS	地	该 IC 为串行 FLASH ROM,应用在苹果
5	SI	串行数据输入	iPhone 2G 智能手机上
6	SCK	串行时钟	
7	HOLD	保持	
8	VDD	电源(2.7~3.6V)	

116. SST25VF080B

引脚号	引脚符号	引脚功能	备　注
1	CE	片选(低电平有效)	
2	SO	串行数据输出	
3	WP	写保护	
4	VSS	地	该集成电路为串行 FLASH 存储器,应
5	SI	串行数据输入	用在苹果 iPhone 3G 智能手机上
6	SCK	串行时钟	
7	HOLD	保持	
8	VDD	电源	

117. SST34HF3284

引脚号		引脚符号	引脚功能	备注
62 球	56 球			
A1	—	NC	空引脚	
A8	—	NC	空引脚	
B1	H5	NC	空引脚	
B2	C3	A18	地址输入 18	
B3	A3	LBS	低字节控制（PSRAM）	
B4	A4	WP	写保护	
—	A5	WE	写使能	
B5	E2	VSS	地	
B6	—	WEF	写使能	
B7	E8	A16	地址信号输入 16	
B8	C5	A20	地址信号输入 20	
C1	C2	A5	地址信号输入 5	
C2	D3	A17	地址信号输入 17	
C3	B3	UBS	高字节控制	
C4	—	NC	空引脚	
C5	B4	RST	复位	
C6	C4	RY/BY	就绪/忙	
C7	A6	A8	地址信号输入 8	该集成电路为 32Mbit 并行的 Su-
C8	A7	A11	地址信号输入 11	perFlash（超闪）+ 4/8 Mbit 的
D1	D2	A4	地址信号输入 4	PSRAM ComboMemory（组合存储）,
D2	A2	A7	地址信号输入 7	采用 62 球 LFBGA（8mm × 10mm）
D3	F2	OES	PSRAM 存储栈启用	与 56 球 LFBGA（8mm × 10mm）
D4	B6	A19	地址信号输入 19	
D7	D6	A10	地址信号输入 10	
D8	B8	A15	地址信号输入 15	
E1	E1	A0	地址信号输入 0	
E2	B2	A6	地址信号输入 6	
E4	H4	DQ11	数据输入与输出 11	
E7	C6	A9	地址信号输入 9	
E8	D7	A14	地址信号输入 14	
F1	F1	BEF	快闪存储器栈启用	
F2	B1	A3	地址信号输入 3	
F3	F3	DQ9	数据输入与输出 9	
F5	G6	DQ12	数据输入与输出 12	
F6	F6	DQ13	数据输入与输出 13	
F7	—	DQ15	数据输入与输出 15	
F8	C7	A13	地址信号输入 13	
G1	—	VSSF	地	
G2	C1	A2	地址信号输入 2	

（续）

引脚号		引脚符号	引脚功能	备注
62 球	56 球			
G3	H2	DQ8	数据输入与输出 8	
G4	G3	DQ10	数据输入与输出 10	
G5	B5	BES2	PSRAM 存储栈启用 2	
G6	E6	DQ6	数据输入与输出 6	
G7	—	WES	写使能	
G8	B7	A12	地址信号输入 12	
H1	—	OEF	输出使能	
H2	D1	A1	地址信号输入 1	
H3	G2	DQ0	数据输入与输出 0	
H4	H3	DQ2	数据输入与输出 2	
H5	G5	VDDS	电源	该集成电路为 32Mbit 并行的 Su-
H6	F5	DQ4	数据输入与输出 4	perFlash（超闪）+ 4/8 Mbit 的
H7	H7	DQ14	数据输入与输出 14	PSRAM ComboMemory（组合存储）,
H8	G8	VSSF	地	采用 62 球 LFBGA（8mm×10mm）
J1	C8	NC	空引脚	与 56 球 LFBGA（8mm×10mm）
J2	G1	BES1	PSRAM 存储栈启用 1	
J3	E3	DQ1	数据输入与输出 1	
J4	F4	DQ3	数据输入与输出 3	
J5	G4	VDDF	电源	
J6	H6	DQ5	数据输入与输出 5	
J7	G7	DQ7	数据输入与输出 7	
J8	—	NC	空引脚	
K1	D8	NC	空引脚	
K8	E7	NC	空引脚	
—	F8	CIOF	闪存字节选择	

118. TEA5761UK

引脚号	引脚符号	引脚功能	备注
A1	LOOPSW	合成器 PLL 环路滤波器开关输出	
A2	LO1	本地振荡器线圈连接 1	
A3	LO2	本地振荡器线圈连接 2	
A4	CD1	VCO 电源去耦电容	TEA5761UK 是一个电子调
A5	SWPORT	软件可编程端口输出	谐的单芯片低电压调频立体声
A6	BUSENABLE	I^2C 总线使能输入	收音机,采用 WLCSP34 封装
A7	SCL	I^2C 总线时钟线输入	典型应用电路如图 2-99 所
B1	CAGC	RF AGC 时间常数电容	示（以应用在诺基亚 N95 智能
B2	CPOUT	合成器 PLL 电荷泵输出	手机电路为例）
B4	NC	空引脚	
B6	VREFDIG	I^2C 总线数字参考电压	

（续）

引脚号	引脚符号	引脚功能	备　注
B7	SDA	I²C 总线数据线输入与输出	
C1	RFIN2	RF 输入 2	
C2	GNDRF	RF 地	
C7	GNDD	数字地	
D1	RFIN1	RF 输入 1	
D2	CD3	VCCA 去耦电容 3	
D6	GNDD	数字地	
D7	VCCD	数字电源	
E1	VCCA	模拟电源	
E6	IC	内部连接	TEA5761UK 是一个电子调
E7	CD2	VCCD 去耦电容 2	谐的单芯片低电压调频立体声
F1	XTAL	系统时钟输入	收音机,采用 WLCSP34 封装
F2	GNDA	模拟地	典型应用电路如图 2-99 所
F4	VAFL	左声道音频输出	示(以应用在诺基亚 N95 智能
F6	IC	内部连接	手机电路为例)
F7	GNDD	数字地	
G1	FREQIN	32.768KHz 参考频率输入	
G2	GNDA	模拟地	
G3	NC	空引脚	
G4	MPXOUT	FM 解调器 MPX 输出	
G5	VAFR	右声道音频输出	
G6	TMUTE	软静音时间常数电容	
G7	INTX	中断标志输出	

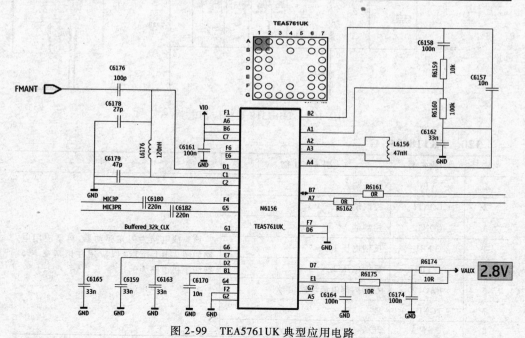

图 2-99　TEA5761UK 典型应用电路

119. THS7318

引脚号	引脚符号	引脚功能	备 注
A1	CIN	分量视频输入/色度输入	
A2	GND	地	
A3	COUT	分量视频输出/色度输出	THS7318 为 3 通道低功耗 EDTV/
B1	CVBSIN	分量视频输入/复合视频输入	SDTV 视频线驱动器与低通滤波器,采用
B2	EN	使能输入	BGA 封装
B3	CVBSOUT	分量视频输出/复合视频输出	典型应用电路如图 2-100 所示(以应
C1	YIN	亮度输入	用在苹果 iPhone 2G 智能手机电路为例)
C2	VSP	正电源输入	
C3	YOUT	亮度输出	

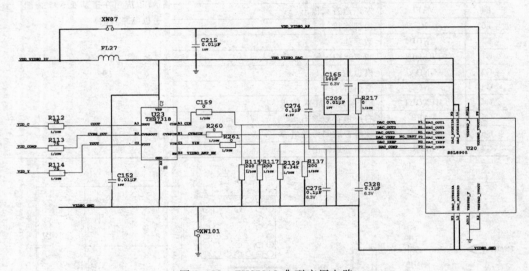

图 2-100　THS7318 典型应用电路

120. TK11892F-G

引脚号	引脚符号	引脚功能	备 注
1	VIN	电压输入	
2	CONT1	控制端 1	
3	CONT2	控制端 2	该集成电路为闪光驱动器,典型应用电
4	VFB1	反馈电压 1	路如图 2-101 所示(以应用在诺基亚 N95
5	VFB2	反馈电压 2	智能手机电路为例)
6	EAOUT	控制内部电流环路信号	
7	GND	地	
8	SW	开关	

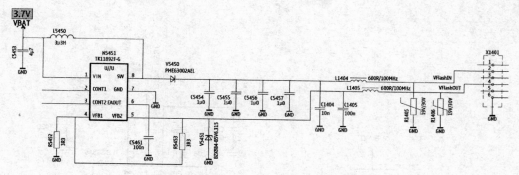

图 2-101　TK11892F-G 典型应用电路

121. TLSC3516

引脚号	引脚符号	引脚功能	备　注
1	NC	空引脚	
2	VDDC	电源	
3	CSN	片选	
4	SDA	串行数据	
5	SDO	串行数据输出	
6	SCL	串行时钟	
7	PENIRQ	中断	
8	AUX	辅助	TLSC3516 是泰凌微电子研发的低功耗电阻屏双点触控芯片,可以适用于普通的 4 线电阻屏。TLSC3516 能够获取精度达 12bit 的单点位置坐标,并识别出双点触控手势。芯片供电范围为 2.5 ~ 3.6V
9	YM	列信号输出(-)	
10	XM	行信号输出(-)	典型应用电路如图 2-102 所示 [以应用在 HTC G23(ONE_X) 智能手机电路为例]
11	YP	列信号输出(+)	
12	XP	行信号输出(+)	
13	VDDA	电源	
14	RST	复位	
15	VDDD	电源	
16	GND	地	
17	GND	地	

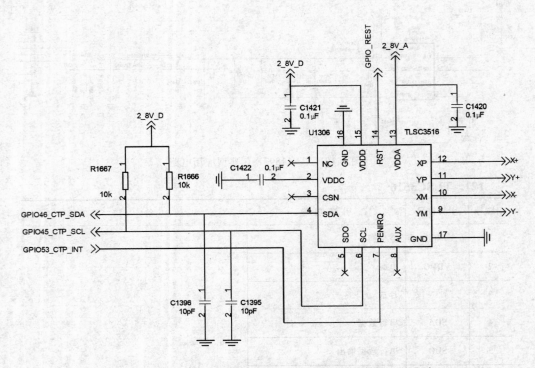

图 2-102 TLSC3516 应用在 HTC G23 （ONE_X） 手机上的电路

122. TPA2005D1

引脚号	引脚符号	引脚功能	备 注
1	$\overline{SHUTDOWN}$	关机(低电平有效)	
2	NC	空引脚	
3	IN +	负差分输入	
4	IN −	正差分输入	TPA2005D1 是 D 类音频功率放大器,
5	VO +	正 BTL 输出	内部结构框图如图 2-103 所示
6	V_{DD}	电源	
7	GND	地	
8	VO −	负 BTL 输出	

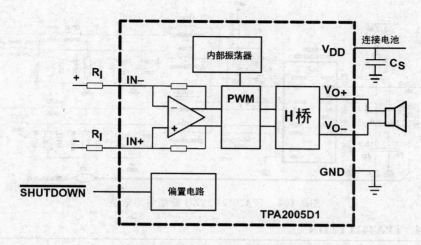

图 2-103　TPA2005D1 内部结构框图

123. TPA2012D2YZH

引脚号	引脚符号	引脚功能	备　注
D1	INR +	右通道正输入	
C1	INR −	右通道负输入	
C2	G0	增益选择（LSB）	
A1	INL +	左通道正输入	
B1	INL −	左通道负输入	
B3	_SDR	右通道关闭	
B4	_SDL	左通道关闭	
B2	G1	增益选择（MSB）	该集成电路为立体声无滤波器的 D 类音频功率放大器，采用 WCSP，典型应用电路如图 2-104 所示（以应用在诺基亚 N95 智能手机电路为例）
C3	AGND	地	
C4	PGND	地	
D2	AVDD	电源	
A2	PVDD	电源	
A4	OUTL −	左通道负差分输出	
A3	OUTL +	左通道正差分输出	
D4	OUTR −	右通道负差分输出	
D3	OUTR +	右通道正差分输出	

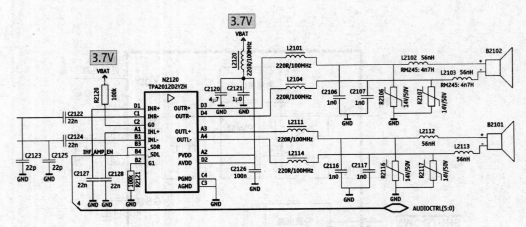

图 2-104　TPA2012D2YZH 典型应用电路

124. TPA4411YZHR

引脚号	引脚符号	引脚功能	备　　注
A1	INR	右音频通道输入信号	
A2	SGND	地	
A3	PVDD	电源	
A4	C1P	电荷泵飞电容的正端	
B1	_SDR	右通道关闭	
B2	_SDL	左通道关闭	
B3	NC	空引脚	该集成电路为立体声耳机驱动器,
B4	PGND	地	采用 WCSP,典型应用电路如图 2-105
C1	INL	左音频通道输入信号	所示(以应用在诺基亚 N95 智能手机
C2	OUTR	右音频通道输出	电路为例)
C3	NC	空引脚	
C4	C1N	电荷泵飞电容的负端	
D1	SVDD	电源	
D2	OUTL	左音频通道输出	
D3	SVSS	放大器负电源	
D4	PVSS	电荷泵输出	

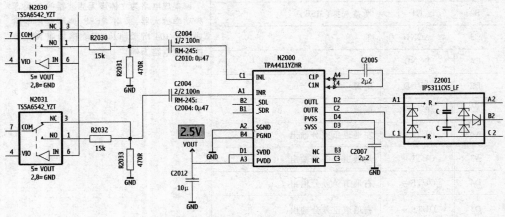

图 2-105　TPA4411YZHR 典型应用电路

125. TPS61045

引脚号	引脚符号	引 脚 功 能	备　　注
1	L	连接电感	
2	VIN	输入电源	
3	DO	内部 DAC 输出	
4	FB	反馈	该集成电路为数字调节 LCD 升压变换器,采用 QFN 封装
5	CTRL	启动和数字输出电压编程控制	典型应用电路如图 2-106 所示
6	GND	地	(以应用在苹果 iPhone 2G 智能手机
7	PGND	地	电路为例)
8	SW	开关	
9	THRML PAD	散热片接地	

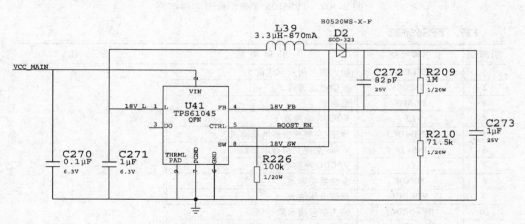

图 2-106　TPS61045 典型应用电路

126. TPS61061YZFR

引脚号	引脚符号	引 脚 功 能	备　　注
B1	VIN	输入电源电压	
A2	EN	使能	
A1	GND	地	该集成电路为恒定电流 LED 驱动器,具有
C3	PGND	地	数字和 PWM 亮度控制,采用 CSPPDA ,应用
B3	FB	反馈	领域有移动电话、掌上电脑和智能手机、数码
C1	OUT	输出	相机等
C2	SW	开关	典型应用电路如图 2-107 所示(以诺基亚
A3	ILED	数字亮度控制输入	N95 智能手机电路为例)

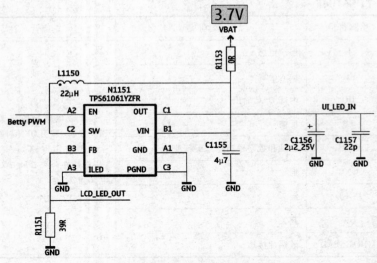

图 2-107 TPS61061YZFR 典型应用电路

127. TPS65022

引脚号	引脚符号	引脚功能	备 注
1	DEFDCDC3	输入信号指示默认值 3	
2	VDCDC3	反馈电压输入 3	
3	PGND3	电源地	
4	L3	VDCDC 变换器 3	
5	VINDCDC3	降压-变频变换器电压输入 3	
6	VINDCDC1	降压-变频变换器电压输入 1	
7	L1	VDCDC 变换器 1	
8	PGNDI	变换器功率地	
9	VDCDCI	反馈电压输入	
10	DEFDCDCI	输入信号指示默认值	
11	HOT RESET	复位	
12	DEFLDO1	数字输入 1	该集成电路为电池供电系统
13	DEFLDO2	数字输入 2	的电源管理电路,应用于 PDA、
14	VSYSIN	系统电压输入	智能电话、数字照相机、数字无
15	VBACKUP	连接备用电池输入	线电等
16	VRTC	电压输出/定时时钟	
17	AGND2	模拟地	
18	VLDO2	输出电压 2	
19	VINLDO	输入电压为 VRTC 开关	
20	VLDO1	输出电压 1	
21	LOWBAT	低电平开漏输出	
22	LDO EN	使能输入	
23	DCDC3 EN	使能 3	
24	DCDC2 EN	使能 2	
25	DCDCI EN	使能 1	
26	TRESPWRON	连接定时电容	

（续）

引脚号	引脚符号	引脚功能	备 注
27	RESPWRON	系统复位输出	
28	INT	漏极输出（中断信号）	
29	MAT	数据线	
30	SCLK	时钟线	
31	PWRFAIL	电源掉电后开漏输出	该集成电路为电池供电系统
32	DEFDCDC2	输入信号指示默认值 2	的电源管理电路,应用于 PDA、
33	VDCDC2	反馈电压输入 2	智能电话、数字照相机、数字无
34	PGND2	变换器功率地	线电等
35	L2	VDCDC 变换器 2	
36	VINDCDC2	降压-变频变换器电压输入	
37	VCC	电源	
38	PWRFAIL SNS	比较器驱动	
39	LOWBAT SNS	比较器驱动	
40	AGND1	模拟地	

128. TPS65023

引脚号	引脚符号	引脚功能	备 注
1	DEFDCDC3	输入信号指示默认值 3	
2	VDCDC3	反馈电压检测输入 3	
3	PGND3	地	
4	L3	VDCDC3 变换器开关	
5	VINDCDC3	VDCDC3 降压变换器输入电压	
6	VINDCDC1	VDCDC1 降压变换器输入电压	
7	L1	VDCDC1 变换器开关	
8	PGND1	地	
9	VDCDC1	反馈电压检测输入	
10	DEFDCDC1	输入信号指示默认值 1	
11	HOT_RESET	复位（重新启动或唤醒）	
12	DEFLDO1	数字输入 1	TPS65023 为德州仪器
13	DEFLDO2	数字输入 2	(TI) 推出的电源管理集成电
14	VSYSIN	系统电压输入（为 VRTC 开关）	路（PMIC）,采用 40 引脚
15	VBACKUP	备用电池输入	5mm×5mm QFN 封装.
16	VR TC	输出电压的 LDO/开关（为实时时钟）	典型应用电路如图 2-108
17	AGND2	地	所示
18	LDO2	LDO2 输出电压 2	
19	VIN_LDO	LDO1 和 LDO2 输入电压	
20	LDO1	LDO1 输出电压 1	
21	LOW_BA TT	低电平漏极开路输出	
22	LDO_EN	LDO1 和 LDO2 使能输入	
23	DCDC3_EN	使能 3	
24	DCDC2_EN	使能 2	
25	DCDC1_EN	使能 1	
26	TRESPWRON	连接定时电容（去设置复位延迟时间）	

（续）

引脚号	引脚符号	引脚功能	备 注
27	$\overline{\text{RESPWRON}}$	系统复位输出	
28	$\overline{\text{INT}}$	漏极开路输出（中断信号）	
29	SDAT	串行接口数据/地址	
30	SCLK	串行接口时钟线	
31	PWRF AIL	电源掉电后漏极开路输出	
32	DEFDCDC2	输入信号指示默认值2	TPS65023 为德州仪器
33	VDCDC2	反馈电压检测输入2	(TI)推出的电源管理集成电
34	PGND2	地	路（PMIC），采用 40 引脚
35	L2	VDCDC2 变换器开关2	5mm×5mm QFN 封装
36	VINDCDC2	VDCDC2 降压变换器输入电压	典型应用电路如图 2-108
37	V_{CC}	电源（数字和模拟电路的 VDCDC1、VD-CDC2 和 VDCDC3 DC-DC 变换器）	所示
38	PWRF AIL_SNS	比较器驱动	
39	LOWBA T_SNS	比较器驱动	
40	AGND1	地	

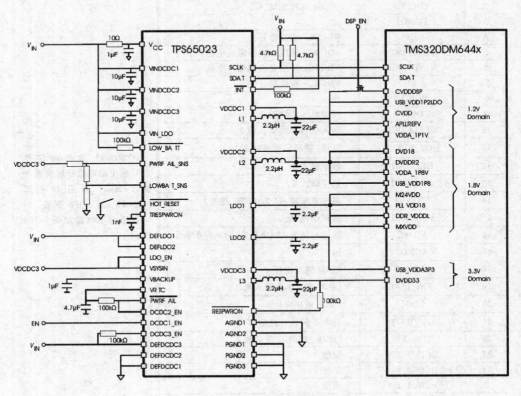

图 2-108　TPS65023 典型应用电路

129. TPS65120、TPS65121

引脚号	引脚符号	引脚功能	备 注
1	EN	使能(多输出 DC-DC 变换器)	
2	RUN	外部 P 通道场效应晶体管控制	
3	LDOIN	辅助线性稳压器输入	
4	LDOOUT	辅助线性稳压器输出	
5	FBL	负输出电压分压器反馈	1. 封装:采用 16 引脚 QFN 封装
6	FBM	主电压分压器输出	(3mm×3mm×0.9mm)
7	AGND	模拟地	2. 用途:具有 3.3V LDO 的 5V/20mA
8	VMAIN	主输出	(I/O)4 通道高精确度多路变换器
9	FBH	正输出电压分压器反馈	3. 应用领域:小型非晶硅和低温多晶
10	VGH	正输出	硅 TFT 液晶显示器、手机、智能手机、掌
11	BOOT	整流场效应晶体管驱动自举电源	上电脑、便携式 DVD、数码相机与摄像
12	PGND	电源地	机、手持仪器、便携 GPS、汽车导航系统
13	GATE	外部 P 通道场效应晶体管门驱动	4. 关键参数:输入电压范围为 2.5 ~
14	VIN	电压输入	5.5V、辅助 1.8V/3.3V 线性稳压
15	SWN	连接电感	5. 典型应用电路如图 2-109 所示(以
16	SWP	连接电感	TPS65120 为例)

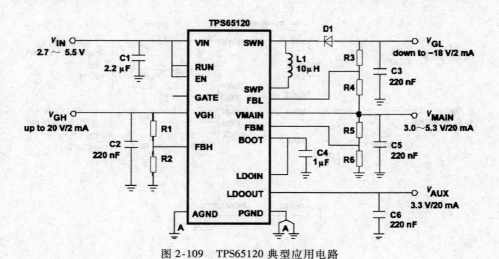

图 2-109　TPS65120 典型应用电路

130. TPS65123

引脚号	引脚符号	引脚功能	备注
1	EN	使能(多输出 DC-DC 变换器)	
2	RUN	外部 P 通道场效应晶体管控制	
3	AGND	模拟地	
4	AGND	模拟地	
5	FBL	负输出电压分压器反馈	1. 封装:采用 16 引脚 QFN 封装 (3mm×3mm×0.9mm)
6	FBM	主电压分压器输出	2. 用途:具有 3.3V LDO 的 5V/ 20mA(I/O) 4 通道高精确度多路变换器
7	AGND	模拟地	
8	VMAIN	主输出	3. 应用领域:小型非晶硅和低温多晶硅 TFT 液晶显示器、手机、智能手机、掌上电脑、便携式 DVD、数码相机与摄像机、手持仪器、便携GPS、汽车导航系统
9	FBH	正输出电压分压器反馈	
10	VGH	正输出	
11	BOOT	整流场效应晶体管驱动自举电源	4. 关键参数:输入电压范围为 2.5 ~ 5.5V、辅助 1.8V/3.3V 线性稳压
12	PGND	电源地	
13	SWP	连接电感	5. 典型应用电路如图 2-110 所示
14	SWN	连接电感	
15	VIN	电压输入	
16	GATE	外部 P 通道场效应晶体管门驱动	

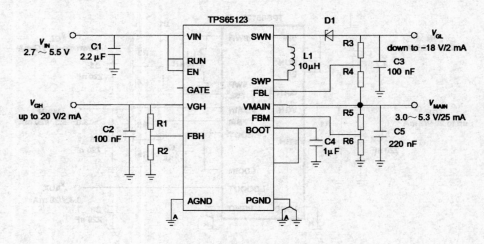

图 2-110　TPS65123 典型应用电路

131. TPS65124

引脚号	引脚符号	引脚功能	备　注
1	EN	使能（多输出 DC-DC 变换器）	
2	RUN	外部 P 通道场效应晶体管控制	
3	ENVGL	负输出使能	
4	ENVGH	正输出使能	1. 封装：采用 16 引脚 QFN 封装（3mm×3mm×0.9mm）
5	FBL	负输出电压分压器反馈	2. 用途：具有 3.3V LDO 的 5V/20mA(I/O)4 通道高精确度多路变换器
6	FBM	主电压分压器输出	
7	AGND	模拟地	3. 应用领域：小型非晶硅和低温多晶硅 TFT 液晶显示器、手机、智能手机、掌上电脑、便携式 DVD、数码相机与摄像机、手持仪器、便携 GPS、汽车导航系统
8	VMAIN	主输出	
9	FBH	正输出电压分压器反馈	
10	VGH	正输出	
11	BOOT	整流场效应晶体管驱动自举电源	4. 关键参数：输入电压范围为 2.5～5.5V、辅助 1.8V/3.3V 线性稳压
12	PGND	电源地	
13	SWP	连接电感	5. 典型应用电路如图 2-111 所示
14	SWN	连接电感	
15	VIN	电压输入	
16	GATE	外部 P 通道场效应晶体管门驱动	

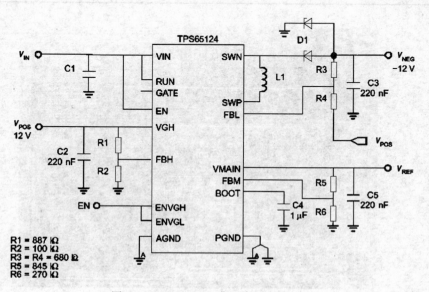

图 2-111　TPS65124 典型应用电路

132. TQM616035

引脚号	引脚符号	引脚功能	备 注
1	VBA	偏压控制	
2	VEN	PA 使能	
3	VMODE	功率模式控制	
4	VDET	电压检测	
5	GND	地	
6	GND	地	
7	ANT	天线	该集成电路为功率放大器,采用 LGA 封装
8	GND	地	
9	GND	地	图 2-112 所示为应用在苹果 iPhone 3G 智能手机实物,图 2-113 所示为其内部结构框图及应用在苹果 iPhone 3G 智能手机电路
10	RX OUT	WCDMA 接收信号端	
11	GND	地	
12	VCC2	电源	
13	VCC1	电源	
14	VCCBIAS	电源偏置	
15	RFIN	RF 输入	
16	GND	地	

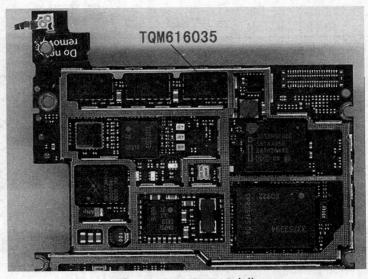

图 2-112　TQM616035 实物

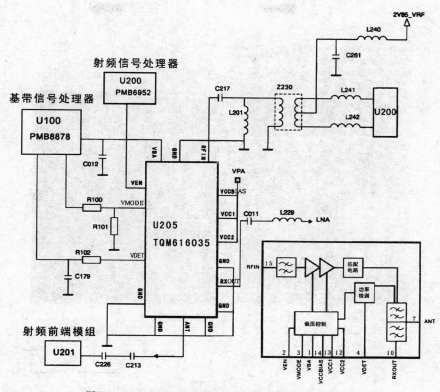

图 2-113　TQM616035 内部结构框图及典型应用电路

133. TQM666032

引脚号	引脚符号	引脚功能	备　　注
1	VBA	偏压控制	
2	VEN	PA 使能	
3	VMODE	功率模式控制	
4	VDET	电压检测	
5	GND	地	
6	GND	地	该集成电路是一个集成的 3V 线性功率放大器,除放大电路外,它还集成了 WCDMA 双工器、发射滤波器以及高精度的输出功率检测器,它被设计用于 WCDMA 手机,支持 HSUPA 操作
7	ANT	天线端口	
8	GND	地	
9	GND	地	
10	RX	WCDMA 接收信号端	
11	GND	地	图 2-114 所示为应用在苹果 iPhone 3G 智能手机实物,图 2-115 所示为其应用在苹果 iPhone 3G 智能手机电路
12	VCC2	电源	
13	VCC1	电源	
14	VCCB	电源偏置	
15	RF IN	RF 输入	
16	GND	地	

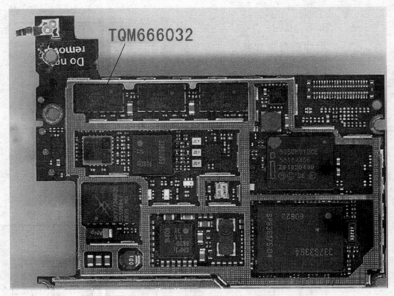

图 2-114　TQM666032 实物

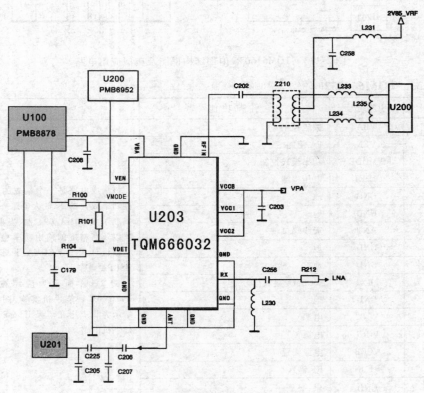

图 2-115　TQM666032 典型应用电路

134. TQM676031

引脚号	引脚符号	引脚功能	备 注
1	VBA	偏压控制	
2	VEN	PA 使能	
3	VMODE	功率模式控制	
4	VDET	电压检测	
5	GND	地	该集成电路是一个集成的3V线
6	GND	地	性功率放大器,除放大电路外,它还
7	ANT	天线端口	集成了 WCDMA 双工器、发射滤波
8	GND	地	器以及高精度的输出功率检测器,
9	GND	地	它被设计用于 WCDMA 手机,支持
10	RX	WCDMA 接收信号端	HSUPA 操作
11	GND	地	图 2-116 所示为应用在苹果
12	VCC2	电源	iPhone 3G 智能手机实物,图 2-117
13	VCC1	电源	所示为其应用在苹果 iPhone 3G 智
14	VCCB	电源偏置	能手机电路
15	RF IN	RF 输入	
16	GND	地	

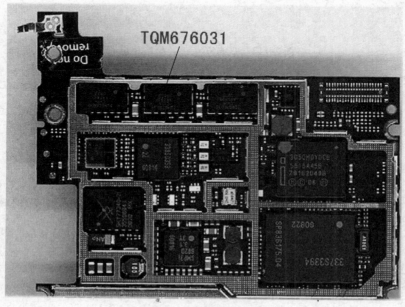

图 2-116　TQM676031 实物

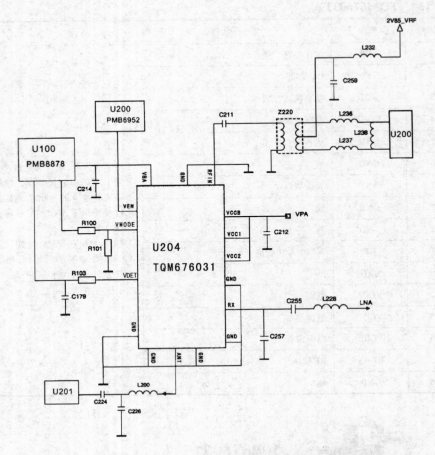

图 2-117　TQM676031 典型应用电路

135. TS5A6542_YZT

引脚号	引脚符号	引脚功能	备　注
1	NO	常开	
2	GND	地	
3	NC	常闭	该集成电路为 0.75W SPDT 模拟开关,具有输入逻辑转换,典型应用电路如图 2-118 所示(以应用在诺基亚 N95 智能手机电路为例)
4	VIO	输入与输出电源	
5	V +	正电源	
6	IN	输入端	
7	COM	公共端	
8	GND	地	

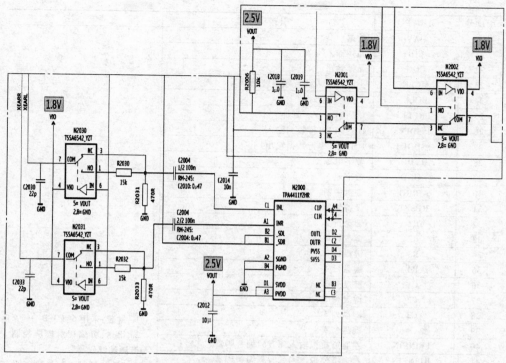

图 2-118　TS5A6542_ YZT 典型应用电路

136. TSC2300

引脚号	引脚符号	引脚功能	备　注
1	VBAT1	电池监视器输入 1	
2	VBAT2	电池监视器输入 2	
3	VREFIN	SAR 参考电压	
4	ARNG	D-A 转换器模拟范围设置输出	
5	AOUT	D-A 转换器电流输出	
6	PENIRQ	触摸笔中断	1. 封装:采用 64TQFP
7	POL	SPI 时钟极性	2. 用途:可编程触摸屏控制
8	GPIO_0	通用输入与输出 0	与音频编解码器
9	GPIO_1	通用输入与输出 1	3. 应用领域:个人数字助
10	GPIO_2	通用输入与输出 2	理、移动电话、MP3 播放器、家
11	GPIO_3	通用输入与输出 3	电、智能手机
12	GPIO_4	通用输入与输出 4	4. 典型应用电路如图 2-119
13	GPIO_5/CLKO	通用输入与输出 5/缓冲振荡器时钟输出	所示
14	DVDD	数字电源	
15	DGND	数字地	
16	SS	从选择输入	
17	SCLK	SPI 时钟输入	
18	MOSI	SPI 数据输入	
19	MISO	SPI 数据输出	

（续）

引脚号	引脚符号	引脚功能	备　注
20	DAV	数据	
21	COI	晶体输入	
22	COO	晶体输出	
23	MCLK	主时钟输入到音频编解码器	
24	BCLK	I^2S 接口位时钟	
25	LRCLK	I^2S 接口左/右时钟	
26	I^2SDIN	I^2S 接口串行数据输入	
27	I^2SDOUT	I^2S 接口串行数据输出	
28	DVDD	数字电源	
29	DGND	数字地	
30	$\overline{KBIRQ}$	键盘中断	
31	$\overline{RESET}$	设备复位	
32	R1	键盘行 1	
33	R2	键盘行 2	
34	R3	键盘行 3	
35	R4	键盘行 4	
36	C1	键盘列 1	
37	C2	键盘列 2	
38	C3	键盘列 3	1. 封装:采用 64TQFP
39	C4	键盘列 4	2. 用途:可编程触摸屏控制
40	LLINEIN	左通道模拟输入到音频编解码器	与音频编解码器
41	RLINEIN	右通道模拟输入到音频编解码器	3. 应用领域:个人数字助
42	MICIN	送话器模拟输入	理、移动电话、MP3 播放器、家
43	MICBIAS	电压偏压输出	电、智能手机
44	VCM	共模电压旁路电容器	4. 典型应用电路如图 2-119
45	NC	空引脚	所示
46	AFILT	音频 A-D 转换器抗锯齿滤波电容器	
47	VREF +	正音频编解码器参考电压	
48	VREF −	负音频编解码器参考电压	
49	MONO +	单声道差分输出 +	
50	MONO −	单声道差分输出 −	
51	VOUTR	右线音频输出	
52	VOUTL	左线音频输出	
53	AGND	模拟地	
54	AVDD	模拟电源	
55	HPL	左耳机放大器输出	
56	HPR	右耳机放大器输出	
57	HPGND	模拟地	
58	X −	位置输入 −	
59	Y −	位置输入 −	
60	X +	位置输入 +	
61	Y +	位置输入 +	
62	HPVDD	模拟电源	
63	AUX1	SAR 辅助模拟输入 1	
64	AUX2	SAR 辅助模拟输入 2	

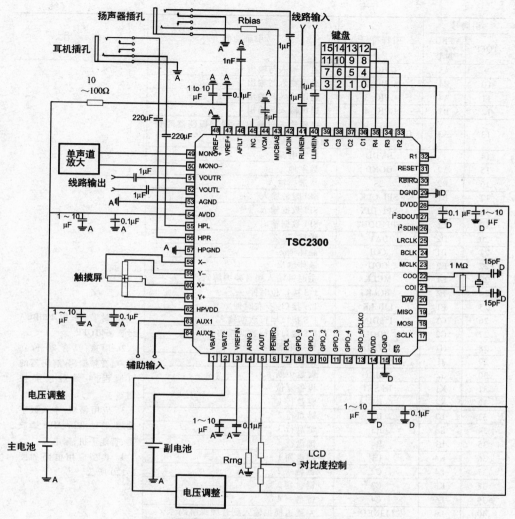

图 2-119　TSC2300 典型应用电路

137. TSC2301

引脚号		引脚符号	引脚功能	备　　注
TQFP	VFBGA 封装			
1	A10	VBAT1	电池监视器输入 1	1. 封装:采用 120BGA 封装、64TQFP
2	B9	VBAT2	电池监视器输入 2	2. 用途:具有 20 位立体声、音频编码/解码器的可编程、4 线触摸屏控制器
3	A9	VREFIN	SAR 参考电压	3. 应用领域:个人数字助理、移动电话、MP3 播放器、智能手机、家电
4	B8	DAC$_{set}$	D-A 转换器模拟范围设置输出	
5	A8	DAC$_{out}$	D-A 转换器电流输出	
6	A7	$\overline{PENIRQ}$	触摸笔中断	
7	B6	POL	SPI 时钟极性	4. 典型应用电路如图 2-120 所示
8	A6	GPIO_0	通用输入与输出 0	

（续）

引脚号		引脚符号	引脚功能	备　注
TQFP	VFBGA 封装			
9	A5	GPIO_1	通用输入与输出 1	
10	B4	GPIO_2	通用输入与输出 2	
11	A4	GPIO_3	通用输入与输出 3	
12	B3	GPIO_4	通用输入与输出 4	
13	A3	GPIO_5/CLKO	通用输入与输出 5/缓冲振荡器时钟输出	
14		DVDD	数字电源	
15	A2	DGND	数字地	
16	B2	SS	从选择输入	
17	B1	SPI_CLK	SPI 时钟输入	
18	C2	SPI_DIN	SPI 数据输入	
19	C1	SPI_DOUT	SPI 数据输出	
20	D2	DAV	数据	
21	D1	COI	晶体输入	
22	E2	COO	晶体输出	
23	E1	MCLK	主时钟输入到音频编解码器	1. 封装：采用 120BGA
24	F2	BCLK	I^2S 接口位时钟	封装、64TQFP
25	F1	LRCLK	I^2S 接口左/右时钟	2. 用途：具有 20 位立
26	G1	I^2SDIN	I^2S 接口串行数据输入	体声、音频编码/解码器的
27	G2	I^2SDOUT	I^2S 接口串行数据输出	可编程、4 线触摸屏控
28	H1	DVDD	数字电源	制器
29	J1	DGND	数字地	3. 应用领域：个人数字
30	J2	KBIRQ	键盘中断	助理、移动电话、MP3 播放
31	K1	RESET	设备复位	器、智能手机、家电
32	K2	R1	键盘行 1	4. 典型应用电路如图
33	L2	R2	键盘行 2	2-120 所示
34	K3	R3	键盘行 3	
35	L3	R4	键盘行 4	
36	K4	C1	键盘列 1	
37	L4	C2	键盘列 2	
38	K5	C3	键盘列 3	
39	L5	C4	键盘列 4	
40	L6	LLINEIN	左通道模拟输入到音频编解码器	
41	L7	RLINEIN	右通道模拟输入到音频编解码器	
42	K7	MICIN	送话器模拟输入	
43	L8	MICBIAS	电压偏压输出	
44	K8	VCM	共模电压旁路电容器	
45	L9	AFILTR	右声道音频 A-D 转换器抗锯齿滤波电容器	
46	K9	AFILTL	左声道音频 A-D 转换器抗锯齿滤波电容器	
47	L10	VREF +	正音频编解码器参考电压	
48	K10	VREF −	负音频编解码器参考电压	
49	K11	MONO +	单声道差分输出 +	
50	J10	MONO −	单声道差分输出 −	
51	J11	VOUTR	右线音频输出	
52	H10	VOUTL	左线音频输出	
53	H11	AGND	模拟地	

（续）

引脚号		引脚符号	引脚功能	备　注
TQFP	VFBGA封装			
54	G10	AVDD	模拟电源	1. 封装:采用 120BGA封装、64TQFP
55	G11	HPL	左耳机放大器输出	2. 用途:具有 20 位立体声、音频编码/解码器的可编程、4 线触摸屏控制器
56	F10	HPR	右耳机放大器输出	
57	F11	HPGND	模拟地	
58	E11	X −	位置输入 −	3. 应用领域:个人数字助理、移动电话、MP3 播放器、智能手机、家电
59	E10	Y −	位置输入 −	
60	D11	X +	位置输入 +	
61	D10	Y +	位置输入 +	
62	C11	HPVDD	模拟电源	4. 典型应用电路如图2-120 所示
63	B11	AUX1	SAR 辅助模拟输入 1	
64	B10	AUX2	SAR 辅助模拟输入 2	

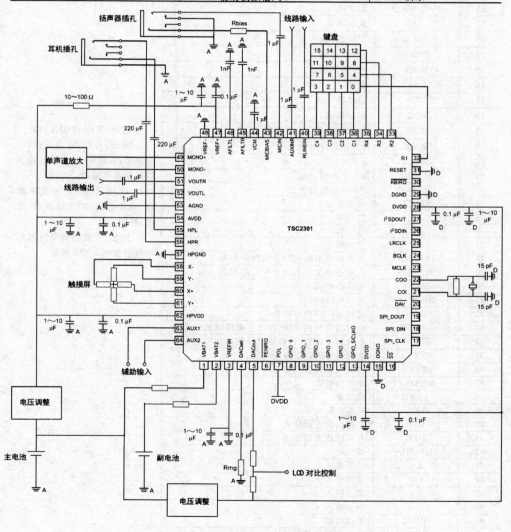

图 2-120　TSC2301 典型应用电路

138. TSC2302

引脚号	引脚符号	引脚功能	备　　注
1	AUX2	SAR 辅助模拟输入 2	
2	VBAT1	电池监视器输入 1	
3	VBAT2	电池监视器输入 2	
4	VREFIN	SAR 参考电压	
5	ARNG	数据转换器模拟范围设置输出	
6	AOUT	D-A 转换器模拟电流输出	
7	$\overline{\text{PENIRQ}}$	触摸笔中断	
8	POL	SPI 极性时钟	
9	GPIO_5/CLKO	通用输出与输入 5/缓冲振荡器时钟输出	
10	DV$_{DD}$	数字电源	
11	DGND	数字地	
12	$\overline{\text{SS}}$	从选择输入	
13	SCLK	SPI 时钟输入	
14	MOSI	SPI 数据输入	
15	MISO	SPI 数据输出	
16	$\overline{\text{DAV}}$	数据	
17	COI	晶体输入	
18	COO	晶体输出	
19	MCLK	音频编解码器主时钟输入	1. 封装:采用 48QFN 封装
20	BCLK	I^2S 接口位时钟	2. 用途:具有 20 位立体声、
21	LRCLK	I^2S 接口左/右时钟	音频编码/解码器的可编程、4
22	I^2SDIN	I^2S 串行数据输入	线触摸屏控制器
23	I^2SDOUT	I^2S 串行数据输出	3. 应用领域:个人数字助
24	RESET	设备复位	理、移动电话、MP3 播放器、家
25	NC	空引脚	电、智能手机
26	NC	空引脚	4. 封装、主要引脚及内部结
27	NC	空引脚	构框图如图 2-121 所示
28	LLINEIN	左通道模拟输入到音频编解码器	
29	RLINEIN	右通道模拟输入到音频编解码器	
30	MICIN	送话器模拟输入	
31	MICBIAS	电压偏压输出	
32	VCM	共模电压旁路电容器	
33	AFILTR	右声道音频模-数转换器反锯齿滤波电容器	
34	AFILTL	左声道音频模-数转换器反锯齿滤波电容器	
35	VREF +	音频编解码器正参考电压	
36	VREF −	音频编解码器负参考电压	
37	MONO +	单差分输出	
38	AGND	模拟地	
39	AV$_{DD}$	模拟电源	
40	HPL	左耳机放大器输出	
41	HPR	右耳机放大器输出	
42	HPGND	模拟地	
43	X −	位置输入 −	
44	Y −	位置输入 −	
45	X +	位置输入 +	
46	Y +	位置输入 +	
47	HPV$_{DD}$	模拟电源	
48	AUX1	SAR 辅助模拟输入 1	

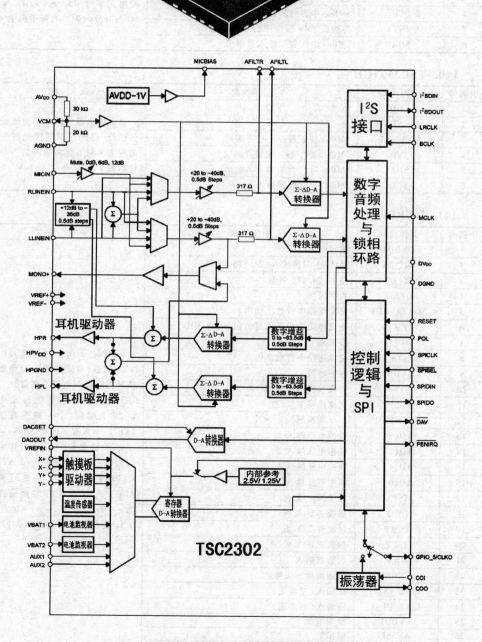

图 2-121　TSC2302 封装、主要引脚与内部结构框图

139. TSL2560、TSL2561

引脚号	引脚符号	引脚功能	备　注
1	VDD	电源	
2	ADDR SEL	SMBus 设备选择—三态缓冲	该集成电路为光源传感器,
3	GND	地	应用在苹果 iPhone 2G、iPhone
4	SCL	SMBus 串行时钟输入	3G 与 iPhone 3GS 智能手机上
5	INT	等级或 SMB 报警中断	
6	SDA	SMBus 串行数据输入与输出	

140. TSL2563CL

引脚号	引脚符号	引脚功能	备　注
1	VDD	电源	
2	GND	地	该集成电路为数字环境光线
3	ADR_SEL	SMBus 装置选择—三态缓冲	传感器,是能根据周围光亮明
4	INT	SMB 报警中断—漏极开路	暗程度来调节屏幕明暗的一种
5	SDA	SMBus 串行数据输入与输出	传感器
6	SCL	SMBus 串行时钟输入	

141. UCB1400

引脚号	引脚符号	引脚功能	备　注
1	DVDD1	数字电源	
2	XTL_IN	晶体/主时钟输入(24.576 MHz)	
3	XTL_OUT	晶体(24.576 MHz)	
4	DVSS1	数字地	
5	SDATA_OUT	交流连接串行数据输出	
6	BIT_CLK	交流连接串行数据时钟(12.288 MHz)	
7	DVSS2	数字地	
8	SDATA_IN	交流连接串行数据输入	1. 封装:采用 48 引脚 LQFP
9	DVDD2	数字电源	2. 用途:音频编解码器与触
10	SYNC	交流采样同步连接	摸屏控制器和电源管理监控
11	RESET	交流连接主复位	3. 应用领域:智能移动电
12	ADCSYNC	A-D 转换器同步脉冲	话、掌上电脑、个人智能通信
13	AD(3)	模拟电压输入 3	(PIC)、个人数字助理(PDA)
14	AD(2)	模拟电压输入 2	4. 关键参数:AVDD 工作电
15	AD(1)	模拟电压输入 1	压为 3~3.3(典型值)~3.6V、
16	AD(0)	模拟电压输入 0	DVDD 工作电压为 3~3.3(典
17	TSPX	触摸屏正 X 板	型值)~3.6V、工作温度范围
18	TSMX	触摸屏负 X 板	为 -40~85℃
19	TSMY	触摸屏负 Y 板	5. 典型应用电路如图 2-122
20	TSPY	触摸屏正 Y 板	所示
21	MICP	送话器输入	
22	MICGND	送话器地开关输入	
23	LINE_IN_L	线输入(左声道)	
24	LINE_IN_R	线输入(右声道)	
25	AVDD1	模拟电源	
26	AVSS1	模拟地	
27	VREF	参考电压	

（续）

引脚号	引脚符号	引脚功能	备　注
28	VADCP	音频 A-D 转换器正参考电压	
29	IRQOUT	中断输出	
30	VREFBYP	基准旁路输出/外部参考电压输入	1. 封装:采用 48 引脚 LQFP
31	VADCN	音频 A-D 转换器负参考电压	2. 用途:音频编解码器与触
32	AVDD2	模拟电源	摸屏控制器和电源管理监控
33	AVSS2	模拟地	3. 应用领域:智能移动电
34	VREFDRV	耳机驱动器参考电压	话、掌上电脑、个人智能通信
35	LINE_OUT_L	线输出(左声道)	(PIC)、个人数字助理(PDA)
36	LINE_OUT_R	线输出(右声道)	4. 关键参数:AVDD 工作电
37	GPIO(0)	通用输入/输出 0	压为 3~3.3(典型值)~3.6V、
38	AVDD3	模拟电源	DVDD 工作电压为 3~3.3(典
39	GPIO(1)	通用输入/输出 1	型值)~3.6V、工作温度范围
40	GPIO(2)	通用输入/输出 2	为 -40~85℃
41	GPIO(3)	通用输入/输出 3	5. 典型应用电路如图 2-122
42	AVSS3	模拟地	所示
43	GPIO(4)	通用输入/输出 4	
44	GPIO(5)	通用输入/输出 5	
45	GPIO(6)	通用输入/输出 6	
46	GPIO(7)	通用输入/输出 7	
47	GPIO(8)	通用输入/输出 8	
48	GPIO(9)	通用输入/输出 9	

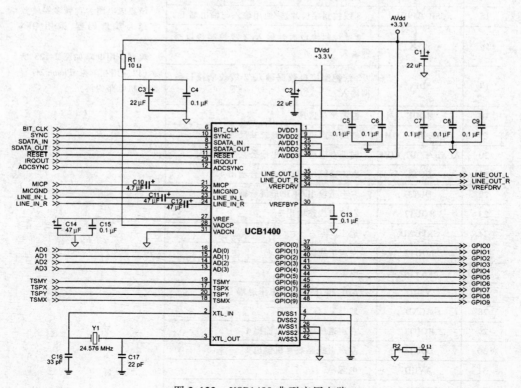

图 2-122　USB1400 典型应用电路

142. WM8758

引脚号	引脚符号	引脚功能	备 注
1	LIP	左送话器前置放大器的正输入端	
2	LIN	左送话器前置放大器的负输入端	
3	L2/GPIO2	左声道线路输入、辅助送话器前置放大器正输入2/通用输入与输出端2	
4	RIP	右送话器前置放大器的正输入端	
5	RIN	右送话器前置放大器的负输入端	
6	R2/GPIO3	右声道线路输入、辅助送话器前置放大器正输入2/通用输入与输出端3	
7	LRC	DAC 和 ADC 采样速率时钟	
8	BCLK	数字音频位时钟	
9	ADCDAT	ADC 数字音频数据输出	
10	DACDAT	DAC 数字音频数据输入	
11	MCLK	主时钟输入	
12	DGND	数字地	
13	DCVDD	数字核心逻辑电源	
14	DBVDD	数字缓冲(I/O 接口)电源	
15	CSB/GPIO1	3 线控制接口片选/通用输入与输出端1	该集成电路为音频多媒体数字信号编解码器,采用 QFN 封装
16	SCLK	3 线控制接口时钟输入/2 线控制接口时钟输入	典型应用电路如图 2-123 所示(以应用在苹果 iPhone 2G 智能手机电路为例)
17	SDIN	3 线控制接口数据输入/2 线控制接口数据输入	
18	MODE	控制接口选择	
19	AUXL/HP_COM	辅助左声道/耳机地公共反馈输入	
20	AUXR/LOUT_COM	辅助右声道/线输出地公共反馈输入	
21	OUT4	右声道输出/单声道混合输出 4	
22	OUT3	左声道输出/单声道混合输出 3	
23	ROUT2	右声道线路输出 2	
24	SKPGND	地	
25	LOUT2	左声道线路输出 2	
26	SPKVDD	电源	
27	VMID	ADC 和 DAC 参考电压退耦	
28	AGND	地	
29	ROUT1	右声道线路或耳机输出 1	
30	LOUT1	左声道线路或耳机输出 1	
31	AVDD	电源	
32	MICBIAS	送话器偏置	

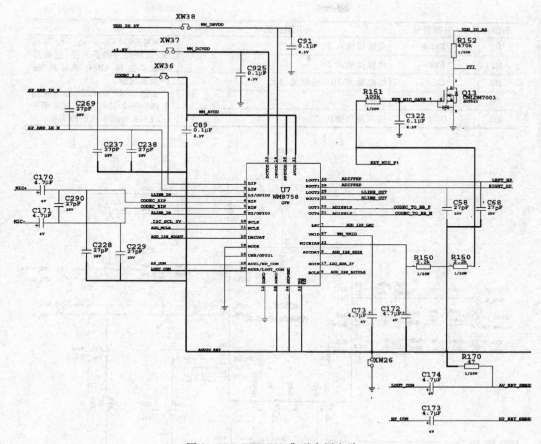

图 2-123 WM8758 典型应用电路

143. WM9093ECS-R

引脚号	引脚符号	引脚功能	备 注
A1	HPR	右耳机输出	
A2	HPL	左耳机输出	
A3	CPVSS	电荷泵负电源轨去耦	
A4	CP	电荷泵反激式电容(+)	
A5	CN	电荷泵反激式电容(−)	WM9093ECS-R 是一种高性
B1	BIAS	中轨电压退耦	能、低功耗音频子系统,包括耳
B2	SDA	控制接口数据	机驱动器和 AB/D 类耳机/扬
B3	SCL	控制接口时钟	声器驱动器
B4	HPVDD	模拟电源	采用 20 球 W-CSP,典型应用
B5	CPVDD	电源	电路如图 2-124 所示(以应用在
C1	IN1+	正模拟输入 1	LG E510 智能手机电路为例)
C2	IN1−	负模拟输入 1	
C3	IN3+	正模拟输入 3(为旁路通道)	
C4	GND	地	
C5	OUT+	扬声器正输出	

（续）

引脚号	引脚符号	引脚功能	备　注
D1	IN2 +	正模拟输入 2	WM9093ECS-R 是一种高性能、低功耗音频子系统，包括耳机驱动器和 AB/D 类耳机/扬声器驱动器
D2	IN2 −	负模拟输入 2	
D3	IN3 −	模拟输入 3（为旁路通道）	采用 20 球 W-CSP，典型应用电路如图 2-124 所示（以应用在 LG E510 智能手机电路为例）
D4	SVDD	电源	
D5	OUT −	扬声器负输出	

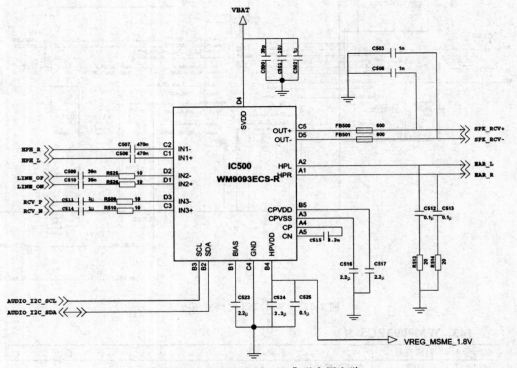

图 2-124　WM9093ECS-R 典型应用电路

144. WM9713L

引脚号	引脚符号	引脚功能	备　注
1	DBVDD	数字输入与输出缓冲器电源	
2	MCLKA	主时钟 A 输入	
3	MCLKB/GPIO6（ADA/MASK）	主时钟 B 输入/通用输入与输出端 6（ADA 输出/MASK 输入）	WM9713L 是专为移动计算和通信设备设计的一款高度集成的音频＋触摸屏复合解码器，采用 48 引脚 QFN 封装，内部结构框图如图 2-125 所示
4	DGND1	数字地	
5	SDATAOUT	串行数据输出	
6	BITCLK	串行接口时钟输出到控制器	
7	DGND2	数字地	
8	SDATAIN	串行数据输入	
9	DCVDD	数字核心电源	
10	SYNC	串行接口同步脉冲（来自控制器）	

（续）

引脚号	引脚符号	引脚功能	备　注
11	RESETB/GPIO7/ PENDOWN	复位/通用输入与输出 7/落笔输出	
12	WIPER/AUX4/ GPIO8/（SPDIF）	5 线触摸屏/辅助 ADC 输入 4/通用输入 与输出 8/（数字音频接口）	
13	TPVDD	触摸屏驱动程序电源	
14	X +	触摸屏连接:4 线 X +（右）/5 线右底部	
15	Y +	触摸屏连接:4 线 X +（顶部）/5 线左顶部	
16	X −	触摸屏连接:4 线 X −（左）/5 线左顶部	
17	Y −	触摸屏连接:4 线 Y −（底部）	
18	TPGND	触摸屏驱动程序地	
19	PC_BEEP	线路输入,模拟音频调音台	
20	MONOIN	单声输入	
21	MIC1	送话器前置放大器 A 输入 1	
22	MICCM	送话器的共模输入	
23	LINEL	左线输入	
24	LINER	右线输入	
25	AVDD	模拟电源	
26	AGND	模拟地	
27	VREF	内部参考电压	
28	MICBIAS	送话器偏置电压	
29	MIC2A/ COMP1/AUX1	送话器前置放大器 A 输入 2/比较器输入 1/辅助 ADC 输入 1	WM9713L 是专为移动计算 和通信设备设计的一款高度集 成的音频 + 触摸屏复合解码
30	MIC2B/ COMP2/AUX2	送话器前置放大器 B 输入 2/比较器输入 2/辅助 ADC 输入 2	器,采用 48 引脚 QFN 封装,内 部结构框图如图 2-125 所示
31	MONO	单声道输出驱动器	
32	CAP2	内部参考电压	
33	OUT4	辅助输出驱动器 4	
34	SPKGND	扬声器地	
35	SPKL	左扬声器驱动	
36	SPKR	右扬声器驱动	
37	OUT3	辅助输出驱动器 3	
38	SPKVDD	扬声器电源	
39	HPL	耳机左驱动	
40	HPGND	耳机地	
41	HPR	耳机右驱动	
42	AGND2	模拟地	
43	HPVDD	耳机电源	
44	GPIO1/PCMCLK	通用输入与输出 1/PCM 接口时钟	
45	GPIO2/IRQ	通用输入与输出 2/中断请求输出	
46	GPIO3/PENDOWN /PCMFS	通用输入与输出 3/落笔输出/PCM 帧 信号	
47	GPIO4/ADA/MASK/ PCMDAC	通用输入与输出 4/ADC 有效数据输出/ 屏蔽输入/PCM 输入（DAC）数据	
48	GPIO5/SPDIF/ PCMADC	通用输入与输出 5/SPDIF 数字音频输出/ PCM 输出（ADC）数据	

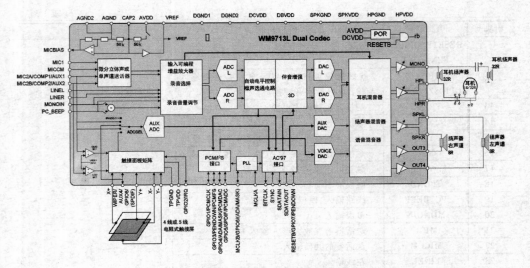

图 2-125　WM9713L 内部结构框图

145. XC2404A816

引脚号	引脚符号	引脚功能	备　注
1	RFIN	RF 输入	XC2404A816 为低噪声放大器, 采用了小型 USP-8A01 (1.5mm×1.5mm×0.6mm) 典型应用电路如图 2-126 所示 (以应用在华为 K3 智能手机电路为例)
2	VSS1	地	
3	VSS2	地	
4	VSS3	地	
5	RF_OUT	RF 输出	
6	VDD3	电源	
7	VDD2	电源	
8	VDD1	电源	

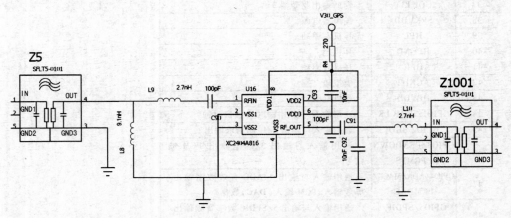

图 2-126　XC2404A816 典型应用电路

146. XC6219B332MR

引脚号	引脚符号	引脚功能	备 注
1	VIN	电压输入	XC6219B332MR 是高精度、低噪声、采用 CMOS 生产工艺的 LDO 电压调整器芯片
2	VSS	地	
3	CE	ON/OFF 控制	
4	NC	空引脚	典型应用电路如图 2-127 所示(以应用在华为 K3 智能手机电路为例)
5	VOUT	电压输出	

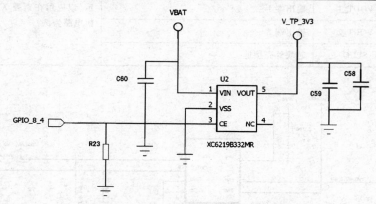

图 2-127　XC6219B332MR 典型应用电路

147. XC6221A332MR

引脚号	引脚符号	引脚功能	备 注
1	VIN	电压输入	该集成电路为兼容低 ESR 高速 LDO 稳压器,带 ON/OFF 开关,采用 SOT-25 封装
2	VSS	地	
3	CE	ON/OFF 控制	
4	NC	空引脚	典型应用电路如图 2-128 所示(以应用在 HTC_G23 智能手机电路为例)
5	VOUT	电压输出	

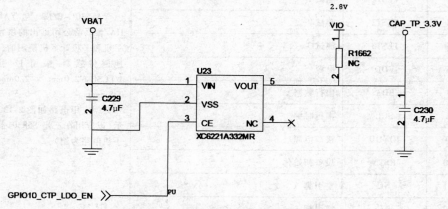

图 2-128　XC6221A332MR 典型应用电路

148. XC6415_ A

引脚号	引脚符号	引脚功能	备 注
1	EN2	ON/OFF 控制 2	
2	VIN	电源输入	XC6415_A 为双 LDO 稳压器,带有 ON/OFF 开关;采用 SOUT-26 与 USP-6C 封装
3	EN1	ON/OFF 控制 1	
4	GND	地	
5	VOUT_1	输出端 1	典型应用电路如图 2-129 所示(以应用在索爱 X10 智能手机电路为例)
6	VOUT_2	输出端 2	
7	SLUG	芯块外壳接地	

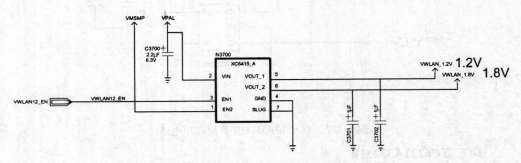

图 2-129 XC6415_A 典型应用电路

149. YAS530C-PZE2

引脚号	引脚符号	引脚功能	备 注
1	INT	中断	
2	VSS	地	
3	TEST1	测试 1	
4	TEST2	测试 2	YAS530C-PZE2 为 YAMA-HA/雅马哈公司推出的供智能手机和平板计算机使用的三轴地磁传感器,采用 12 引脚 WLCSP(2.0mm × 2.0mm × 0.8mm)
5	TEST3	测试 3	
6	VDD	电源	
7	SDA	串行数据	
8	SCL	串行时钟	典型应用电路如图 2-130 所示(以应用在三星 S5830i 智能手机电路为例)
9	IOVDD	接口电源	
10	RSTN	设备初始化	
11	NC	空引脚	
12	NC	空引脚	

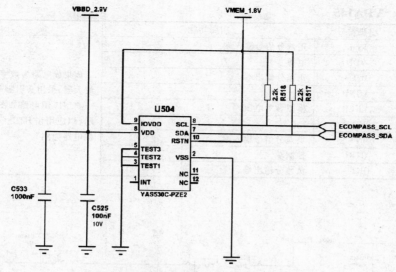

图 2-130 YAS530C-PZE2 典型应用电路

150. YB1518

引脚号	引脚符号	引脚功能	备　　注
1	SW	开关	YB1518 为升压 DC-DC 变换器白光 LED 驱动器,采用 SOT23-5 封装 典型应用电路如图 2-131 所示(以应用在华为 K3 智能手机电路为例)
2	GND	地	
3	FB	反馈	
4	CTRL	关机和亮度控制	
5	VIN	电源输入	

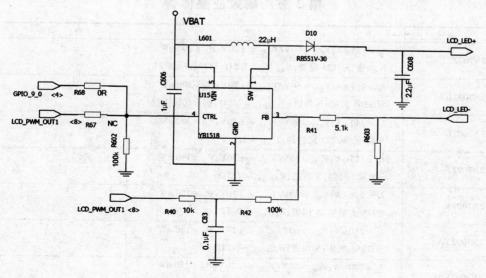

图 2-131 YB1518 典型应用电路

151. YDA145

引脚号	引脚符号	引脚功能	备 注
A1	IN +	正差分信号输入端	
A2	VDD	电源	该集成电路为数字音频功率
A3	OUT +	正差分输出端	放大器,采用9引脚 WLCSP
B1	AGND	地	典型应用电路如图 2-132 所
B2	VREF	模拟参考电压	示(以应用在 HTC_G23 智能手
B3	PGND	地	机电路为例)
C1	IN −	负差分信号输入端	
C2	CTRL	控制端	
C3	OUT −	负差分输出端	

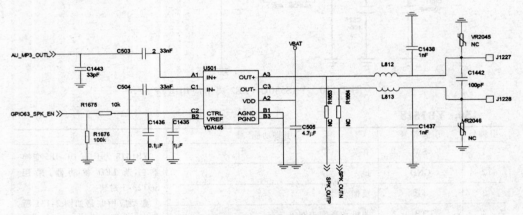

图 2-132　YDA145 典型应用电路

第 2 节　场效应晶体管

型号	参　　数	备　注
2N7002	$I_D = 115\,\mathrm{mA}; V_{DSS} = 60\,\mathrm{V}/V_{GSS} = \pm 20\,\mathrm{V}; P_D = 300\,\mathrm{mW}$ N 沟道;SOT23 封装;$R_{DS(ON)} = 7.5\,\Omega$;贴片代码 S72	
2N7002DW	$I_D = 115\,\mathrm{mA}; V_{DSS} = 60\,\mathrm{V}/V_{GSS} = \pm 20\,\mathrm{V}; P_D = 200\,\mathrm{mW}$ SOT363 封装;N 沟道;$R_{DS(ON)} = 7.5\,\Omega$;贴片代码 K72	
2N7002E	$I_D = 240\,\mathrm{mA}; V_{DSS} = 60\,\mathrm{V}/V_{GSS} = \pm 20\,\mathrm{V}; P_D = 300\,\mathrm{mW}$ N 沟道;SOT23 封装;$R_{DS(ON)} = 3\,\Omega$	
2N7002T	$I_D = 115\,\mathrm{mA}; V_{DSS} = 60\,\mathrm{V}/V_{GSS} = \pm 20\,\mathrm{V}; P_D = 150\,\mathrm{mW}$ SOT523 封装;N 沟道;$R_{DS(ON)} = 7.5\,\Omega$	
2N7002V	$I_D = 280\,\mathrm{mA}; V_{DSS} = 60\,\mathrm{V}/V_{GSS} = \pm 20\,\mathrm{V}; P_D = 150\,\mathrm{mW}$ SOT563 封装;N 沟道;$R_{DS(ON)} = 7.5\,\Omega$	
2N7002VA	$I_D = 280\,\mathrm{mA}; V_{DSS} = 60\,\mathrm{V}/V_{GSS} = \pm 20\,\mathrm{V}; P_D = 150\,\mathrm{mW}$ SOT563 封装;N 沟道;$R_{DS(ON)} = 7.5\,\Omega$	
2N7002VAC	$I_D = 280\,\mathrm{mA}; V_{DSS} = 60\,\mathrm{V}/V_{GSS} = \pm 20\,\mathrm{V}; P_D = 150\,\mathrm{mW}$ SOT563 封装;N 沟道;$R_{DS(ON)} = 7.5\,\Omega$	

（续）

型号	参 数	备 注
2N7002VC	$I_D = 280\text{mA}$；$V_{DSS} = 60\text{V}/V_{GSS} = \pm 20\text{V}$；$P_D = 150\text{mW}$ SOT563 封装；N 沟道；$R_{DS(ON)} = 7.5\Omega$	
2N7002W	$I_D = 1115\text{mA}$；$V_{DSS} = 60\text{V}/V_{GSS} = \pm 20\text{V}$；$P_D = 200\text{mW}$ SOT323 封装；N 沟道；$R_{DS(ON)} = 7.5\Omega$	
2SK3019	$I_D = 100\text{mA}/I_{DP} = 200\text{mA}/I_{DR} = 100\text{mA}/I_{DRP} = 200\text{mA}$； $V_{DSS} = 30\text{V}/V_{GSS} = \pm 20\text{V}$；$P_D = 150\text{mW}$ SC-75A 封装；贴片代码 KN	
CEDM7001	$I_D = 100\text{mA}/I_{DM} = 200\text{mA}$；$V_{DS} = 20\text{V}/V_{GS} = 10\text{V}$；$P_D = 100\text{mW}$ SOT-883 CASE 封装；N 沟道；贴片代码 H	
CMLDM7003	$I_D = 300\text{mA}/I_{DM} = 1.2\text{A}$；$V_{DS} = 50\text{V}/V_{GS} = 40\text{V}/V_{DG} = 50\text{V}$；$P_D = 350\text{mW}$ SOT-563 CASE 封装；双 N 沟道；贴片代码 C30	
CMLDM7003J	$I_D = 300\text{mA}/I_{DM} = 1.2\text{A}$；$V_{DS} = 50\text{V}/V_{GS} = 40\text{V}/V_{DG} = 50\text{V}$；$P_D = 350\text{mW}$ SOT-563 CASE 封装；双 N 沟道；贴片代码 C3J	
CSD75204W15	$I_{D1D2} = -3\text{A}$（连续漏极）$/I_{D1D2} = -28\text{A}$（脉冲漏极）； $V_{D1D2} = -20\text{V}/V_{GS} = -6\text{V}/V_{GS(th)} = -0.7\text{V}$；$P_D = 0.7\text{W}$ $R_{D1D2(on)} = 140\text{m}\Omega$（$V_{GS} = -1.8\text{V}$）、$R_{D1D2(on)} = 105\text{m}\Omega$ （$V_{GS} = -2.5\text{V}$）、$R_{D1D2(on)} = 80\text{m}\Omega$（$V_{GS} = -4.5\text{V}$） 双 P 沟道；1.5mm × 1.5mm 圆片级封装	
NTHD3100F	$I_R = 1\mu\text{A}$；$V_F = 0.575\text{V}/BV_{DSS} = -20\text{V}$；$P_D = 1.1\text{W}$ $R_{DS(on)} = 80\text{m}\Omega$（$V_{GS} = 4.5\text{V}$） ChipFET ^{TM} 封装（3mm × 2mm）；P 沟道	
NTHD4N02	$I_R = 750\mu\text{A}$；$V_F = 0.365\text{V}/BV_{DSS} = 20\text{V}$；$P_D = 0.91\text{W}$ $R_{DS(on)} = 80\text{m}\Omega$（$V_{GS} = 4.5\text{V}$） ChipFET ^{TM} 封装（3mm × 2mm）；N 沟道	
NTHD4P02	$I_R = 1\mu\text{A}$；$V_F = 0.575\text{V}/BV_{DSS} = -20\text{V}$；$P_D = 1.1\text{W}$ $R_{DS(on)} = 155\text{m}\Omega$（$V_{GS} = 4.5\text{V}$） ChipFET ^{TM} 封装（3mm × 2mm）；P 沟道	

（续）

型号	参　　数	备　注
NTK3134NT1G	$I_D = 890\text{mA}/I_{DM} = 1.8\text{A}; V_{DSS} = 20\text{V}/V_{GS} = \pm 6\text{V}; P_D = 450\text{mW}$ $R_{DS(on)} = 0.35\Omega(V_{GS} = 4.5\text{V}、I_D = 890\text{mA})、R_{DS(on)} = 0.45\Omega(V_{GS} = 2.5\text{V}、I_D = 780\text{mA})、R_{DS(on)} = 0.65\Omega(V_{GS} = 1.8\text{V}、I_D = 700\text{mA})、R_{DS(on)} = 1.2\Omega(V_{GS} = 1.5\text{V}、I_D = 200\text{mA})$ SOT-723 封装;N 沟道	
NTK3134NT5G	$I_D = 890\text{mA}/I_{DM} = 1.8\text{A}; V_{DSS} = 20\text{V}/V_{GS} = \pm 6\text{V}; P_D = 450\text{mW}$ $R_{DS(on)} = 0.35\Omega(V_{GS} = 4.5\text{V}、I_D = 890\text{mA})、R_{DS(on)} = 0.45\Omega(V_{GS} = 2.5\text{V}、I_D = 780\text{mA})、R_{DS(on)} = 0.65\Omega(V_{GS} = 1.8\text{V}、I_D = 700\text{mA})、R_{DS(on)} = 1.2\Omega(V_{GS} = 1.5\text{V}、I_D = 200\text{mA})$ SOT-723 封装;N 沟道	
NTLJD3115PT1G	$I_D = 3.3\text{A}/I_{DM} = -20\text{A}; V_{DSS} = -20\text{V}/V_{GS} = \pm 8\text{V}/V_{GS(th)} = -0.7\text{V}; P_D = 1.5\text{W}$ $R_{DS(on)} = 100\text{m}\Omega(V_{GS} = -4.5\text{V}、I_D = -2\text{A})、R_{DS(on)} = 135\text{m}\Omega(V_{GS} = -2.5\text{V}、I_D = -2\text{A})、R_{DS(on)} = 200\text{m}\Omega(V_{GS} = -1.8\text{V}、I_D = -1.6\text{A})$ 双 P 沟道;2mm × 2mm　WDFN 封装	
NTLJD3115PTAG	$I_D = 3.3\text{A}/I_{DM} = -20\text{A}; V_{DSS} = -20\text{V}/V_{GS} = \pm 8\text{V}/V_{GS(th)} = -0.7\text{V}; P_D = 1.5\text{W}$ $R_{DS(on)} = 100\text{m}\Omega(V_{GS} = -4.5\text{V}、I_D = -2\text{A})、R_{DS(on)} = 135\text{m}\Omega(V_{GS} = -2.5\text{V}、I_D = -2\text{A})、R_{DS(on)} = 200\text{m}\Omega(V_{GS} = -1.8\text{V}、I_D = -1.6\text{A})$ 双 P 沟道;2mm × 2mm　WDFN 封装	
NTLJF3117P	$I_R = 1200\mu\text{A}; V_F = 0.47\text{V}/BV_{DSS} = -20\text{V}; P_D = 1.5\text{W}$ $R_{DS(on)} = 100\text{m}\Omega(V_{GS} = 4.5\text{V})$ 2mm × 2mm WDFN 封装;P 沟道	
NTLJF3118N	$I_R = 1200\mu\text{A}; V_F = 0.365\text{V}/BV_{DSS} = 20\text{V}; P_D = 1.5\text{W}$ $R_{DS(on)} = 60\text{m}\Omega(V_{GS} = 4.5\text{V})$ 2mm × 2mm WDFN 封装;N 沟道	
NTLJF4156N	$I_R = 1200\mu\text{A}; V_F = 0.47\text{V}/BV_{DSS} = 30\text{V}; P_D = 1.5\text{W}$ $R_{DS(on)} = 70\text{m}\Omega(V_{GS} = 4.5\text{V})$ 2mm × 2mm WDFN 封装;N 沟道	

型号	参　　数	备　注
NTMSD3P102	$I_R = 500\mu A; V_F = 0.58V/BV_{DSS} = -20V; P_D = 2W$ $R_{DS(on)} = 125m\Omega(V_{GS} = 4.5V)$ SO-8 双封装(5mm × 6mm);P 沟道	
NTMSD3P303	$I_R = 250\mu A; V_F = 0.42V/BV_{DSS} = -30V; P_D = 2W$ $R_{DS(on)} = 85m\Omega(V_{GS} = 4.5V)$ SO-8 双封装(5mm × 6mm);P 沟道	
NTMSD6N303	$I_R = 250\mu A; V_F = 0.42V/BV_{DSS} = 20V; P_D = 2W$ $R_{DS(on)} = 4m\Omega(V_{GS} = 4.5V)$ SO-8 双封装(5mm × 6mm);N 沟道	
NTZD3155CT1G	$I_D = 540mA(N 沟道)、I_D = -430mA(P 沟道)/I_{DM} = 1500mA(N 沟道)、I_{DM} = -750mA(P 沟道); V_{DSS} = 20V/$ $V_{VGS} = \pm 6V; P_D = 250mW$ $R_{DS(on)} = 0.55\Omega(V_{GS} = 4.5V, I_D = 540mA; N 沟道)、$ $R_{DS(on)} = 0.9\Omega(V_{GS} = 4.5V, I_D = -430mA; P 沟道)/$ $R_{DS(on)} = 0.7\Omega(V_{GS} = 2.5V, I_D = 500mA; N 沟道)、$ $R_{DS(on)} = 1.2\Omega(V_{GS} = -2.5V, I_D = -300mA; P 沟道)/$ $R_{DS(on)} = 0.9\Omega(V_{GS} = 1.8V, I_D = 350mA; N 沟道)、$ $R_{DS(on)} = 2\Omega(V_{GS} = -1.8V, I_D = -150mA; P 沟道);$ 1.6mm × 1.6mm SOT-563-6 封装;N/P 双沟道	
NTZD3155CT2G	$I_D = 540mA(N 沟道)、I_D = -430mA(P 沟道)/I_{DM} = 1500mA(N 沟道)、I_{DM} = -750mA(P 沟道); V_{DSS} = 20V/$ $V_{VGS} = \pm 6V; P_D = 250mW$ $R_{DS(on)} = 0.55\Omega(V_{GS} = 4.5V, I_D = 540mA; N 沟道)、$ $R_{DS(on)} = 0.9\Omega(V_{GS} = 4.5V, I_D = -430mA; P 沟道)/$ $R_{DS(on)} = 0.7\Omega(V_{GS} = 2.5V, I_D = 500mA; N 沟道)、$ $R_{DS(on)} = 1.2\Omega(V_{GS} = -2.5V, I_D = -300mA; P 沟道)/$ $R_{DS(on)} = 0.9\Omega(V_{GS} = 1.8V, I_D = 350mA; N 沟道)、$ $R_{DS(on)} = 2\Omega(V_{GS} = -1.8V, I_D = -150mA; P 沟道);$ 1.6mm × 1.6mm SOT-563-6 封装;N/P 双沟道	
NTZD3155CT5G	$I_D = 540mA(N 沟道)、I_D = -430mA(P 沟道)/I_{DM} = 1500mA(N 沟道)、I_{DM} = -750mA(P 沟道); V_{DSS} = 20V/$ $V_{VGS} = \pm 6V; P_D = 250mW$ $R_{DS(on)} = 0.55\Omega(V_{GS} = 4.5V, I_D = 540mA; N 沟道)、$ $R_{DS(on)} = 0.9\Omega(V_{GS} = 4.5V, I_D = -430mA; P 沟道)/$ $R_{DS(on)} = 0.7\Omega(V_{GS} = 2.5V, I_D = 500mA; N 沟道)、$ $R_{DS(on)} = 1.2\Omega(V_{GS} = -2.5V, I_D = -300mA; P 沟道)/$ $R_{DS(on)} = 0.9\Omega(V_{GS} = 1.8V, I_D = 350mA; N 沟道)、$ $R_{DS(on)} = 2\Omega(V_{GS} = -1.8V, I_D = -150mA; P 沟道);$ 1.6mm × 1.6mm SOT-563-6 封装;N/P 双沟道	

（续）

型号	参　　数	备　注
SCH2817	$I_D = 1.6A/I_{DP} = 6.4A; V_{DSS} = 15V/V_{GSS} = \pm 10V; P_D = 0.6W$ $R_{DS(on)} = 160m\Omega(V_{GS} = 4V, I_D = 800mA)/R_{DS(on)} = 240m\Omega(V_{GS} = 2.5V, I_D = 400mA)/R_{DS(on)} = 350m\Omega$ $(V_{GS} = 1.8V, I_D = 100mA)$ SCH6 封装;N 沟道	
SI8409DB	$I_D = -4.6A/I_{DM} = -25A; V_{DS} = -30V/V_{GS} = \pm 12V; P_D = 1.47W$ $R_{DS(on)} = 0.046\Omega(V_{GS} = -4.5V, I_D = -1A)/R_{DS(on)} = 0.065\Omega(V_{GS} = -2.5V, I_D = -1A)$ 4 焊球(2mm×2mm,0.8mm 间距);P 沟道	
SSM3J16CT	$I_D = -100mA/I_{DP} = -200mA; V_{DS} = -20V/V_{GSS} = \pm 10V; P_D = 100mW$ $R_{DS(on)} = 8\Omega(V_{GS} = -4V, I_D = -10mA)/R_{DS(on)} = 12\Omega$ $(V_{GS} = -2.5V, I_D = -10mA)/R_{DS(on)} = 45\Omega(V_{GS} = -1.5V, I_D = -1mA)$ P 沟道;2-1J1B 封装	
SSM3K16CT-TL3	$I_D = 100mA/I_{DP} = 200mA; V_{DS} = 20V/V_{GSS} = \pm 10V; P_D = 100mW$ $R_{DS(on)} = 3\Omega(V_{GS} = 4V, I_D = 10mA)/R_{DS(on)} = 4\Omega$ $(V_{GS} = 2.5V, I_D = 10mA)/R_{DS(on)} = 15\Omega(V_{GS} = 1.5V, I_D = 1mA)$ N 沟道;2-1J1B 封装	
SSM3K35MFV	$I_D = 180mA/I_{DP} = 360mA; V_{DSS} = 20V/V_{GSS} = \pm 10V; P_D = 150mW$ $R_{DS(on)} = 3\Omega(V_{GS} = 4V, I_D = 50mA)/R_{DS(on)} = 4\Omega(V_{GS} = 2.5V, I_D = 50mA)/R_{DS(on)} = 8\Omega(V_{GS} = 1.5V, I_D = 5mA)/R_{DS(on)} = 20\Omega(V_{GS} = 1.2V, I_D = 5mA)$ N 沟道;2-1L1B 封装;贴片代码为 KZ	
SSM3K37MFV	$I_D = 250mA/I_{DP} = 500mA; V_{DSS} = 20V/V_{GSS} = \pm 10V; P_D = 150mW$ $R_{DS(on)} = 2.2\Omega(V_{GS} = 4.5V, I_D = 100mA)/R_{DS(on)} = 3.02\Omega(V_{GS} = 2.5V, I_D = 50mA)/R_{DS(on)} = 4.05\Omega(V_{GS} = 1.8V, I_D = 20mA)/R_{DS(on)} = 5.6\Omega(V_{GS} = 1.5V, I_D = 10mA)$ 贴片代码 SU;2-1L1B 封装;N 沟道	

（续）

型号	参 数	备 注
SSM6K202FE	$I_D = 2.3A/I_{DP} = 4.6A$; $V_{DS} = 30V/V_{GSS} = \pm 12V$; $P_D = 500mW$ $R_{DS(on)} = 85m\Omega(V_{GS} = 4V, I_D = 1.5A)/R_{DS(on)} = 101m\Omega$ $(V_{GS} = 2.5V, I_D = 1A)/R_{DS(on)} = 145m\Omega(V_{GS} = 1.8V, I_D = 0.5A)$ N 沟道;2-2N1A 封装;贴片代码为 KL	
SSM6K203FE	$I_D = 2.8A/I_{DP} = 5.6A$; $V_{DS} = 20V/V_{GSS} = \pm 10V$; $P_D = 500mW$ $R_{DS(on)} = 61m\Omega(V_{GS} = 4V, I_D = 2A)/R_{DS(on)} = 76m\Omega$ $(V_{GS} = 2.5V, I_D = 2A)/R_{DS(on)} = 106m\Omega(V_{GS} = 1.8V, I_D = 1A)/R_{DS(on)} = 153m\Omega(V_{GS} = 1.5V, I_D = 0.5A)$ N 沟道;2-2N1A 封装;贴片代码为 KM	
SSM6K204FE	$I_D = 2A/I_{DP} = 4A$; $V_{DS} = 20V/V_{GSS} = \pm 10V$; $P_D = 500mW$ $R_{DS(on)} = 126m\Omega(V_{GS} = 4V, I_D = 1A)/R_{DS(on)} = 164m\Omega$ $(V_{GS} = 2.5V, I_D = 1A)/R_{DS(on)} = 214m\Omega(V_{GS} = 1.8V, I_D = 0.5A)/R_{DS(on)} = 307m\Omega(V_{GS} = 1.5V, I_D = 0.3A)$ N 沟道;2-2N1A 封装;贴片代码为 KN	
SSM6K209FE	$I_D = 2.5A/I_{DP} = 5A$; $V_{DSS} = 30V/V_{GSS} = \pm 20V$; $P_D = 500mW$ $R_{DS(on)} = 74m\Omega(V_{GS} = 10V, I_D = 1.5A)/R_{DS(on)} = 145m\Omega$ $(V_{GS} = 4V, I_D = 1A)$ N 沟道;2-2N1A 封装;贴片代码为 NW	

第3节 二 极 管

型号	参 数	备 注
B0520WS	$I_O = 0.5A/I_{FSM} = 2A$; $V_{RRM} = V_{RWM} = V_R = 20V/V_{R(RMS)} = 14V$; $P_D = 235mW$ SOD-323 封装;贴片代码为 SD	表面贴装肖特基整流二极管
BAV99DW	$I_{FM} = 215mA/I_{FSM} = 2A$; $V_{RRM} = V_{RWM} = V_R = 75V/V_{RM} = 100V$; $P_D = 200mW$ SOD-363 封装;贴片代码为 KJG	表面贴装开关二极管阵列
BZX884-B10	$I_F = 200mA/I_Z = 5mA$; $V_Z = 9.8 \sim 10.2V/V_F = 0.9V$; $P_{tot} = 250mW$ SOD882 封装;贴片代码为 AG	稳压二极管

（续）

型号	参　数	备　注
BZX884-B11	$I_F = 200\text{mA}/I_Z = 5\text{mA}; V_Z = 10.78 \sim 11.22\text{V}/V_F = 0.9\text{V};$ $P_{tot} = 250\text{mW}$ SOD882 封装;贴片代码为 AH	稳压二极管
BZX884-B12	$I_F = 200\text{mA}/I_Z = 5\text{mA}; V_Z = 11.76 \sim 12.24\text{V}/V_F = 0.9\text{V};$ $P_{tot} = 250\text{mW}$ SOD882 封装;贴片代码为 AJ	稳压二极管
BZX884-B13	$I_F = 200\text{mA}/I_Z = 5\text{mA}; V_Z = 12.74 \sim 13.26\text{V}/V_F = 0.9\text{V};$ $P_{tot} = 250\text{mW}$ SOD882 封装;贴片代码为 AK	稳压二极管
BZX884-B15	$I_F = 200\text{mA}/I_Z = 5\text{mA}; V_Z = 14.7 \sim 15.3\text{V}/V_F = 0.9\text{V};$ $P_{tot} = 250\text{mW}$ SOD882 封装;贴片代码为 AL	稳压二极管
BZX884-B16	$I_F = 200\text{mA}/I_Z = 5\text{mA}; V_Z = 15.68 \sim 18.32\text{V}/V_F = 0.9\text{V};$ $P_{tot} = 250\text{mW}$ SOD882 封装;贴片代码为 C1	稳压二极管
BZX884-B18	$I_F = 200\text{mA}/I_Z = 5\text{mA}; V_Z = 17.64 \sim 18.36\text{V}/V_F = 0.9\text{V};$ $P_{tot} = 250\text{mW}$ SOD882 封装;贴片代码为 C2	稳压二极管
BZX884-B20	$I_F = 200\text{mA}/I_Z = 5\text{mA}; V_Z = 19.6 \sim 20.4\text{V}/V_F = 0.9\text{V};$ $P_{tot} = 250\text{mW}$ SOD882 封装;贴片代码为 C3	稳压二极管
BZX884-B22	$I_F = 200\text{mA}/I_Z = 5\text{mA}; V_Z = 21.56 \sim 22.44\text{V}/V_F = 0.9\text{V};$ $P_{tot} = 250\text{mW}$ SOD882 封装;贴片代码为 C4	稳压二极管
BZX884-B24	$I_F = 200\text{mA}/I_Z = 5\text{mA}; V_Z = 23.52 \sim 24.48\text{V}/V_F = 0.9\text{V};$ $P_{tot} = 250\text{mW}$ SOD882 封装;贴片代码为 C5	稳压二极管
BZX884-B27	$I_F = 200\text{mA}/I_Z = 2\text{mA}; V_Z = 26.46 \sim 27.54\text{V}/V_F = 0.9\text{V};$ $P_{tot} = 250\text{mW}$ SOD882 封装;贴片代码为 C6	稳压二极管
BZX884-B2V4	$I_F = 200\text{mA}/I_Z = 5\text{mA}; V_Z = 2.35 \sim 2.45\text{V}/V_F = 0.9\text{V};$ $P_{tot} = 250\text{mW}$ SOD882 封装;贴片代码为 A1	稳压二极管
BZX884-B2V7	$I_F = 200\text{mA}/I_Z = 5\text{mA}; V_Z = 2.65 \sim 2.75\text{V}/V_F = 0.9\text{V};$ $P_{tot} = 250\text{mW}$ SOD882 封装;贴片代码为 A2	稳压二极管
BZX884-B30	$I_F = 200\text{mA}/I_Z = 2\text{mA}; V_Z = 29.4 \sim 30.6\text{V}/V_F = 0.9\text{V};$ $P_{tot} = 250\text{mW}$ SOD882 封装;贴片代码为 C7	稳压二极管

（续）

型号	参　　数	备　注
BZX884-B33	$I_F = 200\text{mA}/I_Z = 2\text{mA}$；$V_Z = 32.34 \sim 33.66\text{V}/V_F = 0.9\text{V}$； $P_{tot} = 250\text{mW}$ SOD882 封装；贴片代码为 C8	稳压二极管
BZX884-B36	$I_F = 200\text{mA}/I_Z = 2\text{mA}$；$V_Z = 35.28 \sim 36.72\text{V}/V_F = 0.9\text{V}$； $P_{tot} = 250\text{mW}$ SOD882 封装；贴片代码为 C9	稳压二极管
BZX884-B39	$I_F = 200\text{mA}/I_Z = 2\text{mA}$；$V_Z = 38.22 \sim 39.78\text{V}/V_F = 0.9\text{V}$； $P_{tot} = 250\text{mW}$ SOD882 封装；贴片代码为 CA	稳压二极管
BZX884-B3V0	$I_F = 200\text{mA}/I_Z = 5\text{mA}$；$V_Z = 2.94 \sim 3.06\text{V}/V_F = 0.9\text{V}$；$P_{tot}$ $= 250\text{mW}$ SOD882 封装；贴片代码为 A3	稳压二极管
BZX884-B3V3	$I_F = 200\text{mA}/I_Z = 5\text{mA}$；$V_Z = 3.23 \sim 3.37\text{V}/V_F = 0.9\text{V}$；$P_{tot}$ $= 250\text{mW}$ SOD882 封装；贴片代码为 A4	稳压二极管
BZX884-B3V6	$I_F = 200\text{mA}/I_Z = 5\text{mA}$；$V_Z = 3.53 \sim 3.67\text{V}/V_F = 0.9\text{V}$；$P_{tot}$ $= 250\text{mW}$ SOD882 封装；贴片代码为 A5	稳压二极管
BZX884-B3V9	$I_F = 200\text{mA}/I_Z = 5\text{mA}$；$V_Z = 3.82 \sim 3.98\text{V}/V_F = 0.9\text{V}$； $P_{tot} = 250\text{mW}$ SOD882 封装；贴片代码为 A6	稳压二极管
BZX884-B43	$I_F = 200\text{mA}/I_Z = 2\text{mA}$；$V_Z = 42.14 \sim 43.86\text{V}/V_F = 0.9\text{V}$； $P_{tot} = 250\text{mW}$ SOD882 封装；贴片代码为 CB	稳压二极管
BZX884-B47	$I_F = 200\text{mA}/I_Z = 2\text{mA}$；$V_Z = 46.06 \sim 47.94\text{V}/V_F = 0.9\text{V}$； $P_{tot} = 250\text{mW}$ SOD882 封装；贴片代码为 CC	稳压二极管
BZX884-B4V3	$I_F = 200\text{mA}/I_Z = 5\text{mA}$；$V_Z = 4.21 \sim 4.39\text{V}/V_F = 0.9\text{V}$； $P_{tot} = 250\text{mW}$ SOD882 封装；贴片代码为 A7	稳压二极管
BZX884-B4V7	$I_F = 200\text{mA}/I_Z = 5\text{mA}$；$V_Z = 4.61 \sim 4.79\text{V}/V_F = 0.9\text{V}$； $P_{tot} = 250\text{mW}$ SOD882 封装；贴片代码为 A8	稳压二极管
BZX884-B51	$I_F = 200\text{mA}/I_Z = 2\text{mA}$；$V_Z = 49.98 \sim 52.02\text{V}/V_F = 0.9\text{V}$； $P_{tot} = 250\text{mW}$ SOD882 封装；贴片代码为 CD	稳压二极管
BZX884-B56	$I_F = 200\text{mA}/I_Z = 2\text{mA}$；$V_Z = 54.88 \sim 57.12\text{V}/V_F = 0.9\text{V}$； $P_{tot} = 250\text{mW}$ SOD882 封装；贴片代码为 CE	稳压二极管

（续）

型号	参　　　数	备　注
BZX884-B5V1	$I_F = 200\text{mA}/I_Z = 5\text{mA}$；$V_Z = 5 \sim 5.2\text{V}/V_F = 0.9\text{V}$； $P_{tot} = 250\text{mW}$ SOD882 封装；贴片代码为 A9	稳压二极管
BZX884-B5V6	$I_F = 200\text{mA}/I_Z = 5\text{mA}$；$V_Z = 5.49 \sim 5.71\text{V}/V_F = 0.9\text{V}$； $P_{tot} = 250\text{mW}$ SOD882 封装；贴片代码为 AA	稳压二极管
BZX884-B62	$I_F = 200\text{mA}/I_Z = 2\text{mA}$；$V_Z = 60.76 \sim 63.24\text{V}/V_F = 0.9\text{V}$； $P_{tot} = 250\text{mW}$ SOD882 封装；贴片代码为 CF	稳压二极管
BZX884-B68	$I_F = 200\text{mA}/I_Z = 2\text{mA}$；$V_Z = 66.64 \sim 69.36\text{V}/V_F = 0.9\text{V}$； $P_{tot} = 250\text{mW}$ SOD882 封装；贴片代码为 CG	稳压二极管
BZX884-B6V2	$I_F = 200\text{mA}/I_Z = 5\text{mA}$；$V_Z = 6.08 \sim 6.32\text{V}/V_F = 0.9\text{V}$； $P_{tot} = 250\text{mW}$ SOD882 封装；贴片代码为 AB	稳压二极管
BZX884-B6V8	$I_F = 200\text{mA}/I_Z = 5\text{mA}$；$V_Z = 6.66 \sim 6.94\text{V}/V_F = 0.9\text{V}$； $P_{tot} = 250\text{mW}$ SOD882 封装；贴片代码为 AC	稳压二极管
BZX884-B75	$I_F = 200\text{mA}/I_Z = 2\text{mA}$；$V_Z = 73.5 \sim 76.5\text{V}/V_F = 0.9\text{V}$； $P_{tot} = 250\text{mW}$ SOD882 封装；贴片代码为 CH	稳压二极管
BZX884-B7V5	$I_F = 200\text{mA}/I_Z = 5\text{mA}$；$V_Z = 7.35 \sim 7.65\text{V}/V_F = 0.9\text{V}$； $P_{tot} = 250\text{mW}$ SOD882 封装；贴片代码为 AD	稳压二极管
BZX884-B8V2	$I_F = 200\text{mA}/I_Z = 5\text{mA}$；$V_Z = 8.04 \sim 8.36\text{V}/V_F = 0.9\text{V}$； $P_{tot} = 250\text{mW}$ SOD882 封装；贴片代码为 AE	稳压二极管
BZX884-B9V1	$I_F = 200\text{mA}/I_Z = 5\text{mA}$；$V_Z = 8.92 \sim 9.28\text{V}/V_F = 0.9\text{V}$； $P_{tot} = 250\text{mW}$ SOD882 封装；贴片代码为 AF	稳压二极管
BZX884-C10	$I_F = 200\text{mA}/I_Z = 5\text{mA}$；$V_Z = 9.5 \sim 10.5\text{V}/V_F = 0.9\text{V}$； $P_{tot} = 250\text{mW}$ SOD882 封装；贴片代码为 BG	稳压二极管
BZX884-C11	$I_F = 200\text{mA}/I_Z = 5\text{mA}$；$V_Z = 10.45 \sim 11.55\text{V}/V_F = 0.9\text{V}$； $P_{tot} = 250\text{mW}$ SOD882 封装；贴片代码为 BH	稳压二极管
BZX884-C12	$I_F = 200\text{mA}/I_Z = 5\text{mA}$；$V_Z = 11.4 \sim 12.6\text{V}/V_F = 0.9\text{V}$； $P_{tot} = 250\text{mW}$ SOD882 封装；贴片代码为 BJ	稳压二极管

（续）

型号	参　　数	备　注
BZX884-C13	$I_F = 200\text{mA}/I_Z = 5\text{mA}; V_Z = 12.35 \sim 13.65\text{V}/V_F = 0.9\text{V};$ $P_{tot} = 250\text{mW}$ SOD882 封装;贴片代码为 BK	稳压二极管
BZX884-C15	$I_F = 200\text{mA}/I_Z = 5\text{mA}; V_Z = 14.25 \sim 15.75\text{V}/V_F = 0.9\text{V};$ $P_{tot} = 250\text{mW}$ SOD882 封装;贴片代码为 BL	稳压二极管
BZX884-C16	$I_F = 200\text{mA}/I_Z = 5\text{mA}; V_Z = 15.2 \sim 16.8\text{V}/V_F = 0.9\text{V};$ $P_{tot} = 250\text{mW}$ SOD882 封装;贴片代码为 D1	稳压二极管
BZX884-C18	$I_F = 200\text{mA}/I_Z = 5\text{mA}; V_Z = 17.1 \sim 18.9\text{V}/V_F = 0.9\text{V};$ $P_{tot} = 250\text{mW}$ SOD882 封装;贴片代码为 D2	稳压二极管
BZX884-C20	$I_F = 200\text{mA}/I_Z = 5\text{mA}; V_Z = 19 \sim 21\text{V}/V_F = 0.9\text{V};$ $P_{tot} = 250\text{mW}$ SOD882 封装;贴片代码为 D3	稳压二极管
BZX884-C22	$I_F = 200\text{mA}/I_Z = 5\text{mA}; V_Z = 20.9 \sim 23.1\text{V}/V_F = 0.9\text{V};$ $P_{tot} = 250\text{mW}$ SOD882 封装;贴片代码为 D4	稳压二极管
BZX884-C24	$I_F = 200\text{mA}/I_Z = 5\text{mA}; V_Z = 22.8 \sim 25.2\text{V}/V_F = 0.9\text{V};$ $P_{tot} = 250\text{mW}$ SOD882 封装;贴片代码为 D5	稳压二极管
BZX884-C27	$I_F = 200\text{mA}/I_Z = 2\text{mA}; V_Z = 25.65 \sim 28.35\text{V}/V_F = 0.9\text{V};$ $P_{tot} = 250\text{mW}$ SOD882 封装;贴片代码为 D6	稳压二极管
BZX884-C2V4	$I_F = 200\text{mA}/I_Z = 5\text{mA}; V_Z = 2.28 \sim 2.52\text{V}/V_F = 0.9\text{V};$ $P_{tot} = 250\text{mW}$ SOD882 封装;贴片代码为 B1	稳压二极管
BZX884-C2V7	$I_F = 200\text{mA}/I_Z = 5\text{mA}; V_Z = 2.57 \sim 2.84\text{V}/V_F = 0.9\text{V};$ $P_{tot} = 250\text{mW}$ SOD882 封装;贴片代码为 B2	稳压二极管
BZX884-C30	$I_F = 200\text{mA}/I_Z = 2\text{mA}; V_Z = 28.5 \sim 31.5\text{V}/V_F = 0.9\text{V};$ $P_{tot} = 250\text{mW}$ SOD882 封装;贴片代码为 D7	稳压二极管
BZX884-C33	$I_F = 200\text{mA}/I_Z = 2\text{mA}; V_Z = 31.35 \sim 34.65\text{V}/V_F = 0.9\text{V};$ $P_{tot} = 250\text{mW}$ SOD882 封装;贴片代码为 D8	稳压二极管
BZX884-C36	$I_F = 200\text{mA}/I_Z = 2\text{mA}; V_Z = 34.2 \sim 37.8\text{V}/V_F = 0.9\text{V};$ $P_{tot} = 250\text{mW}$ SOD882 封装;贴片代码为 D9	稳压二极管

（续）

型号	参 数	备 注
BZX884-C39	$I_F = 200\text{mA}/I_Z = 2\text{mA}$; $V_Z = 37.05 \sim 40.95\text{V}/V_F = 0.9\text{V}$; $P_{tot} = 250\text{mW}$ SOD882 封装;贴片代码为 DA	稳压二极管
BZX884-C3V0	$I_F = 200\text{mA}/I_Z = 5\text{mA}$; $V_Z = 2.85 \sim 3.15\text{V}/V_F = 0.9\text{V}$; $P_{tot} = 250\text{mW}$ SOD882 封装;贴片代码为 B3	稳压二极管
BZX884-C3V3	$I_F = 200\text{mA}/I_Z = 5\text{mA}$; $V_Z = 3.14 \sim 3.47\text{V}/V_F = 0.9\text{V}$; $P_{tot} = 250\text{mW}$ SOD882 封装;贴片代码为 B4	稳压二极管
BZX884-C3V6	$I_F = 200\text{mA}/I_Z = 5\text{mA}$; $V_Z = 3.42 \sim 3.78\text{V}/V_F = 0.9\text{V}$; $P_{tot} = 250\text{mW}$ SOD882 封装;贴片代码为 B5	稳压二极管
BZX884-C3V9	$I_F = 200\text{mA}/I_Z = 5\text{mA}$; $V_Z = 3.71 \sim 4.1\text{V}/V_F = 0.9\text{V}$; $P_{tot} = 250\text{mW}$ SOD882 封装;贴片代码为 B6	稳压二极管
BZX884-C43	$I_F = 200\text{mA}/I_Z = 2\text{mA}$; $V_Z = 40.85 \sim 45.15\text{V}/V_F = 0.9\text{V}$; $P_{tot} = 250\text{mW}$ SOD882 封装;贴片代码为 DB	稳压二极管
BZX884-C47	$I_F = 200\text{mA}/I_Z = 2\text{mA}$; $V_Z = 44.65 \sim 49.35\text{V}/V_F = 0.9\text{V}$; $P_{tot} = 250\text{mW}$ SOD882 封装;贴片代码为 DC	稳压二极管
BZX884-C4V3	$I_F = 200\text{mA}/I_Z = 5\text{mA}$; $V_Z = 4.09 \sim 4.52\text{V}/V_F = 0.9\text{V}$; $P_{tot} = 250\text{mW}$ SOD882 封装;贴片代码为 B7	稳压二极管
BZX884-C4V7	$I_F = 200\text{mA}/I_Z = 5\text{mA}$; $V_Z = 4.47 \sim 4.94\text{V}/V_F = 0.9\text{V}$; $P_{tot} = 250\text{mW}$ SOD882 封装;贴片代码为 B8	稳压二极管
BZX884-C51	$I_F = 200\text{mA}/I_Z = 2\text{mA}$; $V_Z = 48.45 \sim 53.55\text{V}/V_F = 0.9\text{V}$; $P_{tot} = 250\text{mW}$ SOD882 封装;贴片代码为 DD	稳压二极管
BZX884-C56	$I_F = 200\text{mA}/I_Z = 2\text{mA}$; $V_Z = 53.2 \sim 58.8\text{V}/V_F = 0.9\text{V}$; $P_{tot} = 250\text{mW}$ SOD882 封装;贴片代码为 DE	稳压二极管
BZX884-C5V1	$I_F = 200\text{mA}/I_Z = 5\text{mA}$; $V_Z = 4.85 \sim 5.36\text{V}/V_F = 0.9\text{V}$; $P_{tot} = 250\text{mW}$ SOD882 封装;贴片代码为 B9	稳压二极管
BZX884-C5V6	$I_F = 200\text{mA}/I_Z = 5\text{mA}$; $V_Z = 5.32 \sim 5.88\text{V}/V_F = 0.9\text{V}$; $P_{tot} = 250\text{mW}$ SOD882 封装;贴片代码为 BA	稳压二极管

（续）

型号	参　数	备　注
BZX884-C62	$I_F = 200\text{mA}/I_Z = 2\text{mA}$; $V_Z = 58.9 \sim 65.1\text{V}/V_F = 0.9\text{V}$; $P_{tot} = 250\text{mW}$ SOD882 封装;贴片代码为 DF	稳压二极管
BZX884-C68	$I_F = 200\text{mA}/I_Z = 2\text{mA}$; $V_Z = 64.6 \sim 71.4\text{V}/V_F = 0.9\text{V}$; $P_{tot} = 250\text{mW}$ SOD882 封装;贴片代码为 DG	稳压二极管
BZX884-C6V2	$I_F = 200\text{mA}/I_Z = 5\text{mA}$; $V_Z = 5.89 \sim 6.51\text{V}/V_F = 0.9\text{V}$; $P_{tot} = 250\text{mW}$ SOD882 封装;贴片代码为 BB	稳压二极管
BZX884-C6V8	$I_F = 200\text{mA}/I_Z = 5\text{mA}$; $V_Z = 6.46 \sim 7.14\text{V}/V_F = 0.9\text{V}$; $P_{tot} = 250\text{mW}$ SOD882 封装;贴片代码为 BC	稳压二极管
BZX884-C75	$I_F = 200\text{mA}/I_Z = 2\text{mA}$; $V_Z = 71.25 \sim 78.75\text{V}/V_F = 0.9\text{V}$; $P_{tot} = 250\text{mW}$ SOD882 封装;贴片代码为 DH	稳压二极管
BZX884-C7V5	$I_F = 200\text{mA}/I_Z = 5\text{mA}$; $V_Z = 7.13 \sim 7.88\text{V}/V_F = 0.9\text{V}$; $P_{tot} = 250\text{mW}$ SOD882 封装;贴片代码为 BD	稳压二极管
BZX884-C8V2	$I_F = 200\text{mA}/I_Z = 5\text{mA}$; $V_Z = 7.79 \sim 8.61\text{V}/V_F = 0.9\text{V}$; $P_{tot} = 250\text{mW}$ SOD882 封装;贴片代码为 BE	稳压二极管
BZX884-C9V1	$I_F = 200\text{mA}/I_Z = 5\text{mA}$; $V_Z = 8.65 \sim 9.56\text{V}/V_F = 0.9\text{V}$; $P_{tot} = 250\text{mW}$ SOD882 封装;贴片代码为 BF	稳压二极管
DF2S5.6FS	$I_R = 1\mu\text{A}/I_Z = 5\text{mA}$; $V_Z = 5.3 \sim 6\text{V}$; $P_D = 150\text{mW}$; $Z_Z = 30\Omega$ 1-1L1A 封装	稳压二极管
DF3A5.6FV	$I_R = 1\mu\text{A}/I_Z = 5\text{mA}$; $V_Z = 5.3 \sim 6\text{V}$; $P_D = 150\text{mW}$; $Z_Z = 40\Omega$ 1-1Q1B 封装	二极管
MBR0520L	$I_{F(AV)} = 500\text{mA}/I_R\,(V_R = 10\text{V}) = 75\mu\text{A}$; $V_{RRM} = 20\text{V}/V_F$ $(V_F = 100\text{mA}) = 300\text{mV}$ SOD-123 封装	肖特基二极管
MBR0530	$I_{F(AV)} = 500\text{mA}/I_{FSM} = 5.5\text{A}/I_R\,(V_R = 15\text{V}) = 20\mu\text{A}$; $V_{RRM} = 30\text{V}/V_F\,(I_F = 100\text{mA}) = 375\text{mV}$ SOD-123 封装	肖特基二极管
MBR0540	$I_{F(AV)} = 500\text{mA}/I_R\,(V_R = 20\text{V}) = 10\mu\text{A}$; $V_{RRM} = 40\text{V}/V_F$ $(I_F = 500\text{mA}) = 510\text{mV}$ SOD-123 封装	肖特基二极管

（续）

型号	参　　数	备　　注
NSR0130M2T5G	$I_F = 100mA/I_{FSM} = 1A/I_R = 3\mu A$；$V_R = 30V/V_F = 0.525V$；$P_D = 200mW$ SOD-723 封装；贴片标记为 7AM	肖特基势垒二极管
NSR0130P2T5G	$I_F = 100mA/I_{FSM} = 1A/I_R = 0.35\mu A$；$V_R = 30V/V_F = 0.525V$；$P_D = 200mW$ SOD-923 封装；贴片标记为 LM	肖特基势垒二极管
NUP412VP5	$I_{RWM} = 0.5\mu A$；$V_{BR} = 11.4 \sim 12.7V/V_{RWM} = 9V$；$P_{PK} = 65W$ SOT-953 封装	
NUP45V6P5	$I_{RWM} = 1\mu A$；$V_{BR} = 5.3 \sim 5.9V/V_{RWM} = 3V$；$P_{PK} = 14W$ SOT-953 封装	
NUP46V8P5	$I_{RWM} = 1\mu A$；$V_{BR} = 6.47 \sim 6.8V/V_{RWM} = 4.3V$；$P_{PK} = 30W$ SOT-953 封装	
PESD5V0S1BA	$I_{PP} = 12A/I_{RM} = 100nA$；$V_{(BR)} = 5.5 \sim 9.5V/V_{RWM} = 5V$；$P_{PP} = 130W$；$C_d = 45pF$ SOD323(SC-76)封装；贴片标记为 E6	
PESD5V0S1BB	$I_{PP} = 12A/I_{RM} = 100nA$；$V_{(BR)} = 5.5 \sim 9.5V/V_{RWM} = 5V$；$P_{PP} = 130W$；$C_d = 45pF$ SOD523(SC-79)封装；贴片标记为 L7	
PESD5V0S1BL	$I_{PP} = 12A/I_{RM} = 100nA$；$V_{(BR)} = 5.5 \sim 9.5V/V_{RWM} = 5V$；$P_{PP} = 130W$；$C_d = 45pF$ SOD882 封装；贴片标记为 F1	
PESD5V0U5BF	$I_{RM} = 100nA$　$V_{(BR)} = 5.5 \sim 9.5V/V_{RWM} = 5V$；$P_{PP} = 130W$；$C_d = 2.9 \sim 3.5pF$ SOT886(XSON6)封装；贴片标记为 B2	

型号	参　数	备　注
PESD5V0U5BV	$I_{RM} = 100nA$ $V_{(BR)} = 5.5 \sim 9.5V/V_{RWM} = 5V$; $P_{PP} = 130W$; $C_d = 2.9 \sim 3.5pF$ SOT666 封装;贴片标记为 G7	
PMEG2005EH	$I_F = 0.5A/I_{FRM} = 7A/I_{FSM} = 10A$; $V_R = 20V/V_F = 390mV$; $P_{tot} = 375mW$ SOD123F 封装;贴片标记为 A3	肖特基势垒整流二极管
PMEG2005EJ	$I_F = 0.5A/I_{FRM} = 7A/I_{FSM} = 10A$; $V_R = 20V/V_F = 390mV$; $P_{tot} = 360mW$ SOD323F(SC-90)封装;贴片标记为 CC	肖特基势垒整流二极管
PMEG3002AEL	$I_F = 0.2A/I_{FRM} = 1A/I_{FSM} = 3A/I_R = 50\mu A$; $V_R = 30V/$ $V_F = 480mV$; $C_d = 17 \sim 25pF$ SOD882 封装;贴片标记为 F3	肖特基势垒整流二极管
PMEG3005EH	$I_F = 0.5A/I_{FRM} = 7A/I_{FSM} = 10A$; $V_R = 30V/V_F = 430mV$; $P_{tot} = 375mW$ SOD123F 封装;贴片标记为 A4	肖特基势垒整流二极管
PMEG3005EJ	$I_F = 0.5A/I_{FRM} = 7A/I_{FSM} = 10A$; $V_R = 30V/V_F = 430mV$; $P_{tot} = 360mW$ SOD323F(SC-90)封装;贴片标记为 CD	肖特基势垒整流二极管
PMEG4005EH	$I_F = 0.5A/I_{FRM} = 7A/I_{FSM} = 10A$; $V_R = 40V/V_F = 470mV$; $P_{tot} = 375mW$ SOD123F 封装;贴片标记为 A5	肖特基势垒整流二极管
PMEG4005EJ	$I_F = 0.5A/I_{FRM} = 7A/I_{FSM} = 10A$; $V_R = 40V/V_F = 470mV$; $P_{tot} = 360mW$ SOD323F(SC-90)封装;贴片标记为 CE	肖特基势垒整流二极管
PZ5D4V2H	$I_R = 2\mu A$ ($V_R = 2V$); $V_Z = 5.1V/V_F = 1.25V$; $P_D = 500mW$; $Z_{ZT} = 55\Omega(I_{ZT} = 5mA)/Z_{ZK} = 500\Omega(I_{ZK} = 0.5mA)$ SOD-523 封装	稳压二极管
RB160VA-40	$I_O = 1A/I_{FSM} = 5A/I_R = 50\mu A$; $V_{RM} = 40V/V_R = 40V/$ $V_F = 0.55V(I_F = 700mA)$ TUMD2 封装	肖特基势垒二极管
RB521G-30	$I_O = 100mA/I_{FSM} = 1A/I_R = 10\mu A$; $V_R = 30V/V_F = 0.35V$ ($I_F = 10mA$) VMD2 封装	肖特基势垒二极管

（续）

型号	参　数	备　注
RB521ZS-30	$I_O = 100\text{mA}/I_{FSM} = 500\text{mA}/I_R = 7\mu\text{A}$；$V_R = 30\text{V}/V_F = 0.37\text{V}(I_F = 10\text{mA})$ GMD2 封装	肖特基势垒二极管
RB551V-30	$I_O = 0.5\text{A}/I_{FSM} = 2\text{A}/I_R = 100\mu\text{A}$；$V_R = 20\text{V}/V_{RM} = 30\text{V}/V_{F1} = 0.36\text{V}(I_F = 100\text{mA})$、$V_{F2} = 0.47\text{V}(I_F = 500\text{mA})$ UMD2(SC-76、SOD-323)封装	肖特基势垒二极管
RD100EB	$I_F = 200\text{mA}/I_Z = 2\text{mA}/I_R = 0.2\mu\text{A}$；$V_Z = 94 \sim 106\text{V}/V_R = 76\text{V}$　$P_D = 500\text{mW}/P_{RSM} = 100\text{W}$；$Z_Z = 400\Omega$ DO-35 封装	稳压二极管
RD10EB	$I_F = 200\text{mA}/I_Z = 20\text{mA}/I_R = 0.2\mu\text{A}$；$V_Z = 9.19 \sim 10.3\text{V}/V_R = 7\text{V}$　$P_D = 500\text{mW}/P_{RSM} = 100\text{W}$；$Z_Z = 8\Omega$ DO-35 封装	稳压二极管
RD10EB1	$I_F = 200\text{mA}/I_Z = 20\text{mA}/I_R = 0.2\mu\text{A}$；$V_Z = 9.19 \sim 9.59\text{V}/V_R = 7\text{V}$　$P_D = 500\text{mW}/P_{RSM} = 100\text{W}$；$Z_Z = 8\Omega$ DO-35 封装	稳压二极管
RD10EB2	$I_F = 200\text{mA}/I_Z = 20\text{mA}/I_R = 0.2\mu\text{A}$；$V_Z = 9.48 \sim 9.9\text{V}/V_R = 7\text{V}$　$P_D = 500\text{mW}/P_{RSM} = 100\text{W}$；$Z_Z = 8\Omega$ DO-35 封装	稳压二极管
RD10EB3	$I_F = 200\text{mA}/I_Z = 20\text{mA}/I_R = 0.2\mu\text{A}$；$V_Z = 9.82 \sim 10.3\text{V}/V_R = 7\text{V}$　$P_D = 500\text{mW}/P_{RSM} = 100\text{W}$；$Z_Z = 8\Omega$ DO-35 封装	稳压二极管
RD110EB	$I_F = 200\text{mA}/I_Z = 1\text{mA}/I_R = 0.2\mu\text{A}$；$V_Z = 104 \sim 116\text{V}/V_R = 84\text{V}$　$P_D = 500\text{mW}/P_{RSM} = 100\text{W}$；$Z_Z = 750\Omega$ DO-35 封装	稳压二极管
RD11EB	$I_F = 200\text{mA}/I_Z = 10\text{mA}/I_R = 0.2\mu\text{A}$；$V_Z = 10.18 \sim 11.26\text{V}/V_R = 8\text{V}$　$P_D = 500\text{mW}/P_{RSM} = 100\text{W}$；$Z_Z = 10\Omega$ DO-35 封装	稳压二极管
RD11EB1	$I_F = 200\text{mA}/I_Z = 10\text{mA}/I_R = 0.2\mu\text{A}$；$V_Z = 10.18 \sim 10.63\text{V}/V_R = 8\text{V}$　$P_D = 500\text{mW}/P_{RSM} = 100\text{W}$；$Z_Z = 10\Omega$ DO-35 封装	稳压二极管
RD11EB2	$I_F = 200\text{mA}/I_Z = 10\text{mA}/I_R = 0.2\mu\text{A}$；$V_Z = 10.5 \sim 10.95\text{V}/V_R = 8\text{V}$　$P_D = 500\text{mW}/P_{RSM} = 100\text{W}$；$Z_Z = 10\Omega$ DO-35 封装	稳压二极管
RD11EB3	$I_F = 200\text{mA}/I_Z = 10\text{mA}/I_R = 0.2\mu\text{A}$；$V_Z = 10.82 \sim 11.16\text{V}/V_R = 8\text{V}$　$P_D = 500\text{mW}/P_{RSM} = 100\text{W}$；$Z_Z = 10\Omega$ DO-35 封装	稳压二极管
RD120EB	$I_F = 200\text{mA}/I_Z = 1\text{mA}/I_R = 0.2\mu\text{A}$；$V_Z = 114 \sim 126\text{V}/V_R = 91\text{V}$　$P_D = 500\text{mW}/P_{RSM} = 100\text{W}$；$Z_Z = 900\Omega$ DO-35 封装	稳压二极管

（续）

型号	参 数	备 注
RD12EB	$I_F = 200mA/I_Z = 10mA/I_R = 0.2\mu A; V_Z = 11.13 \sim 12.3V/$ $V_R = 9V\ P_D = 500mW/P_{RSM} = 100W; Z_Z = 12\Omega$ DO-35 封装	稳压二极管
RD12EB1	$I_F = 200mA/I_Z = 10mA/I_R = 0.2\mu A; V_Z = 11.13 \sim$ $11.63V/V_R = 9V\ P_D = 500mW/P_{RSM} = 100W; Z_Z = 12\Omega$ DO-35 封装	稳压二极管
RD12EB2	$I_F = 200mA/I_Z = 10mA/I_R = 0.2\mu A; V_Z = 11.5 \sim 11.92V/$ $V_R = 9V\ P_D = 500mW/P_{RSM} = 100W; Z_Z = 12\Omega$ DO-35 封装	稳压二极管
RD12EB3	$I_F = 200mA/I_Z = 10mA/I_R = 0.2\mu A; V_Z = 11.8 \sim 12.3V/$ $V_R = 9V\ P_D = 500mW/P_{RSM} = 100W; Z_Z = 12\Omega$ DO-35 封装	稳压二极管
RD130EB	$I_F = 200mA/I_Z = 1mA/I_R = 0.2\mu A; V_Z = 120 \sim 140V/V_R$ $= 100V\ P_D = 500mW/P_{RSM} = 100W; Z_Z = 1100\Omega$ DO-35 封装	稳压二极管
RD13EB	$I_F = 200mA/I_Z = 10mA/I_R = 0.2\mu A; V_Z = 12.18 \sim$ $13.62V/V_R = 10V\ P_D = 500mW/P_{RSM} = 100W; Z_Z = 14\Omega$ DO-35 封装	稳压二极管
RD13EB1	$I_F = 200mA/I_Z = 10mA/I_R = 0.2\mu A; V_Z = 12.18 \sim$ $12.71V/V_R = 10V\ P_D = 500mW/P_{RSM} = 100W; Z_Z = 14\Omega$ DO-35 封装	稳压二极管
RD13EB2	$I_F = 200mA/I_Z = 10mA/I_R = 0.2\mu A; V_Z = 12.59 \sim$ $13.16V/V_R = 10V\ P_D = 500mW/P_{RSM} = 100W; Z_Z = 14\Omega$ DO-35 封装	稳压二极管
RD13EB3	$I_F = 200mA/I_Z = 10mA/I_R = 0.2\mu A; V_Z = 13.03 \sim$ $13.62V/V_R = 10V\ P_D = 500mW/P_{RSM} = 100W; Z_Z = 14\Omega$ DO-35 封装	稳压二极管
RD140EB	$I_F = 200mA/I_Z = 1mA/I_R = 0.2\mu A; V_Z = 130 \sim 150V/$ $V_R = 110V\ P_D = 500mW/P_{RSM} = 100W; Z_Z = 1300\Omega$ DO-35 封装	稳压二极管
RD150EB	$I_F = 200mA/I_Z = 1mA/I_R = 0.2\mu A; V_Z = 140 \sim 160V/$ $V_R = 120V\ P_D = 500mW/P_{RSM} = 100W; Z_Z = 1500\Omega$ DO-35 封装	稳压二极管
RD15EB	$I_F = 200mA/I_Z = 10mA/I_R = 0.2\mu A; V_Z = 13.48 \sim$ $15.02V/V_R = 11V\ P_D = 500mW/P_{RSM} = 100W; Z_Z = 16\Omega$ DO-35 封装	稳压二极管
RD15EB1	$I_F = 200mA/I_Z = 10mA/I_R = 0.2\mu A; V_Z = 13.48 \sim$ $14.09V/V_R = 11V\ P_D = 500mW/P_{RSM} = 100W; Z_Z = 16\Omega$ DO-35 封装	稳压二极管

（续）

型号	参　　数	备　注
RD15EB2	$I_F = 200\text{mA}/I_Z = 10\text{mA}/I_R = 0.2\mu\text{A}$; $V_Z = 13.95 \sim$ $14.56\text{V}/V_R = 11\text{V}$ $P_D = 500\text{mW}/P_{RSM} = 100\text{W}$; $Z_Z = 16\Omega$ DO-35 封装	稳压二极管
RD15EB3	$I_F = 200\text{mA}/I_Z = 10\text{mA}/I_R = 0.2\mu\text{A}$; $V_Z = 14.42 \sim$ $15.02\text{V}/V_R = 11\text{V}$ $P_D = 500\text{mW}/P_{RSM} = 100\text{W}$; $Z_Z = 16\Omega$ DO-35 封装	稳压二极管
RD160EB	$I_F = 200\text{mA}/I_Z = 1\text{mA}/I_R = 0.2\mu\text{A}$; $V_Z = 150 \sim 170\text{V}/$ $V_R = 130\text{V}$ $P_D = 500\text{mW}/P_{RSM} = 100\text{W}$; $Z_Z = 1700\Omega$ DO-35 封装	稳压二极管
RD16EB	$I_F = 200\text{mA}/I_Z = 10\text{mA}/I_R = 0.2\mu\text{A}$; $V_Z = 14.87 \sim 16.5\text{V}/$ $V_R = 12\text{V}$ $P_D = 500\text{mW}/P_{RSM} = 100\text{W}$; $Z_Z = 18\Omega$ DO-35 封装	稳压二极管
RD16EB1	$I_F = 200\text{mA}/I_Z = 10\text{mA}/I_R = 0.2\mu\text{A}$; $V_Z = 14.87 \sim 15.5\text{V}/$ $V_R = 12\text{V}$ $P_D = 500\text{mW}/P_{RSM} = 100\text{W}$; $Z_Z = 18\Omega$ DO-35 封装	稳压二极管
RD16EB2	$I_F = 200\text{mA}/I_Z = 10\text{mA}/I_R = 0.2\mu\text{A}$; $V_Z = 15.33 \sim$ $16.96\text{V}/V_R = 12\text{V}$ $P_D = 500\text{mW}/P_{RSM} = 100\text{W}$; $Z_Z = 18\Omega$ DO-35 封装	稳压二极管
RD16EB3	$I_F = 200\text{mA}/I_Z = 10\text{mA}/I_R = 0.2\mu\text{A}$; $V_Z = 15.79 \sim 16.5\text{V}/$ $V_R = 12\text{V}$ $P_D = 500\text{mW}/P_{RSM} = 100\text{W}$; $Z_Z = 18\Omega$ DO-35 封装	稳压二极管
RD170EB	$I_F = 200\text{mA}/I_Z = 1\text{mA}/I_R = 0.2\mu\text{A}$; $V_Z = 160 \sim 180\text{V}/$ $V_R = 140\text{V}$ $P_D = 500\text{mW}/P_{RSM} = 100\text{W}$; $Z_Z = 1900\Omega$ DO-35 封装	稳压二极管
RD180EB	$I_F = 200\text{mA}/I_Z = 1\text{mA}/I_R = 0.2\mu\text{A}$; $V_Z = 170 \sim 190\text{V}/$ $V_R = 140\text{V}$ $P_D = 500\text{mW}/P_{RSM} = 100\text{W}$; $Z_Z = 2200\Omega$ DO-35 封装	稳压二极管
RD18EB	$I_F = 200\text{mA}/I_Z = 10\text{mA}/I_R = 0.2\mu\text{A}$; $V_Z = 16.34 \sim 18.3\text{V}/$ $V_R = 13\text{V}$ $P_D = 500\text{mW}/P_{RSM} = 100\text{W}$; $Z_Z = 23\Omega$ DO-35 封装	稳压二极管
RD18EB1	$I_F = 200\text{mA}/I_Z = 10\text{mA}/I_R = 0.2\mu\text{A}$; $V_Z = 16.34 \sim$ $17.06\text{V}/V_R = 13\text{V}$ $P_D = 500\text{mW}/P_{RSM} = 100\text{W}$; $Z_Z = 23\Omega$ DO-35 封装	稳压二极管
RD18EB2	$I_F = 200\text{mA}/I_Z = 10\text{mA}/I_R = 0.2\mu\text{A}$; $V_Z = 16.9 \sim 17.67\text{V}/$ $V_R = 13\text{V}$ $P_D = 500\text{mW}/P_{RSM} = 100\text{W}$; $Z_Z = 23\Omega$ DO-35 封装	稳压二极管
RD18EB3	$I_F = 200\text{mA}/I_Z = 10\text{mA}/I_R = 0.2\mu\text{A}$; $V_Z = 17.51 \sim 18.3\text{V}/$ $V_R = 13\text{V}$ $P_D = 500\text{mW}/P_{RSM} = 100\text{W}$; $Z_Z = 23\Omega$ DO-35 封装	稳压二极管

（续）

型号	参　数	备　注
RD190EB	$I_F = 200\mathrm{mA}/I_Z = 1\mathrm{mA}/I_R = 0.2\mu\mathrm{A}; V_Z = 180 \sim 200\mathrm{V}/$ $V_R = 150\mathrm{V}\ P_D = 500\mathrm{mW}/P_{RSM} = 100\mathrm{W}; Z_Z = 2400\Omega$ DO-35 封装	稳压二极管
RD2.0EB	$I_F = 200\mathrm{mA}/I_Z = 20\mathrm{mA}/I_R = 120\mu\mathrm{A}; V_Z = 1.88 \sim 2.2\mathrm{V}/$ $V_R = 0.5\mathrm{V}\ P_D = 500\mathrm{mW}/P_{RSM} = 100\mathrm{W}; Z_Z = 140\Omega$ DO-35 封装	
RD2.0EB1	$I_F = 200\mathrm{mA}/I_Z = 20\mathrm{mA}/I_R = 120\mu\mathrm{A}; V_Z = 1.88 \sim 2.1\mathrm{V}/$ $V_R = 0.5\mathrm{V}\ P_D = 500\mathrm{mW}/P_{RSM} = 100\mathrm{W}; Z_Z = 140\Omega$ DO-35 封装	
RD2.0EB2	$I_F = 200\mathrm{mA}/I_Z = 20\mathrm{mA}/I_R = 120\mu\mathrm{A}; V_Z = 2.02 \sim 2.2\mathrm{V}/$ $V_R = 0.5\mathrm{V}\ P_D = 500\mathrm{mW}/P_{RSM} = 100\mathrm{W}; Z_Z = 140\Omega$ DO-35 封装	
RD2.2EB	$I_F = 200\mathrm{mA}/I_Z = 20\mathrm{mA}/I_R = 120\mu\mathrm{A}; V_Z = 2.12 \sim 2.41\mathrm{V}/$ $V_R = 0.7\mathrm{V}\ P_D = 500\mathrm{mW}/P_{RSM} = 100\mathrm{W}; Z_Z = 120\Omega$ DO-35 封装	稳压二极管
RD2.2EB1	$I_F = 200\mathrm{mA}/I_Z = 20\mathrm{mA}/I_R = 120\mu\mathrm{A}; V_Z = 2.12 \sim 2.3\mathrm{V}/$ $V_R = 0.7\mathrm{V}\ P_D = 500\mathrm{mW}/P_{RSM} = 100\mathrm{W}; Z_Z = 120\Omega$ DO-35 封装	稳压二极管
RD2.2EB2	$I_F = 200\mathrm{mA}/I_Z = 20\mathrm{mA}/I_R = 120\mu\mathrm{A}; V_Z = 2.22 \sim 2.41\mathrm{V}/$ $V_R = 0.7\mathrm{V}\ P_D = 500\mathrm{mW}/P_{RSM} = 100\mathrm{W}; Z_Z = 120\Omega$ DO-35 封装	稳压二极管
RD2.4EB	$I_F = 200\mathrm{mA}/I_Z = 20\mathrm{mA}/I_R = 120\mu\mathrm{A}; V_Z = 2.33 \sim 2.63\mathrm{V}/$ $V_R = 1\mathrm{V}\ P_D = 500\mathrm{mW}/P_{RSM} = 100\mathrm{W}; Z_Z = 100\Omega$ DO-35 封装	稳压二极管
RD2.4EB1	$I_F = 200\mathrm{mA}/I_Z = 20\mathrm{mA}/I_R = 120\mu\mathrm{A}; V_Z = 2.33 \sim 2.52\mathrm{V}/$ $V_R = 1\mathrm{V}\ P_D = 500\mathrm{mW}/P_{RSM} = 100\mathrm{W}; Z_Z = 100\Omega$ DO-35 封装	稳压二极管
RD2.4EB2	$I_F = 200\mathrm{mA}/I_Z = 20\mathrm{mA}/I_R = 120\mu\mathrm{A}; V_Z = 2.43 \sim 2.63\mathrm{V}/$ $V_R = 1\mathrm{V}\ P_D = 500\mathrm{mW}/P_{RSM} = 100\mathrm{W}; Z_Z = 100\Omega$ DO-35 封装	稳压二极管
RD2.7EB	$I_F = 200\mathrm{mA}/I_Z = 20\mathrm{mA}/I_R = 100\mu\mathrm{A}; V_Z = 2.54 \sim 2.91\mathrm{V}/$ $V_R = 1\mathrm{V}\ P_D = 500\mathrm{mW}/P_{RSM} = 100\mathrm{W}; Z_Z = 100\Omega$ DO-35 封装	稳压二极管
RD2.7EB1	$I_F = 200\mathrm{mA}/I_Z = 20\mathrm{mA}/I_R = 100\mu\mathrm{A}; V_Z = 2.54 \sim 2.75\mathrm{V}/$ $V_R = 1\mathrm{V}\ P_D = 500\mathrm{mW}/P_{RSM} = 100\mathrm{W}; Z_Z = 100\Omega$ DO-35 封装	稳压二极管
RD2.7EB2	$I_F = 200\mathrm{mA}/I_Z = 20\mathrm{mA}/I_R = 100\mu\mathrm{A}; V_Z = 2.69 \sim 2.91\mathrm{V}/$ $V_R = 1\mathrm{V}\ P_D = 500\mathrm{mW}/P_{RSM} = 100\mathrm{W}; Z_Z = 100\Omega$ DO-35 封装	稳压二极管

（续）

型号	参　数	备　注
RD200EB	$I_F = 200\text{mA}/I_Z = 1\text{mA}/I_R = 0.2\mu\text{A}$; $V_Z = 190 \sim 210\text{V}/$ $V_R = 160\text{V}$ $P_D = 500\text{mW}/P_{RSM} = 100\text{W}$; $Z_Z = 2500\Omega$ DO-35 封装	稳压二极管
RD20EB	$I_F = 200\text{mA}/I_Z = 10\text{mA}/I_R = 0.2\mu\text{A}$; $V_Z = 18.11 \sim$ $20.72\text{V}/V_R = 15\text{V}$ $P_D = 500\text{mW}/P_{RSM} = 100\text{W}$; $Z_Z = 28\Omega$ DO-35 封装	稳压二极管
RD20EB1	$I_F = 200\text{mA}/I_Z = 10\text{mA}/I_R = 0.2\mu\text{A}$; $V_Z = 18.11 \sim$ $18.92\text{V}/V_R = 15\text{V}$ $P_D = 500\text{mW}/P_{RSM} = 100\text{W}$; $Z_Z = 28\Omega$ DO-35 封装	稳压二极管
RD20EB2	$I_F = 200\text{mA}/I_Z = 10\text{mA}/I_R = 0.2\mu\text{A}$; $V_Z = 18.73 \sim$ $19.57\text{V}/V_R = 15\text{V}$ $P_D = 500\text{mW}/P_{RSM} = 100\text{W}$; $Z_Z = 28\Omega$ DO-35 封装	稳压二极管
RD20EB3	$I_F = 200\text{mA}/I_Z = 10\text{mA}/I_R = 0.2\mu\text{A}$; $V_Z = 19.38 \sim$ $20.22\text{V}/V_R = 15\text{V}$ $P_D = 500\text{mW}/P_{RSM} = 100\text{W}$; $Z_Z = 28\Omega$ DO-35 封装	稳压二极管
RD20EB4	$I_F = 200\text{mA}/I_Z = 10\text{mA}/I_R = 0.2\mu\text{A}$; $V_Z = 19.88 \sim$ $20.72\text{V}/V_R = 15\text{V}$ $P_D = 500\text{mW}/P_{RSM} = 100\text{W}$; $Z_Z = 28\Omega$ DO-35 封装	稳压二极管
RD22EB	$I_F = 200\text{mA}/I_Z = 5\text{mA}/I_R = 0.2\mu\text{A}$; $V_Z = 20.23 \sim 22.61\text{V}/$ $V_R = 17\text{V}$ $P_D = 500\text{mW}/P_{RSM} = 100\text{W}$; $Z_Z = 30\Omega$ DO-35 封装	稳压二极管
RD22EB1	$I_F = 200\text{mA}/I_Z = 5\text{mA}/I_R = 0.2\mu\text{A}$; $V_Z = 20.23 \sim 21.08\text{V}/$ $V_R = 17\text{V}$ $P_D = 500\text{mW}/P_{RSM} = 100\text{W}$; $Z_Z = 30\Omega$ DO-35 封装	稳压二极管
RD22EB2	$I_F = 200\text{mA}/I_Z = 5\text{mA}/I_R = 0.2\mu\text{A}$; $V_Z = 20.76 \sim 21.65\text{V}/$ $V_R = 17\text{V}$ $P_D = 500\text{mW}/P_{RSM} = 100\text{W}$; $Z_Z = 30\Omega$ DO-35 封装	稳压二极管
RD22EB3	$I_F = 200\text{mA}/I_Z = 5\text{mA}/I_R = 0.2\mu\text{A}$; $V_Z = 21.22 \sim 22.09\text{V}/$ $V_R = 17\text{V}$ $P_D = 500\text{mW}/P_{RSM} = 100\text{W}$; $Z_Z = 30\Omega$ DO-35 封装	稳压二极管
RD22EB4	$I_F = 200\text{mA}/I_Z = 5\text{mA}/I_R = 0.2\mu\text{A}$; $V_Z = 21.68 \sim 22.61\text{V}/$ $V_R = 17\text{V}$ $P_D = 500\text{mW}/P_{RSM} = 100\text{W}$; $Z_Z = 30\Omega$ DO-35 封装	稳压二极管
RD24EB	$I_F = 200\text{mA}/I_Z = 5\text{mA}/I_R = 0.2\mu\text{A}$; $V_Z = 22.26 \sim 24.81\text{V}/$ $V_R = 19\text{V}$ $P_D = 500\text{mW}/P_{RSM} = 100\text{W}$; $Z_Z = 35\Omega$ DO-35 封装	稳压二极管
RD24EB1	$I_F = 200\text{mA}/I_Z = 5\text{mA}/I_R = 0.2\mu\text{A}$; $V_Z = 22.26 \sim 23.12\text{V}/$ $V_R = 19\text{V}$ $P_D = 500\text{mW}/P_{RSM} = 100\text{W}$; $Z_Z = 35\Omega$ DO-35 封装	稳压二极管

（续）

型号	参　　数	备　注
RD24EB2	$I_F = 200\text{mA}/I_Z = 5\text{mA}/I_R = 0.2\mu\text{A}; V_Z = 23.75 \sim 23.73\text{V}/$ $V_R = 19\text{V}\ P_D = 500\text{mW}/P_{RSM} = 100\text{W}; Z_Z = 35\Omega$ DO-35 封装	稳压二极管
RD24EB3	$I_F = 200\text{mA}/I_Z = 5\text{mA}/I_R = 0.2\mu\text{A}; V_Z = 23.29 \sim 24.27\text{V}/$ $V_R = 19\text{V}\ P_D = 500\text{mW}/P_{RSM} = 100\text{W}; Z_Z = 35\Omega$ DO-35 封装	稳压二极管
RD24EB4	$I_F = 200\text{mA}/I_Z = 5\text{mA}/I_R = 0.2\mu\text{A}; V_Z = 23.81 \sim 24.81\text{V}/$ $V_R = 19\text{V}\ P_D = 500\text{mW}/P_{RSM} = 100\text{W}; Z_Z = 35\Omega$ DO-35 封装	稳压二极管
RD27EB	$I_F = 200\text{mA}/I_Z = 5\text{mA}/I_R = 0.2\mu\text{A}; V_Z = 24.26 \sim 27.64\text{V}/$ $V_R = 21\text{V}\ P_D = 500\text{mW}/P_{RSM} = 100\text{W}; Z_Z = 45\Omega$ DO-35 封装	稳压二极管
RD27EB1	$I_F = 200\text{mA}/I_Z = 5\text{mA}/I_R = 0.2\mu\text{A}; V_Z = 24.26 \sim 25.52\text{V}/$ $V_R = 21\text{V}\ P_D = 500\text{mW}/P_{RSM} = 100\text{W}; Z_Z = 45\Omega$ DO-35 封装	稳压二极管
RD27EB2	$I_F = 200\text{mA}/I_Z = 5\text{mA}/I_R = 0.2\mu\text{A}; V_Z = 24.97 \sim 26.26\text{V}/$ $V_R = 21\text{V}\ P_D = 500\text{mW}/P_{RSM} = 100\text{W}; Z_Z = 45\Omega$ DO-35 封装	稳压二极管
RD27EB3	$I_F = 200\text{mA}/I_Z = 5\text{mA}/I_R = 0.2\mu\text{A}; V_Z = 25.63 \sim 26.95\text{V}/$ $V_R = 21\text{V}\ P_D = 500\text{mW}/P_{RSM} = 100\text{W}; Z_Z = 45\Omega$ DO-35 封装	稳压二极管
RD27EB4	$I_F = 200\text{mA}/I_Z = 5\text{mA}/I_R = 0.2\mu\text{A}; V_Z = 26.29 \sim 27.64\text{V}/$ $V_R = 21\text{V}\ P_D = 500\text{mW}/P_{RSM} = 100\text{W}; Z_Z = 45\Omega$ DO-35 封装	稳压二极管
RD3.0EB	$I_F = 200\text{mA}/I_Z = 20\text{mA}/I_R = 50\mu\text{A}; V_Z = 2.85 \sim 3.07\text{V}/$ $V_R = 1\text{V}\ P_D = 500\text{mW}/P_{RSM} = 100\text{W}; Z_Z = 80\Omega$ DO-35 封装	稳压二极管
RD3.0EB1	$I_F = 200\text{mA}/I_Z = 20\text{mA}/I_R = 50\mu\text{A}; V_Z = 2.85 \sim 3.07\text{V}/$ $V_R = 1\text{V}\ P_D = 500\text{mW}/P_{RSM} = 100\text{W}; Z_Z = 80\Omega$ DO-35 封装	稳压二极管
RD3.0EB2	$I_F = 200\text{mA}/I_Z = 20\text{mA}/I_R = 50\mu\text{A}; V_Z = 3.01 \sim 3.22\text{V}/$ $V_R = 1\text{V}\ P_D = 500\text{mW}/P_{RSM} = 100\text{W}; Z_Z = 80\Omega$ DO-35 封装	稳压二极管
RD3.3EB	$I_F = 200\text{mA}/I_Z = 20\text{mA}/I_R = 20\mu\text{A}; V_Z = 3.16 \sim 3.53\text{V}/$ $V_R = 1\text{V}\ P_D = 500\text{mW}/P_{RSM} = 100\text{W}; Z_Z = 70\Omega$ DO-35 封装	稳压二极管
RD3.3EB1	$I_F = 200\text{mA}/I_Z = 20\text{mA}/I_R = 20\mu\text{A}; V_Z = 3.16 \sim 3.38\text{V}/$ $V_R = 1\text{V}\ P_D = 500\text{mW}/P_{RSM} = 100\text{W}; Z_Z = 70\Omega$ DO-35 封装	稳压二极管

（续）

型号	参　数	备　注
RD3.3EB2	$I_F = 200mA/I_Z = 20mA/I_R = 20\mu A$; $V_Z = 3.32 \sim 3.53V/$ $V_R = 1V$ $P_D = 500mW/P_{RSM} = 100W$; $Z_Z = 70\Omega$ DO-35 封装	稳压二极管
RD3.6EB	$I_F = 200mA/I_Z = 20mA/I_R = 10\mu A$; $V_Z = 3.47 \sim 3.83V/$ $V_R = 1V$ $P_D = 500mW/P_{RSM} = 100W$; $Z_Z = 60\Omega$ DO-35 封装	稳压二极管
RD3.6EB1	$I_F = 200mA/I_Z = 20mA/I_R = 10\mu A$; $V_Z = 3.47 \sim 3.68V/$ $V_R = 1V$ $P_D = 500mW/P_{RSM} = 100W$; $Z_Z = 60\Omega$ DO-35 封装	稳压二极管
RD3.6EB2	$I_F = 200mA/I_Z = 20mA/I_R = 10\mu A$; $V_Z = 3.62 \sim 6.83V/$ $V_R = 1V$ $P_D = 500mW/P_{RSM} = 100W$; $Z_Z = 60\Omega$ DO-35 封装	稳压二极管
RD3.9EB	$I_F = 200mA/I_Z = 20mA/I_R = 5\mu A$; $V_Z = 3.77 \sim 4.14V/$ $V_R = 1V$ $P_D = 500mW/P_{RSM} = 100W$; $Z_Z = 50\Omega$ DO-35 封装	稳压二极管
RD3.9EB1	$I_F = 200mA/I_Z = 20mA/I_R = 5\mu A$; $V_Z = 3.77 \sim 3.98V/$ $V_R = 1V$ $P_D = 500mW/P_{RSM} = 100W$; $Z_Z = 50\Omega$ DO-35 封装	稳压二极管
RD3.9EB2	$I_F = 200mA/I_Z = 20mA/I_R = 5\mu A$; $V_Z = 3.92 \sim 4.14V/$ $V_R = 1V$ $P_D = 500mW/P_{RSM} = 100W$; $Z_Z = 50\Omega$ DO-35 封装	稳压二极管
RD30EB	$I_F = 200mA/I_Z = 5mA/I_R = 0.2\mu A$; $V_Z = 26.99 \sim 30.51V/$ $V_R = 23V$ $P_D = 500mW/P_{RSM} = 100W$; $Z_Z = 55\Omega$ DO-35 封装	稳压二极管
RD30EB1	$I_F = 200mA/I_Z = 5mA/I_R = 0.2\mu A$; $V_Z = 26.99 \sim 28.39V/$ $V_R = 23V$ $P_D = 500mW/P_{RSM} = 100W$; $Z_Z = 55\Omega$ DO-35 封装	稳压二极管
RD30EB2	$I_F = 200mA/I_Z = 5mA/I_R = 0.2\mu A$; $V_Z = 27.7 \sim 29.13V/$ $V_R = 23V$ $P_D = 500mW/P_{RSM} = 100W$; $Z_Z = 55\Omega$ DO-35 封装	稳压二极管
RD30EB3	$I_F = 200mA/I_Z = 5mA/I_R = 0.2\mu A$; $V_Z = 28.36 \sim 29.82V/$ $V_R = 23V$ $P_D = 500mW/P_{RSM} = 100W$; $Z_Z = 55\Omega$ DO-35 封装	稳压二极管
RD30EB4	$I_F = 200mA/I_Z = 5mA/I_R = 0.2\mu A$; $V_Z = 29.02 \sim 30.51V/$ $V_R = 23V$ $P_D = 500mW/P_{RSM} = 100W$; $Z_Z = 55\Omega$ DO-35 封装	稳压二极管
RD33EB	$I_F = 200mA/I_Z = 5mA/I_R = 0.2\mu A$; $V_Z = 29.68 \sim 33.11V/$ $V_R = 25V$ $P_D = 500mW/P_{RSM} = 100W$; $Z_Z = 65\Omega$ DO-35 封装	稳压二极管

（续）

型号	参　　数	备　注
RD33EB1	$I_F = 200\text{mA}/I_Z = 5\text{mA}/I_R = 0.2\mu\text{A}; V_Z = 29.68 \sim 31.22\text{V}/$ $V_R = 25\text{V } P_D = 500\text{mW}/P_{RSM} = 100\text{W}; Z_Z = 65\Omega$ DO-35 封装	稳压二极管
RD33EB2	$I_F = 200\text{mA}/I_Z = 5\text{mA}/I_R = 0.2\mu\text{A}; V_Z = 30.32 \sim 31.88\text{V}/$ $V_R = 25\text{V } P_D = 500\text{mW}/P_{RSM} = 100\text{W}; Z_Z = 65\Omega$ DO-35 封装	稳压二极管
RD33EB3	$I_F = 200\text{mA}/I_Z = 5\text{mA}/I_R = 0.2\mu\text{A}; V_Z = 30.9 \sim 32.5\text{V}/$ $V_R = 25\text{V } P_D = 500\text{mW}/P_{RSM} = 100\text{W}; Z_Z = 65\Omega$ DO-35 封装	稳压二极管
RD33EB4	$I_F = 200\text{mA}/I_Z = 5\text{mA}/I_R = 0.2\mu\text{A}; V_Z = 31.49 \sim 33.11\text{V}/$ $V_R = 25\text{V } P_D = 500\text{mW}/P_{RSM} = 100\text{W}; Z_Z = 65\Omega$ DO-35 封装	稳压二极管
RD36EB	$I_F = 200\text{mA}/I_Z = 5\text{mA}/I_R = 0.2\mu\text{A}; V_Z = 32.14 \sim 35.77\text{V}/$ $V_R = 27\text{V } P_D = 500\text{mW}/P_{RSM} = 100\text{W}; Z_Z = 75\Omega$ DO-35 封装	稳压二极管
RD36EB1	$I_F = 200\text{mA}/I_Z = 5\text{mA}/I_R = 0.2\mu\text{A}; V_Z = 32.14 \sim 33.79\text{V}/$ $V_R = 27\text{V } P_D = 500\text{mW}/P_{RSM} = 100\text{W}; Z_Z = 75\Omega$ DO-35 封装	稳压二极管
RD36EB2	$I_F = 200\text{mA}/I_Z = 5\text{mA}/I_R = 0.2\mu\text{A}; V_Z = 32.79 \sim 34.49\text{V}/$ $V_R = 27\text{V } P_D = 500\text{mW}/P_{RSM} = 100\text{W}; Z_Z = 75\Omega$ DO-35 封装	稳压二极管
RD36EB3	$I_F = 200\text{mA}/I_Z = 5\text{mA}/I_R = 0.2\mu\text{A}; V_Z = 33.4 \sim 35.13\text{V}/$ $V_R = 27\text{V } P_D = 500\text{mW}/P_{RSM} = 100\text{W}; Z_Z = 75\Omega$ DO-35 封装	稳压二极管
RD36EB4	$I_F = 200\text{mA}/I_Z = 5\text{mA}/I_R = 0.2\mu\text{A}; V_Z = 34.01 \sim 35.77\text{V}/$ $V_R = 27\text{V } P_D = 500\text{mW}/P_{RSM} = 100\text{W}; Z_Z = 75\Omega$ DO-35 封装	稳压二极管
RD38EB3	$I_F = 200\text{mA}/I_Z = 5\text{mA}/I_R = 0.2\mu\text{A}; V_Z = 36 \sim 37.85\text{V}/$ $V_R = 30\text{V } P_D = 500\text{mW}/P_{RSM} = 100\text{W}; Z_Z = 85\Omega$ DO-35 封装	稳压二极管
RD39EB	$I_F = 200\text{mA}/I_Z = 5\text{mA}/I_R = 0.2\mu\text{A}; V_Z = 34.68 \sim 40.8\text{V}/$ $V_R = 30\text{V } P_D = 500\text{mW}/P_{RSM} = 100\text{W}; Z_Z = 85\Omega$ DO-35 封装	稳压二极管
RD39EB1	$I_F = 200\text{mA}/I_Z = 5\text{mA}/I_R = 0.2\mu\text{A}; V_Z = 34.68 \sim 36.47\text{V}/$ $V_R = 30\text{V } P_D = 500\text{mW}/P_{RSM} = 100\text{W}; Z_Z = 85\Omega$ DO-35 封装	稳压二极管
RD39EB2	$I_F = 200\text{mA}/I_Z = 5\text{mA}/I_R = 0.2\mu\text{A}; V_Z = 35.36 \sim 37.19\text{V}/$ $V_R = 30\text{V } P_D = 500\text{mW}/P_{RSM} = 100\text{W}; Z_Z = 85\Omega$ DO-35 封装	稳压二极管

（续）

型号	参　数	备　注
RD39EB4	$I_F = 200\,\text{mA}/I_Z = 5\,\text{mA}/I_R = 0.2\,\mu\text{A}; V_Z = 36.63 \sim 38.52\,\text{V}/$ $V_R = 30\,\text{V}\ P_D = 500\,\text{mW}/P_{RSM} = 100\,\text{W}; Z_Z = 85\,\Omega$ DO-35 封装	稳压二极管
RD39EB5	$I_F = 200\,\text{mA}/I_Z = 5\,\text{mA}/I_R = 0.2\,\mu\text{A}; V_Z = 37.36 \sim 39.29\,\text{V}/$ $V_R = 30\,\text{V}\ P_D = 500\,\text{mW}/P_{RSM} = 100\,\text{W}; Z_Z = 85\,\Omega$ DO-35 封装	稳压二极管
RD39EB6	$I_F = 200\,\text{mA}/I_Z = 5\,\text{mA}/I_R = 0.2\,\mu\text{A}; V_Z = 38.14 \sim 40.11\,\text{V}/$ $V_R = 30\,\text{V}\ P_D = 500\,\text{mW}/P_{RSM} = 100\,\text{W}; Z_Z = 85\,\Omega$ DO-35 封装	稳压二极管
RD39EB7	$I_F = 200\,\text{mA}/I_Z = 5\,\text{mA}/I_R = 0.2\,\mu\text{A}; V_Z = 38.94 \sim 40.8\,\text{V}/$ $V_R = 30\,\text{V}\ P_D = 500\,\text{mW}/P_{RSM} = 100\,\text{W}; Z_Z = 85\,\Omega$ DO-35 封装	稳压二极管
RD4.3EB	$I_F = 200\,\text{mA}/I_Z = 20\,\text{mA}/I_R = 5\,\mu\text{A}; V_Z = 4.05 \sim 4.53\,\text{V}/$ $V_R = 1\,\text{V}\ P_D = 500\,\text{mW}/P_{RSM} = 100\,\text{W}; Z_Z = 40\,\Omega$ DO-35 封装	稳压二极管
RD4.3EB1	$I_F = 200\,\text{mA}/I_Z = 20\,\text{mA}/I_R = 5\,\mu\text{A}; V_Z = 4.05 \sim 4.26\,\text{V}/$ $V_R = 1\,\text{V}\ P_D = 500\,\text{mW}/P_{RSM} = 100\,\text{W}; Z_Z = 40\,\Omega$ DO-35 封装	稳压二极管
RD4.3EB2	$I_F = 200\,\text{mA}/I_Z = 20\,\text{mA}/I_R = 5\,\mu\text{A}; V_Z = 4.2 \sim 4.4\,\text{V}/V_R =$ $1\,\text{V}\ P_D = 500\,\text{mW}/P_{RSM} = 100\,\text{W}; Z_Z = 40\,\Omega$ DO-35 封装	稳压二极管
RD4.3EB3	$I_F = 200\,\text{mA}/I_Z = 20\,\text{mA}/I_R = 5\,\mu\text{A}; V_Z = 4.34 \sim 4.53\,\text{V}/$ $V_R = 1\,\text{V}\ P_D = 500\,\text{mW}/P_{RSM} = 100\,\text{W}; Z_Z = 40\,\Omega$ DO-35 封装	稳压二极管
RD4.7EB	$I_F = 200\,\text{mA}/I_Z = 20\,\text{mA}/I_R = 5\,\mu\text{A}; V_Z = 4.47 \sim 4.91\,\text{V}/$ $V_R = 1\,\text{V}\ P_D = 500\,\text{mW}/P_{RSM} = 100\,\text{W}; Z_Z = 25\,\Omega$ DO-35 封装	稳压二极管
RD4.7EB1	$I_F = 200\,\text{mA}/I_Z = 20\,\text{mA}/I_R = 5\,\mu\text{A}; V_Z = 4.47 \sim 4.65\,\text{V}/$ $V_R = 1\,\text{V}\ P_D = 500\,\text{mW}/P_{RSM} = 100\,\text{W}; Z_Z = 25\,\Omega$ DO-35 封装	稳压二极管
RD4.7EB2	$I_F = 200\,\text{mA}/I_Z = 20\,\text{mA}/I_R = 5\,\mu\text{A}; V_Z = 4.59 \sim 4.77\,\text{V}/$ $V_R = 1\,\text{V}\ P_D = 500\,\text{mW}/P_{RSM} = 100\,\text{W}; Z_Z = 25\,\Omega$ DO-35 封装	稳压二极管
RD4.7EB3	$I_F = 200\,\text{mA}/I_Z = 20\,\text{mA}/I_R = 5\,\mu\text{A}; V_Z = 4.71 \sim 4.91\,\text{V}/$ $V_R = 1\,\text{V}\ P_D = 500\,\text{mW}/P_{RSM} = 100\,\text{W}; Z_Z = 25\,\Omega$ DO-35 封装	稳压二极管
RD43EB	$I_F = 200\,\text{mA}/I_Z = 5\,\text{mA}/I_R = 0.2\,\mu\text{A}; V_Z = 40 \sim 45\,\text{V}/V_R =$ $33\,\text{V}\ P_D = 500\,\text{mW}/P_{RSM} = 100\,\text{W}; Z_Z = 90\,\Omega$ DO-35 封装	稳压二极管

（续）

型号	参　　数	备　注
RD47EB	$I_F = 200\text{mA}/I_Z = 5\text{mA}/I_R = 0.2\mu\text{A}; V_Z = 44 \sim 49\text{V}/V_R = 36\text{V}\ P_D = 500\text{mW}/P_{RSM} = 100\text{W}; Z_Z = 90\Omega$ DO-35 封装	稳压二极管
RD5.1EB	$I_F = 200\text{mA}/I_Z = 20\text{mA}/I_R = 5\mu\text{A}; V_Z = 4.85 \sim 5.35\text{V}/$ $V_R = 1.5\text{V}\ P_D = 500\text{mW}/P_{RSM} = 100\text{W}; Z_Z = 20\Omega$ DO-35 封装	稳压二极管
RD5.1EB1	$I_F = 200\text{mA}/I_Z = 20\text{mA}/I_R = 5\mu\text{A}; V_Z = 4.85 \sim 5.03\text{V}/$ $V_R = 1.5\text{V}\ P_D = 500\text{mW}/P_{RSM} = 100\text{W}; Z_Z = 20\Omega$ DO-35 封装	稳压二极管
RD5.1EB2	$I_F = 200\text{mA}/I_Z = 20\text{mA}/I_R = 5\mu\text{A}; V_Z = 4.97 \sim 5.18\text{V}/$ $V_R = 1.5\text{V}\ P_D = 500\text{mW}/P_{RSM} = 100\text{W}; Z_Z = 20\Omega$ DO-35 封装	稳压二极管
RD5.1EB3	$I_F = 200\text{mA}/I_Z = 20\text{mA}/I_R = 5\mu\text{A}; V_Z = 5.12 \sim 5.35\text{V}/$ $V_R = 1.5\text{V}\ P_D = 500\text{mW}/P_{RSM} = 100\text{W}; Z_Z = 20\Omega$ DO-35 封装	稳压二极管
RD5.6EB	$I_F = 200\text{mA}/I_Z = 20\text{mA}/I_R = 5\mu\text{A}; V_Z = 5.29 \sim 5.88\text{V}/$ $V_R = 2.5\text{V}\ P_D = 500\text{mW}/P_{RSM} = 100\text{W}; Z_Z = 13\Omega$ DO-35 封装	稳压二极管
RD5.6EB1	$I_F = 200\text{mA}/I_Z = 20\text{mA}/I_R = 5\mu\text{A}; V_Z = 5.29 \sim 5.52\text{V}/$ $V_R = 2.5\text{V}\ P_D = 500\text{mW}/P_{RSM} = 100\text{W}; Z_Z = 13\Omega$ DO-35 封装	稳压二极管
RD5.6EB2	$I_F = 200\text{mA}/I_Z = 20\text{mA}/I_R = 5\mu\text{A}; V_Z = 5.46 \sim 5.7\text{V}/$ $V_R = 2.5\text{V}\ P_D = 500\text{mW}/P_{RSM} = 100\text{W}; Z_Z = 13\Omega$ DO-35 封装	稳压二极管
RD5.6EB3	$I_F = 200\text{mA}/I_Z = 20\text{mA}/I_R = 5\mu\text{A}; V_Z = 5.64 \sim 5.88\text{V}/$ $V_R = 2.5\text{V}\ P_D = 500\text{mW}/P_{RSM} = 100\text{W}; Z_Z = 13\Omega$ DO-35 封装	稳压二极管
RD51EB	$I_F = 200\text{mA}/I_Z = 5\text{mA}/I_R = 0.2\mu\text{A}; V_Z = 48 \sim 54\text{V}/V_R = 39\text{V}\ P_D = 500\text{mW}/P_{RSM} = 100\text{W}; Z_Z = 110\Omega$ DO-35 封装	稳压二极管
RD56EB	$I_F = 200\text{mA}/I_Z = 5\text{mA}/I_R = 0.2\mu\text{A}; V_Z = 53 \sim 60\text{V}/V_R = 43\text{V}\ P_D = 500\text{mW}/P_{RSM} = 100\text{W}; Z_Z = 110\Omega$ DO-35 封装	稳压二极管
RD6.2EB	$I_F = 200\text{mA}/I_Z = 20\text{mA}/I_R = 5\mu\text{A}; V_Z = 5.81 \sim 6.4\text{V}/$ $V_R = 3\text{V}\ P_D = 500\text{mW}/P_{RSM} = 100\text{W}; Z_Z = 10\Omega$ DO-35 封装	稳压二极管
RD6.2EB1	$I_F = 200\text{mA}/I_Z = 20\text{mA}/I_R = 5\mu\text{A}; V_Z = 5.81 \sim 6.06\text{V}/$ $V_R = 3\text{V}\ P_D = 500\text{mW}/P_{RSM} = 100\text{W}; Z_Z = 10\Omega$ DO-35 封装	稳压二极管

（续）

型号	参　　数	备　注
RD6. 2EB2	$I_F = 200\text{mA}/I_Z = 20\text{mA}/I_R = 5\mu\text{A}$；$V_Z = 5.99 \sim 6.24\text{V}/$ $V_R = 3\text{V}$ $P_D = 500\text{mW}/P_{RSM} = 100\text{W}$；$Z_Z = 10\Omega$ DO-35 封装	稳压二极管
RD6. 2EB3	$I_F = 200\text{mA}/I_Z = 20\text{mA}/I_R = 5\mu\text{A}$；$V_Z = 6.16 \sim 6.4\text{V}/$ $V_R = 3\text{V}$ $P_D = 500\text{mW}/P_{RSM} = 100\text{W}$；$Z_Z = 10\Omega$ DO-35 封装	稳压二极管
RD6. 8EB	$I_F = 200\text{mA}/I_Z = 20\text{mA}/I_R = 2\mu\text{A}$；$V_Z = 6.32 \sim 6.97\text{V}/$ $V_R = 3.5\text{V}$ $P_D = 500\text{mW}/P_{RSM} = 100\text{W}$；$Z_Z = 8\Omega$ DO-35 封装	稳压二极管
RD6. 8EB1	$I_F = 200\text{mA}/I_Z = 20\text{mA}/I_R = 2\mu\text{A}$；$V_Z = 6.32 \sim 6.59\text{V}/$ $V_R = 3.5\text{V}$ $P_D = 500\text{mW}/P_{RSM} = 100\text{W}$；$Z_Z = 8\Omega$ DO-35 封装	稳压二极管
RD6. 8EB2	$I_F = 200\text{mA}/I_Z = 20\text{mA}/I_R = 2\mu\text{A}$；$V_Z = 6.52 \sim 6.79\text{V}/$ $V_R = 3.5\text{V}$ $P_D = 500\text{mW}/P_{RSM} = 100\text{W}$；$Z_Z = 8\Omega$ DO-35 封装	稳压二极管
RD6. 8EB3	$I_F = 200\text{mA}/I_Z = 20\text{mA}/I_R = 2\mu\text{A}$；$V_Z = 6.7 \sim 6.97\text{V}/$ $V_R = 3.5\text{V}$ $P_D = 500\text{mW}/P_{RSM} = 100\text{W}$；$Z_Z = 8\Omega$ DO-35 封装	稳压二极管
RD62EB	$I_F = 200\text{mA}/I_Z = 2\text{mA}/I_R = 0.2\mu\text{A}$；$V_Z = 58 \sim 66\text{V}/V_R =$ 47V $P_D = 500\text{mW}/P_{RSM} = 100\text{W}$；$Z_Z = 200\Omega$ DO-35 封装	稳压二极管
RD68EB	$I_F = 200\text{mA}/I_Z = 2\text{mA}/I_R = 0.2\mu\text{A}$；$V_Z = 64 \sim 72\text{V}/V_R =$ 52V $P_D = 500\text{mW}/P_{RSM} = 100\text{W}$；$Z_Z = 200\Omega$ DO-35 封装	稳压二极管
RD7. 5EB	$I_F = 200\text{mA}/I_Z = 20\text{mA}/I_R = 0.5\mu\text{A}$；$V_Z = 6.88 \sim 7.64\text{V}/$ $V_R = 4\text{V}$ $P_D = 500\text{mW}/P_{RSM} = 100\text{W}$；$Z_Z = 8\Omega$ DO-35 封装	稳压二极管
RD7. 5EB1	$I_F = 200\text{mA}/I_Z = 20\text{mA}/I_R = 0.5\mu\text{A}$；$V_Z = 6.88 \sim 7.19\text{V}/$ $V_R = 4\text{V}$ $P_D = 500\text{mW}/P_{RSM} = 100\text{W}$；$Z_Z = 8\Omega$ DO-35 封装	稳压二极管
RD7. 5EB2	$I_F = 200\text{mA}/I_Z = 20\text{mA}/I_R = 0.5\mu\text{A}$；$V_Z = 7.11 \sim 7.41\text{V}/$ $V_R = 4\text{V}$ $P_D = 500\text{mW}/P_{RSM} = 100\text{W}$；$Z_Z = 8\Omega$ DO-35 封装	稳压二极管
RD7. 5EB3	$I_F = 200\text{mA}/I_Z = 20\text{mA}/I_R = 0.5\mu\text{A}$；$V_Z = 7.33 \sim 7.64\text{V}/$ $V_R = 4\text{V}$ $P_D = 500\text{mW}/P_{RSM} = 100\text{W}$；$Z_Z = 8\Omega$ DO-35 封装	稳压二极管
RD75EB	$I_F = 200\text{mA}/I_Z = 2\text{mA}/I_R = 0.2\mu\text{A}$；$V_Z = 70 \sim 79\text{V}/V_R =$ 57V $P_D = 500\text{mW}/P_{RSM} = 100\text{W}$；$Z_Z = 300\Omega$ DO-35 封装	稳压二极管

（续）

型号	参　　数	备　注
RD8.2EB	$I_F = 200\text{mA}/I_Z = 20\text{mA}/I_R = 0.5\mu\text{A}; V_Z = 7.56 \sim 8.41\text{V}/$ $V_R = 5\text{V}\ P_D = 500\text{mW}/P_{RSM} = 100\text{W}; Z_Z = 8\Omega$ DO-35 封装	稳压二极管
RD8.2EB1	$I_F = 200\text{mA}/I_Z = 20\text{mA}/I_R = 0.5\mu\text{A}; V_Z = 7.56 \sim 7.9\text{V}/$ $V_R = 5\text{V}\ P_D = 500\text{mW}/P_{RSM} = 100\text{W}; Z_Z = 8\Omega$ DO-35 封装	稳压二极管
RD8.2EB2	$I_F = 200\text{mA}/I_Z = 20\text{mA}/I_R = 0.5\mu\text{A}; V_Z = 7.82 \sim 8.15\text{V}/$ $V_R = 5\text{V}\ P_D = 500\text{mW}/P_{RSM} = 100\text{W}; Z_Z = 8\Omega$ DO-35 封装	稳压二极管
RD8.2EB3	$I_F = 200\text{mA}/I_Z = 20\text{mA}/I_R = 0.5\mu\text{A}; V_Z = 8.07 \sim 8.41\text{V}/$ $V_R = 5\text{V}\ P_D = 500\text{mW}/P_{RSM} = 100\text{W}; Z_Z = 8\Omega$ DO-35 封装	稳压二极管
RD82EB	$I_F = 200\text{mA}/I_Z = 2\text{mA}/I_R = 0.2\mu\text{A}; V_Z = 77 \sim 87\text{V}/V_R =$ $63\text{V}\ P_D = 500\text{mW}/P_{RSM} = 100\text{W}; Z_Z = 300\Omega$ DO-35 封装	稳压二极管
RD9.1EB	$I_F = 200\text{mA}/I_Z = 20\text{mA}/I_R = 0.5\mu\text{A}; V_Z = 8.33 \sim 9.29\text{V}/$ $V_R = 6\text{V}\ P_D = 500\text{mW}/P_{RSM} = 100\text{W}; Z_Z = 8\Omega$ DO-35 封装	稳压二极管
RD9.1EB1	$I_F = 200\text{mA}/I_Z = 20\text{mA}/I_R = 0.5\mu\text{A}; V_Z = 8.33 \sim 8.7\text{V}/$ $V_R = 6\text{V}\ P_D = 500\text{mW}/P_{RSM} = 100\text{W}; Z_Z = 8\Omega$ DO-35 封装	稳压二极管
RD9.1EB2	$I_F = 200\text{mA}/I_Z = 20\text{mA}/I_R = 0.5\mu\text{A}; V_Z = 8.61 \sim 8.99\text{V}/$ $V_R = 6\text{V}\ P_D = 500\text{mW}/P_{RSM} = 100\text{W}; Z_Z = 8\Omega$ DO-35 封装	稳压二极管
RD9.1EB3	$I_F = 200\text{mA}/I_Z = 20\text{mA}/I_R = 0.5\mu\text{A}; V_Z = 8.89 \sim 9.29\text{V}/$ $V_R = 6\text{V}\ P_D = 500\text{mW}/P_{RSM} = 100\text{W}; Z_Z = 8\Omega$ DO-35 封装	稳压二极管
RD91EB	$I_F = 200\text{mA}/I_Z = 2\text{mA}/I_R = 0.2\mu\text{A}; V_Z = 85 \sim 96\text{V}/V_R =$ $69\text{V}\ P_D = 500\text{mW}/P_{RSM} = 100\text{W}; Z_Z = 400\Omega$ DO-35 封装	稳压二极管
SDS511Q	$I_O = 100\text{mA}/I_{FM} = 300\text{mA}/I_{FSM} = 2\text{A}/I_R = 0.5\mu\text{A}; V_{RM} =$ $85\text{V}/V_R = 80\text{V}/V_F = 1.2\text{V}; P_D = 150\text{mW}$ SOD-523 封装,贴片标记为 S1	开关二极管
UCLAMP0501	$I_{PP} = 16\text{A}/I_R = 5\mu\text{A}; V_{PP} = \pm 20\text{kV}/V_{RWM} = 5\text{V}/V_{BR} =$ $6\text{V}/V_F = 0.8\text{V}; P_{PK} = 240\text{W}$ 超小 SOD-523 封装(1.7mm × 0.9mm × 0.7mm);贴片代码 5H	二极管(瞬变二极管)
UESD3.3DT5G	$I_R = 1\mu\text{A}/I_T = 1\text{mA}; V_{RWM} = 3.3\text{V}/V_{BR} = 5\text{V}/V_F = 0.9\text{V};$ $P_D = 1.9\text{W}$ SOT-723 封装;贴片标记 L0	ESD 保护二极管

(续)

型号	参 数	备 注
UESD5.0DT5G	$I_R = 0.1\mu A/I_T = 1mA$; $V_{RWM} = 5V/V_{BR} = 6.2V/V_F = 0.9V$; $P_D = 1.9W$ SOT-723 封装;贴片标记 L2	ESD 保护二极管
UESD6.0DT5G	$I_R = 0.1\mu A/I_T = 1mA$; $V_{RWM} = 6V/V_{BR} = 7V/V_F = 0.9V$; $P_D = 1.9W$ SOT-723 封装;贴片标记 L3	ESD 保护二极管

第4节 晶 体 管

型号	参 数	备 注
2SC2412K	$I_C = 0.15A$; $V_{CBO} = 60V/V_{CEO} = 50V/V_{EBO} = 7V$; $P_C = 0.2W$; $f_T = 180MHz$ SMT3(SC-59、SOT-346) 封装;NPN 型	
2SC4081	$I_C = 0.15A$; $V_{CBO} = 60V/V_{CEO} = 50V/V_{EBO} = 7V$; $P_C = 0.2W$; $f_T = 180MHz$ UMT3(SC-70、SOT-323) 封装;NPN 型	
2SC4617	$I_C = 0.15A$; $V_{CBO} = 60V/V_{CEO} = 50V/V_{EBO} = 7V$; $P_C = 0.15W$; $f_T = 180MHz$ EMT3(SC-75A、SOT-416) 封装;NPN 型	
2SC5658	$I_C = 0.15A$; $V_{CBO} = 60V/V_{CEO} = 50V/V_{EBO} = 7V$; $P_C = 0.15W$; $f_T = 180MHz$ VMT3 封装;NPN 型	
DTC143ZE	$I_O = 100mA/I_C = 100mA$; $V_{CC} = 50V/V_{IN} = -5 \sim 30V$; $P_D = 150mW$; $f_T = 250MHz$ EMT3 封装;NPN 型	
DTC143ZKA	$I_O = 100mA/I_C = 100mA$; $V_{CC} = 50V/V_{IN} = -5 \sim 30V$; $P_D = 200mW$; $f_T = 250MHz$ SMT3(SC-59) 封装;NPN 型	
DTC143ZM	$I_O = 100mA/I_C = 100mA$; $V_{CC} = 50V/V_{IN} = -5 \sim 30V$; $P_D = 150mW$; $f_T = 250MHz$ VMT3 封装;NPN 型	

（续）

型号	参　数	备　注
DTC143ZUA	$I_O = 100\mathrm{mA}/I_C = 100\mathrm{mA}; V_{CC} = 50\mathrm{V}/V_{IN} = -5 \sim 30\mathrm{V}; P_D = 200\mathrm{mW}; f_T = 250\mathrm{MHz}$ UMT3（SC-70）封装；NPN 型	
PEMT1	$I_C = -100\mathrm{mA}/I_{CM} = -200\mathrm{mA}/I_{BM} = -200\mathrm{mA}; V_{CBO} = -50\mathrm{V}/V_{CEO} = -40\mathrm{V}/V_{EBO} = -5\mathrm{V}; P_{tot} = 200\mathrm{mW}; f_T = 100\mathrm{MHz}$ SOT666 封装；PNP 型；贴片代码 FF	
STT818B	$I_C = -3\mathrm{A}/I_{CM} = -6\mathrm{A}/I_B = -0.2\mathrm{A}/I_{BM} = -0.5\mathrm{A}; V_{CBO} = -30\mathrm{V}/V_{CEO} = -30\mathrm{V}/V_{EBO} = -5\mathrm{V}; P_{tot} = 1.2\mathrm{W}$ SOT23-6L（TSOP6）封装；PNP 型；贴片代码 为 818B	

第3章 维修速查

第1节 智能机通用

机 型	故障现象	故障部位及元器件	备 注
Android 智能机	手机放置一段时间后,突然不开机	充电 10min 后,再确认是否能开机。电池一体机,比如索尼 26 智能机可尝试按开机键 10s,强制关闭电源后充电一段时间后,再尝试开机;部分手机电池过放电后需充电一段时间,电池电压达到手机启动电压时,手机才能开机	
Android 智能机	充电时、手机平放在桌面时或突然从口袋里拿出后,屏幕失灵无法操作	屏幕表面可能存在静电干扰,轻按下电源键关闭屏幕,再点亮屏幕时,操控可能就正常	
Android 智能机	使用中突然重启	智能手机就像个人计算机一样,有一个复杂的操作系统及各种应用软件,软件运行中可能出现异常而引发手机重启。如果不是频繁重启或某种操作下必现重启,一般都可能属于正常现象	
Android 智能机	通话中黑屏后,无法再点亮屏	部分手机有接近光感应功能,手机接通后当手机靠近脸部时手机自动关闭屏幕(节省电能和降低辐射),但有时黑屏后就无法再点亮屏幕。这时要检查感应光传感器表面是否清洁,此外透光性不好的保护膜也可能会引起接近光传感器误判的问题(接近光传感器一般在手机扬声器附近)	
智能机通用	充电或使用过程中手机发烫	1)请避免在太阳光直射环境中充电或长时间使用 2)关闭不使用的后台程序 3)充电的同时,最好不要玩游戏 4)及时更新到最新版本	手机上网对射频或者玩对 CPU 要求较高的游戏时,射频 PA 或 CPU 在高频运转,功耗较大,手机会有一定量的发热,属于智能手机常见现象

（续）

机　型	故障现象	故障部位及元器件	备　注
智能机通用	感觉智能手机待机时间短	1）出门前充满电,开启手机的省电模式 2）在不使用 WLAN,蓝牙、GPS 或者数据业务时,请将相应的功能关闭 3）不使用的软件,要关闭节以省功耗。方法:进入设置→应用程序→正在运行的服务,选择相应的程序关闭	
智能机通用	手机不开机(手机电池可拆卸)	新手机(或升级后、恢复出厂设置后)放上电池首次开机,手机要做初始化的操作,开机时间会较长,有可能被误认为不开机。对于电池过度放电造成的不开机,取下电池,手机连接充电器看能否开机,若可以开机,将电池装上充电 30min 以上,可正常开机	
智能机通用	手机放在口袋中,触摸屏与身体接触,此时来电概率性无法划动触摸屏接听电话	保持手及触摸屏的清洁和干燥,击两下开机键(锁屏键),让触摸屏自身重新校准	
智能机通用	手上或触摸屏上有油或者水时,导致触摸屏失灵	用干布将手机表面擦干,击两下开机键(锁屏键),让触摸屏自身重新校准	
智能机通用	插充电器(特别是车载和非原装的充电器)时,手机触摸屏失效,充电器的噪声信号与电容触摸屏的信号频率相同,导致 TP 失效	1）拔掉充电器 2）按两次开机键 3）拔掉充电器,取下电池,使用原装充电器	
智能机通用	手机在安装了某些不稳定的软件,造成手机的重启或自动关机;手机在受到振动时,电池松动(手机电池可卸)也可能造成手机自动关机或自动重启	智能手机就像个人计算机一样,有一个复杂的操作系统,在手机上安装的一些第三方软件可能导致手机概率性重启或者死机,恢复出厂设置或卸载与手机不兼容的软件	

（续）

机　型	故障现象	故障部位及元器件	备　注
智能机通用	当触摸屏贴膜较厚时，通话手机就会出现黑屏、死机，这是由于贴膜降低触摸屏的透光率和感应值，使手机误判为已经和人脸接近，故将 LCD 关闭，进入省电模式	将手机的触摸屏保护膜撕掉，或者在保护膜接近光的位置挖孔	
智能机通用	触摸屏时无反应	触摸屏损坏	测量 4 个引脚（X、Y、X1、Y1）电压，其中应该有两个是高电位，两个低电位，如果电压正常，一般就是触摸屏坏

第 2 节　HTC

机　型	故障现象	故障部位及元器件	备　注
HTC 3238	来电时无振动，但有铃声	振动电动机不良	
HTC 565	无网络	射频处理模块虚焊	
HTC 565	不识 SIM 卡（一）	SIM 卡座虚焊	
HTC 565	不识 SIM 卡（二）	SIM 座簧片氧化	
HTC 565	不识存储卡	存储卡座接触不良	
HTC 565	加电不能开机	主处理模块虚焊	
HTC 565	通话时对方听不到声音	按键排线连接器接触不良	
HTC 565	开机出现定屏	系统文件大而闪存模块容量小	
HTC 565	显示白屏	显示屏排线头氧化	
HTC 565	显示时有时无	液晶显示组件排线连接器插座接触不良	
HTC 565	充电时有时无	充电编程插座不良	
HTC 565	个别数字按键失灵	数字按键膜导电簧片氧化	
HTC 565	照相机功能失灵	照相机组件排线连接器接触不良	
HTC 6850	不识存储卡	存储卡接口元器件虚焊	
HTC 6850	液晶显示时有时无	侧滑排线有问题	
HTC 6850	英文键盘失灵	英文键盘排线插头接触不良	
HTC 686	加电开机有时自动关机	电池座接触点氧化及引脚虚焊	
HTC 686	开机触摸屏功能失灵	触摸屏排线头氧化	
HTC 686	不能与计算机实现串口通信	串口通信芯片 MAX3378E 不良	
HTC 6950	加电不能开机	电源管理模块 PM7540 虚焊	
HTC 6950	通话时听不到对方声音	机壳固定螺钉松动导致扬声器接触不良	
HTC 6950	来电时无振动	振动电动机连接器接触不良	
HTC 6950	可打电话，但不能调节音量大小	音量减小按键短路	

（续）

机　型	故障现象	故障部位及元器件	备　注
HTC 6950	充电时有时无	充电编程插座接触不良	
HTC 6950	功能按键失灵	按键排线连接器插头接触不良	
HTC 6950	照相功能失灵	照相机组件不良	
HTC 6950	不认 UIM 卡	UIM 卡时钟模块虚焊	
HTC 6950	无网络	射频处理芯片引脚虚焊	
HTC 6950	网络时有时无	射频处理芯片 RTR6500 不良	
HTC C720W	开机出现定屏	软件运行出错	采用常用的硬启操作方法
HTC C720W	插上耳机后自动重拨上一个拨出号码	耳机插座不良	
HTC C720W	安装软件后死机	安装软件操作不当	
HTC C730	加电不能开机（一）	电源管理模块虚焊	
HTC C730	加电不能开机（二）	副时钟晶体不良	
HTC C730	显示时有时无	侧滑排线连接器插座内有污物	
HTC EVO 4G	加电不能开机	开关机按钮不良	
HTC EVO 4G	来电及播放音乐时无声	扬声器接触点氧化	
HTC EVO 4G	来电时无振动	振动电动机不良	
HTC EVO 4G	照相机模式不能闪光	闪光灯板接触点氧化	
HTC G1	不识存储卡	存储卡座簧片氧化	
HTC G1	显示时有时无	显示连接器排线头接触不良	
HTC G3	加电不能开机（一）	电源管理芯片虚焊	
HTC G3	加电不能开机（二）	副时钟晶体不良	
HTC G3	不能开机	刷机断电造成字库软件损坏	
HTC G3	不能充电	充电编程小板排线连接器插头虚焊	
HTC G3	触摸屏功能失灵	触摸屏组件不良	
HTC G3	照相机功能失灵	照相机组件连接器接触不良	
HTC G3	按键失灵	挂机按键导电簧片氧化	
HTC G3	不能充电	充电编程插座虚焊	
HTC HD2	无网络	中频处理芯片虚焊	
HTC HD2	无液晶显示	液晶屏组件排线连接器氧化	
HTC HD2	不能与计算机联机	编程接口电路元器件虚焊	
HTC HD2	加电不能开机	主处理模块不良	
HTC HD2	开机有时出现定屏	字库模块虚焊	
HTC HD2	不能充电	充电编程小板的排线有问题	
HTC HD2	不识存储卡	存储卡座接触不良	
HTC HD2	照相机模式闪光灯漏闪	闪光灯排线有问题	
HTC hero200	通话时对方声音较小	受话扬声器发声孔被污物堵塞	
HTC hero200	触摸屏失灵	触摸屏驱动芯片虚焊	
HTC hero200	待机时间短	电池座锈蚀、后备电池漏电	
HTC hero200	无液晶显示	显示接口元器件虚焊	
HTC hero200	照相机功能时好时坏	照相机组件虚焊	
HTC P800	通话时听不到对方声音	受话扬声器有问题	
HTC P800	通话时对方听不到声音	送话器接触点不良	
HTC T3238	无网络	射频处理电路中前端处理芯片虚焊	

（续）

机　型	故障现象	故障部位及元器件	备　注
HTC T3238	WiFi 功能失效,但打电话正常	WiFi 模块 WL1251A 虚焊	
HTC T3238	无液晶显示	显示屏排线元件不良	
HTC T3238	照相机拍照片模糊	照相机镜头脏污	
HTC T3238	不能与计算机联机	编程接口电路元器件虚焊	
HTC T3238	不识存储卡	存储卡座接触不良	
HTC T3238	蓝牙功能失灵	蓝牙模块 BRF6300C 不良	
HTC T5353	来电无铃声,且播放音乐也无声	扬声器接触点氧化	
HTC T5353	通话时对方有杂音	扬声器音圈上有异物	
HTC T5353	不能充电	充电编程插座接触不良	
HTC T5353	按键失灵	挂机按键导电簧片氧化	
HTC T5353	进入照相模式死机	照相机组件连接器进液漏电	
HTC T5353	照相机功能失灵	照相机组件连接器氧化	
HTC T5353	能打电话,但无显示	背光灯组件不良	
HTC T8585	开机定屏	字库模块虚焊	
HTC T8585	加电不能开机	电源管理模块虚焊	
HTC T8585	GPS 功能失灵	射频收发芯片 RTR6285 不良	
HTC T8588	按电源按钮不能开机	1）电池有问题 2）显示屏排线及所有连接线路有问题 3）主板有问题	
HTC Touch HD2	用耳机打电话有时无声,且振铃声和播放音乐均小	耳机插座内部簧片氧化、扬声器音圈有问题	

第 3 节　LG

机　型	故障现象	故障部位及元器件	备　注
LG GM750	加电不能开机	主处理模块虚焊	
LG GM750	打电话正常,但来电和播放音乐时无声	音频处理模块 MN9319DOB-G 引脚虚焊	
LG GM750	GPS 功能失灵	GPS 模块 FA961831A 引脚虚焊	
LG GM750	无液晶显示	液晶显示组件连接器氧化	
LG GM750	照相机功能失灵	照相机组件连接器氧化	
LG P990	不识存储卡	存储卡座接触不良	
LG US670	距离传感器功能失灵	距离传感器电路中限流电阻 R711 开路	测距离传感器芯片 U702③脚无 2.8V 电压
LG US670	加电不能开机	主处理模块 U201 虚焊	
LG US670	加电开机瞬间即关机	蓝牙与 WiFi 模块 U501 漏电	
LG US670	信号不稳定,打电话困难	射频处理电路中接收滤波器 FL103 不良	
LG US670	信号弱,打电话困难	射频处理电路中时钟模块 X201（19.2MHz）不良	
LG US670	信号时有时无	天线开关芯片 U101 虚焊	

（续）

机　型	故障现象	故障部位及元器件	备　注
LG US670	不能用耳机打电话	耳机通话电路中双开关芯片 U503 不良	
LG US670	通话时听不到对方声音	受话输出回路中开关芯片 U801 引脚虚焊	
LG US670	来电与播放音乐时无声	振铃及音频输出电路中抗干扰电容 C802 漏电	
LG US670	通话时对方声音较小	通话音量控制电路中音量键焊盘虚焊	
LG US670	不能充电与编程	充电编程插座 CN810 内部簧片氧化	
LG US670	首页按键失灵	首页按键 KB703 簧片和印制线氧化	
LG US670	3D 功能失灵	3D 传感芯片虚焊	
LG US670	照相机模式不起作用	照相机供电芯片 U601 虚焊	
LG US670	蓝牙与 WiFi 功能失效	蓝牙与 WiFi 模块不良	
LG US670	无显示	液晶显示接口滤波器 FL604 不良	

第 4 节　黑　莓

机　型	故障现象	故障部位及元器件	备　注
黑莓 7290	加电不能开机（一）	电源管理模块不良	
黑莓 7290	加电不能开机（二）	主处理模块虚焊	
黑莓 7290	加电开机经常死机	主处理模块 AD6529BABC 不良	
黑莓 7290	有时不能开机,打电话时对方听不到声音	电池座与送话器簧片氧化	
黑莓 7290	GSM 频段无网络	功率放大器模块 AWT6146 虚焊	
黑莓 7290	开机定屏	副时钟晶体不良	
黑莓 7290	无液晶显示	显示屏排线连接器氧化	
黑莓 7290	打电话正常,但操作滚轮飘	滚轮组件有脏物	
黑莓 8100	通话时听不到对方声音	电源管理与音频处理模块（MAX9853）引脚虚焊	
黑莓 8100	无网络	前端处理模块 MMM6027 虚焊	
黑莓 8100	不识存储卡	存储卡座簧片接触不良	
黑莓 8100	照相机功能时好时坏	照相机组件座簧片氧化且弹性不足	
黑莓 8700	不能打电话	耳机插座内部簧片氧化	
黑莓 8700	送话时声音小且有杂音	送话器接触点氧化、送话器不良	
黑莓 8700	个别按键失灵	按键印制线氧化	
黑莓 8700	不能充电,也不能与电脑联机	充电编程电路中保护芯片不良	
黑莓 8800	不能开机	电感 L904 损坏	测 C921 处 VBAT _ F 电池失常

第 5 节 华 为

机 型	故障现象	故障部位及元器件	备 注
华为 C8500	加电不能开机(一)	电源管理模块 PM7540 虚焊	
华为 C8500	加电不能开机(二)	主处理模块 MSM7625 虚焊	
华为 C8500	加电不能开机,但能正常充电	机壳固定螺钉松动导致电源按键触点与主板接触不上	
华为 C8500	无网络	收发处理芯片不良	
华为 C8500	能打电话,但声音不能调节	音量按键排线折断	
华为 C8500	通话时对方声音时有时无	受话扬声器接触点氧化	
华为 C8500	不能用通话按键接听电话	通话按键导电簧片与按键印制线氧化	
华为 C8500	来电与播放音乐均无声	振铃与音频输出电路中音频输出滤波电感不良	
华为 C8500	来电时无振动	来电振动电路中电动机保护二极管漏电	
华为 C8500	能打电话,但来电时无铃声	重力感应功能电路运行软件出错	
华为 C8500	触摸屏失灵	触摸屏驱动芯片不良	
华为 C8500	液晶显示缺线	液晶显示屏组件本身不良	
华为 C8500	拍照片有白斑	照相机组件不良	
华为 C8600	不能打电话和进行菜单操作	网络应用管理与指纹锁屏软件出错	

第 6 节 诺 基 亚

机 型	故障现象	故障原因与解决方法	备 注
诺基亚 3230	FM 收音无信号	FM 收音机芯片 N6567⑦脚的 3V 供电限流电阻 R656(12Ω)开路	
诺基亚 3230	不能与电脑 USB 联机	USB 处理芯片 D440 引脚虚焊	
诺基亚 3230	加电不能开机和充电	电池座 X131 弹簧接触点氧化、充电回路熔断器 F130 开路、稳压二极管 V130 击穿	
诺基亚 3230	加电不能开机(一)	微处理模块 D370 虚焊	
诺基亚 3230	加电不能开机(二)	26MHz 主时钟模块 G501 的 2.8V 供电限流电阻 R156(10Ω)虚焊	
诺基亚 3230	加电不能开机(三)	32.768kHz 副时钟晶体 B250 不良	
诺基亚 3230	开机黑屏	背光驱动供电滤波电感 L400 不良	测 LED 背光灯驱动芯片 D4004④脚上无驱动电压输出
诺基亚 3230	打电话时对方听不到声音(一)	送话偏置电阻 R604(470Ω)开路	在通话状态,测送话器接触点无 1.8V 工作电压

（续）

机　型	故障现象	故障原因与解决方法	备　注
诺基亚 3230	打电话时对方听不到声音（二）	受话输出回路滤波电感 L836 虚焊	
诺基亚 3230	存储卡安装软件无法识别及软件用一段时间就无法运行	软件后级名与版本不符或热拔存储卡	检查安装软件，修改不符合版本的文件名、纠正热拔存储卡的操作问题
诺基亚 3230	开机后总是提示要发信息到安全手机号码上	删除后的软件出现错误	下载程序管理器检查和删除隐藏文件，通过程序管理工具格机
诺基亚 3230	红外线功能失灵，但能打电话	红外线收发模块 N750 的 3.7V 供电限流电阻 R750 开路、红外线收发模块 N750 不良	
诺基亚 5800D-1	加电不能开机（一）	26MHz 主时钟模块（G7501）不良	
诺基亚 5800D-1	加电不能开机（二）	辅助电源 N2300 的 1.82V 供电滤波电感 L2206 开路	测辅助电源无 1.82V 供电电压
诺基亚 5800D-1	不能上 WCDMA 3G 网络，但能打电话	WCDMA 功率放大器 N7540 供电回路滤波电感 L7540 虚焊	
诺基亚 5800D-1	加电开机提示 SIM 卡错误	SIM 卡供电滤波电容 C2700 漏电	
诺基亚 5800D-1	不能充电	滤波电感 L200 不良	
诺基亚 5800D-1	充满电的电池待机及工作时间短	电池供电电路中滤波电容 C2071 漏电	
诺基亚 5800D-1	开机后无显示	显示屏排线头接触不良	
诺基亚 5800D-1	打电话时听对方声音很小	受话扬声器发声孔被脏物堵住	
诺基亚 5800D-1	照相机模式闪光灯不亮	照相机闪光灯电路中熔断器 F1450 开路、驱动芯片 N1451 不良	
诺基亚 5800D-1	照相功能失效	照相机功能电路中稳压芯片 N1402 的 3.7V 供电输入端限流电阻 R1410 不良	
诺基亚 5800XM	触摸屏功能失灵	触摸屏连接器的排线暗断	
诺基亚 6120S	接收短信后出现死机	手机存在短信死机漏洞	采用刷机方法刷新版本 ROM 排查故障
诺基亚 6210S	加电不能开机（一）	VCORE 供电滤波电容 C2807 漏电	
诺基亚 6210S	加电不能开机（二）	电源模块 N2200 不良	
诺基亚 6210S	有时不能开机，能开机时待机时间短	电池供电滤波电容 C2071 漏电	
诺基亚 6210S	来电振铃及播放音乐无声	音频芯片与音频功率放大器之间的音频信号回路排电阻 R212 虚焊	
诺基亚 6210S	能打电话，但蓝牙功能失效	蓝牙与收音机模块 N6000 焊盘虚焊	
诺基亚 6210S	照相机模式闪光灯不亮（一）	照相机闪光灯电路中隔离管 V1453 不良	
诺基亚 6210S	照相机模式闪光灯不亮（二）	照相机闪光灯电路中 V1451 闪光灯开路	

（续）

机 型	故障现象	故障原因与解决方法	备 注
诺基亚 6630	WCDMA 传输距离近	WCDMA 天线接触点氧化	
诺基亚 6630	打电话时听不到对方声音	受话输出回路滤波电感 L2100 虚焊	
诺基亚 6630	来电振铃及播放音乐无声	振铃及音频播放输出电路中输出滤波电感 L2102 开路	
诺基亚 6630	加电开机出现定屏	存储器中软件运行出错	采用刷机方法用新加坡音乐版的 ROM 重写
诺基亚 6630	无液晶显示（一）	液晶显示电路中滤波元件 Z4402、Z4403 不良	
诺基亚 6630	无液晶显示（二）	液晶显示连接器 X4401 接触不良	
诺基亚 6630	按键失灵	键盘接口电路中滤波元件 Z4400 焊盘虚焊	
诺基亚 6630	按键有时正常,有时失灵	按键板反面的连接器 X4400 接触点氧化	
诺基亚 6630	不能充电	主板上的充电回路中熔断器 F2000 开路、滤波电感 L2000 与滤波电容 C2070 不良	
诺基亚 6630	不识存储卡	存储卡接口电路中滤波电感 L5200 不良	测存储卡座④脚 1.8V 电压失常
诺基亚 6720C	打电话时听不到对方声音,且有时前置摄像头失灵	前置摄像头与受话组件连接器接触不良	
诺基亚 6720C	可打电话,但有噪声	噪声消除送话器 B2104 不良	
诺基亚 6720C	不能充电	充电回路中滤波电感 L3305 不良	测充电回路中的充电控制模块 N3301 的输入电压失常
诺基亚 6720C	蓝牙功能失效	FM 收音与蓝牙模块引脚虚焊	
诺基亚 6720C	液晶显示时有时无	液晶显示接口连接器接触不良	
诺基亚 7610	加电不能开机（一）	主处理模块 D370 虚焊	
诺基亚 7610	加电不能开机（二）	电源管理及音频处理模块 D250 虚焊	
诺基亚 7610	USB 功能失效（一）	USB 处理芯片 D440 不良	
诺基亚 7610	USB 功能失效（二）	D440 ㉚、㉛脚外围时钟晶体 B440 不良	
诺基亚 7610	不能实现蓝牙通信	蓝牙电路时钟信号放大芯片 D191 不良	测蓝牙处理模块 D190 的 TX_A、TX_B 端射频信号频谱不正常
诺基亚 7610	无网络（一）	发射功率放大器模块 N700 不良	
诺基亚 7610	无网络（二）	射频模块 N500 外围排电阻 R515（5.6kΩ）虚焊	
诺基亚 7610	信号不稳定	AFC 电压滤波电容 C527 漏电	测射频处理电路的输入与输出信号失常

（续）

机　型	故障现象	故障原因与解决方法	备　注
诺基亚 7610	打电话经常掉线	功率放大器模块 N700 的供电滤波电容 C705 漏电	测发射功率放大器模块 N700⑦脚上的 3.7V 电池直接供电电压不稳定
诺基亚 7610	开机无显示	显示接口连接器 X401 接触不良	
诺基亚 7610	打电话和播放音乐均无声	振铃及音频播放输出电路中输出滤波电感 L608 开路	
诺基亚 7610	通话时受话无声	受话输出滤波电感 L613 不良	
诺基亚 7610	通话时送话无声	送话信号输入回路电阻 R606 不良	
诺基亚 7610	按键失灵	按键电路中滤波模块 Z400、Z401 不良	
诺基亚 7610	照相机功能失效	照相机组件引脚氧化	
诺基亚 C6-00	无法进入 WCDMA 状态	检查 L7500、N7520、Z7540、Z7541、Z7542 等元器件有问题	射频处理器 N7500 无发射信号输出
诺基亚 C6-00	WCDMA 无信号	检查 Z7543、Z7544、N7540、Z7540、Z7541、Z7542、N7520、L7500 等元器件有问题	测 N7500 有发射信号输出
诺基亚 C6-00	GSM 网络无信号	GSM 射频接收电路中 X7501、L7500、N7520、Z7521、N7500 及其外围元器件有问题	
诺基亚 C6-00	发射困难	GMS 发射电路中 N7500、Z7523、T7520、N7520、L7500、X7501 及其外围元器件有问题	
诺基亚 C6-00	不开机	射频电源管理芯片 N7560 及其外围元器件有问题	测 L7501 上 VBAT 电压失常、C7569 上电压失常
诺基亚 C6-00	无发射	射频电源管理芯片 N7560 外围元器件有问题	测 C7573 上的 VXO 电压失常
诺基亚 C6-00	不开机	基带处理器 D2800 及存储器 D3000 存在虚焊	
诺基亚 C6-00	送话无声	送话器 B2170 损坏	
诺基亚 C6-00	送话声音小	基带处理器 D2800 有问题	测 R2170 上无时钟信号
诺基亚 C6-00	受话无声	送话器电路中 L2400、R2400、R2401 及排线有问题	
诺基亚 C6-00	通话无声	耳机插座接触不良	
诺基亚 C6-00	无振铃	L2156、L2157、C2158、C2159、R2152、R2153 及扬声器 B2151 有问题	
诺基亚 C6-00	耳机扬声器无声	L2011、Z2010、N2123、N2121、N2200 有问题	
诺基亚 C6-00	耳机送话器不送话	L2010、R2013、N2122、N2200 有问题	
诺基亚 C6-00	电话呼入或播放音乐均无声（一）	音频功率放大器模块 N2123 不良	
诺基亚 C6-00	电话呼入或播放音乐均无声（二）	振铃及音频播放输出电路中输出滤波电感 L2102 虚焊	

（续）

机 型	故 障 现 象	故障原因与解决方法	备 注
诺基亚 C6-00	电话呼入或播放音乐有杂音	振铃及音频播放输出电路中用于电路保护的压敏电阻漏电	
诺基亚 C6-00	不开机	电池触点至 N2200、N2300 之间存在断线或电池接口电路中 R2300、Z2070 损坏	
诺基亚 C6-00	开机后无反应，但插入充电器时，手机能够显示充电状态	开机按键、排线、Z2400、N2200 有问题	此故障一般发生在开机触发信号电路中
诺基亚 C6-00	使用 USB 接口无法充电	R3303、L3300、C2312 有问题	
诺基亚 C6-00	用 USB 接口与旅行充电器均不能充电	N2300 及外围元器件有问题	
诺基亚 C6-00	不能充电	充电回路中 Z2070 虚焊	
诺基亚 C6-00	旅行充电器不能充电	F2000、L2000、R2000、C2001、C2000 有问题	
诺基亚 C6-00	不识卡	X2700、L2700、C2701、C2702、C2703、C2700、C2704 有问题	SIM 卡接口各个触点的波形异常
诺基亚 C6-00	不识别存储卡（一）	存储卡触点接触不良	
诺基亚 C6-00	不识别存储卡（二）	存储卡供电路中滤波电容 C3205 漏电	测存储卡座 X3200④脚的 1.8V 供电电压偏低
诺基亚 C6-00	插入存储卡手机无反应	N3200 及其外围电路元器件有问题	测 C3205 上无存储卡供电电压
诺基亚 C6-00	按键均失灵	I/O 扩展器 N2850 或基带处理器 D2800 有问题	
诺基亚 C6-00	一行或一列按键失灵	该行或该列按键的信号线断路	
诺基亚 C6-00	USB 功能无法使用	高速 USB 收发器电路中 Z3301、L3300、R3302、C3305、V3300、R3303 有问题	
诺基亚 C6-00	不能与计算机联机	编程插座内部簧片氧化	
诺基亚 C6-00	无法进入照相模式和摄像模式（一）	N1402 有问题	测 C1414 上无 VCAM_1V8 电压
诺基亚 C6-00	无法进入照相模式和摄像模式（二）	N1404 有问题	测 C1408 上无 VCAM_2V8 电压
诺基亚 C6-00	照相机功能失灵	照相机供电回路中 1.8V 供电滤波电容 C1409 漏电	照相机组件的 1.8V 供电电压偏低且不稳定
诺基亚 C6-00	无法启动闪光灯（一）	L1454 和供电电路元器件有问题	测 C1463 上无 VBAT 电压
诺基亚 C6-00	无法启动闪光灯（二）	闪光灯驱动 N1451 及其外围电路元器件有问题	测 C1460 上无闪光灯输出电压

（续）

机　　型	故 障 现 象	故障原因与解决方法	备　　注
诺基亚 C6-00	无显示	X2400 接口、Z2450 虚焊或损坏	
诺基亚 C6-00	滑盖推出过程屏幕显示时有时无	滑盖排线不良	
诺基亚 C6-00	液晶显示时有时无	液晶显示连接器 X8100 接触不良	
诺基亚 C6-00	无背光灯	背光驱动芯片 N2301 及其外围元器件有问题	测 C2441 两端无背光输出电压
诺基亚 C6-00	显示黑屏	显示屏组件损坏	
诺基亚 C6-00	触摸屏失灵（一）	触摸屏控制器 N8450 及外围元器件有问题	测 R8457 上无 VIO 电压
诺基亚 C6-00	触摸屏失灵（二）	X8100、X8000 接触不良	
诺基亚 C6-00	打开滑盖时无法接听电话或合上滑盖时无法挂掉电话	霍尔传感器 N6500 有问题	测 N6500 的②脚电压输出失常
诺基亚 C6-00	打电话正常，但待机时间短	电池供电电路中后备电池 G2200 漏电	
诺基亚 C6-00	无法自动调节屏幕亮度	数字环境光线传感器 N8104（TSL2563CL）有问题	
诺基亚 C6-00	通话时，屏幕靠近面部，无法自动锁定触摸屏或关闭屏幕背景灯	接近传感器 N8105 有问题	
诺基亚 C6-00	FM 收音机功能失效（一）	蓝牙/收音机芯片 N6000 有问题	
诺基亚 C6-00	FM 收音机功能失效（二）	FM 天线输入电路中 C6015、L6003、 C6024、 C6017、 L6002、C6016 有问题	
诺基亚 C6-00	蓝牙无法使用	蓝牙天线输入电路元件 Z6000 有问题	
诺基亚 C6-00	GPS 功能失效	GPS 接收信号通道元器件 L6201、 C6201、 Z6200、 X6400、Z6400 有问题	
诺基亚 E66	不能与计算机联机	USB 电路保护模块 R3300 不良	
诺基亚 E66	不能进行红外线通信	红外线接收模块供电支路限流电阻 R2600 不良	测红外线接收模块 N2600②脚（TXD）发射信号异常、①脚（LEDA）的红外线收发供电电压异常
诺基亚 E66	用充电器不能充电（一）	充电插座接触不良	
诺基亚 E66	用充电器不能充电（二）	充电插座的焊接点到熔断器 F2000、滤波电容 C2001 的充电回路有问题	
诺基亚 E66	加电不能开机	手机开关机电路下拉电阻 R2510（1kΩ）开路	

（续）

机　　型	故障现象	故障原因与解决方法	备　　注
诺基亚 E66	打电话时有时听不到对方声音	滑盖排线不良	
诺基亚 E66	耳机模式听不到对方声音	耳机模式受话电路中输出滤波电感 L2002 虚焊	
诺基亚 E66	有时收不到短信，并自动下载软件	程序文件运行异常	检查用户操作及删除垃圾文件，连机检查恶意线程及输入指令软件排查故障
诺基亚 E66	无法正常开机	无用及垃圾文件过多	删除垃圾文件
诺基亚 E66	个别按键失灵	按键印制线表面氧化	
诺基亚 E66	多个按键失灵	按键接口滤波模块 Z2402 不良	
诺基亚 E66	无液晶显示	液晶显示电路中滤波模块 Z2401 不良	测连接器座 X2400 液晶显示驱动信号波形异常
诺基亚 E66	液晶显示时有时无	显示屏接口连接器氧化	
诺基亚 N8-00	用充电器不能充电（一）	充电控制电路中控制管 V3370 不良	
诺基亚 N8-00	用充电器不能充电（二）	充电电压输入滤波电感 L3305 不良	
诺基亚 N8-00	加电不能开机（一）	电源管理电路中滤波电感 L2340 虚焊	
诺基亚 N8-00	加电不能开机（二）	主处理模块 D2800 的 1.8V 供电滤波电容 C2230 漏电	
诺基亚 N8-00	来电及播放音乐均无声	振铃及音频播放输出电路中滤波电容 C2151 漏电	
诺基亚 N8-00	用耳机通话时对方听不到声音	耳机送话保护模块 N2037 虚焊	
诺基亚 N8-00	开机出现定屏	16G 存储模块 D3200 虚焊	
诺基亚 N8-00	开机白屏，但打电话正常	图像处理电路中滤波模块 Z1601 虚焊	测显示接口连接器 X1600 的⑥、⑦脚数据线信号波形异常
诺基亚 N8-00	开机就会跳出 GPRS 上网图标	上网设置不正常	重新设置手机卫士软件的上网设置
诺基亚 N8-00	GPS 功能失灵	GPS 模块 N5300 引脚虚焊	测模块 N5300 的 GPS 输出端信号异常
诺基亚 N8-00	3D 加速功能失效	3D 加速器芯片 N1103 引脚虚焊	
诺基亚 N8-00	安装软件时提示无证书	手机日期不符合软件安装要求	通过手机时钟设置查看日期，修改软件安装能够接受的日期
诺基亚 N8-00	播放视频时有声音无图像	播放软件解码率不对应	
诺基亚 N8-00	安装软件后死机	中文文件名的 JAR 程序不兼容	
诺基亚 N8-00	屏幕导航键和 ABCD 无法关闭	某些程序的屏幕键盘设置不当	

（续）

机　　型	故 障 现 象	故障原因与解决方法	备　　注
诺基亚 N8-00	多媒体模式不显示图像和播放音乐	文件或程序设置不当引起系统运行出错	
诺基亚 N8-00	开机后触摸屏功能失灵	触摸屏供电滤波电感 L2500 不良	
诺基亚 N8-00	菜单按钮失灵	菜单按钮控制电路中滤波电感 L2403 不良	
诺基亚 N85	短滑键中的快进按键失灵	短滑键中的快进按键不良	
诺基亚 N85	方向键失灵	滑盖排线插座 X1000 接触不良	
诺基亚 N85	加电不能开机（一）	电源供电电路电流感应元件 R2300 虚焊	
诺基亚 N85	加电不能开机（二）	电源模块 N2200 的供电滤波电感 L2205 虚焊	
诺基亚 N85	加电不能开机（三）	存储模块供电滤波电感 L2206 虚焊	
诺基亚 N85	不识别 SIM 卡	SIM 卡供电滤波电容 C2220 漏电	测 SIM 卡无 VSIM1 供电电压
诺基亚 N85	来电及播放音乐时声音时有时无	振铃及音频播放输出电路中输出滤波电感 L2152 不良	
诺基亚 N85	来电及播放音乐时均无声	音频功率放大器供电滤波电容 C2155 漏电	
诺基亚 N85	来电时无振动	振动电动机接触簧片氧化	
诺基亚 N85	开机有时白屏	滑盖排线暗断	
诺基亚 N85	显示屏幕翻转	重力传感器损坏	
诺基亚 N85	照相功能失灵	照相机图像处理电路中图像信号滤波元件 Z1400 不良	
诺基亚 N93	加电不能开机（一）	辅助电源模块 N2300（BETTY_V2.1_LF）供电输入滤波电感 L2301 虚焊	
诺基亚 N93	加电不能开机（二）	VIO_APE 供电电路中滤波电容 C4216 漏电	
诺基亚 N93	加电不能开机（三）	电源管理模块 N2200（VILMA_1.04C）虚焊	
诺基亚 N93	3G 模式信号不稳定	射频测试座 X7602 进水漏电	测射频测试座 X7602 处的信号波形失常
诺基亚 N93	不识别 SIM 卡	SIM 卡供电滤波电容 C8602 漏电	测 SIM 卡连接器 X8600 供电引脚上无 VSIM 电压
诺基亚 N93	不识别存储卡	存储卡电路中保护模块 Z5200（EMIF06-HMC01F2）不良	
诺基亚 N93	无 3G 网络，但能打电话	3G 功率放大器电路中限流电阻 R7621（10Ω）开路	测 3G 功率放大器模块 N7503 的③脚电压失常
诺基亚 N93	蓝牙与无线局域网功能失灵	2.8V 供电模块 N6301（LP3981YDX）引脚虚焊	测蓝牙与无线局域网电路上无 2.8V 供电电压
诺基亚 N93	来电时无振动	振动驱动电路中输出滤波电感 L2152 虚焊	

（续）

机　型	故障现象	故障原因与解决方法	备　注
诺基亚 N93	不能充电	充电回路中保护管 R2010（ES-DA18-1F2）漏电、熔断器 F2000 开路	
诺基亚 N93	不能用外设播放视频	视频播放电路中电子开关芯片 N2030（TS5A3159DCKR）不良	
诺基亚 N93	照相机功能失灵	1.8V 供电滤波电容 C8729（10μF）漏电	
诺基亚 N95	无液晶显示（一）	背光驱动电路中滤波电容 C1157（22pF）漏电	测背光驱动模块 N1151（TPS61061YZFR）输出端的 13.7V 驱动电压失常
诺基亚 N95	无液晶显示（二）	滑盖连接器 X4401 虚焊	
诺基亚 N95	GSM 频段信号时有时无	天线回路电感 L7405 虚焊	测天线接口电路中接收和发射信号均异常
诺基亚 N95	开机后 GSM 无网络	GSM 前端处理电路中平衡电阻 R7521 虚焊	测 GSM 前端处理芯片 N7520 ㉗ 脚无发射信号输入
诺基亚 N95	开机无网络	射频功率放大器电路中时钟模块 G7501（NKG3176D）不良	测射频模块 N7505 的射频时钟信号异常
诺基亚 N95	GPS 功能失灵	GPS 模块 N6200（GPS5300）不良	
诺基亚 N95	蓝牙功能失灵	蓝牙功能电路中 34.8MHz 时钟模块 G6450（KT21P-UCW28N）不良	
诺基亚 N95	照相机模式按快门无反应	自动对焦、快门驱动模块 N5452（AD5801_WLCSP）不良	
诺基亚 N95	来电及播放音乐时声音均较小	左扬声器输出滤波电感 L2112 开路	
诺基亚 N95	调频收音机不响	调频收音机电路中本振线圈 L6156（47nH）不良	
诺基亚 N95	多媒体按键指示灯不亮	按键指示灯驱动控制管 V1161（DTC143ZM-T2L）不良	
诺基亚 N95	按数字键时好时坏	按键膜与按键印制线氧化	
诺基亚 N95	数字按键失灵	数字按键电路中滤波模块 Z4404（EMIF10-COM01F2）不良	
诺基亚 N95	待机时间短	电池供电滤波电容 C2307（1μF）漏电	
诺基亚 N96	开机时间变长、不能启动到桌面及开机音乐变得不连续	软件出现运行问题	检查装卡或不装卡启动状态,删除机内、卡内异常软件
诺基亚 N96	开机后连续发短信不停	系统软件出现运行问题	检查手机自带系统软件及手机维修仪重新刷机
诺基亚 N96	MMC 卡读写速度越来越慢,且磁盘碎片整理后出错	磁盘碎片整理因格式不同、卡内隐藏文件出错	重新格式化
诺基亚 N96	复制文件后无法移除	复制文件不当	重新格式化和分批复制,按程序操作

第 7 节 苹 果

机 型	故障现象	故障部位及元器件	备 注
苹果 iPhone 3G	信号不稳定,经常掉线	收发处理模块(338S0353)虚焊	
苹果 iPhone 3G	信号差	天线电路中 L231、C227、C228、SW201 等元器件不良	
苹果 iPhone 3G	接收信号差或无接收(一)	射频芯片 U200 焊接不良或其与 U210 之间线路有问题	测 U210 ①、②、⑫ 脚信号失常
苹果 iPhone 3G	接收信号差或无接收(二)	低噪声放大电路中 C011、L229、L222、L223 及 Z201 损坏	WCDMA 低频段不正常
苹果 iPhone 3G	接收信号差或无接收(三)	低噪声放大电路中 C256、R212、L226、L227 及 Z203 损坏	WCDMA 中频段不正常
苹果 iPhone 3G	接收信号差或无接收(四)	低噪声放大电路中 C255、L228、L224、L225 及 Z202 损坏	WCDMA 高频段不正常
苹果 iPhone 3G	GSM/WCDMA 模式均不能工作	射频信号处理器 PMB6952 及基带信号处理器 PMB8878 及其外围元器件有问题	
苹果 iPhone 3G	在 GSM 模式下不能工作	功率放大器 SKY77340、射频前端模组电路及射频信号处理器与基带处理器之间线路有问题	
苹果 iPhone 3G	在 WCDMA 模式不能工作	WCDMA 功率放大器电路、低噪声放大器电路、射频前端模组电路及射频信号处理器与基带处理器之间的线路有问题	
苹果 iPhone 3G	显示异常(一)	LCD 模组损坏、接口 J400 不良、连接 LCD 模组的柔性排线不良	
苹果 iPhone 3G	显示异常(二)	显示驱动器 U302(LM2512)或应用处理器 U300 有问题	
苹果 iPhone 3GS	信号时有时无	天线至天线开关 U14 的⑲脚之间通道元器件有问题	天线匹配网络故障
苹果 iPhone 3GS	信号差	天线开关 U14⑲脚至射频处理器 U16 的输入端之间通道元器件有问题	天线开关电路故障
苹果 iPhone 3GS	拨打电话困难或无发射(一)	功率放大器 U14 有问题	测 GSM 部分射频输出信号失常(GSM850/900MHz 频段输出信号测试点在 C74 上,DCS1800/PCS1900MHz 频段输出信号测试点在C75 上)
苹果 iPhone 3GS	拨打电话困难或无发射(二)	R70 或基带处理器 U22 有问题	测功率放大器 U14 控制信号失常(测试点在 C139 上)

（续）

机　　型	故 障 现 象	故 障 部 位 及 元 器 件	备　　注
苹果 iPhone 3GS	拨打电话困难或无发射（三）	射频处理器 U16 有问题	测功率放大器 U14 频段转换信号失常（测试点在 U14 的③脚上）
苹果 iPhone 3GS	手机能开机，但无法进入系统，显示无法激活状态；或者不能开机（一）	通信电源管理芯片 U25、基带处理器 U22 及外围元器件有问题	测 U25 的各路 LDO 输出电压失常
苹果 iPhone 3GS	手机能开机，但无法进入系统，显示无法激活状态；或者不能开机（二）	通信电源管理芯片 U25 及其外围元器件有问题	测 VSD1 电压输出电路中 C410 两端无 1.35V 电压
苹果 iPhone 3GS	手机能开机，但无法进入系统，显示无法激活状态；或者不能开机（三）	通信电源管理芯片 U25 及其外围元器件有问题	测 VSD2 电压输出电路中 C410 两端无 1.8V 电压
苹果 iPhone 3GS	出现不能开机或无信号	基带处理器 U22（PMB8878）损坏或引脚虚焊	
苹果 iPhone 3GS	升级后手机不能开机	基带存储器（S72NS128RD0AHBL0）软件故障	修理时除了用免拆机下载软件外，还可使用编程器进行拆机编程
苹果 iPhone 3GS	无法定位（一）	A-GPS 模块 U31 有问题	
苹果 iPhone 3GS	无法定位（二）	时钟电路中 G3 有问题	测 C291 上无 VAFC_2V65 电压、G3 输出的 CLK_GPS 信号失常
苹果 iPhone 3GS	无法定位（三）	A-GPS 模块信号电路中 R20 电阻虚焊、天线连接器 J3 接触不良	
苹果 iPhone 3GS	定位不准或者功能打不开	射频前端电路中接口 J1 虚焊、射频滤波器 L5 损坏或虚焊、FL12 虚焊	
苹果 iPhone 3GS	蓝牙功能失效	蓝牙电路 U6（BCM4325）有问题	
苹果 iPhone 3GS	WLAN 功能失效	WLAN 信号通道中 FL11、L5、J1、J3 有问题	
苹果 iPhone 3GS	连接 USB 充电器后手机无反应（一）	充电器、尾插、接口 J3 有问题	测 L7 上无 5V 左右的充电电压信号
苹果 iPhone 3GS	连接 USB 充电器后手机无反应（二）	USB 充电电路中 Q4 及外围电路元器件有问题	测 Q4 输出电压信号 USB_PWR_RPROT 信号不正常
苹果 iPhone 3GS	连接 USB 充电器后手机无反应（三）	USB 充电电路中 Q5 及外围元器件有问题	测 Q5 输出电压信号 VBUS_PROT 信号不正常
苹果 iPhone 3GS	无送话或无受话（一）	音频接口芯片 U15 有问题	
苹果 iPhone 3GS	无送话或无受话（二）	音频接口芯片供电电路有问题	测 FL4（是 PP1V8 电压测试点，送到 U15 的 B11 引脚）、C19（是 VDD_VA_VCP 电压测试点，送到 U15 的 G3、E1 引脚）、C167（是 BATT_VCC_CURSNS 电压测试点，送到 U15 的 H5 引脚）上电压失常

（续）

机　型	故障现象	故障部位及元器件	备　注
苹果 iPhone 3GS	无送话或送话声音小（一）	送话器电路中耦合电容 C161、C162 损坏或 C157、C158 短路	
苹果 iPhone 3GS	无送话或送话声音小（二）	音频接口芯片 U15 损坏、虚焊或电阻 R79 开路	拨打电话时测 MICBIAS1 测试点无电压
苹果 iPhone 3GS	无送话或送话声音小（三）	送话器有问题	
苹果 iPhone 3GS	无受话或受话声音小（一）	扬声器 FPC 损坏	
苹果 iPhone 3GS	无受话或受话声音小（二）	接口 J7、扬声器 FPC、扬声器接触点有问题	测 RCVR_CONN_N 测试点、RCVR_CONN_P 测试点与扬声器之间开路
苹果 iPhone 3GS	无受话或受话声音小（三）	音频接口芯片 U15 有问题	
苹果 iPhone 3GS	无声音	扬声器电路中 C258、C260、DZ1、DZ12 及音频接口芯片 U15 有问题	测 SPKR_CONN_N、SPKR_CONN_P 测试点无波形输出
苹果 iPhone 3GS	插入耳机手机无反应（一）	耳机接口、接口 J1、电阻 R91 与 R92 是否有问题	插入耳机时，测 HP_DETECT_SW 信号电压无变化
苹果 iPhone 3GS	插入耳机手机无反应（二）	应用处理器电源管理芯片 U18 有问题	测 HP_DETECT_BIAS 电压失常
苹果 iPhone 3GS	插入耳机手机无反应（三）	耳机接入检测管 Q2 与电阻 R93 有问题	
苹果 iPhone 3GS	耳机无声（一）	偏压产生电路中 VR2 及外围电路有问题	测 PP3V1_MIKEY 电压失常
苹果 iPhone 3GS	耳机无声（二）	偏压产生芯片 U17 及外围电路有问题	测 U17 的 MIKEY_MICBIAS 电压输出失常
苹果 iPhone 3GS	耳机无送话（一）	接口 J1 及外围元器件、耳机接口组件有问题	使用耳机通话时，测量 EXT_MIC+、AUD_RET_SNS 信号不正常
苹果 iPhone 3GS	耳机无送话（二）	HP_AUD_L_CONN、HP_AUD_R_CONN 信号至音频接口芯片 U15 之间的元器件有问题	使用耳机通话时，测 HP_AUD_L_CONN、HP_AUD_R_CONN 信号不正常
苹果 iPhone 3GS	外部附件无声（一）	外部音频电路中接口 J3 有问题	
苹果 iPhone 3GS	外部附件无声（二）	音频接口芯片 U15 有问题	接入外部音频设备时，测 LINE_OUT_R、LINE_OUT_L 测试点上无音频波形
苹果 iPhone 3GS	黑屏（一）	背光灯电路中 Q3 及其外围元器件有问题	测 LCD_BL_CA 测试点上电压失常
苹果 iPhone 3GS	黑屏（二）	电源管理芯片 D1755、过电流保护电路、取样电路有问题	测背光灯电路中 L6 上 VCC_MAIN 电压失常、供电通路中 SW_BOOST 测试点信号不正常

（续）

机 型	故障现象	故障部位及元器件	备 注
苹果 iPhone 3GS	白屏、花屏或显示不正常(一)	显示电路中应用处理器 U2 及其外围电路有问题	测 PP1V8、LCD_BOOST_VOUT、PP3V0_LCD 测试点电压失常；LCD_RST_N 复位信号不正常
苹果 iPhone 3GS	白屏、花屏或显示不正常(二)	显示屏接口 J4 有问题(如虚焊、接触不良或有污物)	
苹果 iPhone 3GS	白屏、花屏或显示不正常(三)	显示接口电路中 EMI 滤波器(L1、L2、L3)虚焊	
苹果 iPhone 3GS	无法启动照相机(一)	照相机组件接口 J6 虚焊或接触不良	
苹果 iPhone 3GS	无法启动照相机(二)	照相机电路中 EMI 滤波器 L14 损坏或虚焊	
苹果 iPhone 3GS	触摸屏失灵(一)	触摸屏损坏	
苹果 iPhone 3GS	触摸屏失灵(二)	触摸屏接口 J5 虚焊或接触不良	
苹果 iPhone 3GS	触摸屏失灵(三)	触摸屏供电电路元器件及 LDO U26(R1118K)有问题	测 PP1V8_GRAPE、VDD_GRAPE_GORE_LDO 测试点电压失常
苹果 iPhone 3GS	触摸屏失灵(四)	多点触摸芯片 U22 有问题	
苹果 iPhone 3GS	输出无图像	视频放大芯片 U14(ISL59121)、应用处理器 U2 及其外围元器件有问题	测亮度信号(VID_Y)、复合信号(VID_COMP)、色度信号(VID_C)信号失常
苹果 iPhone 3GS	来电无振动(一)	振动器电路中 Q6(NTLJF4156NXXG)、振荡器及其外围电路元器件有问题	
苹果 iPhone 3GS	来电无振动(二)	应用处理器 U2 及其外围元器件有问题	测 PP1V3_VIBE 测试点电压失常、VIBRATOR_CTRL 电压在振动模式时不能变为低电平
苹果 iPhone 3GS	开机提示"此配件未针对此 iPhone 优化"字样,也无铃声	连接器接口及电源管理芯片有问题	
苹果 iPhone 3GS	不识别 SIM 卡(一)	ESD 保护器件 U19(NUP412VP5XXG)损坏	测 SIM 卡触点波形异常
苹果 iPhone 3GS	不识别 SIM 卡(二)	SIM 卡触点有污垢、接触不良或 SIM 卡检测开关接触不良	
苹果 iPhone 3GS	当环境光线变化时,屏幕亮度无法自动调节	ALS(环境传感器)或其排线组件有问题	
苹果 iPhone 3GS	拨通电话,面部靠近扬声器部位时,无法锁定触摸屏及关闭显示屏背景灯	距离传感器有问题或距离传感器电路中 U25、U6、R127、R25、接口 J7 及应用处理器 U2 有问题	

（续）

机　型	故障现象	故障部位及元器件	备　注
苹果 iPhone 3GS	手机显示图片不能随机方向改变而变化	加速度传感器芯片 U13（LIS331DL）虚焊或损坏，或应用处理器 U2 虚焊或损坏	
苹果 iPhone 3GS	电子罗盘功能失效，无法使用	方向传感器 U4（AK8973S）或应用处理器 U2 有问题	
苹果 iPhone 3GS 16G	插充电器可开机，但拔充电器又自动关机	原机锂电池不良	
苹果 iPhone 3GS 16G	加电不能开机	电源管理模块虚焊	
苹果 iPhone 3GS 16G	打电话正常，但多媒体工作时间一长就会自动关机	多媒体处理模块不良	
苹果 iPhone 3GS 16G	打电话掉线或自动关机	功率放大器模块不良	
苹果 iPhone4	加电不能开机（一）	电源管理模块虚焊	
苹果 iPhone4	加电不能开机（二）	功率放大器模块（77710-4）不良	
苹果 iPhone4	CDMA 模式无网络	双模处理模块（MDM6600）虚焊	
苹果 iPhone4	送话时有较大的噪声	送话电路中双 MIC 阵列滤波电感虚焊	
苹果 iPhone4	GPS 功能失灵	GPS 模块 BCM4750IUB8 引脚虚焊	
苹果 iPhone4	调频收音机功能失灵	蓝牙与收音模块 BCM4329FKUBG 虚焊	
苹果 iPhone4	蓝牙功能失灵	蓝牙模块引脚虚焊	
苹果 iPhone4	游戏模式陀螺仪功能失灵	陀螺仪芯片引脚虚焊	
苹果手机	显示不正常	显示模块损坏	
苹果手机	不显示	显示接口损坏	
苹果手机	打不了电话	功率放大器损坏	
苹果手机	无网络	天线开关损坏	
苹果手机	无网络，不能打电话	射频 IC 损坏	
苹果手机	不能开机（一）	26MHz 主时钟模块不良	
苹果手机	不能开机（二）	CPU 双层模块损坏	
苹果手机	不能开机（三）	主电源 IC 或副电源 IC 损坏	
苹果手机	不能开机（四）	主字库供电模块损坏	
苹果手机	不充电	外部接口损坏	
苹果手机	时间不冷	32.768Hz 晶体振荡器损坏	
苹果手机	不识别卡	SIM 卡座损坏	
苹果手机	照相模糊	照相滤波电容损坏	
苹果手机	触摸失灵	触摸接口损坏	

第8节 三 星

机 型	故 障 现 象	故障部位及元器件	备 注
三星 I9000	触摸屏无反应	存储器模块内程序紊乱	采用先输入指令＊2767＊3855#，通过手机的存储器模块总复位的方法，使存储器模块内程序紊乱恢复正常
三星 I9008	设好个性铃声后，来电时总是自动变回默认铃声	用户设置有误及软件不兼容	
三星 I9008	不能开机或出现死机与白屏	软件出现错误	采用试删除软件、格机（卡）及刷机方法
三星 S5660	音乐库不能正常更新	原文件夹异常引起系统更新出错	
三星 S5820	不能开机（一）	电池连接器（BTC400）不良	测 VBAT 引脚（BTC400）3.4V 电压失常
三星 S5820	不能开机（二）	PMIC（UPM400 88PM8607）有问题	测 VDD_CORE_1.2V、VDD_MEM_1.8V、VDD_IO_LOW_1.8V 电压失常
三星 S5820	送话器不送话（一）	送话器部分 C534、C535、C536、ZD501、ZD502、L501 存在虚焊	
三星 S5820	送话器不送话（二）	MIC601 连接不良	
三星 S5820	送话器不送话（三）	送话器模块损坏	
三星 S5820	通话无声（一）	接收器部分 L505、L507 元件损坏或虚焊	
三星 S5820	通话无声（二）	接收器部分 ZD504、ZD505 器件损坏或虚焊	
三星 S5820	通话无声（三）	接收器耳机插口传感模块损坏	
三星 S5820	扬声器无声（一）	HEA400 连接不良	
三星 S5820	扬声器无声（二）	U401 虚焊或损坏	测 R428、R429 上的信号失常
三星 S5820	扬声器无声（三）	UPM400 虚焊或损坏	测 C443、C444 上的信号失常
三星 S5820	扬声器无声（四）	扬声器模块损坏	
三星 S5820	距离传感器环境灯不正常（一）	电阻 R519 虚焊或损坏	测电阻 R519 处 1.8V 电压失常
三星 S5820	距离传感器环境灯不正常（二）	耳机插口接收传感组件不良	
三星 S5820	CMBB 功能失效（一）	CMBB 天线及夹片 ANT200 不良	
三星 S5820	CMBB 功能失效（二）	U203 有问题	测 C244、C245 上电压失常
三星 S5820	CMBB 功能失效（三）	F200 有问题	测 F200①脚上无信号，F301④脚上有信号
三星 S5820	GPS 功能失效（一）	GPS 天线连接及夹片 ANT103 不良	

（续）

机　型	故障现象	故障部位及元器件	备　注
三星 S5820	GPS 功能失效（二）	L125 至 C185 之间有问题	测 F102①脚上无信号
三星 S5820	GPS 功能失效（三）	F102 不良	测 F102④脚上无信号
三星 S5820	GPS 功能失效（四）	U102 及外围电路有问题	测 L107 上的 1.8V 电压失常
三星 S5820	蓝牙功能失效（一）	蓝牙天线、ANT201、L223 不良	测 BT_WIFI_AN 信号失常
三星 S5820	蓝牙功能失效（二）	U202 及外围电路或电池触点有问题	测 C215 上的 3.3V、C218 上的 1.8V 电压失常
三星 S5820	蓝牙功能失效（三）	U201 有问题	
三星 S5820	主键不能操作（一）	UCP300（处理器）有问题	
三星 S5820	主键不能操作（二）	圆顶片损坏	
三星 S5820	不能摄像（一）	主板上的 3M 摄像头的连接器损坏	
三星 S5820	不能摄像（二）	U601 有问题	测 C612 上的 1.2V 电压失常
三星 S5820	不能摄像（三）	U602 有问题	测 C610 上的 2.8V 电压失常
三星 S5820	不能摄像（四）	UPM400 有问题	测 C432 上的 1.8V 电压失常
三星 S5820	不能摄像（五）	UCP300 有问题	测 MCLK（C615）的脉冲信号（24MHz）失常
三星 S5820	不能摄像（六）	照相机滤波器 F606、F607 模块损坏	

第 9 节　小　米

机　型	故障现象	故障部位及元器件	备　注
小米手机	扬声器沙沙响	扬声器音量过大或声音振动幅度过大造成扬声器上的薄膜变形了，用嘴吸吸，可使薄膜恢复原状	
小米手机	通话有杂音或者回声	嘴离送话器较近或 SIM 卡不良	出现此问题时请多换地点，多打几个电话测试

第 10 节　中　兴

机　型	故障现象	故障部位及元器件	备　注
中兴 N600+	不识别 UIM 卡	UIM 卡座簧片氧化	
中兴 N600+	通话时送给对方的声音断断续续	送话器焊盘一端脱焊	
中兴 N600+	通话时听不到对方声音	机壳上端固定螺钉松动、扬声器接触点有污物	
中兴 N600+	自动进入耳机模式	耳机插座接触不良	

第4章 电器密码

1. 安卓系统手机隐藏密码指令

指　　令	指令含义	备　注
＃#197328640#*＃*	启动服务模式,可以测试手机部分设置及更改设定	
＃#273283*255*663282*#*＃*	开启一个能让你备份媒体文件的地方,例如相片、声音及影片等	
*＃*34971539#*＃*	显示相机固件版本,或更新相机固件,慎用	
*＃*4636#*＃*	显示手机信息、电池信息、电池记录、使用统计数据、WiFi 信息	
＃#7594#*＃*	当长按关机按钮时,会出现一个转换手机模式的窗口,包括静音模式、飞行模式及关机,你可以用以上代码,直接变成关机按钮	
＃#7780#*＃*	重设为原厂设定,不会删除预设程序及 SD 卡档案	
*2767*3855#	重设为原厂设定,会删除 SD 卡所有档案	
Tags	隐藏命令	
＃#1472365#*＃*	GPS 测试	
＃#1575#*＃*	其他 GPS 测试	
＃#232331#*＃*	蓝牙测试	
＃#232337#*＃	显示蓝牙装置地址	
＃#232338#*＃*	显示 WiFi MAC 地址	WLAN、GPS 及蓝牙测试的代码
＃#232339#*＃* 或 *＃*#526#*＃* 或 *＃*#528#*＃*	WLAN 测试	
*＃*8255#*＃*	启动 Gtalk 服务监视器	
*＃*0*＃*＃*	LCD 测试	
*＃*0283#*＃*	数据包回传	
*＃*0588#*＃*	接近感应器测试	
＃#0673#*＃* 或 *＃*#0289#*＃*	Melody 测试	各项硬件测试
*＃*0842#*＃*	装置测试,例如振动、亮度	
*＃*2663#*＃*	触控屏幕版本	
*＃*2664#*＃*	触控屏幕测试	
*＃*3264#*＃*	内存版本	
*＃*1111#*＃*	FTA SW 版本	
*＃*1234#*＃*	PDA 及 Phone	
*＃*2222#*＃*	FTA HW 版本	显示手机软件版本
＃#44336#*＃*	PDA 、Phone、CSC、建造时间、变更列表	
*＃*4986*2650468#*＃*	PDA、Phone、H/W、RFCallDate(出厂日期)	

注:安卓手机隐藏命令大全,用之前要考虑清楚,谨慎操作,尤其是涉及格式化或者恢复出厂设置类的!因安卓版本较多,固有部分隐藏命令或不能使用;另外因同一个安卓手机系统也因为制造商不一样,代码也会不一样。

2. HTC G14 手机密码指令

指 令	指 令 含 义
##4636#*#*	显示手机信息、电池信息、电池记录、使用统计数据、WiFi 信息
##7780#*#*	重设为原厂设定,不会删除预设程序及 SD 卡档案
*2767*3855#	重设为原厂设定,会删除 SD 卡所有档案
##34971539#*#*	显示相机固件版本,或更新相机固件,慎用
##7594#*#*6	当长按关机按钮时,会出现一个转换手机模式的窗口,包括静音模式、飞行模式及关机,你可以用以上代码,直接变成关机按钮
##273283*255*663282*#*#*	开启一个能让你备份媒体文件的地方,例如相片、声音及影片等
##197328640#*#*	启动服务模式,可以测试手机部分设置及更改设定
##232339#*#* 或 *#*#526#*#* 或 *#*#528#*#*	WLAN 测试
*#*232338#*#*	显示 WiFiMAC 地址
*#*1472365#*#*	GPS 测试
*#*1575#*#*	其他 GPS 测试
*#*232331#*#*	蓝牙测试
*#*232337#*#	显示蓝牙装置地址
*#*8255#*#*	启动 GTalk 服务监视器
##4986*2650468#*#*	PDA、Phone、H/W、RFCallDate(出厂日期)
##1234#*#*	PDA 及 Phone
##1111#*#*	FTASW 版本
*#*2222#*#*	FTAHW 版本
##44336#*#*	PDA、Phone、CSC、建造时间、变更列表
##0283#*#*	数据包回传
*#*0*#*#*	LCD 测试
*#*0673#*#* 或 *#*0289#*#*	Melody 测试
*#*0842#*#*	装置测试,例如振动、亮度
*#*2663#*#*	触控屏幕版本
*#*2664#*#*	触控屏幕测试
*#*0588#*#*	接近感应器测试
*#*3264#*#*	内存版本

注:部分指令请慎用。

3. HTC G12 手机密码指令

指 令	指 令 含 义
##4636#*#*	显示手机信息、电池信息、电池记录、使用统计数据、WiFi 信息
##7780#*#*	重设为原厂设定,不会删除预设程序及 SD 卡档案
*2767*3855#	重设为原厂设定,会删除 SD 卡所有档案
##34971539#*#*	显示相机固件版本,或更新相机固件,慎用
##7594#*#*6	当长按关机按钮时,会出现一个转换手机模式的窗口,包括静音模式、飞行模式及关机,你可以用以上代码,直接变成关机按钮

（续）

指　　令	指 令 含 义
* # * #273283 * 255 * 663282 * # * # *	开启一个能让你备份媒体文件的地方，例如相片、声音及影片等
* # * #197328640# * # *	启动服务模式，可以测试手机部分设置及更改设定 WLAN、GPS 及蓝牙测试的代码
* # * #232339# * # * 或 * # * #526# * # * 或 * # * #528# * # *	WLAN 测试
* # * #232338# * # *	显示 WiFiMAC 地址
* # * #1472365# * # *	GPS 测试
* # * #1575# * # *	其他 GPS 测试
* # * #232331# * # *	蓝牙测试
* # * #232337# * #	显示蓝牙装置地址
* # * #8255# * # *	启动 GTalk 服务监视器
* # * #4986 * 2650468# * # *	PDA、Phone、H/W、RFCallDate
* # * #1234# * # *	PDA 及 Phone
* # * #1111# * # *	FTASW 版本
* # * #2222# * # *	FTAHW 版本
* # * #44336# * # *	PDA、Phone、CSC、建造时间、变更列表
* # * #0283# * # *	数据包回传
* # * #0 * # * # *	LCD 测试
* # * #0673# * # * 或 * # * #0289# * # *	Melody 测试
* # * #0842# * # *	装置测试，例如振动、亮度
* # * #2663# * # *	触控屏幕版本
* # * #2664# * # *	触控屏幕测试
* # * #0588# * # *	接近感应器测试
* # * #3264# * # *	内存版本

注：部分指令请慎用。

4. HTC 手机密码指令

指　　令	指 令 含 义
* # * #0 * # * # *	LCD 测试
* # * #0283# * # *	数据包回传
* # * #0588# * # *	接近感应器测试
* # * #0673# * # * 或 * # * #0289# * # *	Melody 测试
* # * #0842# * # *	装置测试，例如振动、亮度
* # * #1111# * # *	FTASW 版本
* # * #1234# * # *	PDA 及 Phone
* # * #1472365# * # *	GPS 测试
* # * #1575# * # *	其他 GPS 测试
* # * #197328640# * # *	启动服务模式，可以测试手机部分设置及更改设定
* # * #2222# * # *	FTAHW 版本
* # * #232331# * # *	蓝牙测试
* # * #232337# * #	显示蓝牙装置地址
* # * #232338# * # *	显示 WiFiMAC 地址
* # * #232339# * # * 或 * # * #526# * # * 或 * # * #528# * # *	WLAN 测试

（续）

指　令	指令含义
* # * #2663# * # *	触控屏幕版本
* # * #2664# * # *	触控屏幕测试
* # * #273283 * 255 * 663282 * # * # *	开启一个让你备份媒体文件的地方,例如相片、声音及影片等
* # * #3264# * # *	内存版本
* # * #3424# * # *	测试指令,测试手机的蓝牙、背光、音频、触摸屏、GPS 等设备用的(输入指令后就会弹出测试界面,选中某项后点 RUN 即可测试)
* # * #34971539# * # *	显示相机固件版本,或更新相机固件,慎用
* # * #44336# * # *	PDA、Phone、CSC、建立时间、变更列表
* # * #4636# * # *	显示手机信息、电池信息、电池历史记录、使用情况统计、WiFi 信息
* # * #4986 * 2650468# * # *	PDA、Phone、H/W、RFCallDate(出厂日期)
* # * #7594# * # *	当长按关机按钮时,会出现一个转换手机模式的窗口,包括:静音模式、飞行模式及关机,你可以用以上代码,直接变成关机按钮
* # * #7780# * # *	重设为原厂设定,不会删除预设程序及 SD 卡档案
* # * #8255# * # *	启动 GTalk 服务监视器
* #06#	通用 IMEI 串码查看
* 2767 * 3855#	重设为原厂设定,会删除 SD 卡所有档案

注:部分指令请慎用。

5. 苹果 iPhone 手机密码指令

指　令	指令含义	备　注
* 3001#12345# *	运行手机内置的 FieldTest 隐藏程序,可以查看基站信息、信道、信号强弱,查看固件版本等内容	
#302 #、#303 #、#304 #、#305 #、#306#	建立一个虚拟的通信回路,回拨自己的手机	
* #06#	查询手机的 IMEI 码	
##002#或##004#	关闭所有来电类型的呼叫转移	
* #21#	查询状态	所有来电
* * 21 * 转移到的电话号码#	设置转移	
##21#	取消转移	
* #61#	查询状态	无应答的来电
* * 61 * 转移到的电话号码 * 秒数(最小 5s,最多 30s)#	设置转移(例如:* * 61 * 13809812345 * 11 * 30#)	
##61	取消转移	
* #62#	查询状态	关机或无信号时的来电
* * 62 * 转移到的电话号码#	设置转移	
##62#	取消转移	
* #67#	查询状态	遇忙时的来电
* * 67 * 转移到的电话号码#	设置转移	
##67#	取消转移	

（续）

指　令	指　令　含　义	备　注
*#21*11#	查询状态	所有语音来电
**21*转移到的电话号码*11#	设置转移	
##21*11#	取消转移	
*#61*11#	查询状态	无应答的语音来电
**61*转移到的电话号码*11*秒数（最小5s，最多30s）#	设置转移（例如：**61*13809812345*11*30#）	
##61*11#	取消转移	
*#62*11#	查询状态	关机或无信号时的语音来电
**62*转移到的电话号码*11#	设置转移	
##62*11#	取消转移	
*#67*11#	查询状态	遇忙时的语音来电
**67*转移到的电话号码*11#	设置转移	
##67*11#	取消转移	
*5005*7672*	设置号码	短信中心号码
*#5005*7672#	查询状态	
##5005*7672#	删除号码	
*#43#	查询状态	呼叫等待
*43#	启用等待	

6. Palm_Treo_650 智能手机密码指令

指　令	指　令　含　义
#*786	RTN—显示使用时间及电话信息
#*377	ERR—最后一次出错情况
#*33284	DEBUG—显示移动电话 DEBUG 工程信息、信号等
#*774	PRI—允许你改变电话的 PRI
#*2539	AKEY—允许你给电话设置一个 AKEY（一组 26 位口令）
#*56672225	LOOPBACK—进入循环呼叫测试
#*675	MSL—MSL 是你给电话设置的一个 6 位数字串，用于电话编程
#*7738	PREV—允许你设置电话的 P-REV
#*32382	DATA—Sprint 版本的主编程
#*66	ON—打开电话
#*633	OFF—关闭电话
#*3424	DIAG—打开电话并开启密码功能
#*7277	PASS—关闭电话并开启密码功能
#*7277633	PASSOFF—取消密码功能
#*8778	UPST—进入 Boot loader 状态（即显示红、绿、蓝、白四色彩条状态），进入此状态后可用 ROM Tool 升级 ROM
#*83843733	TETHERED—短信聊天相关功能
#*88722366	TRACEON—跟踪启用
#*887223633	TRACEOFF—跟踪禁用

（续）

指　令	指 令 含 义
＃＊8463	TIME—显示当前时间
＃＊889	TTY—激活 TTY 电传打字功能,适用于聋哑人打电话

注:本表为 GSM 版 Treo 650 的指令代码,以"＃＊"开头的指令代码用于未锁网的 GSM 版 Treo 650;对于 CDMA 版 Treo 650,请全部改为以"＃＃"开头。一般情况下,输入代码按"＃"后,指令就可以自动执行(极少数指令代码在输入完毕后需要按"拨号"按钮才执行),不保证在有些智能手机上所有指令都可用

7. 诺基亚 S60 手机密码指令

指　令	指 令 含 义
＊#06#	IMEI 码,即手机串号,全球惟一的代码
＊#0000#	手机版本信息,显示后一共会出现 4 行信息,第一行是手机软件当前版本,第二行是此版本软件发行日期;第三行是手机芯片代码;第四行是手机型号
＊#7370#	恢复出厂设置,也就是所谓的软格机,格机可以恢复一切原始设置,将 C 盘内容全部清空,再写入新的系统信息,格机不会影响存储卡内容,所以格机时不需要取出存储卡
＊#7780#	恢复出厂设置,等同于功能表—工具—设置—常规—原厂设定,注意此命令仅是恢复设置,不同于格机,恢复后名片夹、图片、文档等全部依然存在
＊#92702689#	手机总通话时间查询码,这个指令原本只针对 S40 平台的手机有效,不过在 Symbian OS8.0 系统以后的 S60 机器也可以支持了
＊#2820#	蓝牙设备查询码,可以查找到内置的蓝牙模块的设备编码
＊#62209526#	WLAN MAC 地址查询码,这个指令可以查看 WiFi 无线网络模块的 MAC 地址,以及工作状态是否正常
＊#7370925538#	电子钱包初始化,使用此指令后,可以将电子钱包密码初始化,就可以自己重新输入密码,但电子钱包里所有数据将全部会丢失
＊#0000#	查看当前手机的版本信息

注:均在待机画面下输入指令。

8. 诺基亚智能手机密码指令

指　令	指 令 含 义	备 　注
＊#06#	查 IMEI 码	即手机串号
＊#0000#	手机版本信息	显示后一共会出现 3 行信息,第一行软件版本,第二行是软件发行日期,第三行是手机型号;部分型号如果不起作用,可按＊#型号代码#,如＊#6110#
＊#7370#	恢复出厂设置(软格机)	此指令会将手机中所有的数据都删除并且恢复出厂设置,故当手机处于错误或系统垃圾过多的情况下需要使用格机命令时,应先通过第三方软件备份一下你的名片夹或需要的资料,格机时一定要保持电量充足,不要带充电器格机,格机时只显示"NOKIA"字样还有亮屏幕,没格完千万不要强迫关机和拔电池,以免造成严重后果

（续）

指　令	指令含义	备　注
＊#7780#	恢复出厂设置	此命令不同于格机,恢复后不会将 C 盘文件清空,手机经常死机、反应慢就可以用这个
多媒体键 ＋ ＊ ＋ 3	硬格机	在关机状态下按"多媒体键 ＋ ＊ ＋ 3"键,记住这三个键同时按住它不放,再按开机,直到屏幕出现握手即可
＊#92702689#	查询更多的手机信息	有五个选项(可用上下方向键选择):第一个是 Serial No(手机的 IMEI 码);第二个是 Made(手机的制造日期);第三个是 Purchasing Date(购买日期,此日期一经设定不可更改,新机子应该是 mmyyyy);第四个是 Repaired(维修次数的记录,新机子应该是 mmyyyy)第五个是 Life timer(总通话时间,新机子是 6553501)
＊#7370925538#	电子钱包初始化密码	
＊#9990#	快速关闭蓝牙	
＊#2820#	查看蓝牙芯片地址	
＊#746025626#	关闭 SIM 卡时钟	关闭 SIM 卡时钟后,进入睡眠状态,这样可省电 30%! 解除方法:打开时钟重设即可
＊3370#或＊efr#	开启(EFR)全速率编码	开启全速增强型编码模式,可改善语音质量但会耗电;键入这些代码后,会关机重开,然后才能生效
#3370#或#efr#	关闭全速率编码	键入这些代码后,会关机重开,然后才能生效
＊4720#或＊hra0#	开启(HR)半速率编码	语音质量降低,但可延长电池大概 30% 左右的使用时间,需网络支持;键入这些代码后,会关机重开,然后才能生效
#4720#或#hra0#	关闭半速率编码	键入这些代码后,会关机重开,然后才能生效
＊#746025625#	SIM 卡锁信息	包括四种不同的锁:第一种是国家锁(锁指定的国家);第二种是网络锁(锁指定的网络);第三种是供应商锁(锁服务提供商);第四种是 SIM 卡锁(锁指定的 SIM 卡)
#pw ＋ 1234567890 ＋ 1#	查询是否锁国家码	此系列指令是查询手机是否锁频,在使用时首先必须找出设定手机时必须使用的几个键。其中,连续按 ＊ 键二次即出现" ＋ ";连续按 ＊ 键三次即出现"p";连续按 ＊ 键四次即出现"w",然后你就可以依次顺序输入相应的组合键
#pw ＋ 1234567890 ＋ 2#	查询是否锁网络码	
#pw ＋ 1234567890 ＋ 3#	查询是否锁网络提供者锁定的码	
#pw ＋ 1234567890 ＋ 4#	查询是否锁 SIM 卡	
#pw ＋ (mastercode) ＋ X#	查看手机状态	(mastercode)是一个 10 位数(没有括号),X 是一个 1 到 4 的数,它显示以上的锁,还不确定何数对应何锁

注:部分指令请慎用。

9. 塞班 3 手机密码指令

指　　令	指令含义
*#06#	查手机的序列号，即 IMEI
*#0000#	查看手机版本信息（显示后一共会出现 3 行信息：第一行是手机软件当前版本；第二行是此版本软件发行日期，第三行是手机型号代码）
*#62209526#	查看 WLAN MAC 地址
*#2820#	查询蓝牙设备地址
*#7780#	恢复原厂设置，等同于功能表—工具—设置—手机设置—常规—原厂设定，注意此命令不同于格机，恢复后不会将 C 盘文件清空，手机经常死机、反应慢就可以用这个
*#7370#	软格式化手机（恢复出厂设置），此指令会将手机中所有的数据都删除并且恢复出厂设置，故当手机处于错误或系统垃圾过多的情况下需要使用格机命令时，应先通过第三方软件备份一下你的名片夹或需要的资料，格机时一定要保持电量充足，不要带充电器格机，格机时只显示"NOKIA"字样还有亮屏幕，没格完千万不要强迫关机和拔电池，以免造成严重后果
*#92702689#	查询总通话时间
*#7370925538#	电子钱包初始化密码，当你忘记电子钱包密码而无法使用电子钱包时可使用此指令，就可以自己重新输入密码了，但使用此指令后电子钱包里的所有数据将全部丢失，请谨慎

注：以上指令都是在拨号界面下输入；有部分指令是需要输入锁码的（即手机密码），手机锁码的设置是功能表—工具—设置—安全性设置—手机和 SIM 卡—锁码，其初始锁码为"12345"，只要需要输入锁码的地方默认值都是"12345"，更改过手机锁码的以新锁码为准。

10. 三星 GALAXYS GT-I9001 手机密码指令

指　　令	指令含义
*#06#	查 IMEI
##4636#*#*	显示手机信息、电池信息、电池记录、使用统计数据、WiFi 信息
*272*IMEI#	查产地
##7780#*#* 或 *#7780#	重设为原厂设定，删除内部存储设备全部数据
*2767*3855#	重设为原厂设定，会删除 SD 卡所有档案
*7465625#	查看手机锁定状态
##34971539#*#*	显示相机固件版本，或更新相机固件，慎用
##232339#*#* 或 *#*#526#*#* 或 *#*#528#*#*	WLAN 测试
##232338#*#*	显示 WiFi MAC 地址
*#3214789650#	进入 GPS 工程模式
##1575#*#*	GPS 测试
##232331#*#*	蓝牙测试
*#232337# 或 *#*#232337#*#*	显示蓝牙装置地址
##8255#*#*	启动 GTalk 服务监视器
*2767*4387264636#	显示产品代码，可看自己手机的版本
*#12580*369#	显示 PDA、Phone、H/W、第一次打电话、CSC 信息
##1234#*#*	显示 PDA 及 Phone 等固件信息

（续）

指　　令	指令含义
＊#＊#1111#＊#＊	FTA SW 版本
＊#＊#2222#＊#＊	FTA HW 版本
＊#＊#44336#＊#＊	PDA、Phone、CSC、建造时间、变更列表数目
＊#06#	显示 IMEI 号
＊#＊#0283#＊#＊	数据包回传
＊#＊#0＊#＊#＊ 或 ＊#0＊#	LCD 测试（按 RED 全屏显示红色，按 GREEN 全屏显绿色，按 BLUE 显蓝色）
＊#＊#0673#＊#＊	Melody 测试
＊#＊#0289#＊#＊ 或 ＊#0842#＊#＊	装置测试，例如振动、亮度
＊#＊#2663#＊#＊	触控屏幕版本
＊#＊#2664#＊#＊	触控屏幕测试
＊#＊#0588#＊#＊	接近感应器测试
＊#0589#	背光灯感应器测试
＊#＊#3264#＊#＊	内存版本
＊#0782#	实时时钟测试
＊#0673#	声音测试模式
＊#0228#	电池状态（如果里面的温度值和电压值会变动就是原电）
＊#32489#	通话加密信息
＊#2263#	RF 频段选择/网络模式选择
＊#7284#	USB I^{2}C 模式控制
＊#872564#	USB 记录
＊#1575#	GPS 控制菜单
＊#746#	调试转储菜单
＊#9900#	系统转存模式
＊#44336#	PDA、Phone、CSC、建造时间，变更列表
＊#2663#	触摸屏版本
＊#03#	NAND Flash 序列号

注：部分指令请慎用。

11. 三星 GALAXY S Ⅲ I9300 手机密码指令

指　　令	指令含义	备　注
＊#06#	查询 IMEI（三码合一，指的就是这个码）	
＊#0＊#	LCD 屏幕测试	
＊#8999＊523#	LCD 亮度	
＊#1234#	查询手机软件和硬件信息，包括 PDA/CSC/MODEM 等	
＊#2222#	手机硬件信息	有些代码是删除
＊#＊#4636#＊#＊	用户状态和电话信息	资料，恢复出厂状
＊#0011#	显示 GSM 状态信息	态的，可千万不能
＊#7780#	恢复出厂设置	乱用
＊2767＊3855#	完全恢复出厂设置（如果你的手机没有问题，不要尝试，输入后会有确认对话框）	
＊#12580＊369#	软件和硬件信息	
#＊#8377466#	软件和硬件版本信息	

（续）

指　令	指　令　含　义	备　注
＃＊2562＃或＃＊3849＃或＃＊3851＃或＃＊3876＃	重启手机	
＃＊5376＃	删除所有短信	
＊#197328640#	业务模式	
＊#0228#	电池状态信息（ADC、RSSI 阅读）	
＊#32489#	业务模式（芯片信息）	
＊#2255#	呼叫列表	
＃＊3888＃	蓝牙测试模式	
＃＊7828＃	任务屏幕	
＊#5282837#	JAVA 版本	
＊#232337#	蓝牙 MAC 地址查询	
＊#232331#	测试蓝牙模式	
＊#232338#	WLAN MAC 地址	
＊#232339#	WLAN 测试模式	
＊#8999＊8378#	测试菜单	
＊#0842#	振动电动机测试模式	
＊#0782#	实时时钟测试	
＊#0673#	自动测试模式	
＊#0＊#	一般测试模式	
＊#2263#	RF 频段选择/网络模式选择	
＊#9090#	诊断配置	
＊#7284#	USB I^{2}C 模式控制	有些代码是删除
＊#872564#	USB 日志控制	资料，恢复出厂状
＊#4238378#	GCF 配置	态的，可千万不能
＊#0283#	音频环回控制	乱用
＊#1575#	GPS 控制菜单	
＊#3214789650#	LBS 测试模式（位置业务测试模式）	
＊#745#	RIL 转储菜单（RIL DUMP）	
＊#746#	调试转储菜单	
＊#9900#	系统转储，禁用快速休眠	
＊#44336#	软件版本信息	
＊#0289#	曲调测试模式	
＊#2663#	TSP/TSK 固件更新	
＊#03#	NAND 闪存 S/N	
＊#0589#	亮度感应测试模式	
＊#0588#	接近传感器测试模式	
＊#273283＊255＊3282＊#	数据创建菜单	
＊#273283＊255＊663282＊#	数据创建 SD 卡	
＊#3282＊727336＊#	数据使用状态	
＊#7594#	重新映射关机键挂机	
＊#34971539#	相机固件升级	
＊#526#	WLAN 工程模式	
＊#528#	WLAN 工程模式	
＊#7412365#	相机固件菜单	
＊#07#	测试记录	

（续）

指　令	指令含义	备　注
*#3214789#	GCF 模式状态	
*#272886#	自动应答选择	
*#8736364#	空中下载升级菜单（OTA 升级菜单）	
*#301279#	HSDPA/HSUPA 控制菜单	
*#7353#	快速测试菜单	
*2767*4387264636#	短信容量限制	
*#7465625#	电话锁查看	
*7465625*638*#	配置网络锁 MCC/MNC	有些代码是删除
#7465625*638*#	插入网络锁键码	资料，恢复出厂状
*7465625*782*#	配置网络锁 NSP	态的，可千万不能
#7465625*782*#	插入分区网络锁键码	乱用
*7465625*77*#	插入运营商网络锁键码	
#7465625*77*#	插入操作锁键码	
*7465625*27*#	插入网络锁键码 NSP/CP	
#7465625*27*#	插入内容供应商键码	
*#272*IMEI#	查询手机销售地	
##7780#*#*	恢复出厂设置（清除账户数据、系统和程序设置和安装的程序）	

12. 三星 GT-I9100 手机密码指令

指　令	指令含义	备　注
*#7594#	重映射关机以结束通话	按钮
*#0588#	接近传感器测试模式	传感器
*#0589#	光感应器测试模式	
*#0228#	手机状态信息，容量、电压、温度	电池
*2767*3855#	话机 EEPROM 总复位（修复软件故障），相当于 WIPE 对修改过 IMEI 码的话机，此指令可恢复原出厂机身号码；另外还用于因 EEPROM（码片）内程序素乱造成的故障。使用这个命令会清除电话簿，请慎用	复位
##7780#*#* 或 *#7780#	厂软复位	
*#03#	NAND 闪存 S/N	
*#2663#	TSP/TSK 固件更新	
*#34971539#	相机固件更新	固件工具
*#7412365#	相机固件菜单	
*#1111#	软件版本	
*#2222#	硬件版本	
*#06#	显示 IMEI 号码	
*#1234#	固件版本	
*#12580*369#	软件 & 硬件信息	获取/更改设备信息
*#44336#	软件版本信息	
*2767*4387264636#	要显示产品代码	
IMEI 号#272#* 或 *#272#**HHMM	显示/更改地区代码	

（续）

指　　令	指 令 含 义	备　注
#7465625 * 27 * #	插入内容提供商密码	
#7465625 * 638 * #	关除网络锁	
#7465625 * 77 * #	插入操作锁密码	
#7465625 * 782 * #	插入分区网络锁定密码	
* 2767 * 4387264636#	短信容量限制	
* 7465625 * 27 * #	插入网络锁定密钥号码	
* 7465625 * 638#	开启网络锁	
* 7465625 * 77 * #	插入网络锁定密钥号码	
* 7465625 * 782 * #	配置网络锁定	
* #07#	测试历史	
* 0782#	实时时钟测试	
* 0842#	抑振电动机测试模式	
* #2263#	射频波段选择	
* #272886#	自动应答选择	其他测试/调试
* #273283 * 255 * 3282 * #	数据创建菜单	（其中许多项目都
* #273283 * 255 * 663282 * #	数据创建 SD 卡	可以通过其服务/
* #301279#	HSDPA/HSUPA 的控制菜单	测试上面列出的菜
* #3214789#	GCF 的模式状态	单）
* #3214789650#	GPS 测试模式	
* #32489#	通话加密信息	
* #3282 * 727336 * #	资料使用情况	
* #4238378#	GCF 的配置	
* #7284#	I_2C 模式的 USB 控制	
* #745#	RIL 的转储菜单	
* #746#	调试转储菜单	
* #7465625#	查看手机锁定状态	
* #872564#	记录的 USB 控制	
* #8736364#	OTA 更新菜单	
* #9090#	诊断配置	
* #9900#	系统转储模式	
* 7465625 * 28746#	自动开启 SIM 锁	
* 7565625 * 746#	开启 SIM 卡	
* # * #1472365 * # * #	GPS 测试设置	全球定位系统
* #1575#	GPS 控制菜单	
* # * #197328640# * # *	服务模式下的主菜单	
* # * #4636# * # *	查看手机模式，电池使用，这个是 Android 系统通用	通用测试/调试
* #0 * #	综合测试模式	
* #7353#	快速测试菜单	
* #232331#	蓝牙测试模式	
* #232337#	蓝牙设备地址	
* #232338#	WLAN MAC 地址	无线
* #232339#	WLAN 测试模式	
* #526#	无线局域网工程模式	
* #528#	无线局域网工程模式	

（续）

指　令	指令含义	备　注
* #0002 * 28346#	声音、音量调整	
* #0283#	音频回传控制	音频
* #0289#	旋律测试模式	
* #0673#	音频测试模式	

注：部分指令请慎用。

13. 三星 I9008 手机密码指令

指　令	指令含义
# * 2886#	开/关自动应答
* # * #0 * # * # *	LCD 测试
* # * #0283# * # *	数据包回传
* # * #0588# * # *	接近感应器测试
* # * #0673# * # * 或 * # * #0289# * # *	Melody 测试
* # * #0842# * # *	装置测试，例如振动、亮度
* # * #1111# * # *	FTASW 版本
* # * #1234# * # *	PDA 及 Phone
* # * #1472365#	查看 GPS 的信息
* # * #1472365# * # *	GPS 测试
* # * #1575# * # *	其他 GPS 测试
* # * #197328640# * # *	启动服务模式，可以测试手机部分设备及更改设定
* # * #2222# * # *	FTAHW 版本
* # * #232331# * # *	蓝牙测试
* # * #232337# * #	显示蓝牙装置地址
* # * #232338# * # *	显示 WiFi MAC 地址
* # * #232339# * # * 或 * # * #526# * # * 或 * # * #528# * # *	WLAN 测试
* # * #2663# * # *	触控屏幕版本
* # * #2664# * # *	触控屏幕测试
* # * #278383 * 255 * 663282 * # * # *	开启一个能让你备份媒体文件的地方，例如相片、声音及影片等
* # * #3264# * # *	内存版本
* # * #34971539# * # *	显示相机固件版本，或更换相机固件，慎用
* # * #44336# * # *	PDA、Phone、CSC、建造时间、变更列表
* # * #4636# * # *	查看手机模式、电池使用，这个是 Android 系统通用的
* # * #4986 * 2650468# * # *	PDA、Phone、H/W、RFCallDate（出厂日期）
* # * #7594# * # *	进去打勾去掉自带解锁
* # * #7594# * # * 6	当长按关机按钮时，会出现一个转换手机模式的窗口，包括静音模式、飞行模式及关机，可用此代码直接变成关机按钮
* # * #7780# * # *	重设为原厂设定，不会删除预设程序及 SD 卡档案
* # * #8255# * # *	启动 GTalk 服务监视器显示手机软件版本的代码
* #0 * #	硬件测试：可测屏幕三色、手机振动、声音、相机、前面相机、各传感器（加速度传感器、接近传感器、磁场传感器）等
* #0002 * 28346#	声音、音量调整
* #0228#	查看电池状态：电压、温度、剩余容量
* #06#	显示国际移动设备标识 IMEI 代码

（续）

指　　令	指令含义
＊#1111#	软件版本
＊#1234#	固件版本
＊#2222#	硬件版本
＊#232337#	蓝牙设备地址
＊#4636#	手机信息,有两种:一种是网络信号强度、基站信息、网络连接类型(GPRS、EDGE 或者 HSDPA 或者 UTMS)、手机的 IP、接收发送的数据等;另外一种是电池信息,与设置中看到的一样
＊#7465625#	手机锁状态
＊2767＊3855#	话机 EEPROM 总复位(修复软件故障),会删除 SD 卡所有档案

注:部分指令请慎用。

14. 三星 I9308 手机密码指令

指　　令	指令含义	备　　注
＊#06#	显示 IMEI 号码	
＊#1234#	显示当前固件	
＊2767＊4387264636#	显示产品代码	
＊IMEI 号＊#272#＊ 或＊#272#＊＊HHMM	显示/更改地区代码	
＊#12580＊369#	软件硬件信息	
＊44336#	软件版本信息	
＊#＊#7780#＊#＊ 或＊#7780#	工厂软复位	
＊2767＊3855#	工厂硬复位的 ROM 固件默认设置	
＊2663#	重起固件更新	
＊34971539#	相机固件更新	
＊7412365#	相机固件菜单	
＊#03#	NAND 闪存的 S/N	
＊#0＊#	综合测试模式	
＊#＊#4636#＊#＊	诊断和模式一般设置	
＊#＊#197328640#＊#＊	服务模式下的主菜单	部分指令请慎用
＊7353#	快速测试菜单	
＊232337#	蓝牙地址	
＊232331#	蓝牙测试模式	
＊232338#	WLAN MAC 地址	
＊232339#	WLAN 测试模式	
＊526#	无线局域网工程模式	
＊528#	无线局域网工程模式	
＊1575#	GPS 控制菜单	
＊#＊#1472365＊#＊#	GPS 测试设置	
＊8588#	接近传感器测试模式	
＊9589#	光感应器测试模式	
＊#0673#	音频测试模式	
＊9283#	音频回传控制	
＊#0289#	旋律测试模式	
＊#7594#	重映射关机以结束通话	
＊#0228#	电池状态:容量、电压、温度	

324

指　　令	指　令　含　义	备　　注
*#32489#	通话加密信息	
*#0842#	电动机抑振测试模式	
*#0782#	实时时钟测试	
*#2263#	射频波段选择	
*#9090#	诊断配置	
*#7284#	I^2C 模式的 USB 控制	
*#872564#	记录的 USB 控制	
*#4238378#	GCF 的配置	
*#3214789650#	GPS 测试模式	
*#745#	RIL 的转储菜单	
*#746#	调试转储菜单	
*#9900#	系统转储模式	
*#273283*255*3282*#	数据创建菜单	
*#273283*255*663282*#	数据创建 SD 卡	
*#3282*727336*#	资料使用情况	部分指令请慎用
*#07#	测试历史	
*#3214789#	GCF 的模式状态	
*#272886#	自动应答选择	
*#8736364#	OTA 更新菜单	
*#301279#	HSDPA/HSUPA 的控制菜单	
*2767*4387264636#	短信容量限制	
*#7465625#	查看手机锁定状态	
*7465625*638*#	配置网络锁定的 MCC/MNC	
#7465625*638*#	插入网络锁密码	
*7465625*782*#	配置网络锁定 NSP	
#7465625*782*#	插入分区网络锁定密码	
*7465625*77*#	插入网络锁键码 SP	
#7465625*77*#	插入操作锁密码	
*7465625*27*#	插入网络锁键码 NSP/CP	
#7465625*27*#	插入内容提供商密码	

15. 三星 M250L 手机密码指令

指　　令	指　令　含　义	备　　注
*#06#	显示 IMEI 号码	
*#1234#	显示当前固件	
*2767*4387264636#	要显示产品代码	
*IMEI 号**#272#** 或 **#272# ** *HHMM	显示/更改地区代码	
*#12580*369#	软件 & 硬件信息	部分指令请慎用
*#44336#	软件版本信息	
##7780#**# 或 **#7780#	厂软复位	
*2767*3855#	工厂硬复位的 ROM 固件默认设置	
*#2663#	TSP/TSK 固件更新	
*#34971539#	相机固件更新	

（续）

指　　令	指　令　含　义	备　　注
＊#7412365#或＊＊＊#34971539 #＊＊＊	相机固件菜单	
#03#	NAND 闪存 S/N	
＊#0＊#	综合测试模式	
＊#＊#4636#＊#＊＊	诊断和模式一般设置	
＊#＊#197328640#＊#＊#＊	服务模式下的主菜单	
＊7353#	快速测试菜单	
＊232337#	蓝牙地址	
＊#232331#	蓝牙测试模式	
＊#232338#	WLAN MAC 地址	
＊#232339#	WLAN 测试模式	
＊#526#	WLAN 工程模式	
＊#528#	WLAN 工程模式	
＊#1575#	GPS 控制菜单	
＊#＊#1472365＊#＊#	GPS 测试设置	
＊#0588#	接近传感器测试模式	
＊#0589#	光感应器测试模式	
＊#0673#	音频测试模式	
＊#0283#	音频回传控制	
＊#0289#	旋律测试模式	
＊#7594#	重映射关机以结束通话	
＊#0228#	电池状态：容量、电压、温度	
＊#32489#	通话加密信息	部分指令请慎用
＊#0842#	电动机抑振测试模式	
＊#0782#	实时时钟测试	
＊#2263#	射频波段选择	
＊#9090#	诊断配置	
＊#7284#	I²C 模式的 USB 控制	
＊#872564#	记录的 USB 控制	
＊#4238378#	GCF 的配置	
＊#3214789650#	LBS 测试模式	
＊#745#	RIL 的转储菜单	
＊#746#	调试转储菜单	
＊#9900#	系统转储模式	
＊#273283＊255＊3282＊#	数据创建菜单	
＊#273283＊255＊663282＊#	数据创建 SD 卡	
＊#3282＊727336＊#	资料使用情况	
＊#07#	测试历史	
＊#3214789#	GCF 的模式状态	
＊#272886#	自动应答选择	
＊#8736364#	OTA 更新菜单	
＊#301279#	HSDPA/HSUPA 的控制菜单	
＊2767＊4387264636#	短信容量限制/PCODE 观点	
＊#7465625#	查看手机锁定状态	
＊7465625＊638＊#	配置网络锁定的 MCC/MNC	

（续）

指　　令	指令含义	备　注
#7465625 * 638 * #	插入网络锁密码	
* 7465625 * 782 * #	配置网络锁 NSP	
#7465625 * 782 * #	插入分区网络锁定密码	
* 7465625 * 77 * #	插入网络锁定密钥号码 SP	部分指令请慎用
#7465625 * 77 * #	插入操作锁密码	
* 7465625 * 27 * #	插入网络锁定密钥号码 NSP/CP	
#7465625 * 27 * #	插入内容提供商密码	

16. 三星 S5570 手机密码指令

指　　令	指令含义	备　注
#7465625 * 27 * #	插入内容提供商密钥号码	
#7465625 * 638 * #	插入网络锁键码	
#7465625 * 77 * #	插入操作锁键码	
#7465625 * 782 * #	插入分区网络锁键码	
* # * #0 * # * # *	LCD 测试	
* # * #0283# * # *	音频环回控制	
* # * #0588# * # *	接近感应器测试	
* # * #0673# * # * 或 * # * #0289# * # *	旋律测试	
* # * #0842# * # *	装置测试，例如振动、亮度	
* # * #1111# * # *	FTA SW 版本	
* # * #1234# * # *	显示 PDA 及 Phone 等固件信息	
* # * #1472365# * # *	GPS 测试	
* # * #1575# * # *	其他 GPS 测试	
* # * #197328640# * # *	启动服务模式，可以测试手机部分设置及更改设定	
* # * #2222# * # *	FTA HW 版本	
* # * #232331# * # *	蓝牙测试	部分指令
* # * #232338# * # *	显示 WiFi MAC 地址	请慎用
* # * #232339# * # * 或 * # * #526# * # * 或 * # * #528# * # *	WLAN 测试	
* # * #2663# * # *	触控屏幕版本	
* # * #2664# * # *	触控屏幕测试	
* # * #273283 * 255 * 663282 * # * # *	开启一个能让你备份媒体文件的地方，例如相片、声音及影片等	
* # * #3264# * # *	内存版本	
* # * #34971539# * # *	显示相机固件版本，或更新相机固件，慎用	
* # * #34971539# * # * 或 * * #34971539#	显示相机固件版本，或升级相机固件，慎用	
* # * #44336# * # *	PDA 、Phone、CSC、建造时间、变更列表	
* # * #4636# * # *	显示手机信息、电池信息、电池记录、使用统计数据、WiFi 信息	
* # * #4986 * 2650468# * # *	PDA、Phone、H/W、RF CallDate(出厂日期)	
* # * #7594# * # * 或 * #7594#	关机(当长按关机按钮时，会出现一个转换手机模式的窗口，包括静音模式、飞行模式及关机，你可以用以上代码，直接变成关机按钮)	

（续）

指　　令	指　令　含　义	备　注
＊＃＊＃7780＊＃＊＃＊ 或 ＊＃7780＃	重设为原厂设定，不会删除预设程序及 SD 卡档案	
＊＃＊＃8255＃＊＃＊	启动 GTalk 服务监视器	
＊＃0＊＃	通用测试，有好多项测试	
＊＃0228＃	ADC Reading 其中有网络信息	
＊＃03＃	NAND 闪存 S/N	
＊＃0589＃	背光灯感应器测试	
＊＃06＃	显示 IMEI 号	
＊＃0673＃	声音测试模式	
＊＃07＃	测试历史记录	
＊＃0782＃	实时时钟测试	
＊＃12580＊369＃	显示 PDA、Phone、H/W、第一次打电话、内存、CSC 信息	
＊＃1575＃	GPS 控制菜单	
＊＃2263＃	射频频段选择	
＊＃232337＃ 或 ＊＃＊232337＃＊＃＊	显示蓝牙装置地址	
＊＃2663＃	TSP/TSK 固件更新	
＊＃272886＃	选择"自动应答"	
＊＃273283＊255＊3282＊＃	数据创建菜单	
＊＃273283＊255＊663282＊＃	开启一个能让你备份媒体文件的地方，例如相片、声音及影片等	
＊＃301279＃	HSDPA/HSUPA 控制菜单	
＊＃3214789＃	GCF 模式状态	
＊＃3214789650＃	进入 GPS 工程模式或 LBS 测试模式	部分指令
＊＃32489＃	加密信息	请慎用
＊＃3282＊727336＊＃	数据使用状态	
＊＃4238378＃	GCF 配置	
＊＃44336＃	PDA、Phone、CSC、建立时间、变更列表	
＊＃526＃或 ＊＃528＃	WLAN 工程模式	
＊＃7284＃	USB UART I²C 模式控制	
＊＃7353＃	快速测试菜单	
＊＃7412365＃	相机固件菜单	
＊＃745＃	RIL 转储菜单	
＊＃746＃	调试转储菜单	
＊＃7465625＃	查看手机锁定状态	
＊＃7594＃	当长按关机按钮时，会出现一个转换手机模式的窗口，包括静音模式、飞行模式及关机，你可以用以上代码，直接变成关机按钮	
＊＃7780＃	重设为原厂设定，不会删除预设程序及 SD 卡档案	
＊＃872564＃	USB 记录控制	
＊＃8736364＃	OTA 更新菜单	
＊＃9090＃	诊断配置	
＊＃9900＃	系统转存模式	
＊2767＊3855＃	重设为原厂设定，会删除 SD 卡所有档案	
＊2767＊4387264636＃	短信容量限制	
＊7465625＊27＊＃	插入网络锁键码 NSP/CP	
＊7465625＊638＊＃	配置网络锁定的 MCC/MNC	
＊7465625＊77＊＃	插入网络锁键码 SP	
＊7465625＊782＊＃	配置网络锁 NSP	

17. 三星 S5820 手机密码指令

指　　　令	中英文指令含义	备　　注
＊#06#	显示 IMEI 号码（DisplayIMEInumber）	
＊#1234#	显示当前固件（Displaycurrentfirmware）	
＊2767＊4387264636#	要显示产品代码（Todisplayproductcode）	
＊#272＊IMEI#＊或＊#272＊HHMM#＊	显示/更改地区代码（Display/changeCSCcode）	
＊#12580＊369#	软件 & 硬件信息（SW&HWInfo）	
＊#44336#	软件版本信息（SofwareVersionInfo）	
＊#＊#7780#＊#＊或＊#7780#	工厂软复位（Factorysoftreset）	
＊2767＊3855#	工厂硬复位的 ROM 固件默认设置（Factoryhardreset-toROMfirmwaredefaultsettings）	
＊#2663#	TSP/TSK 固件更新（TSP/TSKfirmwareupdate）	
＊#34971539#	相机固件更新（CameraFirmwareUpdate）	
＊#7412365#	相机固件菜单（CameraFirmwareMenu）	
＊#03#	NAND 闪存 S/N（NANDFlashS/N）	
＊#0＊#	综合测试模式（GeneralTestMode）	
＊#＊#4636#＊#＊	诊断和模式一般设置（Diagnosticandgeneralsettingsmode）	
＊#＊#197328640#＊#＊	服务模式下的主菜单（Servicemodemainmenu）	
＊#7353#	快速测试菜单（QuickTestMenu）	
＊#232337#	蓝牙地址（BluetoothAddress）	
＊#232331#	蓝牙测试模式（BluetoothTestMode）	
＊#232338#	WLAN MAC 地址（WLANMACAddress）	
＊#232339#	WLAN 测试模式（WLANTestMode）	
＊#526#或＊#528#	WLAN 工程模式（WLANEngineeringMode）	部分指令请慎用
＊#1575#	GPS 控制菜单（GPSControlMenu）	
＊#＊#1472365#＊#＊	GPS 测试设置（GPStestsettings）	
＊#0588#	接近传感器测试模式（ProximitySensorTestMode）	
＊#0589#	光感应器测试模式（LightSensorTestMode）	
＊#0673#	音频测试模式（AudioTestMode）	
＊#0283#	音频回传控制（AudioLoopbackControl）	
＊#0289#	旋律测试模式（MelodyTestMode）	
＊#7594#	重映射关机以结束通话（RemapShutdowntoEndCallTSK）	
＊#0228#	电池状态：容量、电压、温度（Batterystatus：capacity，voltage，temperature）	
＊#32489#	通话加密信息（CipheringInfo）	
＊#0842#	电动机抑振测试模式（VibraMotorTestMode）	
＊#0782#	实时时钟测试（RealTimeClockTest）	
＊#2263#	射频波段选择（RFBandSelection）	
＊#9090#	诊断配置（DiagnosticConfiguratioN）	
＊#7284#	USB I^2C 模式控制（USB I^2CModeControl）	
＊#872564#	记录的 USB 控制（USBLoggingControl）	
＊#4238378#	GCF 的配置（GCFConfiguration）	
＊#3214789650#	LBS 测试模式（LBSTestMode）	
＊#745#	RIL 的转储菜单（RILDumpMenu）	
＊#746#	调试转储菜单（DebugDumpMenu）	

（续）

指　　　令	中英文指令含义	备　　注
＊#9900#	系统转储模式（SystemDumpMode）	
＊#273283＊255＊3282＊#	数据创建菜单（DataCreateMenu）	
＊#273283＊255＊663282＊#	数据创建 SD 卡（DataCreateSDCard）	
＊#3282＊727336＊#	数据使用情况（DataUsageStatus）	
＊#07#	测试历史记录（TestHistory）	
＊#3214789#	GCF 模式状态（GCFModeStatus）	
＊#272886#	自动应答选择（AutoAnswerSelection）	
＊#8736364#	OTA 更新菜单（OTAUpdateMenu）	
＊#301279#	HSDPA/HSUPA 的控制菜单（HSDPA/HSUPAControlMenu）	
＊2767＊4387264636#	短信容量限制/PCODE 观点（SelloutSMS/PCODEview）	
＊#7465625#	查看手机锁定状态（ViewPhoneLockStatus）	部分指令请慎用
＊7465625＊638＊#	配置网络锁定的 MCC/MNC（ConfigureNetworkLockMCC/MNC）	
#7465625＊638＊#	插入网络锁密码（InsertNetworkLockKeycode）	
＊7465625＊782＊#	配置网络锁 NSP（ConfigureNetworkLockNSP）	
#7465625＊782＊#	插入分区网络锁定密码（InsertPartitialNetworkLockKeycode）	
＊7465625＊77＊#	插入网络锁定密钥号码 SP（InsertNetworkLockKeycodeSP）	
#7465625＊77＊#	插入操作锁密码（InsertOperatorLockKeycode）	
＊7465625＊27＊#	插入网络锁定密钥号码 NSP/CP（InsertNetworkLockKeycodeNSP/CP）	
#7465625＊27＊#	插入内容提供商密码（InsertContentProviderKeycode）	

18. 三星 WP7 手机工程模式密码指令

指　　　令	指令含义	备　　注
＊#0＊#	LCD 测试	三星 WP7 手机首次进入工程模式需要在拨号界面中输入"##634#"，这时会弹出一个 Diagnosis 界面，这就是工程模式的指令代码输入界面，以下代码均是在该界面输入，另外首次打开工程模式后，应用列表中会出现一个名为 Diagnosis 界面，以后进入工程模式只需要运行这个程序即可（注意，部分指令请慎用）
＊#0002＊28346#	音频控制工具	
＊#0011#	电源和温度设置	
＊#0228#	电池信息	
＊#0289#	旋律测试/测试外部和内部扬声器	
＊#03#	SMD 信息	
＊#05#	简单测试菜单	
＊#06#	显示 IMEI	
＊#0673#	MP3 测试菜单/显示音响测试	
＊#0782#	显示时钟和警报设置	
＊#0842#	振动测试菜单	
＊#0987	多点触摸功能测试	
＊#1111#	显示自由贸易区的软件版本	
＊#1234#	显示的 PDA 和手机版本编号	
＊#197328640#	根菜单	
＊#2＊#	电池信息	
＊#2222#	显示自由贸易区的硬件版本	
＊#2263#	网络设置	

（续）

指　　　令	指 令 含 义	备　　注
#232331#	BT 射频测试模式	
*#232332#	BT 音频	
*#232333#	BT 搜索测试	
*#232337#	蓝牙的 MAC 地址	
*#232338#	WLAN MAC 地址	
*#232339#	WLAN 测试模式	
*#2580#	完整性的控制	三星 WP7 手机
##	测试亮度	首次进入工程模式
*#32489#	（GSM 测试）显示加密状态和选项对话，以启用或禁用它	需要在拨号界面中输入"##634#"，这时会弹出一个 Di-
*##7284	USB 路径控制	agnosis 界面，这就
*#745#	操作（2）：完成重组自交系日志	是工程模式的指令
*#7450#	操作（99）：错误报告去做	代码输入界面，以
*#7451#	操作（99）：错误报告去做	下代码均是在该界
*#7465625#	显示网络、服务提供商、SIM 卡牌或公司锁定状态	面输入，另外首次打开工程模式后，应用列表中会出现
*#770#	操作（99）：770 Vphone	一个名为 Diagnosis
*#771#	操作（99）：771 Vphone	界面，以后进入工
*##772	操作（99）：772 Vphone	程模式只需要运行
*#773#	操作（99）：773 Vphone	这个程序即可
*#774#	操作（99）：774 Vphone	（注意，部分指令请
*#775#	操作（99）：775 Vphone	慎用）
*#776#	操作（99）：776 Vphone	
*#777#	操作（99）：777 Vphone	
*#778#	操作（99）：778 Vphone	
*#779#	操作（99）：779 Vphone	
*#780#	操作（99）：SR 测试	
*#9090#	DIAG CONFIG/UART/USB 设置	
*2767*3855#	全部复位（重置手机）	

19. 索爱 U1（Satio）手机密码指令

指　　令	指 令 含 义	备　　注
0000	Satio（U1）的默认的锁码	
*#0000#	显示软件版本信息	
*#06#	显示 IMEI 号码	
*#2820#	显示蓝牙地址	
*#62209526#	显示 WiFi MAC 地址	
*#92702689#	显示总的通话时间	
*#7370#	手机硬件重置	此代码指令使用后，将清除所有数据，恢复出厂设置，请慎用
*#7780#	手机软重置	联系人、日历和 Notes 数据，不会被删除，只会恢复如情景模式、主题和快捷的手机设置

20. 小米手机密码指令

指　　令	指 令 含 义
##64663#*#*	综合测试指令
##4636#*#*	显示手机信息、电池信息、电池记录、使用统计数据、WiFi 信息
##7780#*#*	重设为原厂设定,不会删除预设程序及 SD 卡档案
*2767*3855#	重设为原厂设定,会删除 SD 卡所有档案
##34971539#*#*	显示相机固件版本,或更新相机固件,慎用
##7594#*#*6	当长按关机按钮时,会出现一个转换手机模式的窗口,包括静音模式、飞行模式及关机,你可以用以上代码,直接变成关机按钮
##273283*255*663282*#*#*	开启一个能让你备份媒体文件的地方,例如相片、声音及影片等
##197328640#*#*	启动服务模式,可以测试手机部分设置及更改设定
##232339#*#* 或 *#*#526#*#* 或 *#*#528#*#*	WLAN 测试
##232338#*#*	显示 WiFi MAC 地址
##1472365#*#*	GPS 测试
##1575#*#*	其他 GPS 测试
##232331#*#*	蓝牙测试
##232337#*#	显示蓝牙装置地址
##8255#*#*	启动 GTalk 服务监视器
##4986*2650468#*#*	PDA、Phone、H/W、RFCallDate(出厂日期)
##1234#*#*	PDA 及 Phone
##1111#*#*	FTASW 版本
##2222#*#*	FTAHW 版本
##44336#*#*	PDA、Phone、CSC、建造时间、变更列表
##0283#*#*	数据包回传
##0*#*#*	LCD 测试
##0673#*#* 或 *#*#0289#*#*	Melody 测试
##0842#*#*	装置测试,例如振动、亮度
##2663#*#*	触控屏幕版本
##2664#*#*	触控屏幕测试
##0588#*#*	接近感应器测试
##3264#*#*	内存版本
##284#*#*	生成 log 文件

注:在拨号界面输入下面的代码;部分指令请慎用。

第5章 代表电路

1. HTC Touch HD2 手机主板（见图5-1、图5-2）

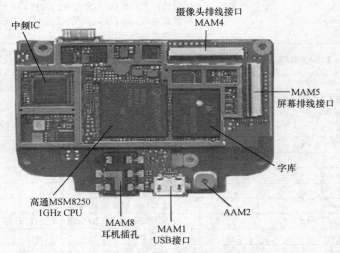

图 5-1　HTC Touch HD2 手机主板反面

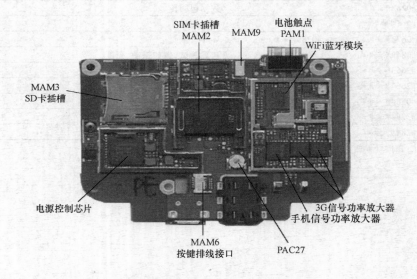

图 5-2　HTC Touch HD2 手机主板正面

2. 苹果 iPhone 5 主板实物图（见图 5-3）

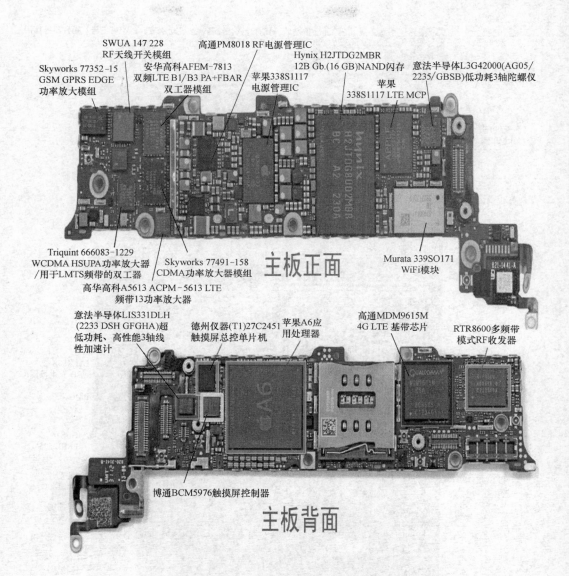

SWUA 147 228
RF天线开关模组

高通PM8018 RF电源管理IC

Hynix H2JTDG2MBR
12B Gb.(16 GB)NAND闪存

Skyworks 77352-15
GSM GPRS EDGE
功率放大模组

安华高科AFEM-7813
双频LTE B1/B3 PA+FBAR
双工器模组

苹果338S1117
电源管理IC

苹果
338S1117 LTE MCP

意法半导体L3G42000(AG05/
2235/GBSB)低功耗3轴陀螺仪

主板正面

Triquint 666083-1229
WCDMA HSUPA功率放大器
/用于LMTS频带的双工器

Skyworks 77491-158
CDMA功率放大器模组

Murata 339SO171
WiFi模块

高华高科A5613 ACPM-5613 LTE
频带13功率放大器

意法半导体LIS331DLH
(2233 DSH GFGHA)超
低功耗、高性能3轴线
性加速计

德州仪器(T1)27C2451
触摸屏总控单片机

苹果A6应
用处理器

高通MDM9615M
4G LTE 基带芯片

RTR8600多频带
模式RF收发器

博通BCM5976触摸屏控制器

主板背面

图 5-3　苹果 iPhone 5 主板实物图

3. 苹果 iPhone 3G 手机主板实物图（见图 5-4、图 5-5）

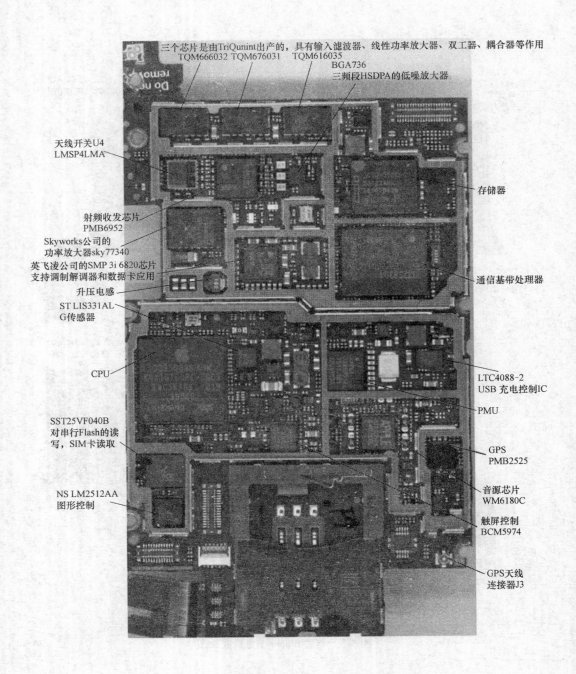

三个芯片是由TriQunint出产的，具有输入滤波器、线性功率放大器、双工器、耦合器等作用
TQM666032 TQM676031　TQM616035

BGA736
三频段HSDPA的低噪放大器

天线开关U4
LMSP4LMA

存储器

射频收发芯片
PMB6952

Skyworks公司的
功率放大器sky77340

英飞凌公司的SMP 3i 6820芯片
支持调制解调器和数据卡应用

升压电感

ST LIS331AL
G传感器

通信基带处理器

CPU

LTC4088-2
USB 充电控制IC

PMU

SST25VF040B
对串行Flash的读
写，SIM卡读取

GPS
PMB2525

NS LM2512AA
图形控制

音源芯片
WM6180C

触屏控制
BCM5974

GPS天线
连接器J3

图 5-4　苹果 iPhone 3G 手机主板正面实物图

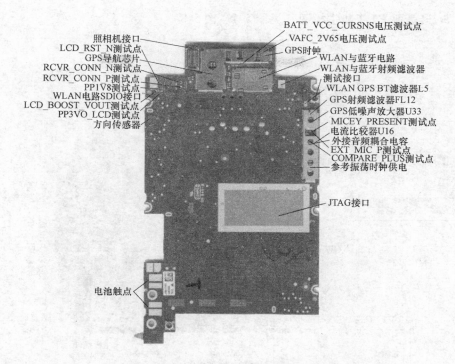

BATT_VCC_CURSNS电压测试点
VAFC_2V65电压测试点
GPS时钟
WLAN与蓝牙电路
WLAN与蓝牙射频滤波器
测试接口
WLAN GPS BT滤波器L5
GPS射频滤波器FL12
GPS低噪声放大器U33
MICEY_PRESENT测试点
电流比较器U16
外接音频耦合电容
EXT_MIC_P测试点
COMPARE_PLUS测试点
参考振荡时钟供电

JTAG接口

照相机接口
LCD_RST_N测试点
GPS导航芯片
RCVR_CONN_N测试点
RCVR_CONN_P测试点
PP1V8测试点
WLAN电路SDIO接口
LCD_BOOST_VOUT测试点
PP3VO_LCD测试点
方向传感器

电池触点

图 5-5 苹果 iPhone 3G 手机主板反面实物图

4. 摩托罗拉 Atrix 4G 手机主板实物图（见图 5-6）

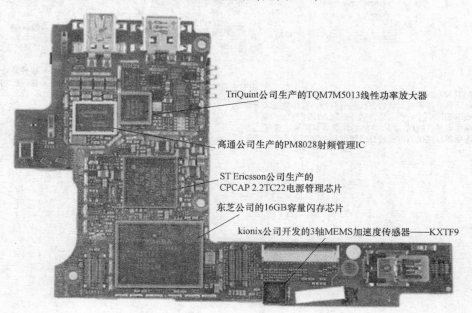

TriQuint公司生产的TQM7M5013线性功率放大器

高通公司生产的PM8028射频管理IC

ST Ericsson公司生产的
CPCAP 2.2TC22电源管理芯片

东芝公司的16GB容量闪存芯片

kionix公司开发的3轴MEMS加速度传感器——KXTF9

图 5-6 摩托罗拉 Atrix 4G 手机主板实物图

5. 诺基亚 E7 手机主板图（见图 5-7、图 5-8）

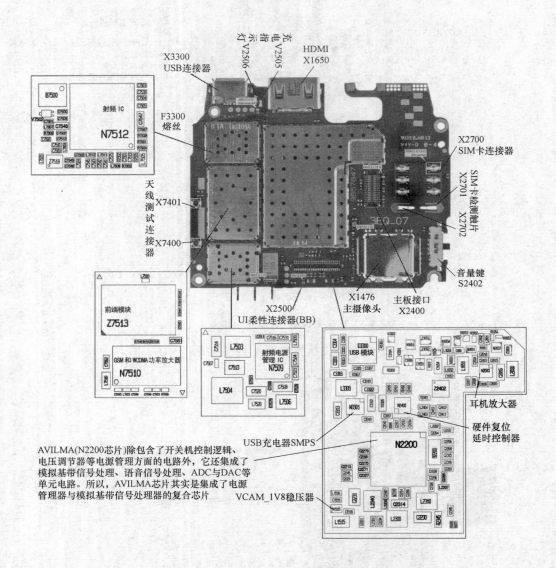

AVILMA(N2200芯片)除包含了开关机控制逻辑、电压调节器等电源管理方面的电路外，它还集成了模拟基带信号处理、语音信号处理、ADC与DAC等单元电路。所以，AVILMA芯片其实是集成了电源管理器与模拟基带信号处理器的复合芯片

图 5-7　诺基亚 E7 手机主板顶部图

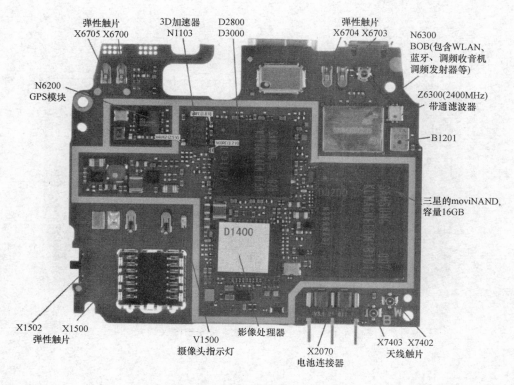

弹性触片
X6705 X6700

3D加速器
N1103

D2800
D3000

弹性触片
X6704 X6703

N6300
BOB(包含WLAN、
蓝牙、调频收音机
调频发射器等)

N6200
GPS模块

Z6300(2400MHz)
带通滤波器

B1201

三星的moviNAND,
容量16GB

D1400

X1502   X1500
弹性触片

V1500
摄像头指示灯

影像处理器

X2070
电池连接器

X7403 X7402
天线触片

图 5-8   诺基亚 E7 手机主板底部图

6. 三星 GALAXY S Ⅲ I9300 主板图（见图 5-9 见书后插页、图 5-10 见书后插页）

7. 三星 S5820 手机主板图（见图 5-11 见书后插页、图 5-12 见书后插页、
   图 5-13）

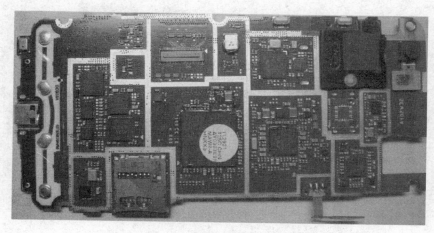

图 5-13   三星 S5820 手机主板实物图

图 5-13 三星 S5820 手机主板实物图（续）

8. 小米手机主板图（见图 5-14、图 5-15）

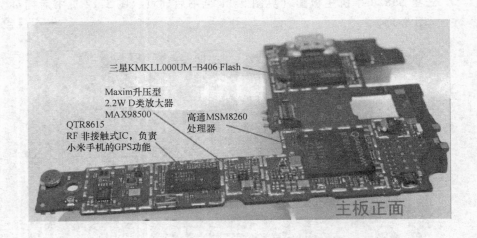

图 5-14 小米手机主板正面图

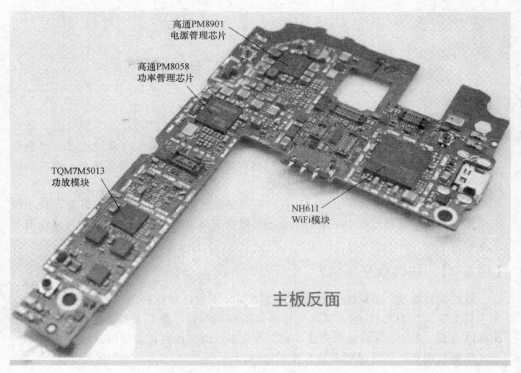

图 5-15　小米手机主板反面图

第 6 章 格 机 刷 机

【问答 1】 如何格机？

格机就是将手机的 C 盘格式化。手机在使用一段时间后，内部垃圾文件就会很多，有时会出现严重错误无法恢复或手机出现异常的情况，此时就应格机。格机会将 C 盘内容全部清空，再写入新的系统信息。

※特别提示：格机前切记备份好自己所需要的数据和资料等。格机时要保持手机电量绝对充足，格机过程中不能关机，不能拨插充电器等附件，否则容易造成烧机等严重的后果。

【问答 2】 如何软格手机？

软格就软格机。不同的手机软格方法不同，例如诺基亚智能手机软格的方法是：在手机上输入 ˚#7370#，输入锁码（初始锁码是 12345），随后手机出现白屏，只显示 NOKIA 字样，3 ~ 5min 后软格完成，重新设定系统时间即可正常使用。

※特别提示：注意锁码不是 SIM 卡密码。

【问答 3】 如何硬格手机？

硬格就是对手机的 C 盘进行格式化，不同的智能手机硬格的方法是不同的。以诺基亚为例，其方法是：先关手机，在开机的同时按住拨号键、"˚"键、"3"键，再打开电源，直到出现 "NOKIA" 握手字样，此过程不能松开任何一个按键，直到屏幕上出现 "Formating……/" 字样，再松开按键。3 ~ 5min 就完成了硬格工作。

※特别提示：硬格对机器硬件会有点损伤，只在机器无法开机的情况下才使用硬格，还有就是硬格后会使手机信号中的线路 2 有可能消失，必须刷机才能恢复。

【问答 4】 如何刷机？

刷机简单地说就是通过数据线或红外连接重新写手机里的系统软件程序，相当于电脑重装机。手机刷机的目的主要是厂家为增加软件老版本中的 BUG 补丁程序，以解决手机反应速度慢、音量小、短信模版不对、死机、显示屏亮度异常的各种软件瑕疵。

不同手机的刷机方法不尽相同，但原理类似，都是借助刷机工具，利用计算机与手机的连接，在计算机上将刷机包重写到手机系统盘中的一种操作过程。下面以三星手机为例具体介绍：

1）刷机工具：三星手机驱动、USB 数据线、91 手机助手工具软件、刷机包软件等。

2）刷机准备：先在计算机中安装三星手机驱动，可在计算机上安装豌豆夹等手机助手（豌豆夹适用于安卓系统的手机），连接手机会自动下载驱动。再打开手机进入应用程序→开发→打开 USB 调试。使手机与计算机直接连接，用豌豆夹连接安卓系统的手机如图 6-1 所示。

※**特别提示：** 查看驱动是否运行：可将手机连接计算机，右键单击"我的电脑"，最上面找到"硬件"，单击"设备管理器"，找到"通用串行总线控制台"，下列列表中会有一个 SAMSUNG 的设备，双击，设备状态有显示"这个设备运转正常"，就说明驱动安装了，而且正在运行，如果是没有启用，则尝试重启计算机或者重装驱动，如图 6-1 所示。

图 6-1　连接手机

※**特别提示：**刷机前应先对手机上的个人资料进行备份，以防丢失，如图 6-2 所示。

3）检查手机。检查手机上的固件版本、基带版本、内核版本是否与刷机软件相符，相符则能刷机，不相符则不能刷机。

4）下载刷机包，刷机包解压后，一般包含刷机文件和刷机工具。例如三星 S5670 的刷机包里就包含一个 S5670ZCKF1 的固件文件和一个 odin 的刷机程序。将固件文件复制到手机的 SD 卡中。

5）将手机进入到刷机模式（即挖煤模式，一个机器人拿着铲子挖煤），方法是关闭手机电源后，再同时按住电源键 + HOME 键（位于手机下方中间的大键），即可进入挖煤模式，如图 6-3 所示。

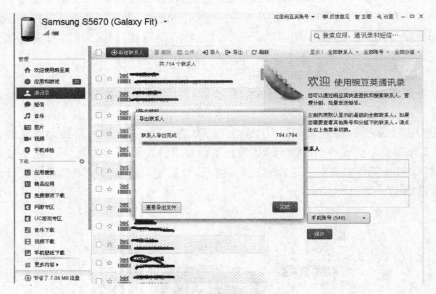

图 6-2　备份手机个人资料

6）手机通过 USB 接口连接计算机。

7）打开 odin 刷机软件（见图 6-4）。软件中共有 8 栏，说明可以同时刷 8 台手机。一般只用第一栏刷一台手机。

8）解压刷机文件，解压后得到 S5670zckf1 文件夹，将该文件放在 o-din 程序中对应的位置。com port mapping 会出现连接字样。然后分别点击 OPS、boot、phone、PDA、CSC。其中 ops 对应的文件名为 BENI_V1.0. ops；boot 对应的文件名为 AP-BOOT_S5670ZCKF1_CL1027785_REV01_user_low_ture. tar. md5；phone 对应的文件名为 MODEM _ S5670ZCKF1 _ CL1027785 _ REV01. tar. md5；PDA 对应的文件名为 CODE_S5670ZCKF1_CL1027785 _ REV01 _ user _ low _ true. tar. md5；CSC 对应的文件名为 GT_S5670-CSC-OZH1027785. tar. md5，如图 6-5 所示。

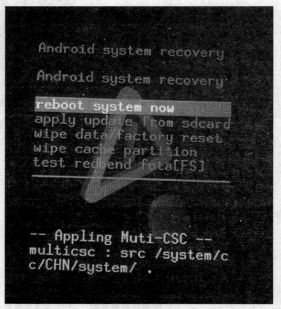

图 6-3　手机挖煤模式

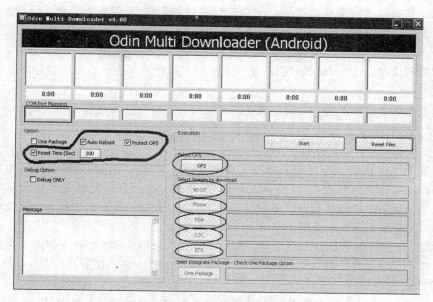

图 6-4　打开 odin 刷机软件

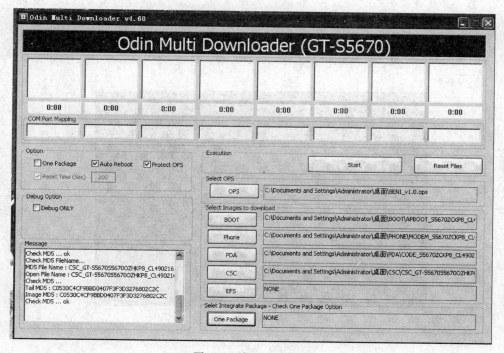

图 6-5　放入刷机文件

9）刷机。当上述文件全部对应后，点 start，则开始刷机。odin 第二行中会显示进度条。其他选项全部变成灰色，不能作任何改动。进度完成（需要几分钟时间）后，左上第一格内显示 RESET，随后变成 pass，则表示刷机成功。

※**特别提示：** 刷机过程需要一定时间，要耐心等待，不得中途停止，也不得中途断电或拔出数据线，否则会出现刷机失败、不能开机的后果。

【问答 5】 智能手机如何"越狱"和 ROOT？

智能手机越狱和 ROOT[○] 都是指手机操作人员获得手机操作的最高权限，相当于计算机中获得计算机管理员（administrator）资格的一种操作。越狱是针对 iPhone 手机和芒果系统的手机获得最高权限而言的 ROOT 是针对安卓系统的手机获取高权限而言的。以三星手机为例，介绍手机 ROOT 的两种方法。

方法一：用一键 ROOT 工具软件。SuperOneClick 是 Android 上最为好用的一款一键 ROOT 小工具。将手机与计算机联机后，打开该工具软件，其上有一个 unroot，点一下就完成了 ROOT。

方法二：从 SD 卡中申请更新达到 ROOT 的目的。从手机论坛中下载 ROOT 包，不需解压直接复制到手机 SD 卡根目录下。将手机关机后按住"HOME"＋"POWER"进入 RE 管理模式。进入 RE 模式后用音量键、上下键移动到相关的系统功能上，按音量的上下键找到 apply update from sdcard（从 SD 卡申请更新，见图6-6），按 HOME 键确认，再按音量的上下键找到 SD 卡中的 ROOT 文件，再按 HOME 键确认。系统更新完成后，将光标放在 reboot system now 上，再按 HOME 键，手机自动重启，ROOT 完成。

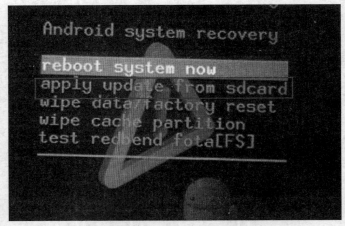

图 6-6　从 SD 卡申请更新

[○] 本书只针对手机刷机、越狱和 ROOT 技术层面进行介绍，不作推广。若涉及知识产权，则不得使用。

※**特别提示**：智能手机越狱或 ROOT 后，则获得最高的管理权限，用户

能进入到手机的内核中枢，可以访问和修改手机的所有文件，也可以安装任何程序。但也容易被一些黑客入侵，对手机将构成严重的危害。当然，为了保证手机的安全顺利使用，三星公司不建议您获取该权限，希望慎重选择。手机刷机和手机 ROOT 或越狱是两回事，ROOT 或越狱是升级权限，刷机则是换手机系统。

第7章 拆机实物

1. 诺基亚 C6-00 智能手机拆机步骤

步骤一：拆下手机后盖（见图 7-1）。

图 7-1　拆下手机后盖

步骤二：拆下手机电池后露出手机进网信息（见图 7-2）。

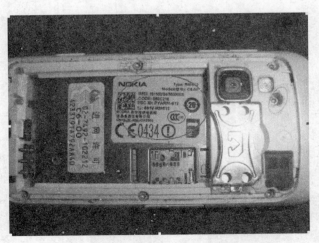

图 7-2　拆下手机电池后露出手机进网信息

步骤三：用 T6＊65 螺钉旋具（见图 7-3）拆下固定在手机外壳上的几颗固定螺钉（见图 7-4）。

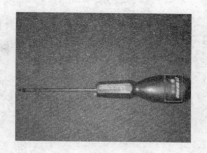

图 7-3　T6 * 65 螺钉旋具

※**特别提示**：手机螺钉比较小，容易掉落，螺钉旋具一般具有磁性，可将小螺钉吸起，便于安装。若不能吸起，可将螺钉旋具放在磁铁上吸附几下即可上磁。

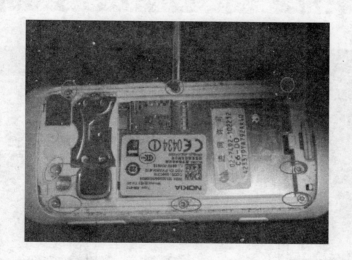

图 7-4　拆下固定在手机外壳上的几颗固定螺钉

※**特别提示**：该手机下边和中间用的是稍长的螺钉，上边三颗为稍短的螺钉，安装时应注意区分，不得装错。拆后的螺钉均应放入事先准备好的小盒内，以免弄丢。

步骤四：拆开后盖，露出主电路板（见图 7-5）。

步骤五：拿下后盖（见图 7-6）和侧面按键（见图 7-7）。

步骤六：分离主板与外框（见图 7-8）。

步骤七：取出主板（见图 7-9）。

步骤八：取下键盘（见图 7-10）。

步骤九：露出滑盖弹簧（见图 7-11）。

步骤十：旋出前盖与显示屏之间固定的三颗螺钉（见图 7-12）。

步骤十一：分离显示屏与触摸屏（见图 7-13）。

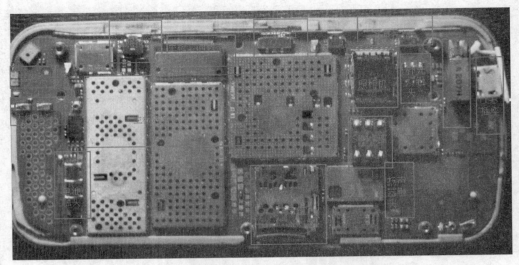

图 7-5　露出主电路板

图 7-6　拿下后盖

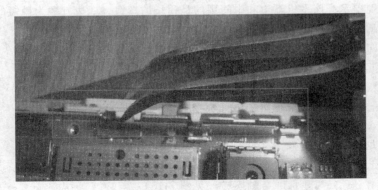

图 7-7　拿下侧面按键

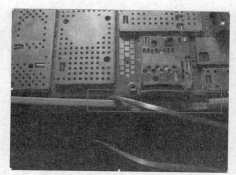

图 7-8　分离主板与外框

图 7-9　取出主板

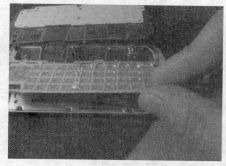

图 7-10　取下键盘

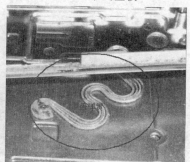

图 7-11　露出滑盖弹簧

图 7-12　旋出前盖与显示屏之间固定的三颗螺钉

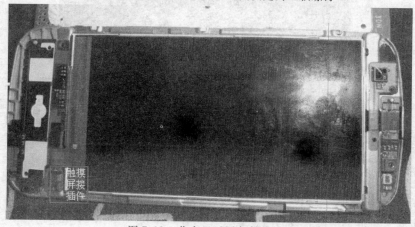

触摸屏接插件

图 7-13　分离显示屏与触摸屏

※**特别提示：**安装显示屏与触摸屏时应先将有卡扣的一侧卡入，拔下 USB 外塞，再用力按另一侧，触摸屏接插件则会自动插入。同时在装入前，应先用擦镜布将显示屏和触摸屏擦拭干净。

步骤十二：安装则按照拆卸的相反步骤进行。

※**特别提示：**安装主板、外框及按键时，应先套好外框、再放入按键盘，再卡入主板。不要颠倒顺序。

2. 三星 5670 智能手机拆机步骤

步骤一：拆下后盖板，露出机后壳和电池（见图 7-14）。

图 7-14　拆下后盖板，露出机后壳和电池

步骤二：拆下电池，露出手机进网信息（见图 7-15）。

图 7-15　拆下电池，露出手机进网信息

步骤三：拆下手机后板的固定螺钉（见图 7-16）。

※**特别提示**：中间的一个固定螺钉上有厂家的维修封签（见图7-17），在保修期内的机器不得撕毁，否则将失去厂家保修的权利。

图7-16　拆下手机后板的固定螺钉

图7-17　厂家的维修封签

步骤四：取下 SIM 卡和 TF 卡，拆下后盖，用分离机壳专用工具（见图7-18）拆下中板（见图7-19）。

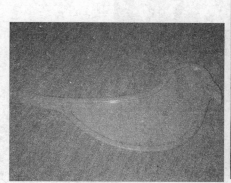

图7-18　分离机壳专用工具

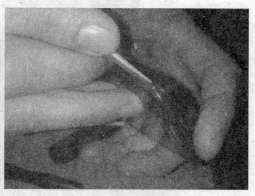

图7-19　用专用工具拆下中板

※**特别提示**：手机的每一侧一般有 2~3 个卡扣，卡扣的位置一般是距离转角处不远或在一侧的中间，如图7-20所示。

步骤五：撬开全部卡扣后，掰开前后盖（见图7-21）。

※**特别提示**：这一步往往是手机拆机最难的一步，也是最关键的一步，要胆大心细，掰时用力要边看边用力，不得用力过大，以免损坏卡扣或划伤手机外壳。

步骤六：轻轻分开手机中板，分开主板与显示屏之间的柔性导线接插件（见图7-22）。

步骤七：该机摄像头背部是粘贴在显示屏固定板上的，用镊子分开摄像头与显示板之间的胶接（见图7-23）。

卡扣位

图 7-20　卡扣的位置

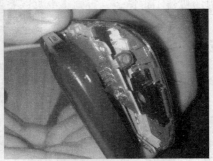

图 7-21　掰开前后盖

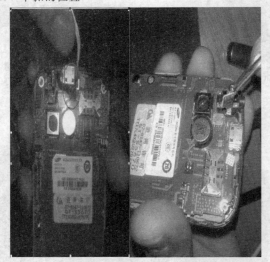

图 7-22　分开主板与显示屏之间的柔性导线接插件

图 7-23　用镊子分开摄像头与显示板之间的胶接

步骤八：轻轻分离主板（见图 7-24），取出主板（见图 7-25）。

图 7-24 轻轻分离主板

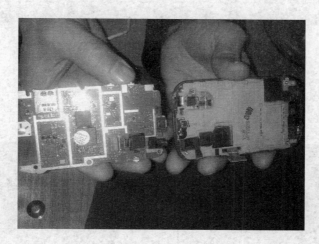

图 7-25 取出主板

※**特别提示**：此步骤是拆手机的重要环节，手指不要触及芯片及引脚，以免放电清除手机数据，一定要轻拿轻放，注意主板与其他部分的细微连接，不得用力拉断。

步骤九：观察主板的正反面主要部件。正面主要部件如图 7-26 所示，反面主要部件如图 7-27 所示。

步骤十：拆开显示屏背板（见图 7-28），露出显示屏，显示屏前面为触摸屏。

※**特别提示**：拆显示屏背板时注意拔出触摸屏排线，如图 7-29 所示。

步骤十一：装机的顺序与拆机顺序相反。将如图 7-30 所示三大块按拆机的相反顺序组装即可。

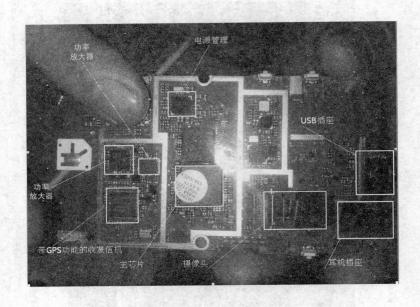

图 7-26 正面主要部件

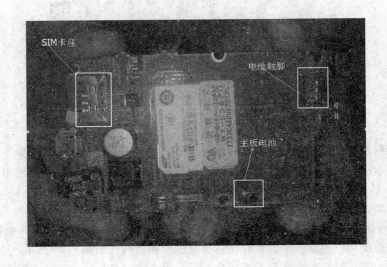

图 7-27 反面主要部件

图 7-28　拆开显示屏背板

图 7-29　拆显示屏背板时注意拔出触摸屏排线

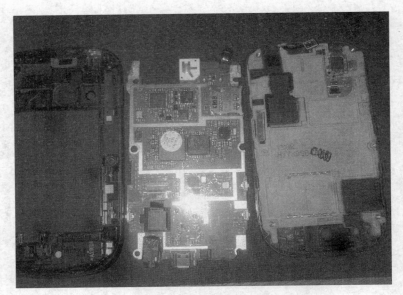

图 7-30　三大块按拆机的相反顺序组装

附录 智能手机常用语中英文对照

英　　文	中　　文	备　　注
ADB（Android Debug Bridge）	为 Android 系统的调试桥	安卓系统刷机名词
ADC（Analog-to-DigitalConverter）	A-D 转换器	
ADSTR	A-D 转换的启动信号	
ANTSW	天线开关控制信号	
AP（ApplicationProcess/Baseband）	应用处理器	
API（ApplicationProgrammingInterface）	应用程序编程接口	
APPTOSD、APP2SD	将应用程序安装到 SD 卡从而腾出手机内存提高运行速度	安卓系统刷机名词
ARM（Advanced RISC Machines）	ARM 微处理器（既可以认为是一个公司的名字，也可以认为是对微处理器的通称，还可以认为是一种技术的名字）	
BANDSEL	频段选择信号	
BEARR/ BEARN	扬声器信号	
BIAS	偏压	
CDMA（CodeDivisionMultipleAccess）	码分多址	
CE（Chip Enable）	片使能	
CLKREQ	时钟请求信号	
CMMB（ChinaMobileMultimediaBroadcasting）	中国移动多媒体广播	
CS（Chip Select）	片选信号	
CSP（ChipScalePackage）	芯片级封装	
CTS（Clear To Send）	发送清除	
Cyanogen、CM（CyanogenMod）或 CM-ROM	速度（Cyanogen 是国外一位牛人，其制作的 CyanogenMod 系列 Rom 比较流行，主要追求的就是速度）	安卓系统刷机名词
DCE（Data Circuit Equipment）	数据电路设备	
DCS（DistributedControlSystem）	分散控制系统，国内一般习惯称为集散控制系统	
DMIC（Digital Microphone）	数字送话器	
DSR（Data Set Ready）	数据设备准备好	
DTE（Date Terminal Equipment）	数据终端设备	
DTR（Date Terminal Ready）	数据终端准备	
EBI（ExternalBusInterface）	外部总线接口	
EMIC（External Memory Interface Controller）	外部存储器接口控制器	
Fastboot	是一种比 recovery 更底层的刷机模式 fastboot 是一种线刷，就是使用 USB 数据线连接手机的一种刷机模式	安卓系统刷机名词
Firmware	固件，是指固化的软件，它是把某个系统程序写入到特定的硬件系统中的 FlashROM	安卓系统刷机名词

（续）

英　　文	中　　文	备　　注
FML/ FMR	收音机信号	
GPMC（General-Purpose Memory Controller）	通用存储控制器	
GPS（GlobalPositioningSystem）	全球定位系统	
GSM（GlobalSystemforMobileCommunications）	全球移动通信系统，俗称"全球通"	
HBOOT	在 HTC 的 Android 系统的系列手机中，HBOOT 就是 SPL	安卓系统刷机名词
HP（HeadPhone）	耳机	
HSI（High-Speed Synchronous Interface）	高速同步接口	
IPL（InitialProgramLoader）	负责主板、电源、硬件初始化程序，并把 SPL 装入 RAM。IPL 损坏了可通过换字库来解决	安卓系统刷机名词
IRQ	中断请求信号	
LDO	低压差稳压器	
MCLK（MAIN CLOCK）	主时钟	
McSPI（Multichannel Serial Port Interface）	多通道串行端口接口	
MEMCLK	时钟信号	
MEMWAIT NANDRDY	状态信号	
MIC	送话器	
MICP_AUX	耳机模式下的送话器信号	
PA	功率放大器	
PCS（PersonalCommunicationsService）	个人通信服务	
PMU（PowerManagementUnit）	电源管理芯片	
PWRRST	复位信号	
RADIO	Radio 简单地说是无线通信模块的驱动程序（ROM 是系统程序，Radio 负责网络通信）	安卓系统刷机名词
RAM（RandomAccessMemory）	随机存取存储器	
RE（Read Enable）	读信号	
Recovery	刷机的工程界面（安装了 Recovery 相当于给系统安了一个 DOS 界面。在 Recovery 界面可以选择安装系统、清空数据、ghost 备份系统、恢复系统等）。Recovery 是一种卡刷，就是将刷机包放在 SD 卡上，然后在 Recovery 中刷机的模式	安卓系统刷机名词
ROOT	Android 系统中的超级管理员用户权限	安卓系统刷机名词
RTS（Require To Send）	发送请求	
SBI（SerialBusInterface）	串行总线接口	
SDMMC（Multimedia Memory Card and Secure Digital IO Card）	多媒体存储卡和安全数字 IO 卡	
Sign	指给 Rom 包或者 Apk 应用程序签名	安卓系统刷机名词
Sleep	休眠信号	

（续）

英　文	中　文	备　注
Smartphone	拥有个有助理功能的智能手机	
SMPS（Switched-ModePowerSupply）	开关模式电源	
SMT（SurfaceMountTechnology）	表面贴装技术	
SPI（Serial Peripheral Interface）	串行外设接口	
SPL（Second Program Loader）	第二个程序加载器	安卓系统刷机名词
SPL/SPR	耳机模式下的扬声器信号	
SSBI（Single-wireSerialBusInterface）	单线串行总线接口	
SYN-CLK	频率合成时钟信号	
SYN-DAT	频率合成数据信号	
SYN-ON	频率合成开关信号	
TCXO（Temperature-CompensatedcrystalOscillator）	温度补偿晶体振荡器	
TFT（ThinFilmTransistor）	薄膜晶体管	该屏幕是目前中高端彩屏手机中普遍采用的屏幕
TX-ON	发射使能信号	
UART（Universal Asynchronous Receiver Transmitter）	通用异步收发器	
USB（UniversalSerialBus）	通用串行总线	
VBACKUP	手机断电时实时时钟提供电源	
VBUS	总线供电	
VCO（Voltage-ControlledOscillator）	压控振荡器	
VCTCXO（Voltage-ControlledTemperature-CompensatedCrystalOscillator）	压控温度补偿晶体振荡器	
VCXOCONT	基准频率时钟控制信号	
WE（Write Enable）	写信号	
WLAN（Wireless Local Area Network）	无线局域网	
WP（Write Propect）	写保护	

机械工业出版社相关图书

1	40906	汽车电器维修一线资料速查速用(第2版)	49.9
2	36655	小家电维修一线资料速查速用(第2版)	49.8
3	31824	开关电源维修一线资料速查速用(第2版)	49
4	35398	电动车维修一线资料速查速用(第2版)	39.8
5	38448	微波(光波)炉维修一线资料速查速用	48
6	33082	电磁炉维修一线资料速查速用(第2版)	49.8
7	33792	彩电维修一线资料速查速用(第2版)	59.8
8	36938	液晶电视维修一线资料速查速用	49.8
9	37324	数字电视机顶盒维修一线资料速查速用	39.8

以上图书在全国书店均有销售,您也可在金书网(www.golden-book.com,电话:010-88379639/88379641)联系购书事宜。

图书内容垂询电话:010-88379768

E-mail:maryxu1975@163.com

地址:北京市西城区百万庄大街22号

机械工业出版社 电工电子分社

邮编:100037